Genes, Mind, and Culture
The Coevolutionary Process

基因、心灵与文化

协同进化的过程

[加]查尔斯·J.拉姆斯登　[美]爱德华·O.威尔逊　著

刘利　译

献给慧仪·拉姆斯登与艾琳·威尔逊

内容简介

作为长久以来被认为是人类社会生物学最刺激、最费神的主要著作之一，《基因、心灵与文化》引入了基因—文化协同进化的概念。拉姆斯登与威尔逊由此令人信服地提出，人性既不是任意的，也不是注定的。他们确认了激发基因向上转译到文化的机制，并评估了心灵在涌现的文化模式中遗传进化的特性。

拉姆斯登与威尔逊探索了发展心理学与认知科学丰富而复杂的资料，第一次使这些学科与人类社会生物学结盟。两位作者也运用了种群遗传学、文化人类学以及数理物理学，以此将人类社会生物学置于可预测的基础之上，并由此追踪了从基因出发经由人类意识到文化的主要步骤。

《基因、心灵与文化》在1981年出版时广受赞誉，后绝版多年。本书是《基因、心灵与文化》的25周年纪念版，再现了1981年版的原貌，同时附有一篇对于随后四分之一个世纪中该学科进展的大回顾。

作者简介

查尔斯·J. 拉姆斯登(Charles J. Lumsden, 1949—),多伦多大学医学教授。他的其他著作包括《普罗米修斯之火》(*Promethean Fire*,与爱德华·O. 威尔逊合著)、《字母表与大脑》[*Alphabet and the Brain*,与凯尔克霍弗(Derrick de Kerckhove)合著]、《临床方法》[*Clinical Methods*,与怀特赛德(Catharine Whiteside)合著]、《生物学中的物理理论》[*Physical Theory in Biology*,与特雷纳(Lynn E. H. Trainor)、勃兰特(Wendy A. Brandts)合著]等。

爱德华·O. 威尔逊(Edward O. Wilson, 1929—2021),美国生物学家,被誉为"21世纪的达尔文"。他于1969年当选为美国科学院院士,获过多项具有国际影响的奖项,包括美国的国家科学奖、瑞典皇家科学院的克拉福德奖等。1996年,威尔逊被《时代》杂志评为对当代美国影响最大的25位美国人之一。威尔逊知识渊博,文笔优美,曾两度荣获普利策奖。他的作品融科学、人文与艺术于一体,评论称他"既是一位世界级的科学大师,也是一位伟大的作家"。代表作有《昆虫社会》(*The Insect Societies*)、《社会生物学——新的综合》(*Sociobiology: The New Synthesis*)、《论人性》(*On Human Nature*)、《蚂蚁》[*The Ants*,与霍尔多布勒(Bert Hölldobler)合著]、《博物学家》(*Naturalist*)、《统合》(*Consilience*)等。

目录

新版序言 / 1

初版序言 / 3

下一次综合:《基因、心灵与文化》出版 25 周年 / 7

第 1 章　引言 / 57

第 2 章　初级后成规则 / 90

第 3 章　二级后成规则 / 108

第 4 章　基因—文化转译 / 153

第 5 章　基因—文化适应性地形 / 243

第 6 章　协同进化的回路 / 286

第 7 章　心灵的生物地理学 / 350

第 8 章　基因—文化协同进化与社会理论 / 386

术语表 / 405

致谢 / 427

参考文献 / 432

译后记 / 468

再版译后记(含译者导读) / 472

新版序言

每当为朋友们的慷慨与热情所支持,置身于科学前沿的探险总是会得到保佑。至此为止,过去这些年我们的人类社会生物学探索得到极大的保佑。时任美国世界科技出版公司策划编辑的刘(Stanley Liu)提出,为了向新一代人文科学学生与学者展现《基因、心灵与文化》初版原貌,并检验那些重塑我们对人性全方位理解的重大进展,该书再版时机业已成熟,我们不由得欣喜万分。我们也要感谢哈佛大学出版社对这次再版的支持,允许该书以 1981 年版的原貌再现。特别需要提到的是,哈佛大学出版社附属专有权部门的巴克霍尔茨(Claudia Buckholts)那彬彬有礼而又雷厉风行的行事风格对促成这一安排发挥了积极作用。

一如既往,世界科技出版公司的制作团队娴熟而高效地完成了整个计划。在刘以及新加坡的制作编辑奎克(Joy Quek)的热情关照下,《基因、心灵与文化》得以赶在 2006 年初版 25 周年纪念之际再度推出。在再版过程中,我们也受惠于多位学者的积极呼应,在将近四分之一个世纪之后,他们再次慷慨地允许我们使用其已出版作品中的图表与插图。在相关图片的标题及文字段落处,我们会逐一致谢。在新版的致谢部分中,我们也必须重提这些专家的名字。

伍尔里奇(Nicholas Woolridge),一位艺术家兼学者,也是我们的同事和朋友,在多伦多大学生物医学通信系繁重的教学科研工作中想方设法地抽出时间来,为我们这本书的再版设计了漂亮的新封面。我们还要表达对阿什福德(Amanda Ashford）的感激之情，她在谈笑之间从容打点着合同续订的繁琐事务，并在每周纷至沓来的文件面前应付自如。

岁月的流逝平息了那些令我们怀念的话语，有些来自本书的支持者，有些则来自它最严厉的批评者。《旧约·箴言》二十七章十七节说："铁磨铁，磨出刃来。"前沿科学不是甜蜜共识的退潮，它是随着发现与解释被检验与提炼、讨论与辩论的噼啪作响。在这方面，《基因、心灵与文化》中呈现的程序性优点在很大程度上仍然是不言而喻的。如果这个新世纪于此寻得一点把握人性之未来所需的能量，并怀着智慧与谦卑展现这一未来，我们将不胜满足。

查尔斯·J. 拉姆斯登
爱德华·O. 威尔逊

初版序言

本书包含了追踪从基因出发,通过心灵到文化的一路发育的最初尝试。许多人都在寻找一统生物学理论与社会科学的圣杯。在最近这些年,当代作者们已经开始意识到,遗传进化与文化进化之间可能存在某种形式的结合,而我们也已经开始付诸努力,确信发现其本性的时机已经成熟。我们觉得,问题的关键在于精神活动及行为的个体发育,尤其是后成规则的形式,可以看作在基因与文化发育路径的中途装配心灵的"分子单位"。

为什么基因—文化协同进化的问题很少有人问津?主要原因与一个显著的事实有关,即社会生物学还既不能正确考量人类心灵,也不能正确考量文化的多样性。因此在从 DNA 蓝图开始,经由各级后成阶段到文化,再回到基因重新开始的大循环中,中心环节——个体心灵的发育——被大大地忽视了。这一缺环,而非内在的认识论困境或想象中的政治风险,才是导致围绕人类社会生物学的困惑与争议的根源所在。

为尝试发展出一套基因—文化协同进化的理论,我们用心考察了基因经由心灵到达文化的每一个步骤,开发出明确的模型来在从个体精神发育到文化,以及从文化到遗传进化之间建立关联。不可避免地,我们在此前相对独立的几个领域中提取了各种观念与数据,诸如种群遗传学、文化人类学与数理物理学。我们自己原初的研究兴趣就部分地涵盖了这些学科。我们当中的一位(拉姆斯登)是物理学家,而他将他的研究拓展到了理论生物学。另一位(威尔逊)是生物学家,对进化与社会系统有特别的兴趣。在我们的研究过程中,我们都养成了持续关注和重视社会理论、神经科学以及心理学的习惯。

我们也毫不犹豫地向其他领域的同行求助。以下人士阅读过部分手稿:巴拉什(David P. Barash)、比彻姆(Gary Beauchamp)、贝尔(Daniel Bell)、邦纳(John T. Bonner)、伯恩斯坦(Marc H. Bornstein)、德沃尔(Irven DeVore)、迪克曼(Mildred Dickemann)、费根(Robert M. Fagen)、格里诺(James G. Greeno)、哈维(Paul Harvey)、赫恩斯坦(Richard J. Herrnstein)、霍尔多布勒(Bert Hölldobler)、休布尔(David H. Hubel)、康纳(Melvin J. Konner)、法伊弗(John Pfeiffer)、伦德尔(J. M. Rendel)与特雷纳(Lynn E. H. Trainor)。提供了其他形式的帮助,尤其是在一些专题上给予我们指导的有:比彻姆、布尔曼(Scott A. Boorman)、科恩(Joel Cohen)、道林(John E. Dowling)、德雷珀(Patricia Draper)、福克斯(Robin Fox)、格林(David M. Green)、霍夫施塔特(Douglas R. Hofstadter)、基利(Robert J. Kiely)、谢林(Thomas C. Schelling)、谢普尔(Joseph Shepher)、特雷尔(John Terrell)、托马斯(Richard F. Thomas)、范登贝格(Pierre van den Berghe)、怀特(Harrison C. White)与威尔伯特(Johannes Wilbert)。霍顿(Kathleen M. Horton)协助我们检索文献,并打出了几版难搞的文稿。明蒂(William Minty)绘制了最初的图表。我们对所有这些伙伴与朋友表示感谢,但是当然绝不会让他们为最终的文本中依然存在的任何错误负责。部分原始研究是在威尔逊主持的国家科学基金(项目批准号为 DEB77-27515)的资助下开展的。在合作期间,拉姆斯登获得了一项博士后基金资助和一项 NATO 博士后基金资助,两项资助都来自加拿大自然科学与工程研究委员会。

《基因、心灵与文化》的内容可以非常简单地概括在下文中。一开始,我们考察了社会化的几种可能形式,并指出其中之一——基因—文化传递,最有可能使任一物种获得在人类身上发现的那种先进的文化形式(优文化)。心灵的白板态是不可能持久的,人们可以估算出物种在其进化期间花费在这种状态中,以及通过特化环境来加速摆脱这种状态的平均时间。为了推进我们的分析,我们定义了"文化根"

的概念,作为文化进化中基本的传承单位。

在第 2 章和第 3 章中,我们综述了目前为止在人类行为发育研究中发现的各种后成规则。这些约束使得个体偏向于为一个相对于另一个的文化根或文化根集合所同化。我们对此做了一个二分法:初级后成规则,主要通过感觉映象与知觉表现出来;二级后成规则,在记忆存储及回放、评价与决策等后期阶段发挥作用。

在第 4 章中,我们引进了基因—文化转译的概念,即个体的认知及其对文化根的选择向诸文化模式的转变。认知受后成规则制约,转而由遗传决定。这些规则可以细分为内在偏向以及诸如对社会其他成员所做选择的反应模式的背景依赖参数。在模型中运用这两种因素,我们证明文化模式对于后成规则的微小变动极为敏感。发育心理学与社会心理学的数据被援引来分析基因—文化转译的实际情况。

第 5 章开始我们的进化建模。我们处理了特别容易驾驭的、只依赖内在编程而不受文化模式影响的后成规则。此类模型接近于重要的民族志状况,诸如前几章处理过的兄弟—姐妹乱伦回避与颜色分类等现象。我们为此类系统调查了在特定环境条件下盛行于进化时间的内在学习偏向的大小。我们证明了,当条件稳定时,存在一种新奇的基因—文化适应性地形,并扩展该模型以覆盖空间、时间以及发育表型中的异质性。

在第 6 章中,我们转向一个新的观念:后成规则装配了心灵并为信息加工与决策提供渠道。为正确地建模这一机制,我们从当前的实验研究那里撷取了人类认知中关键性的相关特征。文化根被重新定义为关乎长期记忆中的知识结构,其遗传适应性更直接地与认知过程相关。运用这些新构想出来的关系,我们建构并分析了这样结合遗传进化与文化进化的最初的完整模型。

在第 7 章中,我们使用与生物地理学中所采用的相类似的模型来考察社会中信息的积累。文化根被视为"拓殖"心灵的实体,会因不使用以至记忆丢失而灭绝。其净效应将创造出各种规模的特定文化,在任何给定的时刻生长、衰落或维持现状。对于心灵占据"文明位"(civilization niche)的可能约束也得到考察。我们用由此得到的理论推论为何优文化能力的起源在迄今为止的进化史上如此之稀少——

实际上,只有一次。

最后,在第 8 章中,基因—文化协同进化理论与社会生物学其余部分以及社会科学之间的关系得以探究。我们讨论了这些学科将最终允许我们更加深刻地理解历史的可能性。

我们意识到,对某些人来说,完整阅读本书可能会比较吃力,既因为其中的数学口味,也因为其主题不可避免的多学科属性。我们已经努力地严格控制了数学方面的内容,只是在其力量能够促进对关联基因与心灵、文化的机制的洞察,以及表明我们理论的内容之处,才使用它。对于并不希望追究细节的读者们,我们提供了相关段落,用楷体来表示,总结了数学部分的精要内容与结论。这些段落会出现在每个这样的大块数学部分的开头处。我们建议,为了很快有一个总的理解,应首先依次阅读各章的摘要,然后通读第 1 章,最后再依读者的兴趣,部分或全部地涉猎其他章节。

查尔斯·J. 拉姆斯登

爱德华·O. 威尔逊

下一次综合:《基因、心灵与文化》出版 25 周年

查尔斯·J. 拉姆斯登

  1975 年,我们当中的一位(威尔逊)出版了一本引起相当争议的书。这本题为《社会生物学——新的综合》(*Sociobiology: The New Synthesis*)的书,调查了关于包括人类在内的所有动物生命形式的社会行为的知识(Wilson,1975)。书中提到,有一个简单的办法可以把这些各种各样的知识协调起来,那就是诉诸达尔文(Charles Darwin)的观念。达尔文送给现代世界的礼物,是一种关于生物形态及动作之根源的基本真理。他看到,随着世代演替,形态与行为的变异由亲代传给子代,而允许一些世系比其他世系更为繁盛,如此改变着我们行星的生态系统中的动植物种群。

  简单的观念,深奥的含义。到 20 世纪 60 年代末,达尔文关于行为直接有益于个体的洞见的力量愈发清晰。然而,群体生活的行为及形态在动物世界的盛行仍然令人迷惑——从蜂巢中的忙忙碌碌到南部烤肉宴会上的闲庭信步,生物们总是为了共同的目标聚在一起,相互协作而不是为了争夺稀缺的资源顶牛打架。可能是达尔文关于从个体到个体穿越世代的可遗传差异是进化之源泉的论断走错了路吗?

  不是的,《社会生物学》将要讨论,达尔文是对的:生物学的变异由来(descent

with modification*)是关键。无论如何,就社会行为而言,可遗传的影响的路径比达尔文的时代所能设想的还要复杂微妙。为了掌握这些,一个人必须理解差异如何通过遗传式继承从一代传至另一代的机制。这件事来得较晚,开始于 20 世纪的黎明,又带着对协作性社会动作的新洞见加速进入 20 世纪 60 年代。利他主义的起源,是动物的动作作用于其亲属(它与其以共同祖先的方式分享一定份额的遗传物质)以及其物种其他成员的效果,这些成员能够记得并入账其过去帮助或伤害它们的记录。《社会生物学》是系统采纳这些新观念——由先锋进化论者如汉密尔顿(William Hamilton)、特里弗斯(Robert Trivers)以及梅纳德·史密斯(John Maynard Smith)发明——并将其应用于从热带海洋的珊瑚虫到非洲雨林中的猩猩群的全套社会生活的最早尝试。一种令人振奋的团结开始从多样的动物社会性中涌现。只是些许关于生物学进化的优美观念,通过一门新科学——社会生物学——出发,将社会行为的已知形态置于一种比较科学框架之中,并为多样性带来了秩序。

无论如何,《社会生物学》迈了一大步。它扩展了这一比较框架,将人类包括在内。我们并非将单独成为一个物种;不如说,人类思想、感觉与行为的全部,在其所有的表现形式上,共属于同一个关于人类本质的达尔文科学,将是一门容纳所有社会生活形态的更大的进化科学的一部分。它直截了当地宣称:人类科学,并暗含超越其上的人文、自由艺术(liberal arts),而或许甚至是艺术本身,并不是一个个自由飘浮的领域。它们牢不可破地与硬科学相连,尤其是社会生物学,因为我们人类是进化的有机存在,遵循同样的遗传变异与自然选择的过程,它们已在我们行星上一切其他的有机物之中创造了心灵与社会性。个体及物种的独特性——对于作为人类的意义——将不得不像接纳我们的社会历史一样,接纳我们的生物学遗产。

社会生物学战争就这样开始了。尽管只是《社会生物学》对社会进化的全面论述中的一小部分(全书 697 页之中的 29 页),论及人类的最后一章引起了强烈的异议。人就是人(Humans are human),人文与社会科学领域的批评家们如是回应,因

---

* 在《物种起源》中,达尔文以"descent with modification"替代"evolution"一词来指称"进化",强调生灵种种并非无中生有,乃由已有之态变化而来。——译者

为其意识与自由意志服从于文化,而非其生物学的(所谓的)限制。于是他们声称,为遗传式继承假定一个角色是无意义的,而提议关于基因在人类心灵与社会方面的作用的科学研究在科学上也是不负责任的,或许简直是危险的。[人类学家萨林斯(Marshall Sahlins)的小册子(1976)与卡普兰(Arthur Caplan)主编结集的论文(1978)取样《社会生物学》引发的花言巧语。]现在,我不是一名科学史家,只是这场社会生物学战争的后代。我很高兴把对那个喧嚣时代的深度描述留给那些有资格这样做的人(Segerstråle,2000;Lumsden and Wilson,1983,第二章,以及 Pinker,2002,第六章也有用)。无论如何,在准备推出《基因、心灵与文化》这一 25 周年版的过程中,我无法抗拒对汹涌澎湃的那些年的些许私人追忆。确实,《基因、心灵与文化》的出现更新并强化了许多由《社会生物学》以及《论人性》(Wilson,1978)所引来的关键争论,在《论人性》一书中,我们当中的一位(威尔逊)以一种关于人类社会生物学及其对于人文而言的意义的扩展反思回答了初始的争议。那么,我邀请你踏入一台想象中的时间机器,片刻间航行回大约 30 年前,来到 20 世纪 70 年代的北美大学校园与研究实验室。

从前

站在 21 世纪科学的黎明,从人文的制高点望去,新鲜感来自人类基因组图谱的初次绘制,以及沉浸在照亮了从语言知觉到道德判断范围内人类精神活动的脑部扫描,20 世纪 70 年代中期看起来像是另一个时代。随着社会生物学的到来,进化科学开始将所有形式的社会行为置于共同的地面。今日以人类心灵之谜为中心的行为科学,已处于一场大解冻之中。几乎有半个世纪,大约从 1920 年到 1970 年,在心理学中占统治地位的范式一直是行为主义,其观点认为:肉眼不可见的精神事件不可观察,因此也就是"不科学"的。科学的心理学能够只关心可见的**行为**,以及它如何应对环境中的事件。根据这一观点,基因,这一达尔文式进化的量子微粒,可以为动物的脑提供一种笼统的学习能力,用来应对环境的奖励与惩罚。在理解心灵如何工作以及彼此之间如何趋同或趋异方面,基因就不再有其他重要性了。

纵观 20 世纪 70 年代的行为科学,心灵的研究并不得宠,基因(以及进化)也多被忽视。从这一科学的死胡同(简单地说:行为**来自**何处?)出发,心理学自 20 世纪 50 年代早期开始慢慢地超过行为主义,进入 20 世纪 70 年代晚期以及 80 年代的认知科学革命(心灵很重要,不只是行为,也可以像计算机程序一样操作;你看不见你的计算机内部的软件,但它并非可有可无)。到了 20 世纪 70 年代中期,心理学与其他行为科学开始转变态度,从冷漠地排斥心灵翻转到一个更为统合的范式,寻求让脑生物学、精神活动与行为加入一门新学科:认知神经科学,亦即今天的非条件反射心理学。在《社会生物学》的时代,这场海洋变化还仅仅是洪水泛滥,在进化科学迅速扩展的海岸上并没有冲掉多少东西。因此对于基因能够塑造心灵,与环境一起起作用来制定种内或种间社会行为的关键规律性的观念,许多行为科学家并没有准备好去搞懂。对于那些工作在主要是欧洲学科的**动物行为学**(ethology)之外的心理学家(当时绝大多数在北美)来说,情况尤其严重,这种科学以进化的眼光研究现实、自然场景中的动物行为(而不是行为主义眼光下人造实验室装置中的动物行为——小鼠走迷津范式)。

然而,行为科学与社会生物学终究还是在一个关键性的概念上会合了,那就是:**学习**,即动物凭借经验系统地修改其行为的能力。《论人性》审查了学习心理学,并解释了作用于基因的达尔文式进化如何转而铸造生物体的学习倾向。《论人性》提出,笼统的学习能力将是重要的,但这里有一个关键性的修改者。通过修改大脑的学习回路,遗传进化能够引导学习过程驶向确定的目标。这将施加一种塑形的力量于个体行为,以及最终起因于它们的社会模式之上。这就是**学习规则**(learning rule)的概念,即一种由使某些行为比其他的行为更可能被获得的基因塑造的大脑发育的统计规则性。通览人类文化,从家庭系统到宗教习俗,一系列复杂的人类行为由此可以连接到社会生物学,因此也可连接到达尔文原理,这种简洁性给《论人性》的作者(威尔逊)留下了深刻的印象。

对于《论人性》的回应,如果有什么不一样的话,比《社会生物学》论人类的最后一章曾有的待遇还要刺耳。在某种程度上,从先前不同科学相撞的构造能量中,火花第一次产生了。在《社会生物学》向着人类心理学以及社会科学迈出了试探性的几步的地方,《论人性》直截了当地讨论起以达尔文式进化作为共同纽带,所有人类艺术与科学的非独立性。摩擦是怎么回事？无疑属于领地性灵长目的职业学者们，拥有他们的专家地盘并且很少赏识外人。但这也是美国**纯文学**(*belle lettres*)一个特殊的敏感时期。被越南的血战撕裂的战争，北美校园为将同代以及两代间公民分化为两极的主战与反战的辩论所划伤。在其家园边界内部，美国社会仍然感受到来自在20世纪60年代点燃的民权与反文化运动的震颤，随着约翰·菲茨杰拉德·肯尼迪(John Fitzgerald Kennedy)、其弟罗伯特(Robert)，还有马丁·路德·金(Martin Luther King Jr.)倒向刺客的子弹，一条稳定的死伤之流从东南亚战场流淌回乡。柏林墙的倒塌与横跨北亚的后斯大林政权的垮台，还是未来多年以后的事。1974年，《社会生物学》问世前一年，基于《原子科学家公报》(*Bulletin of Atomic Scientists*，网址为 www.thebulletin.org)的美国"末日钟"，这只世界上最著名的核战压力与全球安全威胁的晴雨表，悄悄拨动到距离午夜9分钟的位置，而午夜是全世界热核灾难的时刻。(2002年，这只钟又向前拨至距午夜7分钟；行文至此，随着国际紧张局势的加剧，下一次的向前拨钟得到了广泛的预期。)

在这片带电的大气之中，一些学者和知识分子视《社会生物学》与《论人性》为对人类自由与尊严的威胁。如果束缚于其基因的安排，人类怎么能够自由地创造出一个美好而公正的未来呢？基因是惰性的化学物质。这将意味着人类是被化学编程的机器人，或无须声索道德与自由的基因僵尸。不可能的。

对于这一关于基因作用的错误想法的回应，我们俩从《基因、心灵与文化》开始多次写到了这一点，在于一个授权(empowerment)的观念。基因在人类大脑与心灵发育中的活动，更准确地被理解为一个授权个体学习与动作的过程，也就是，它使选择性的、自组织的评估以及有着自选择目标的个体行为(包括学习行为)挑选成为可能。基因活动在每个人的心灵中建立一个学习与发育的定向模式，最终支撑着有其道德反省、批判性的自我审查以及挑选之能力的个体意识的涌现。于是我们，以及越来越多的其他人，在过去的几十年间讨论了这个(Lumsden and Wilson，1983；Findlay and Lumsden，1988；Wilson，1998，2002；Greene，2003；Lumsden，2004b，2005)。但在当时，对于很多人来说，行为主义所暗示的广义学习能力，比起由《论人性》标示出的学习规则，看起来像是一种针对所谓基因暴政的更安全的防御。并不是的。仅装备有一种笼统的学习能力，人们将会"自由"地被其文化以武断的目的一时兴起地塑形与铸造——一个暴君的梦想。

然而，另一套对《论人性》统合纲领的反对确实击中了要害，并帮助我们开启了我们的未来进程。尽管其认识到学习以及遗传塑造的学习规则，《论人性》仍然未多理会人类心灵；《论人性》中看待我们物种的焦点停留在外部行为之上，也就与现在发生在认知神经科学中的革命性变化越来越步调不一致。同等重要的是，尽管《论人性》瞄准了社会行为这一人文的主矿脉——文化，这团心灵在其中从生游到死的媒介、符号与信息——在视野中并不清晰。

在那时，我们当中的一位（拉姆斯登）正在多伦多大学的麦克伦南物理实验室完成博士工作，研究复杂系统——于简单部分之间大量交织的互动模式中形成的系统的早期理论物理学。如现在一样，这些在当时被视为大脑的神经细胞网络可能如何工作以及文化内的符号团与交流可能如何运作的主要模型。我说早期，以区别当前，因为那研究场景今天看起来就像心理学对硬核行为主义的最后放纵一样稀奇。20世纪70年代中期，复杂性的数学工具——比如说，分形与动力学混沌——对于科学家来说还是全新的。还有些迷惑的一代物理学家与生物学家只是正在赶来拿捏它们（关于一个坚实的文本见 Peitgen et al.，1992）。20世纪80年代与90年代的非线性科学淘金热（调查于 Cohen and Stewart，1994；Solé and Goodwin，2000）仍然还在几年后的未来。用于科学运算的计算机仍然占满整个房间。因特网只有几岁大。没有万维网。限定全部基因组或神经系统的数据库是明日之梦。向着运用来自物理学的观念的数学处理开放的专业学术思想，只侧重于物理科学本身：化学，以及也许大多数的工程学科。走得更远的应用性研究容易战战兢兢地招来像"社会物理学"、"物理学羡慕"（physics envy）这样的贬义称谓，就像油和水一样，仿佛人类科学与人文永远不能和数学及其科学相混合。客气的说法是使用一些抽象概念，像各种科学与人文"不可通约"的本质，在一门或另一门中覆盖律（covering law）的缺乏，如此等等（Fiske 与 Schweder 主编的论文集，1986年，提供了一幅这时代在这些问题上的两极对立的学术剖面图）。这是一个北美艺术与文学在其中感觉到文化研究中号称"后结构主义"传统的香氛的时期。流行于欧洲校园之上,尤其是在法国,由德里达(Jacques Derrida)所倡导的文本"解构"宣言格外地时髦(Derrida,1986,一部非凡才智与想象力的著作,使塞壬的呼唤甚至对科学的耳朵甜美可闻)。

在我们开始工作的时候,后结构主义对人文与人类科学的影响,几乎与行为主义对心理科学的影响一样是抑制性的,而且是出于相似的原因。一项狭隘的,围绕少数学者的观念组织起来的极端胜利主义议程,在惊人漫长的时期内取代了多样的进路与观念被大力追求的风气。简言之:"不得入内。"在后结构主义之内(就像先前在行为主义中那样),心灵与人性再次开始消失不见,这一次是变成了一团自我指涉(self-reference)的迷雾,而非一张奖惩表。指向世界的语言,让路给作为主体间协商意思与含义的自封闭游戏的语言。如果世界外在于彼,它对于心灵或对其历史沉淀(即文化)并没有多重要。意义,这一后结构真言绕其打转的节点,既不需要作者也不需要世界;通过诠释的谈话是自由的,一种由刚刚来到这个作为文本的世界(或者作为世界的文本;你来选择)的每个新读者所采取的变化无常的行动。正因如此,解构的"文化研究"容易发出刺耳的反科学的声音,摆出姿态来抵制某种被称为"总体化话语"(totalizing discourse)的东西——一个为那些弄破特设性诠释的泡沫,并代之以连接起各个学科,以至连接自然(Nature)与人性(human nature)的方法的观念所准备的标签。

对后结构主义(尤其是解构主义)的简短描述,如前所述,让这一切听起来都很傻,就好像我只不过是在用恶搞考验你的耐心。那时代的解构过度确实会将一个人敲成傻瓜,至少它们对我是这样做了。幸运的是,扩展的评论别处也能找到,而我必须向你推荐那些参考资料,以便形成超出这里我的篇幅所允许的更为全面系统的看待(由 Ellis 所做的拆除工作,1989,简洁又彻底;关于解构与后结构景象的强调查见 Culler,1982;Geertz,2000;以及 Reynolds and Roffe,2004)。这里我关心的将是,20 世纪 70 年代人文与自由艺术的后结构主义倾侧如何影响了我们,当我们开始讨论,如果社会生物学自身也是会进化的,是什么(如果有的话)位于《论人性》之上,从而富有成效地经营起心灵与文化。

后结构学术的两项成果,在积极的意义上对我们很重要。最主要的,如果文化是(借用 Victor Turner 名书的标题；Turner, 1967)一座符号的森林,那么学习文化将只是心灵对这些符号的识别与诠释(也就是,寻找其中意义)。换句话说,有穿越森林的路吗,心灵又如何找到它们？学习规则,在《论人性》提出的意义上,将不得不作用于这一识别与诠释之流。这将是我们进路的关键。第二项,我们不能说后结构主义论证是错的,即文化及其符号,理解为意义的系统,是个体借以影响彼此的媒介。在某种程度上,文化是关乎权力的。无疑,一些权力关系也解放人(例如那些由微积分或荷马希腊语教师所行使的)。但语言、符号体系、文化与记忆的形成也能成为压迫与压抑的工具。到了 20 世纪 80 年代,后结构学者们只是在展示所有的语言使用是如何权力负载的——甚至在专业学术领域使用的语言。这样做的同时,他们将在艺术与科学如何精心制作其文本以及它们如何被应用于人事方面保持警觉的需要,提升到了一个新的意识水平。为了权衡人性进化的主要选项,我们的进路将不得不平衡这些我们将从许多学科导入的观念之间的权力关系。

我们两人都仍然确信,符号、技术语言与独特的数学方法不应被打了折扣,尽管后结构主义者担忧物理学羡慕与被总体化的(也就是,成系统的与组织良好的)思维。确实,数学将是我们进路的中心要素。除了有我们当中的一位(拉姆斯登)在类脑与类文化模式的早期数学方面从事过的研究,另一位(威尔逊)也相当成功地应用过最优工程设计的数学方法,以此来理解昆虫社会中,每个群体可获得的有限资源如何转变为被分配以专门化的角色,诸如觅食或保卫群体巢穴的各种形状及大小的群体成员(Wilson, 1971)。就在我们会师之前,与美国数学生物学家及生物物理学家奥斯特(George Oster)合作开展的一项关于此问题的成书的研究刚刚完成(Oster and Wilson, 1978)。于是,以我们在大脑、行为与社会形态的数学方面的个人经验为基础,我们的期望很高。

在我们运用《基因、心灵与文化》的核心观念来重讲人类进化故事(Lumsden and Wilson, 1983)的续篇《普罗米修斯之火》(*Promethean Fire*)中,我们有幸详述我们的智力探险故事与引出《基因、心灵与文化》及其基因—文化协同进化理论的工作方法。通过《基因、心灵与文化》,人类社会生物学作为一门专业自我进化,包含了人类精神、社会化与文化变迁的核心要素。这里我就不再追述那个令人兴奋的时期了。无论如何,指出基因—文化互动之谜在那时的空气中大量弥漫这一点,也是引人入胜的。《基因、心灵与文化》正是以包含强数学元素的技巧来解此谜团的几本核心书籍之一。同样求索基因—文化关联的还有斯坦福大学的卡瓦利-斯福尔扎(Luigi Luca Cavalli-Sforza)与费尔德曼(Marcus Feldman),他们一心专注于文化信息在代内及代际间流动的数学模式(Cavalli-Sforza and Feldman, 1981);还有里彻森(Peter Richerson)和博伊德(Robert Boyd),几年后他们开发出的模型进一步澄清了遗传改变与文化变迁在进化着的种群中强有力的关联(Boyd and Richerson, 1985)。我们自己的工作,从那时起,通过一条偏离其他早期尝试的小道,进入了基因—文化协同进化的路径。我们没有抓住文化传递或文化对遗传改变的选择性影响的传统谜题本身,而是一度走出进化科学的世界,沉浸在关于大脑与心灵如何发育的实验发现之中。我们的发现说服我们去追求一种当时的激进的可能性,就是说人类心灵,而且尤其是人类心灵的心理社会发育,是理解文化变迁层面的人类历史如何与基因变迁层面的历史互惠式绑定的基本进化链条——到那时为止的缺环。

1981年,我们从心理学、社会科学、社会生物学与行为动物学研究文献中拾穗而来的发现的综合,连同我们对基因—文化协同进化的描述及其数学模型研究,呈现在此时你手中的这本书里。在它的这一次,《基因、心灵与文化》激起了争论与(在某些领域是)愤怒,如同《社会生物学》与《论人性》在它之前有过的一样。《基因、心灵与文化》不太质疑,社会生物学能够被扩展到在其生物学、精神与社会多样性方面容纳我们的物种。换句话说,社会生物学不是一句思想的维多利亚式行话,也不是一幅作为被基因编程来以固定方式行事的讲着话的机器人的人类的漫画。恰恰相反。心灵的活动之流,其在一种独特文化中的终生变化,以及文化中的互惠式变化,对于人类社会生物学变得必不可少。社会生物学能够在人文与社会科学的自家地盘上加入它们。社会生物学能够部署一个概念体系,足以抓住关于文化学习与精神发育的主要的替代性进化策略,并由此探索哪些策略可以在文化变迁与生物学种群结构的特定条件下盛行。

我们的议题,与受到达尔文激励的关于人类行为的思想的批评家们拙劣模仿的社会生物学及进化心理学形成了鲜明的对比。这样的思想，据认为，是一种软故事，达尔文的观念被揉捏于其中，直到其适用于动物与人的众所周知的性征——例如，为什么豹有斑点，以及为什么人有语言。这样的事后"解释"有着令人痛苦的延展性，经常是模糊的，还很多：一个故事通常像另一个一样有道理，或者一样好玩（Lumsden, 1999a）。相比之下，真正的科学，讲故事更喜欢直来直去，采取一种可通过测量，且更为可取地是通过对事先未知事物的测量（以减少第二次猜测）来检验的严格预测的形式。

我们写作《基因、心灵与文化》的主要目标，因此就是要素描出，一门关于人类社会生物学的科学可能如何以这样一种更具预测性的方式处理人类心灵、文化与基因。这是怎样的一个希望呵！30 年前，心灵几乎不再返回到学院派心理学的羊栏（受到了量子物理学家贯穿 20 世纪大部分时间的更为严密的监视；例如 Penrose, 1994），后结构主义的马车紧紧地环聚在文化之地，一门关于大脑发育的分子遗传学还只是一个留给未来的梦。而且，科学也不总是突飞猛进地变化；更为经常地，会有从谦逊的开端出发迈出的小步，将只有有限的数据增加的研究时期，渐渐扩展为发现的步伐随着发现结果的积累而加快，学者们群集于新的可能性，而理解的地平线突然闪现的时期。在自从《基因、心灵与文化》问世以来的 25 年中，对于人类社会生物学来说相当关键的人文与科学领域都繁荣了起来。但是在 20 世纪 70 年代后期，当今学术这惊人的深度还埋藏在其专业文献之中，有待于评估与综合，并且已有的线索依然四处分散。我们经常想象，莱特（Wright）兄弟，蹲坐在基蒂霍克（Kitty Hawk）海风扫过的岸边，当他们费力地鼓捣他们那架颤颤巍巍的双翼飞机离开北卡罗来纳的沙丘，一定梦想过一种更顺溜、更高速的航空器。今天的超音速喷气班机，在几小时内就能把乘客带过大西洋。与将在 21 世纪的科学与人文中占有一席之地的人类社会生物学相比，你所看到的装配在《基因、心灵与文化》中的思想发明，将无疑拥有早期航空器的全部特征：简单、有限、粗糙。

但是，与此同时，效果还是有的。尽管数据、信息、观念与方法上有种种局限，《基因、心灵与文化》的核心预测大体上还是经受住了时间的考验。确实，那些自从《基因、心灵与文化》问世于 1981 年以来做出的发现强化了证据，到了这些核心预测看上去越来越像是基本事实的地步。为了解释为什么会是这样,我需要在这一点上结束我们想象中的重返时光之旅,并以一些我们发现在理解人类心灵与基因—文化协同进化过程之间的关联上有帮助的专业学科术语来简短地转移一下你的注意力。

上文我提到,**学习规则**的概念,即《论人性》中所探索的行为发育的基因定向路径,有助于将《社会生物学》的方法拓展到人类行为的多样性。在开启《基因、心灵与文化》中所致力讨论的议题的过程中,一个关键谜题是如何将心灵包括进来,而不丢掉通过聚焦于发育的学习规则获得的进展。我们的答案是,保留学习规则的概念,但将其目标由外部行为改变为心灵。我们会考虑思想、评价、情感反应、记忆形成、挑选与决策的内在结构,认为它们是终生发育的。基因,如果其完全作用于行为,也将作用并贯穿于精神的发育(这一点,正如你能够从我刚刚给出的清单中看到的那样,远远超过了"学习")。我们认识到,同样实质性的是避免一种身心二元论。人类心灵并非存在于人类大脑之外。**学习规则**也将需要适用于物理结构——脑部及其错综复杂的神经细胞回路——其动作体现心灵,而基因活动将通过它们塑造心灵与行为。

因此,我们决定说到**后成规则**(epigenetic rule),而不是**学习规则**。后成(epigenesis)是生命科学中著名的专门术语,于此得到了发育生物学家沃丁顿(Conrad Waddington)贯穿上个世纪的捍卫(Waddington, 1957)。后成一词,在生物学家用来,指的是以遗传为基础的事件与以环境为基础的事件在它们帮助塑造发育着的生物体上的充分互动。因此,在我们的人类社会生物学进路中,**后成规则**将指的是一种基因定向过程,这种基因定向过程在环境事件(尤其是来自文化的学习机遇)面前,对于大脑与心灵的正常发育来说是必要的。

我们曾发现(现在依然发现),区别三大类后成规则是有用的:**初级**(primary)规则,其活跃于与从感觉接收到知觉的早期阶段范围内的事件有关的脑系统的发育,**二级**(secondary)规则,其活跃于从知觉的后期阶段贯穿到有意识的思想及经验范围内的精神过程的生命史,以及**物化**(reification)规则,其在关于我们所想象或构思之物的现实性的信念方面起作用。物化过程的一个重要例子是文化普适的**民族**

心理学(folk psychology),一种信念与想象式认同的体系,我们借此把现实性归于基于我们关于他们说了跟做了什么的经验的其他人的心灵(Seager,1999)。另一个是**道德实在论**(moral realism),典型的人类倾向,相信区别是非善恶的规则与规律存在于我们之外的宇宙中,与我们自身以及我们关于它们的信念相去甚远(Greene,2003)。关于道德物化,后面我还有更多要说的。

《基因、心灵与文化》不做出关于基因如何影响任何一类规则——初级的、二级的、物化——的先发制人的主张。我们的目标是采取两个步骤,这两个步骤对于理解基因如何在后成规则中确实起作用是必要的。首先,我们将回顾可能照亮基因作用模式的广泛的专业数据。第二,我们将扩展进化生物学的数学程序并由此研究,在计算机模型中,后成规则如何可能在种群变化、环境与社会形式的特定条件下进化。如我所说,人类社会生物学并不假定人类是由其 DNA 化学所安装并以确定的编程方式去爱、思考与战斗的基因机器人。那只是心灵种类的无限光谱中一种可能的情况(极其不真实,在我们看来)。人类社会生物学与比较社会理论有关,是一个科学与人文在其中被综合到关于基因、心灵与文化的联系的可验证推论之中的研究过程。

为了对直到大约 1980 年的发现进行广泛的调查,我们发现引进一项后成规则的二次分类是有用的,对其作为初级、二级或物化规则的分类是一个补充。对于初级、二级与物化规则类别的每个层次,我们推测,后成中的基因作用的一个进化策略可能采取下列三种之一的形式:

纯遗传传递:大脑与心灵发育的结果被基因活动严格特化;文化与社会环境或者没有影响,或者总是导致遍及种群的相同结果。具有可忽略的社会环境影响的纯遗传传递,是最接近有着科幻小说名声的天生硬连线"遗传机器人"的极端。如此,对于纯遗传传递来说,一个人将预测到社会文化环境中的变化与精神发育的走向之间为零相关。基因决定一切。

纯文化传递:基因活动在脑中创建强制生物体仅具有一般性学习能力的神经回路;这种遗传活动在对任何个体都同等可能的气质、人格、情感效价、知识与道德方面促成巨量的可能结果。文化与社会环境中的事件为这些一般性的能力确定航向。像这样的个体是一块"空白石板",或者一种白板(tabula rasa)心灵,在上个世纪的社会工程师与政治乌托邦居民们中间是很受欢迎的。(Pinker,2002,是一部关于空白石板运动的有力论述与批判。)白板心灵为他们降生所在的符号森林所铸造,并不能自由地塑造自身。如此,在纯文化传递的条件下,个体心灵的唯一特性,与个体心灵之间的差异性一起,唯独产生于其社会文化环境中的差异性。文化决定一切。

基因—文化传递:一个从一边的纯遗传传递伸展到另一边的纯文化传递的范畴。基因活动在这里扮演了一个微妙的角色。不像纯遗传传递,基因活动并不将心灵与大脑托付给一种先天编程的结果。同时与纯文化传递形成鲜明对比的是,基因活动也不促成一种平面化或无偏向的一般性学习潜力。替代地,势场会被弯曲成一片有山有谷的地形。山峰与部分受阻或较少可能发生的结果有关。山谷标记心灵的发育更有可能流向的结果。然而这些扭与转并不被绝对消除;这是一种机会与概率的战略,一场基于基因的赌博,关乎沉浸于一种文化之时的精神发育应何去何从。基因—文化传递能够拥抱由纯遗传传递与纯文化传递界定的极端,或采取更复杂的中间模式的方式,对于大脑与心灵来说,其中的某些结果比其他的更有可能。与基于纯遗传传递与纯文化传递的后成规则的预期形成惊人对比的是,基因—文化传递的中间模式预测,实际上,心灵塑造自身。基因并不直接作用于确定最终的行为或干涉精神活动,但将选择性赋予学习环境。在纯遗传传递中,心灵与大脑中的变化跟社会与文化环境中的变化是不相关的:如果精神生存的必备之物得到供应,一个单一的结果是确定无疑的。在纯文化传递中,个体心灵之间以及每个心灵的生命史之中的差异跟社会与文化教养中的相应差异充分相关。然而,在基因—文化传递中,某些输入具有更高的显著性(影响心灵与大脑发育的更大可能性)并得到来自发育中心灵的更多关注。一种基因活动与学习环境之间的相关性因此可期。

这些就是概念的可替代版及其主要预测。《基因、心灵与文化》的第2章与第3章展示了我们在调查直到1980年的生物、行为与社会科学文献中发现的所有数据的结论,来处理这些传递模式的哪一种,如果有的话,引导着人类精神发育的问题。我们的发现是惊人的。一致贯通初级后成规则的,要么是纯遗传传递的符号,要么是基因—文化传递的符号,严格集中于感知觉能力的狭窄范围内。然而,在二级后成规则与物化规则之中——即在支撑着更高阶的关于学习、挑选与决定的能力的机制中——证据反而表明基因—文化传递策略的盛行,其中一系列结果所受到的偏爱明显高于其他。在这些模态中,我们没有发现什么东西可表明纯文化传递与**白板**学习策略是一个重要的角色。

后面这一否定性结论并不意味着大体上由纯文化传递之下的社会规范所塑造的一般性学习能力与人类无关。科学文献即使在那时也是巨量的,而我们聚焦在那些扎根于生命早年,或是可能回应达尔文式压力的精神活动(诸如配偶挑选)的领域。其他的领域将会有所不同。例如,解释为什么"闭嘴"对于一代青少年来说是"安静"的意思,对于下一代来说却是"你不要说",一定与文化上的,而不是遗传上的变化有关(尽管童言确实存在的事实直接关系到支撑人格与气质正常发育的基因—文化传递规则)。

因此,我们调查的主要结论是,人类精神发育可被理解为后成规则的平行与相继运作。进一步说,我们认为,在某些初级后成规则经由纯遗传传递起作用的同时,绝大多数的后成规则——从语言习得到求偶方案——看起来也在经由基因—文化传递起作用,一场心灵与文化的进化博弈,基因在当中设定某些学习路径好过其他的赔率。诚然,在1980年我们打算出版《基因、心灵与文化》的时候,这一关于复杂的人类精神发育中基因—文化传递的课题还是一种临时性的假说,期待着进一步的发现前来引路的修订机会(如果没有直接湮没无闻的话)。现在,2004年末,我们准备将这一版的《基因、心灵与文化》付梓印刷,合它口味的证据是有力而广泛的——远超过一本书的调查范围,何况像这样一篇代序的文章了。我能做的一切,就是愉快地收集一些最惊人的进展,并为你指出文献中的关键方向。

现在

2001年初,人类基因组计划公布了它的人类基因序列完整图谱。第一次,在地球上的生命史中,也许还是在宇宙的历史中,一个物种看到了它完整遗传蓝图的工作草案,一条编码于四字母 DNA 化学语言的长达 30 亿个字母的进化信息,基因由此建造而来的绳索状分子链条。人类基因组蓝图详列出大约 30 000 个基因,它们按顺序排列在 48 个染色体上,打包于人体的每个细胞核之中。这些的大约 50%——换句话说,令人印象深刻的人类基因组份额——被确认为在大脑的结构、发育与操作方面是选择性活跃的。人类基因组图谱,与范围增加着的生物(包括像黑猩猩与蜜蜂这种复杂的社会生物)的类似数据表一起,并没有变成一个有钱的精英保守的秘密。图谱及其注释是人类的共享遗产——我们全球文化的珍宝,即刻可为贴在万维网上的任何人所用(始于 www.genome.gov 并从那儿开动起来)。

伴随人类基因组本身,追踪整套基因电池的活动,关于它们在特定细胞、组织与有机体一生的时间内打开又关闭开关的技术到来了。这些基因活化与去活化的程序表,由大脑与其他组织中水平变动的化学信号所触发,是在其最微观形式上的后成规则。在无脊椎动物与脊椎动物二者的组织中,它们都在被以提高着的精确度来可视化与图谱化。如同经常在科学中,注意力首先集中在好对付的课题上(诸如更简单的无脊椎动物与单细胞生物);最复杂的课题(诸如人类与类人猿)方面的进展费时更长,但也已经令人印象深刻。例如,阿尔贝特曼(Michelle Arbeitman)和她的同事们一次跟踪了 4000 多个基因,贯穿黑腹果蝇(*Drosophila melanogaster*)生命周期的胚胎、蛹与成虫诸阶段,发现多于一半——2000 个以上——都在随着发育进展而改变其活动水平。(繁殖快的果蝇,其基因组富拥大约 13 000 个基因,贯穿现代遗传学史地扮演了守护遗传式继承的秘密的罗塞塔石碑的角色;见 Lawrence,1992。)影响着包括神经系统在内的细胞与组织活动的全套果蝇基因电池,以锁步方式按动开关,蝇们也随之从一个阶段变到另一个阶段(Arbeitman et al.,2002)。类似地,在一个品系的实验室小鼠中,许多基因的轨迹同时指向一处,被富有色彩地戏称为 *fragilis*,当其开关打开,即编码出一种细胞膜蛋白质,这种细胞膜蛋白质在分流胚胎的某些初生体细胞到最终形成成熟的生殖细胞(或性细胞)的细胞分裂线之上的过程中相当关键(Saltou et al.,2002)。还是在果蝇中,一种叫 *hamlet* 的基因,起到了一个二进制或双态遗传开关的作用(Moore et al.,2002)。当 *hamlet* 起作用时,某些蝇神经细胞就会长出一个单树突,一个细胞表面膜的突起,起到针对蝇的周围神经系统中其他神经细胞释放的化学信号的接收天线的作用。但当 *hamlet* 关闭了,一棵枝条交错的树突状天线之树将会取代单树突萌芽而出。神经细胞处理它们接收自其他神经细胞的化学信号与电信号的方式,与其树突的形状及空间排列严密相关。如此对于像 *hamlet* 这样的后成开关来说,打开或关闭单一基因,就能够被预见到在神经细胞功能方面引起一个重大的变化。在小鼠与大鼠中,基因 *Dasm*1 近来被证明可调节树突树长出相似的末端。阻止由 *Dasm*1 为之编码的细胞膜蛋白质生产,或者操控该基因以致一种替代性的蛋白质被细胞制造出来,阻止着至关重要的树突树的生长(Shi et al.,2004)。

在高度社会化的蜜蜂西方蜜蜂(*Apis mellifera*)的大脑中,基因 *for*(foraging)的活跃度增加发生在一只蜜蜂从她的蜂巢内部维护职责转换为外部的食物收集角色之时(Ben-Shahar et al.,2002)。*for* 基因为一种广泛涉及脊椎动物与无脊椎动物进食唤起的磷分流蛋白质编码。然后蜜蜂行为是由在贯穿蜜蜂的成年生活的中途一点上,像棘轮一样提高 *for* 的活跃度的后成规则铸造的,而在果蝇中,*for* 的活跃度是早被调高或调低并保持在那里的。实际上这些果蝇能够携带 *for* 基因两个变异体(等位基因)中的任意一种:for^R 与 for^r。相比其 DNA 中内嵌有 for^r 的蝇("保姆"),有 for^R 的果蝇("漫游者")在更大的巡逻区域之上扫荡食物;由食物可获得性的不同模式所引导的进化动力,可以在支撑这一遗传多样性的方面起到作用(Ben-Shahar et al.,2002)。遗传变异能够转而鲜明地调整个体之间的行为以及单独活动的程序表。例如,果蝇基因 *period* 的中和作用产生出的蝇,雄性的正常求偶歌会被一种效果较差的粗哑声调所取代(Greenspan,1995)。在陆地蜗牛真厚螺(*Euhadra*)中,一个单一的遗传变化就可将该动物的壳与身体布局的螺旋盘卷由顺时针转换为逆时针,进而扰乱正常交配行为中所需的几何形状与定位,以至于顺时针蜗牛与逆时针蜗牛将直接属于不同的真厚螺物种(Useshima and Asami,2003)。

为我们人类物种涌现的景象同样令人印象深刻。知觉、学习、语言与行为方面的能力在早年加速,以一种特有的顺序展开。相关大脑区域的大小及连线模式被严格预定的变化伴随着心理学意义上的进展,那些基因衍生的,神经细胞借此接收同类发射的化学信号的受体分子在丰度与区域上的变化也是如此(Herschkowitz et al.，1997，1999）。在以马里兰州贝塞斯达的国家精神健康研究所为基地的一系列正在进行的医学图像研究中，汤普森（Paul Thompson）、拉帕波特（Judith Rappaport）及其同事们运用磁共振成像（MRI）扫描观测了童年与社会成熟门槛之间的人脑发育情况（Thompson et al.，2001a；Gogtay et al.，2004；但你会想要看看联合网站上的那些计算机电影，20年的大脑发育在这里被压缩在几秒钟的事情之中）。为了简化一幅不同寻常的景象，MRI数据展示出一条有着惊人量级的后成波形，其横扫过这些年当中的人脑，引起了与认知及行为中众所周知的功能性变化相平行的结构性变化。首先成熟的是分配到感觉处理与知觉的早期阶段的大脑区域。这些正是通过我们在《基因、心灵与文化》中开启的推理，体现初级后成规则活动的区域。然后接下来的是体现二级后成规则与物化规则作用的区域——对于知觉整合、学习、思想与挑选来说相当关键的后期关联区与额皮质——的成熟。最先开花的是在比较其他物种大脑的基础上被认为是在进化上很古老的那些区域。然后接下来的是更为新近进化出来的区域，包括对于计划与决策来说相当关键的巨大的额叶。在更精细的细节水平上，大脑组织中发育变化的规则能够就在人脑的三维布局——一种更为新近被扩展来覆盖老龄人脑的退化式变化，包括那些遭受阿尔茨海默病蹂躏的情况的图谱之间被一个区域接一个区域地直接用数值读取出来（Thompson et al.，2003）。

　　MRI图谱可在同卵双胞胎的大脑之间做比较，他们的基因组基本相同，有着更松散的遗传关系的人们之间，诸如异卵双胞胎（他们平均共享其半数基因），也是一样。对于同卵双胞胎而言，大段大段被绘制的大脑灰质分布匹配严密（Thompson et al.，2001b）。这种相关性对于遗传上相距更远的异卵双胞胎而言是松散得多的。令人着迷的是，在受试于这些开拓性研究的健康成人组中，参与者之间的遗传差异最直接地附属于额皮质、颞叶关联区与占用于语言的联合区域的解剖差异。这些是我们提出表达了对于先进的有意识的思考、计划与判断的发育必不可少的二级及更高后成规则的大脑区域。由此可见，在现代人类种群中，这些后成规则确实处于显著的遗传控制之下，基因上的变化导致后成规则上的变化，而支持复杂的人类认知的大脑区域中显著的个体间差异，也是由人们之间的遗传差异导致的。

在诸如"明尼苏达同卵双胞胎分别抚养研究"等长期研究(Bouchard Jr. et al.,1990)中,心理学评估跟随了一大群同卵双胞胎与遗传亲缘关系较少(或没有)的控制组长达数年或甚至数十年,以此测量了遗传差异与环境差异的影响。在《基因、心灵与文化》问世时,仍然在其最早阶段,关于遗传差异在解释为何从基本的知觉活动与学习,到气质与宗教倾向,一种文化中的人们会在几乎每一个可供测量的心理学特性上出现不同这方面的突出角色,这些项目在此期间即产生出了压倒性的证据(Bouchard Jr. et al.,1990;Wahlsten,1999;Plomin et al.,2003)。这种变异模式的一个实质性的部分,可被理解为人们对于环境的自选择方面的遗传倾向,这又转而直接影响着他们的学习与发育。如同我们之前强调的那样,这是一种与由基因—文化传递为之编程的后成规则相一致的作用模式。确实,一个单个基因中的变化能引起发育期间大脑与行为的变化,而同时当前已知的单基因变化中的大部分在感觉路径与中央脑解剖结构方面都是一种巨大的破坏性变动(Clarke et al.,2001;Meyer-Lindenberg et al.,2004)。后成规则中基因开关转换模式的自然后果,是发育为共同起作用的数套基因,而非为单独起作用的流氓基因所调节。如此一来,一个单个基因中的变化可被期待更为经常地导致发育中,以及最终的脑系统中较小的变化。作用于心灵与行为的个体特征方面差异之上的基因数量,能够由此被估算出来。当前对于心理学及行为特性的估算,典型地集中在几十个基因一起起作用的范围之内——相对于人类基因组作为一个整体的规模(大约30 000个基因),一个令人惊奇的小数字。似乎有理由预期,甚至对于那些复杂如人类的心理学及行为测量而言,绘制为精神发育的后成规则编码的互相连锁的基因活动的图谱,也是一个可以达成的目标。心理学家已经表示,通过依次在数千个体身上应用这些方法——阿波罗登月在其眼界与影响方面的行为遗传学对等物——在这些后成大军中分离并追踪个体基因的影响,将是可能的(Plomin et al.,2003)。

这些进展积累起来的结果溢出了传统遗传学与胚胎学的边界,衍生出一门被称为进化发育生物学(evolutionary developmental biology),或"进化—发育"(evo-devo)的新科学。进化—发育不仅仅是一个关于一个植物或动物体内的基因开关在什么时间与地点打开或关闭的无数事实的仓库。后成规则的分子模式如今能被跨物种地比较。在一个又一个实例中，后成规则被组织在一个让人想起现代航空旅行的因果模式中，在其中，去往乡镇与小城市的本地路线通过较大的机场回溯，直到到达编排起整个体系的少数大枢纽。细胞生长与分化的错综复杂沿着相似的线路被组织起来，用像名为 Hox 与 Pax 的少数主导基因来编排何时何地个体后成规则的基因开关转换被启动。甚至苍蝇与人类都在共享 Hox 基因，贯穿其很久以前来自共同祖先的世系，而穿越物种的多样性，主导发育的基因也沿着相关线路发挥着功能。穿越地球上的生命，后成规则被广泛地共享，适应于每个种群的进化中独特的偶发事件。阿瑟（Wallace Arthur）的新近评论（2002；另见 Ronshaugen et al., 2002），以及卡罗尔（Sean Carroll）、格雷尼尔（Jennifer Grenier）与韦瑟比（Scott Weatherbee）引人注目的《从 DNA 到多样性》（*From DNA to Diversity*）（2001；在写作此文之时，正准备出第二版），为这门中枢性质的年轻科学提供了强力的引介。卡罗尔等人强调，正在涌现的景象是这样的：调节性进化，也就是随着我们在《基因、心灵与文化》中称之为后成规则的东西的活动而发生的遗传进化，正是达尔文的变异由来（descent with modification）的初级推动者。

关于大脑进化—发育以及心灵后成规则的发现，已经成为社会变迁的爆发点。例如，2004 年秋天，合众国最高法院预计将审理一起关于一位西蒙斯（Christopher Simmons）的案件（Roper v. Simmons, No. 03-633）。1994 年，密苏里一法院定罪西蒙斯先生谋杀并判他死刑。命案发生时西蒙斯先生只有 17 岁。最高法院将权衡加给西蒙斯先生的死刑是残忍而非常的惩罚，因此为美国宪法第八修正案所禁止的论据。贝克曼（Mary Beckman, 2004）在影响力很大的美国期刊《科学》（*Science*）上写了一篇报告，称西蒙斯先生的律师将辩称，作为一个十几岁的青少年，西蒙斯先生本不能按照道德责任的成人标准来做出解释：依照新的科学数据，青春期的大脑仍然处在后成的波动之中，提出着关于青少年成人思维能力的问题，尤其是在像挑选以及情感冲动控制这样的关键性领域。美国律师协会为法院归档的《西蒙斯》上的非当事人意见陈述，与涉及科学背景、判例与社会争议的相关文件一起，行文至此，仍可在协会的网站 www.abanet.org/crimjust/juvjus/simmons/simmonsamicus.htm 上获得。21 世纪的观念经济高速运行，而所有人类科学领域的学者们都可以期待看到他们的数据与观念很快被以意想不到的、有争议的方式拿来使用。(校对期增补备注:2005年3月1日,以一个5比4宣布的裁决,法院援引美国宪法第八修正案与第十四修正案,维持此前密苏里最高法院的裁决,搁置加给西蒙斯先生的死刑,也扫去了合众国中在其犯罪之时年龄低于18岁的罪犯的死刑惩罚。见 http://www.supremecourtus.gov/opinions/04slipopinion.html 以及 http://www.npr.org/documents/2005/mar/scotus_juvenile.pdf。)

在《基因、心灵与文化》的写作过程中,我们把后成规则看成是其操作在某种程度上可被数学地处理,因此可与进化种群遗传学的数学传统结盟的种种建构。尽管后成数学是一门年轻又有点深奥的学科,我们还是想强调过去的25年已是一个密集进步的时期,对于活跃于大脑与心灵发育中的后成规则的图谱绘制来说也正是如此。今天,基因开关转换及其发育结果的化学,能够被经验主义地研究,然后在强大的计算机上详细地模拟出来(例如,McAdams and Arkin, 1997; Palacios et al., 1998; Gardner et al., 2000; Davidson et al., 2002; Rao et al., 2004)。大脑的学习规则如今由被称为神经网络工程的一整套数学科学来处理(例如 Ballard, 1997; Arbib et al., 1998; 规范性文本为 David Rumelhart、James McClelland 及其 PDP 课题组关于平行分布处理数学的两本大书: McClelland et al., 1986 与 Rumelhart et al., 1986)。类似地,细胞生长、运动与分化的机械论,也与基因之间化学开关转换及发信号的动力学研究联合了起来,创造出正在涌现的数学发育生物学学科(Murray, 2003)。后成的调节逻辑与约束作用,已向着由这些方法所扩展的数学处理开放(例如,Oster and Murray, 1989; Hogeweg, 2002; Semple et al., 2005)。

对于心灵后成规则而言,迄今为止被发现的最基本的数学形式之一,是1982年——《基因、心灵与文化》出版后一年——由比嫩斯托克(Elie Bienenstock)、芒罗(Paul Munro)与库珀(Leon Cooper,一位注意力由量子粒子转向了人类心灵的荣获诺贝尔奖的物理学家)公布的 BCM 规则(Bienenstock et al., 1982)。所有人当时都在罗得岛州普罗维登斯的布朗大学。BCM 规则对于社会生物学来说是重要的,因为它既具有深刻的数学性,又具有深刻的统合性,连接着神经细胞作用的分子生理学与学习以及知觉。神经细胞的树突用来接收来自其他神经细胞的化学信号的端点被称为突触。大脑中的任何神经细胞(或神经元)都布满了数以千计的这种突触。通过突触之间的变化,信息被存储在大脑的神经细胞网络中。对于一个化学信号而言,当其从发送者神经元到接收者神经元地在突触之间穿越,这些变化使得调整接收着它们的细胞的活动变得更容易(或者,相反地,变得更难)。凭借这么多的突触连接,大脑拥有一种以突触变化的分布模式的形式来存储所学信息的巨大潜力。

精神后成的基本单位,因此就是发生在学习与记忆形成中突触强度的递增量。BCM 规则将突触变化的征象与量级跟发送者与接收神经元的电压活动,也跟突触自身具有遗传基础的化学联系起来。这正是一大班关于突触作用的此类后成规则中被研究得最彻底的一个,而其中所有的都可追溯回半个世纪以前由加拿大心理学家赫布(Donald Hebb)发表的假说(1949/2002)。经过过去两个十年间的稳步检验与改进(Shouval et al. ,2002),BCM 规则断言,大致上,某一突触经历的大量变化都由一种简单的差异所决定——发送者神经元激活其突触部分所在时间与流经接收者神经元的电压活动激活其突触部分所在时间上的差异。如果这一时间差太小,突触会变得更难激活,但,高于一个时间差阈值,突触变化更易激活。从数学上看,得到的公式是一条曲线,看起来很像是对号√,先是下降(突触强度降低),然后升高到越来越大的值(强度增加),信号迅速贯穿神经阵列的时间差也随之变大。

进一步说,尽管结果还没有那么全面,辨别对于神经细胞族群自身——也就是,对于突触的微观世界与脑解剖学的宏观世界之间的大脑发育中间层次而言的关键后成规则的数学形式,现在还不算为时太早(Gogtay et al. ,2004)。例如,在与多伦多大学的克拉克(Geoffrey A. Clarke)与麦金尼斯(Roderick McInnes)的合作中,我们当中的一位(拉姆斯登)仔细看过细胞死亡的后成波形,发育着的神经系统由此蜕去多余的神经细胞。发育着的大脑最终长出远多于它需要的神经元。这些过剩的资源由一种被称为计划性细胞死亡或凋亡(apoptosis)的神经细胞破坏的进化策略所删除。计划性细胞死亡的失调可能会有毁灭性的影响,如同在像阿尔茨海默病这样的神经退行性疾病中,这会通过杀死大量原本健康的脑细胞来剥夺心灵失去其更高力量,还有如同它在某些脑部癌症中所做的那样,那里过少的细胞死亡让神经细胞暴长的族群摧毁了正常的组织与功能。我们新近的成果表明,大脑后成中这些致命的变化,基于一种与支配放射性矿物质缓慢衰变的那种类似的数学节律(Clarke et al.,2000,2001)。通常,基因调节的步测着计划性死亡的细胞时钟走得足够快,正好用来平衡神经细胞供应给发育着的大脑的对原材料的需求。当后成时钟走得太快,神经细胞族群会崩溃,大脑也会退化。走得太慢的时钟会导致一场神经细胞的族群爆炸以及脑癌的发作。获得对此类后成规则的控制,也因此为新的医学治疗,其以通过调整控制计划性细胞死亡的后成时钟的速率来恢复健康(或者,最低限度上,大大放缓退化或癌变偷偷经过大脑神经结构的速率)作为目标,打开了大门。

关于发育的生物学基础的研究,包括大脑与心灵的发育,在过去这四分之一个世纪中大步前进。我认为,至少三个结论得到了各种发现的担保。第一,发育是以一种沿着基因之间协调活动的线路形成的模块化的方式组织起来的。在此种效应已被探测到的每一个心理学特性中,基因的作用都被查明了。尽管协调基因活动的这些模块在科学文献中有各种不同的名称,在《基因、心灵与文化》中开启的进路中,我们叫它们后成规则。第二,有越来越多的证据表明,一些关于感觉回路的后成规则,经由纯遗传传递,正如我们在《基因、心灵与文化》中为之定义的那样起作用,而同时,卷入知觉与高级认知发育的最多的后成规则,似乎是经由如在书中被定义的那种基因—文化传递的模式起作用的。第三,后成规则的活动,越来越经得起数学术语的精确描述,这可使我们对精神发育的进一步理解成为可能。《基因、心灵与文化》问世之时,有利于这些结论的证据看起来是高度暗示性的,如果不是有说服力的。现在,它是令人信服的。

说基因—文化传递的后成规则塑造了人脑与心灵的发育,是一回事。说此遗传基础存在于我们的物种之中,因为通过自然选择的进化把它放在那里,也就是,因为此类后成规则发给那些生而有之者,或者其亲族或战略盟友以生存与生殖的福利,完全是另一回事。毕竟,遗传变化能够以其他方式渗透过一个种群。如果条件适当,随机的遗传突变过程可能俘获一个种群中的某种基因变异体,这里就像溪流中的气泡,它们被裹挟着扫过时间。如果以基因为基础的变化在系统地增进或消耗未来世代的基因丰度上没有影响——也就是,如果遗传变化对于种群而言是**中性**的——该种群可能会长期随机漂变下去。就像色盲者的抽屉里出现配好对的袜子一样,随着时间推移,起初基因模式中的随机漂变也能造成显著的变化。除此之外,新移居者的到来,来自遥远种群的分隔久到遗传差异建立起来的个体们,也能触发遗传变化的注入式爆发。因此,遗传基础不需要必然包含达尔文基础。什么样的证据对后成规则是达尔文式建构这样的结论有利呢?

复杂控制过程的组织,诸如人类神经系统与心灵的发育,沿着模块化的线路带来误差控制及灵活响应环境的强大优势(Simon,1996;Csete and Doyle,2002)。从关于模块化设计的这种一般性的试探开始,《基因、心灵与文化》确认了一批看似与达尔文假说相一致的人类行为及后成规则(例如,动物恐惧症、远系繁殖偏爱、语言发育与记忆操作)。自从《基因、心灵与文化》问世的 1981 年以来,关于作为达尔文式进化产物的人类心灵与行为的研究爆发了,如此密集地聚集在**进化心理学**的旗帜周围,以至于现在,21 世纪早期,追踪行为科学、神经认知科学与心灵哲学领域的相关专著几乎是不可能的,更不用说跟上期刊文献的步调了。一份取样(诸如 Crook,1980;Lopreato,1984;de Kerckhove and Lumsden,1988;Findlay and Lumsden,1988;Penrose,1994;Cairns-Smith,1996;Searle,1997;Carruthers and Chamberlain,2000;Clark and Grunstein,2000;Ehrlich,2000;Fodor,2000;Donald,2001;Klein,2002;LeDoux,2002;Pinker,2002;Plotkin,2002;Edelman,2004;Koch,2004;以及 Marcus,2004)可给出一种把握到这汇聚背后的多样性与加速推进的感觉,但也只是掠过表面而已。在不到人类一生的时间内,这样的变化是会留下深刻印象的。临近《基因、心灵与文化》出场的十年之间,专家意见偏爱达尔文式基因在解释我们独特的人性方面远不及社会与文化。可敬的学者们可能会置之不理,或者甚至坚决抵制,那些旨在评价(当时的)激进的替代方案的研究,即认为正是以基因为基础的机制撑起了人性,以及认为正是达尔文式进化把它们放在了那里。

置之不理的立场——显赫的、具有无可争议的影响力的例子是美国文化人类学家格尔茨(Clifford Geertz)(1973)与加拿大哲学家泰勒(Charles Taylor)(1989)的那些著作——不如从前受人尊崇,产量也比从前少。人类基因组计划,上文提及的那些发现,以及稍后我会强调的那些进展,触发了一场人类科学的深刻转变。一代以前,基因与达尔文出局,文化与文化决定论(白板说的颂歌)入场;今天,文化在基因与达尔文的一旁共同占据中央舞台且已——越来越——不具有刺激性了。达尔文主义心理学、认知科学与心灵哲学的进展是许多学者跨越许多学科的成就,然而篇幅的限制(不要说我自己的专长)阻碍了超出一些主要案例的明确说明。我必须向那些我没有提到或列举其作品的作者道歉,并希望在"参考文献",以及在本文末尾的"出发点"部分中列举的出版物将为你提供进一步研究的资源。

确实,冒着过于粗略简化的风险,我必须说,有一项进展突出如枢纽,并且标示出了一场从**曾经的**进化心理学向**现在的**进化心理学的转变。直到 20 世纪 80 年代中期,进化心理学曾是一门在早期描述的意义上的"软"学科。大体上它的解释是一些对于为什么某些人类精神或行为特征(例如拥有语言或意识),无论是现在还是在我们进化史上的某一时刻,可带来一种达尔文式优势的合理化说法。在这一逆预测式传统下精工打造的案例是克鲁克(John Crook)(1980)、法伊弗(John Pfeiffer)(1982)与洛普瑞托(Joseph Lopreato)(1984)的书,出版于《基因、心灵与文化》前后。因为事后归因的叙述手法提供了如此吸引人的一种依托来组织知识的模式,进化心理学的这一进路延续至今(例如,Cairns-Smith,1996;Donald,2001;Klein,2002)。然而,就其本身而言,这一方法有两个问题:第一,此类叙述通常并不比基于非常不同的、非达尔文主义前提的故事(你是一个创世论者吗?)更有说服力(至少对于怀疑论者来说);而且,第二,它们只"解释"对于科学来说已经是众所周知的东西(例如,人们确实拥有语言)。既然它们做不出可检验的预测,如此单独进行的故事就不能以新科学假说所需的严格方式来加以分析。留在这种形式中的进化心理学注定停滞不前。

但那不是在历史中发生了的事情。当 20 世纪 80 年代接近尾声,心理学家科斯米迪(Leda Cosmides)与图比(Paul Tooby)发表了一连串的研究,将进化心理学从逆预测式讲故事的停泊处解脱出来并将其推上预测型科学的轨道(Cosmides,1985,1989;Cosmides and Tooby,1989;Tooby and Cosmides,1989)。科斯米迪与图比曾经(现在也是)对人们与他人为其相互利益而协作所依据的推理链条燃起了兴趣。从关于协作性行为的进化的达尔文前提展开推理,科斯米迪与图比总结出,在特定的实验条件下,他们的受试会按照一种社会交换情境的某些描述来行事,偏好一些结果胜过其他。科斯米迪与图比做出的预测为他们的实验所确证,也被发现与此前存在的关于社会推理与社会交换行为中的相关效应的科学文献相一致。在相当短的时间内——基本上从科斯米迪 1985 年在哈佛的博士学位论文到大约 1990 年——进化心理学蜕去它的软皮,成为一门具备凭借定量统计实验敏锐预测与硬检验的科学。这正是今日贯穿于学科集合间的标准之所在(例如,Anderson,1990;Barkow et al.,1992;Sober and Wilson,1998;Fiddick et al.,2000;Cartwright,2001)。

实验检验如此坚固地证实了他们的预测,以至于科斯米迪与图比为进化心理学的词汇表赢得了一个新的专门术语:构成心灵关于世界的推理的模块化过程即为**达尔文算法**(Darwinian algorithms),具有一种可观察的逻辑结构,立足于进化优先级的基于规则的反映与挑选策略。这一诱人的术语此后享有了广泛的流通。当然,不是所有的评论都是赞成的;例如,福多尔(Jerry Fodor)(2000)是一位一流的心灵哲学家,其始终不为以模块化与达尔文式设计二者作为心灵之匙的问题所动(作为回应,见 Plotkin 2002,第 83 页以后)。在一门关于人类心灵及其起源的自然科学的这一早期阶段全体一致,是要求(或想要:科学进展凭借争议与凭借共识一样多,或许更多)太多了。无论如何,现在对福多尔与其他批评者的要求,是离开扶手椅并开启一些替代性的预测,依托认知神经科学的硬数据加以检验。

然而,我必须强调一个额外的缺环。它正是缺席于任何一项集中在成熟的,或已完成发育的心灵之上的研究计划的那一个。假定进化心理学设想的这种达尔文算法存在。然后也承认;但这些算法在每个人一生时间的进程中是来自何处的呢?从《基因、心灵与文化》的观点中得到的答案是,达尔文算法是由初级、二级与物化后成规则,即大脑与心灵发育的进化的模块逻辑的活动造就的。确实,《基因、心灵与文化》的强预测就是,后成规则,如果其在达尔文的意义上是进化适应的,必定导致适应性输出。这样产生于后成规则的心灵的任何模块化活动——那就是,诸如择偶或形成非正式联盟等社会行为领域中的知觉、推理、评价与挑选活动——则必定沿着由科斯米迪与图比以及随后的进化心理学家们所观察到的达尔文算法的线路组织起来。(在此意义上,不是所有后成规则的后果都**需要**是模块化的;在任何进化的心灵中被偏爱的模块化与非模块化活动的比率,完全是另一个问题。)

后成规则总是适应性的吗?其活动的结果总是被从一种对基因在种群中如何进化的理解中得到预期吗?"**总是**"一词撒开的是一张大网,确实,比单一的科学实验或一系列实验的视野还要宽广。在发展《基因、心灵与文化》中间章节的量化进路中,我们认为,适应数学种群遗传学的预测性方法,以便至少是试探性地探测这些问题,是必不可少的。我们因此没有一开始就假设后成规则对于制造大脑中的达尔文算法或类似东西而言**是**进化适应的。在《基因、心灵与文化》前面的章节中,我们筛选了人类科学的文献并检索了支持或反对适应主义前提的资料。资料看似更为支持适应性设计。在《基因、心灵与文化》的第二部分,始于第 4 章关于挑选的数学,我们想要让此检索迈出一步,超越依靠计算机建模策略的有限资料。当时还没有多少尝试将学习与文化信息并入到进化模型之中,向着挑选与决定效应的扩展甚至还要更少。就我们所见,还从来没有过探测物化后成规则效应的模型。我们相信,这些都是主要问题。人类不会自动产生一种一成不变的程序化反应,甚至是在非常相似的情境之下。在行动的可替代方式之间必定总要做一挑选。因此,挑选与决定的动力学将是我们模型的一个关键性的特征。至于物化,直到 1980 年,很显然类比与隐喻对于人类用以搞懂自身及其环境的方式来说还是基础性的(Lakoff and Johnson, 1999 出色地升级了这个故事)。抓住我们注意力的,是类比与隐喻借以被用来搞得懂那些发生在比我们的日常生活大得多的时空跨度之上的事件的紧致方式。例如,战争(war)变成两个国家之间"战斗"(fought)的事情,就像两个人之间的一场拼剑决斗或拳击比赛;国家或世界经济变成某种"通胀"(inflates)与"紧缩"(deflates)的东西,就像你的胸口随着你的呼吸起伏一样;政府与全球公司"挑选"(choose)与"协商"(negotiate)与"决定"(decide)政策,就像寻常的人们一样——而确实法律也给予了这些庞大的社会集团之中的一些以一种接近于真实人类个人成员的那种合法地位,并带着关于这些集团在推理、评价与做出负责任的挑选方面的假想能力的一切暗示。

我们总结出,一种关于后成规则如何进化的数学应包括心灵物化(当作真实的来想象与对待)大尺度社会特性的能力——这些特性不能还原为任何一个人正在想或在做的事情。我们认识到,自组织的大众社会活动这一环节,将封闭基因、心灵与文化之间的因果链条模式到一个反响互动的回路之中。我们称这一反响模式为**基因—文化协同进化回路**(the gene-culture coevolutionary circuit),并命名如此发生的种群变化为**基因—文化协同进化**(gene-culture coevolution)。尽管我们没有进行彻底的核实,但《基因、心灵与文化》有可能标志着基因—文化协同进化这一术语的初次使用,从那时起广为采纳于进化科学之中。在基因—文化协同进化回路中,基因经由后成规则,塑造文化环境中神经认知的发育。这是回路中的第一步。下一步,评价与决定的作为塑造行为。知识支撑这些作为,包括取道群体水平或大众社会趋势的物化过程的知识。文化随着惯例、信念、服饰,如此等等的有利模式——特纳(Turner)的符号森林——在回应大众式挑选中的转换而进化。这是回路中的第三步。在第四步也是最后一步中,这些被灌注入行为挑选的变动转换着的文化模式反馈回生存(你是一名吸烟者吗?)与繁殖(你决定不要孩子了吗?),随着时间流逝改变基因频率。这就是自发的、自组织的基因—文化协同进化循环。

我们对基因—文化回路的数学编码,是以一种在科学中并非不常见的精神写成的,即开始于正是最简单的事件并从中学习,由此打通进一步发展的路径。因此我们的方法曾经能够(现在也能)处理种群问题,其中有许多基因影响许多后成规则,并筛动多样的精神作为来穿越多样的文化信息,而同时我们的运算则更为节制。循环在单一后成规则面前的协同进化式反响,由一个基因的两种变异体来调整,但在两种被文化编码的带有一种物化效应的作为之间起着一种二进制挑选的作用,给出了足够的惊喜(与成果)。这样一个模型,刚刚大约占满我们用来执行你在《基因、心灵与文化》中看到的大多数运算的计算机系统的记忆库:强大的苹果 II 计算机(见 apple2history.org),拥有 64K(是的,K——千字节)的计算机存储器与一个 1 兆赫时钟速度的中央处理器。那是 20 世纪 70 年代;今天,当与那曾带领人类社会生物学进入基因—文化时代的技术相比时,你用来发电子邮件和浏览万维网的计算机可能跑得大约要快 1000 倍,而坐拥 100 万倍的记忆能力。

不过,我们还是曾经,而且依然为这些运算的结果着迷。如所预期,经由基因—文化传递起作用的后成规则不总在计算机的输出中出现。跟纯遗传与纯文化传递的专门案例相比,无论如何,基因—文化传递策略出现频繁。它们的适应性选择能够被一大堆因素预先阻止,诸如迅速的遗传突变与种群流动,以及通过文化中那些如此迅速且混乱以至于基因—文化传递无法"锁"定的变化来实现。这样的结果,是基因—文化协同进化的类回路结构在直观上的合理后果。我们对行为科学资料的综合,无论如何,曾表明基因—文化传递后成规则确实在人类精神发育中扮演着一个突出的,或许接近普遍的角色。如果有效,这个结论将指示出,在我们物种的生物学史上,基因—文化传递的进化壁垒并不是一种重要的力量。

我们因此而专注于得自某些模型的计算机输出,在其中,文化特征持续得足够久到触发种群遗传结构中——取道基因—文化回路——的那些变化。有点令我们惊讶的是,当与单独在遗传进化的基础上被预期的结果相比时,此类模型经常产生出相当不同的进化结果。一个不同的基因变异体可能会享有这种选择性优势,或者种群中竞争着的基因频率之间的一种不同的平衡。尤其是在面对物化而对社会中的大众趋势做出反应的情况下,经常通过一个实质性的因素,这些模型中遗传变化的步调可能超过单独的遗传模型。在反映出社会事件中非线性价值取向的挑选曲线面前,基因—文化回路将时间线纺织成如此复杂的模式,以至于禁止准确的预测——以动力学混沌为人所知的数学阈值(Peitgen,1992;Sole and Goodwin,2000)。这样,甚至最简单的可能的回路模型,也会产生出非常复杂的遗传与文化变化的历史,这历史太复杂,甚至在可想象的最大的计算机上也不能被以任何准确度预报出来。一门关于真正的人类基因—文化历史的数学所面临的挑战将有着令人印象深刻的量级。

大体上看,以田野研究与实验室数据检验数学基因—文化模型的预测,依然是一项未来的任务。分子生物学方面的革命已经提供了多种方法,凭借它们,个体、亲族与种群的遗传结构能够被绘制成图谱并以谨小慎微的精确性加以比较。这些都能在文化多样性与亲和性图谱的背景下(Cavalli-Sforza et al.,1994;Cavalli-Sforza,2000;Olson,2002;Pagel and Mace,2004),以及在最强有力的相关于服从达尔文式压力的细如针尖的实例中被追踪到。尽管当前只是聚焦于解剖学的特征,包括与脑部严密捆绑的因素(Roseman,2004),这种细如针尖的精确性还是能被预见到将在接下来的几年里扩展到人脑以及心理学。无论如何,我们的模型做了一项额外的预测,我们发现它足够惊人,值得获得一个属于它自己的名字。此前我曾强调过,大体上,每一个通过后成规则起作用的基因都预计将对其自身施加一点小小的影响。那就是,基因中的一个变化,当与其他基因的活动按规则联合在一起时,通常会以后成规则运行的方式——以基因—文化传递的概率模式引起一个很小的变化。

我们感兴趣的是,随着个体行为挑选以及发育成果穿越社群地与其他人的作为相联合,如此小的变化是否总是会被洗去。当我们在存在物化的情况下为此过程建模,令我们惊奇的是,我们发现,相反的才是实情。社会性的互动,通过它一个个体或群体的挑选与决定影响着其他人的挑选与决定,放大了微小遗传变化的影响,经常在文化上造成一些大型的可预测的变动。我们称这种前馈效应为**基因—文化放大**(gene-culture amplification)。

尽管依然有大量工作要做,近来被报道的 *FOXP2* 基因却有可能就是掌管人类基因—文化放大的第一个可靠候选者。*FOXP2* 是为帮助调节发育中人类的基因功能的小型蛋白质编码的基因。2002年,埃纳尔(Wolfgang Enard)及其同事报告了他们对一个家族的研究,其中的半数成员共有一种 *FOXP2* 基因突变(Enard et al.,2002)。这些人在其做出正常口齿清晰的讲话的能力方面也有着明显的短缺,此外还存在理解语言的具体困难。不携带 *FOXP2* 突变的家族成员有正常的讲话与语言技能。当他们比较人类 *FOXP2* 基因与黑猩猩、大猩猩和恒河猴身上的 *FOXP2* 时,埃纳尔等人发现了两个位置,其上由 *FOXP2* 编码的蛋白质在这些灵长目身上不同于此基因的人类版本。红毛猩猩与小鼠也被绘制了图谱;它们的 *FOXP2* 蛋白质在三个位置上不同于正常人类的版本。相比之下,当在拥有正常语言技能的一群无亲属关系的人们中间绘制图谱时,该基因完全没有展示出实质性的变异。

FOXP2 只在黑猩猩与人类之间的两个位置上有所不同,而人类在语言学的意义上是很灵巧的,类人猿却必须坚持不懈(在由人类科学家安排的严格的训练计划下)才能获得最基本的语言符号能力。埃纳尔及其同事评估的人类 *FOXP2* 突变不

根除它在人们身上起到影响的言语生成与语言理解,但确实会损害它。相同版本的 *FOXP2* 在所有语言正常的人类身上都能被发现,暗示出从它最初出现在人类种群中的时间起(据调查者估计是在最近 20 万年里的某个时候;那就是,自从解剖学意义上的现代人类的时代以来),实质性的达尔文压力就起到了偏爱这一 *FOXP2* 变异体的作用。人类 *FOXP2* 基因变异体在早期的、作为祖先的人科中的出现,也许因此导致了被改进的语言技能,并迅速放大着对于群体协调、个体认知、文化复杂性与种群扩张的影响(Enard et al.,2002)。简言之,*FOXP2*,或者一种非常像它的基因的 DNA 编码中的一个纤小的变化,改变其后成行动到足以提高语言技能,群体行动接着进一步将其放大成现代人类拥有语言力量的文化世界:基因—文化放大。

基因 *microcephalin* 与 *ASPM* 也许很快会加入 *FOXP2*,成为掌管基因—文化放大效应的临时早期候选者。*microcephalin* 与 *ASPM* 帮助调节脑部大脑皮层的发育,一个位于原始脑干之上的深深褶皱化的神经细胞层。皮层为有关正常高级认知的所有方面的神经回路提供居所。在携带某些 *microcephalin* 与 *ASPM* 突变的人类身上,皮层会大规模地减少尺寸,同时大脑与身体的其他部分却发育正常。埃文斯(Patrick Evans)、拉恩(Bruce Lahn)及其在芝加哥大学的同事们现在在人类以外的灵长目范围内研究了这些基因的序列,包括更远的亲戚诸如狐猴以及像黑猩猩这种进化上的堂表亲,还有一些其他的哺乳动物(Evans et al.,2004a,b)。他们考察了这些基因中的变化如何从物种到物种地依次改变着由这些基因所编码的蛋白质的结构。结果中的相关性表明,*microcephalin* 与 *ASPM* 在灵长目家族树内部的变化,受到了偏爱大脑皮层尺寸与加工能力增长的强大进化压力的驱动。甚至对大脑皮层能力很小的添加,也会被预见到与所予相似的其他个体的增强效应协同运作,放大成群体能力层次上的深刻变化。在一项关于人类基因组所受达尔文选择的证据的新近评论中,拉恩与同事瓦伦德(Eric Vallender)列出了影响大脑结构、行为或感觉功能的某些方面,已经有与此相关的显著选择效应证据的总计 13 种基因(他们用表格列出 7 种涉及感觉系统发育的基因,3 种涉及脑组织,还有 3 种涉及行为;Vallender and Lahn,2004)。

未来

  FOXP2、*microcephalin* 与 *ASPM* 标志着进步中的研究,但提出说像它们这样的进展将很快允许检验比在《基因、心灵与文化》那时候曾为可行的更为复杂、现实的假说与模型,一定不是欠成熟的。确实,这样说是安全的:好几十年后,在后结构主义与其他欧陆进口货的阴影中,"社会物理学"——那就是,源于为民众与社群建模的自然科学的数学观念与计算机方法的应用——回到了行动的中心。我能为此次再生提供三个理由。第一是强大的、不昂贵的计算机的普遍可用,这将社会系统的模型化带进许多学者触手可及的范围之内。第二是人工智能(A.I.),认知科学革命的继子。A.I. 问到是否机器能像我们一样(或更好地)思考,然后用电脑程序作为心灵操作的一种模拟物。在写作此文之时,计算机程序还没有获得意识;一些人争论说,像计算机程序这样程式化、基于规则的实体将永远没有能力有意识地、创造性地进行思考(Penrose, 1994)。然而基于规则的程序能够建模心灵在知识与行动的许多领域中推理的策略,并且大脑神经回路的活动现在是以正好穿越从感觉到行动的经验之流的计算机模型来被研究,这也是实情。前进的步伐如此轻快,以至于 A.I. 的一个新分支正在涌现:社会的(或者,如你更喜欢的,社会生物学的)A.I.,一门查明在互动的、协作的个体的大量群体行动中的智能行为诸特征的数学(Weidlich and Haag, 1983; Agre and Rosenschein, 1996; Epstein and Axtell, 1996; Kennedy and Eberhart, 2001; Ball, 2004;关于《基因、心灵与文化》之前数十年中的技艺化境,见 Stewart, 1948; Rashevsky, 1951; Fararo, 1978)。

  基因—文化研究中基于计算机的进展之机,因此看起来不乏壮观。现成的例子:或许你欣赏过三部令人印象深刻的影片,片中影片导演杰克逊(Peter Jackson)赋予托尔金(J. R. R. Tolkien)深受喜爱的奇幻三部曲以生命,《指环王》。如果是这样,你将观察到大规模的战斗场景。这些精心制作的场面并不用一队装扮好的群众演员上场,正如它们在 20 世纪 60 年代好莱坞的剑和凉鞋史诗中所呈现的那样。它们是用计算机动画创造出来的。传统动画中人类艺术家——角色动画师——发挥的功能是作为一名看不见的演员,画出动画角色在它演出时的形象,或者在计算机上设计出它的活动。杰克逊《指环王》的大规模战斗原本将需要一个专业动画师军团。取而代之的是,杰克逊的同事里格勒斯(Stephen Regelous)带头开发了一款称为 Massive,或"虚拟环境中多倍代理模拟系统"的复杂的计算机程序(Duncan,2002,接下来的以此为基础;也可见 www.massivesoftware.com)。Massive 用A. I. 取代动画师的传统绘图。大规模行动,诸如开启第一部影片的那场序幕战中的每个个体角色都有一个 Massive 中的计算机代码,使其能够按照一套感觉、决策与行动能力的逻辑自行表演。在感觉输入(例如触觉、视觉与听觉都被模拟出来)与挑选策略(例如,英雄与恶徒的选项不同,他们对待友军的行为也不同于他们对待敌军的行为)的基础上,决策程序决定行动——角色移动到哪里以及做什么。以此步测进步的节拍,1980 年,我们能够在我们计算机存储磁芯的 64 千字节以内,与协同进化回路自身的代码一起,纳入一个具有几十个互动着的代理,每个都拥有一个由两个递归逻辑节点所模仿的"心灵"的种群;到了 2000 年,20 年以后,计算机存储器的一个千兆字节(100 万个千字节;一种标准的零售规格)能容纳 50 000 个Massive 代理,每个都由一个跨过 7000 个或更多节点的逻辑网络所模仿。而且,此时看来,那也几乎是 5 年前的事情了。此类进展又被扩展了模型的边界,越过学习与记忆而包括了情感、人格与气质,连同它们对决定与挑选的影响的理念进一步强化(Picard, 1997; Champandard, 2003; Woolridge and Lumsden, 2003; Prendinger and Ishizuka, 2004)。基因—文化研究创新的下一个十年,将看到一场从学科最简单的案例,向着模拟基于拥有数以百计、千计或万计心理学复杂个体的种群的协同进化过程的转变。

　　这将与人类社会生物学发展的第二个必要阶段联合起来。在《基因、心灵与文化》的基因—文化模型以及许多随后的研究中,为简单起见,可习得的文化选项,不是被当作符号的复杂模式,而是被当作单块的实体来对待的。它们限制了应用范围的内在象征形式并没有被提及。新近的方法正在去掉这一限制。例如,在关于语言学习能力的进化以及语言的协同进化的一系列模型中,科马罗娃(Natalia Komarova)、诺瓦克(Martin Nowak)与尼永吉(Partha Niyogi)将语言当作形式语法来对待,如此赋予了一种丰富的内部结构(Komarova et al., 2001; Nowak, 2001a, b)。

他们的方法适应并扩展了一条由舒斯特(Peter Schuster)与诺贝尔奖获得者艾根(Manfred Eigen)开创来研究生命起源以前的分子进化(Eigen and Schuster, 1979)的数学进路。

  我曾提到社会物理学从其漫长的日食中重现的三个理由。在"宝瓶座时代"褪色为滞胀与 OPEC 石油危机的年代以后,一度后结构主义**文学**(*lettres*)的符号学自由看起来准备好了至少在学院内部触发一场革命。我提到了这些文学对学者们意识到诠释作为被协商的意义,以及被协商的意义所具有的与包括科学在内的所有人类活动中权力与平等的不公正性的铁一般的联系,作出的持久性贡献。今天,那场语言游戏已自我终结,而新的一场作为后结构主义与总体化话语的杂交品种正在成形。它的规则,更多的是作为社会 A.I. 而非无作者文本的典型,正在多样化为一份意义与机制相联合、通过个体自决与群体行动表达出来的词汇表。

  我们应该将此视为在艺术、人文与关于人性的科学之间加强对话的另一个迹象。四分之一个世纪以前我们两人开始工作,各自已经确信,这样的对话对于表达与我们物种的起源、其在大自然中的价值,以及其在历史背景幕布前的意义有关的真理来说是关键性的。我们当中的一位(威尔逊)在统合(consilience)这一术语之下捍卫这种知识的统一性(Wilson, 1998);另一位(拉姆斯登)在整体论与层创(emergence)的旗帜下保卫了它(Lumsden, 1997; Lumsden et al., 1997; Lumsden, 2004a)。我们两人都一再地区别了它与那个庸俗的习惯("还原论"),即试图以"只是"一群专家所理解的大自然来取代知识的统一性。然而,向前看人类研究将在这个新世纪因此而兴盛的跨学科综合,还是存在着一些挑战。偏爱学科间森严界线之安全的怀疑论者可被安全地忽视。对于外人,以及对于未知的怀疑,是世界上,而不只是在学术校园的回廊里广为活跃的人类特征。所有的证据都表明怀疑论者是错的。一步一步地,来自不同背景的学者们正在会师于有着混融式名字的繁荣社区,像是认知神经科学、"进化—发育"(进化发育生物学)与"科学—艺术"(sci-art)(科学与纯艺术之间的对话;例如 Anker and Nelkin, 2004)。一种对于科学,尤其包括进化科学的实质性的熟悉,对于可敬的心灵哲学而言再一次成为**严格**的(*de rigeur*)(例如 Searle, 1997; Fodor, 2000; Habermas, 2003; Edelman, 2004)。然后，在一场曾经为科学手中的自由艺术所害怕的命运的华丽反转中，像海勒斯（Katherine Hayles）（1984,1990,1999）与凯尔克霍弗（Derrick de Kerckhove）（1995）这样的人文主义者，更不用说诗人和画家们，都在挪用科学来搞懂文学与新媒体的意思。当列表文化多样性的数字开始出现在《新左派评论》（The New Left Review）的页面上，与关于系统性原理的提议以及预期的还击并列在一起（Moretti, 2000, 2001, 2003 主要是挑衅），你就知道有事在发生。无可争辩地，这场综合上路了。

更令人烦恼的，我想，是它如何能够最好地继续下去的问题。为了帮助澄清我在这一点上的意思，允许我凭借我们研究《基因、心灵与文化》的经验。这是一颗合适的北极星，因为为了把社会生物学与基因—文化协同进化之谜联系起来，我们发现我们自己穿越多学科的文献是最必需的：心理学、人类学、社会学、物理学与数学，当然还有进化科学。这项任务吸收了我们几乎3年的时间。自《基因、心灵与文化》以来的25年间，科学保持了指数式的增长，大约每3到5年将其知识翻倍一次。为将此事摆在你的面前，让我们这样说吧，用非常粗略的术语，相关知识用自《基因、心灵与文化》以来的第一个15年每5年翻了一倍，此后就是每3年。然后自1981年以来，我们调查、整理与综合起来的知识储备扩展了26倍，或64倍之多。如此一来，今天发动一次同等级别的综合，用我们当时采用的那种密集阅读的方法，将会需要几乎200年的稳定工作（当时的3年 × 现在估计的64倍材料），或两个世纪每人——几乎是我们之间学者时间的半个千禧年。以原文的同等深度报告之，《基因、心灵与文化》将动用200个左右的章节（不是3个），赶得上几打印本的一大堆。我的估计可能是保守的，因为它不包括那些在科学、人文与艺术中，自1981年以来，变得与一门统一的人性知识相关了的额外的学科。在指数进步的年代里，谁会有这样的长寿用来综合（撇开智慧不谈），而看清了这巨大的投入，谁又会来资助知识的统一呢？

劳动的分工将是部分的解决之道。相比于单独的学者或二人组凭着自己来工作，来自诸多领域的专家大团队将会联合起来筛选初级文献并创造第一阶的综合，高阶的结盟也可能由此涌现。数字媒体与因特网也将是部分的解决之道。当资金与运营到位，以一种对这个行星上各处的学者们按需可查的方式，一个因特网数据库能够容纳成百上千的印刷品才有的巨量的信息。此类数据库,部分地受到人类基因组计划存储需要的激发,正在成为穿越生命科学的标准资源。随着初级文本资源与细阅它们的工具以大型可检索数据库的形式进驻万维网,人文与人类科学也走上了一条平等轨道。两个引人注目的例子(在许多其他的当中)是古代文学的珀尔修斯数字图书馆,由塔夫茨大学的卡内斯(Gregory Canes)主持 www.perseus.tufts.edu;以及毕夏普博物馆的夏威夷民族学在线数据库,收藏了超过 70 000 件文化物件(见 http://www2.bishopmuseum.org/ethnologydb/entire.asp)。

无论如何,智囊团与数据库自身并不会满足需要。打包人类知识的总和到计算机存储器不同于解锁统合的秘密。我们必须预先找到沿着区分传统各学科的边界线微妙散落的那些线索,既然这些边界线正是人类想象力最为薄弱而存在的统一性分裂为交战观点之所在的断层线。这些也是一门充分统合的人性学术研究将要求最大合力的闪点之所在。我想,若没有一项在学术以及一般人类理解的策略上的主要进展——一会儿我会简短地转向这一点——为它们绘制图谱与搭建桥梁的事就不会来。首先无论如何是寻找或搜索的问题。如果关于知识的容量与断层线的复杂性我是对的,对最佳交叉点的搜索将会渐渐地,如果最终完全地,让步给那些习惯于将知识搜索等同于读书——一本接一本,又一本压一本的学者们。有太多要搜索的,其中太多的是异域的土地,而线索也许被以深为不熟悉的形式抛出。因此,我们能够预见,社会生物学与人文以及其他人类科学一起,将需要新的工具,其将如高精度雷达一般起作用,挑拣出关键性的断层线,以及其解决将瓦解学科壁垒的目标问题。从现代数字化学术的状况适度外推,我们可以预期第一批此类工具将是专门化的搜索引擎或"代理",被编程来自动漫游在无数学科的因特网数据库并为了统合模式而筛动:谷歌加上 100 个博士的 A. I. 等价物,如果你喜欢。

然而,即使装载有强大的人工智能,最灵巧的搜索工具也仅仅集中着搜索者的注意力。用线索做什么是取决于你的。搜索联合起各学科的进展的学者们,必定在某个时刻创造新颖的词汇表、观念与媒介来在两两或更多学科之间建立桥梁。如我们所见,这种汇集已经普遍启动于各门科学。无论如何,某些学科按现行惯例还是广为分离的。比如说,社会生物学家或基因组的图谱绘制者要说他们跟文学理论家或诗人有什么任何相关性吗?反之亦然。(道德哲学家们已经入局:见例如 Greene, 2003,以及 Greene et al., 2001。)既然我们,我们所有人,都是有意识的同物种具身存在者(embodied beings),赋有一部漫长的生物以及文化进化的共享历史并且栖居在相互关心与共同受苦的全球文化之中,直接的回答就是"很多"——要是我们聪明到足以开启对话就好了。

社会生物学与进化科学内部的学术研究,迄今为止采用了众所周知的手段来辅助这种汇集:编纂文集,来自多个学科的专家们在此碰头并围绕一个共同关心的问题展开写作;学术辩论,两位或更多专家(以及对立观点)的捍卫者在此各凭正反观点严阵以待;综合工作,关于贯穿多个学科的一个谜题的严密研究吸引一位学者在此度过一个持续很久的时期。尽管无法估价,还是只有当一份桥梁式的词汇表的各种要素已经到位时,或者当至少有一个相同主题(例如,意识的本质)对于桌边的每一位来说都很重要的共识时,这些方法才会效果最佳。当桥梁式词汇表,或共享的优先权,或相互理解的策略尚未出现时——例如,如社会生物学家与后结构主义者之间可能的情况那样(但见 Habermas, 2003),它们是更少成功的。这为意味着创建意义与理解令人惊奇的新的亲近关系的新策略打开了一个空间。尽管还尚未有多少行之有效的范例存在,像弗吉尼亚大学文学学者麦根(Jerome McGann)主持的 Ivanhoe 计划(http://eotpaci.clas.virginia.edu/speclab/ivanhoe/),还是令人鼓舞的。Ivanhoe 是一种基于计算机的工具,帮助学者们理解他们有分歧的文本诠释并探索他们用来形成诠释的关键做法。然而,Ivanhoe 运作起来并不像是一个简单的因特网聊天室,人们在那里自由张贴他们的观点给所有人看,然后在他们自己当中以日常交谈的方式展开讨论。如我对它的理解,Ivanhoe 程序被设计成更像是一个计算机游戏,游戏者在其中被激励来寻找和谐一致的模式,辅以计算机来监控文本以及游戏者们与它有关的交流。Ivanhoe 是一个统合加速器,反转了一本著名的麦根书(McGann, 1988)的标题,将社会的作为(学者的做游戏)变形为诗意的价值(诠释的统一化)。Ivanhoe 游戏当前是为文学类应用而准备的,且仍在开发之中。人们希望它的成功将激起类似工具的创造,瞄准的不只是各学科之中的闪点,而是沿着它们之间的边界线的一切。一个具体的文本可以替换成人性,加之以被邀请加入游戏的所有学科。

有些人提出了,人类知识不可能进展到一种统合的状态,因为意识,这一谜中之谜,与被称为第一人称视角的某种东西有关。这里我无法公平对待这一警告(Searle,1997 与 Lumsden,2005 给出额外的背景),但实质上,我怀疑它将被证明是直接不相干的。简单地说,第一人称视角就是成为威尔逊,或拉姆斯登,或瑟尔(John Searle),或你,或一只海豚,或一只蝙蝠会像是什么样的[这一主题的经典词章(*locus classicus*)是一篇美国哲学家内格尔(Thomas Nagel)的名作,题为"成为一只蝙蝠会像是什么样的?"(What it is like to be a bat?);Nagel,1974]。所以天空的蓝色、清新的早晨的空气、一个所爱之人的失去、美国的外交政策——如**你**生活与其相关的存在的一切——对于你来说都是一种确定的方式。你所经验的——从你的个体视角出发与生活相关的存在——能为别的某人所知吗?然后,它能用科学的语言来描述和解释吗?科学确实看起来在运用一种不同于第一人称那样的视角;科学看起来在置其自身于我们当中的任何一个在想或在做的事情之外,在一个"客观"的测量位置之上。这个位置有时被称为第三人称观点或视角。一个人在搞科学时做出的这种观察,能够以每个人都能够同意,有着量化的精确性,如同观察之所是的这样一种方式被从人到人地共享。因此科学是一种文化实践,在其中关于经验的共识是可能的;凭借它的方法,如果我的雷达枪显示一个不同的速度(或许你正在冲向一垒),然后,除了我们未正常工作的雷达,我测出的 100 英里*每小时与你测出的速度是充分一致的。

像天空的蓝色这种经验,当然看起来不同于限定一只棒球的速度。哲学家有时说,一个像"那蓝色的天空"这样的第一人称经验是"不可还原的",意味着它不能以科学的第三人称视角来表达。例如,我们可以使用一台精密的医学成像扫描仪,来看一看,当你站在蓝天下向上凝望时,你大脑的哪些区域正在点火,这些大脑区域如何交互沟通,以及或许甚至是它们包含神经细胞活动的什么细节。理解扫

---

* 1 英里约为 1.6 千米。——译者

描方法的每个人都会一致同意这些结果。仍然,而这就是第一人称的不可还原性,我们关于大脑节律与神经细胞信号的数据,并未给出我们关于蓝天像是什么样的,对**你**而言的经验。你是在经验,我们是在观察你在经验,而这相当于一对不同的活动。

然而,像"主观的"对"客观的",以及"可还原的"对"不可还原的"这样的二分法,是有可能造成误导的。想想看在我们关于蓝天的虚构场景中会发生什么,如果你为我唱了一首歌,或为我写了一首诗,关于你对天空的经验,而不是让我连上那台扫描仪来观看你的大脑。那么我就会开始抓住你的经验,而不为你的神经细胞在如何开动所分心。你以之框定你的歌或诗的符号,可能会不同于我们经此将就神经细胞活动展开沟通的各种符号;诗歌与音乐符号的诠释,通常涉及一种更为目标开放式的(确实,富于无限目标的)评价与细微变化的过程(Goodman, 1976)。而且作为符号,它们指向你和你的经验,而不是你的神经细胞。有意识的经验,是多样概念与多样范畴的微光闪现。一门与人类经验全方位统合的人类社会生物学,并不基于它全部能够被"还原"到一份专业的、定序基因或观察神经细胞的词汇表的假定。这与观察到的事实是相反的。统合是这样一种假说,即我们将发现贯穿这种多样性、正好穿越人性的种种行迹。

那些行迹也许最终会越过第三人称观点的概念。爱因斯坦(Albert Einstein)关于相对性的物理学将时间与空间,以及物质与能量缝缀到一起。他的发现也显示出,基于"外在于"第一人称视角的科学客观性,只是一种幻觉。对于我们这些肉眼凡胎,并没有一个像神一样的第三人称有利点。甚至在纯朴的物理学世界中,有的只是比较各种第一人称经验的心灵。爱因斯坦课教的是,现代科学处理某些可被精确共享的经验,与其有关的共识与充分相互理解是可能的。令人惊讶地,这些经验对于我们宇宙运作的方式来说,那就是说,对于无论我们人类在这里经验它与否它都将如此的方式来说,似乎完全是基础性的。进一步说,这种精确的共识并不强行规定我们所有人共享相同的视点或拥有同一的经验;远非如此。确切地说,意见一致的织物产生于关联一种经验与另一种的变形规则(字面上,规则将一种经验变形为另一种:我对 100 英里每小时快球的经验变形为你的,即投的是一个 40 英里每小时的慢球)。对于无外援的直觉来说,第三人称观点看起来是真实的,但这反映了心灵物化过程的强大作用,正如它为许多观察者所做测量的领域寻找简洁的象征。第三人称观点并不真实。建基其上的哲学关切可理解为一种由物化规则塑造的**民间哲学**(当他们提到广泛共享于一种文化的关于大自然与关于人类行为的日常理解时,哲学家们已经讲到**民间物理学**与**民间心理学**)。

并非所有的人类经验都用数字符号的术语来表达,即当由物理学规则重新编码时,无缝地连接一个观察者与另一个,然后强制执行全体一致的同意。这是一个开放的问题,关于是否人类设计来表达数字所不能的极端替代性符号系统——文学、音乐、舞蹈、绘画、雕塑——也可能遵循尚未被发现的变形规则,将你关于蓝天的歌与我关于它的绘画,再通过我们的相互理解与神经细胞的断奏式编码无缝地连接起来。同样未知的,如果有任何东西的话,是这由不可表达之物,由一个对于我们当中的每个人来说都很有意义,但却没有符号,或一瞥,或触碰,或挑选能够让另一个人知道的任何经验的核心所构成的剩余的大小。迷人如它,这不可表达之物——作为心灵的机器中一个最后的幽灵在那里徘徊——却并没有准备好来扣押人类科学中的统合式综合。艺术、人文与科学处理能够在心灵之间被表达并因此被共享的东西,而不是一个不可取回的核心。一门学科的符号与另一门相比越是陌生,当壁垒倒塌时,影响也就越大。

21世纪已准备好在人类努力的所有领域中成为丰富与统合的时代。我们两人都强调了,社会生物学关乎未来许多,正如它是对于我们现在与过去的一次探索(Lumsden,1999b,2004a,b;Wilson,2002)。人类社会生物学与基因—文化协同进化的开放性深度问题依然多得数不清。文化,我们看到了,并不是在基因—文化模型中被漫画化至今的信息微粒("模因","文化根")的原子尘埃。但它是什么呢?什么样的新观念将绘制出它的符号森林地图,并循着它贯穿意识经验的小路进入大脑发育的后成矩阵呢?如我们在《基因、心灵与文化》中强调的,在基因—文化的世界中我们并不孤单。数以千计的动物物种都传递习得的信息,如同从一代到一代的基因(Avital and Jablonka,2000)。这些动物文化如何与我们的相比较,动物心灵与动物基因—文化协同进化又是如何不同于人类的情况呢?自《基因、心灵与文化》以来已知的是，即使在最简单的案例中，遗传变化与文化变化的历史也可能是彻底复杂的。既然像 Massive 这样的计算机程序迎来了一个关于接近真实社会的规模与行为复杂度的种群的基因—文化模拟的时代，关于历史的结构与人类心灵，我们又将学到什么呢？真实历史何时是一个进步，何时它是一个循环重复的陈旧轨道，何时是一片混乱狼藉？什么是历史上的心灵之力？一位尼禄（Nero）衰败的自命不凡一定总是尾随一位屋大维（Octavian）的强硬军事，或者它能引领吗？伟大的人格是以死记硬背的方式出现——荷马、恺撒、但丁、布拉姆、奥基夫们（the Homers, Caesars, Dantes, Brahms, O'Keefes）——还是随机的？生物多样性有可能幸存于一颗基因—文化物种及其分裂出来的技术盛行的行星吗？

在如我们所知的生命中，DNA 关于每个基因的代码脚本都有一个开头和一个结尾。进化，在一个时间充足并充满了生机潜质的宇宙中，却并非如此。心灵与文化像一层面纱横挡在宇宙的脸上，它的掀动将透露我们的起源，以及即将到来的时代的耳语。就把《基因、心灵与文化》看成是一封瓶中信吧，抛下水的时候，科学还那么小，两个探险家就能穿越那么多的学科，说出他们的所见所闻。虽然它的年龄已不小——这 25 年成了一个人类科学迅猛发展的时期——《基因、心灵与文化》还是完成了它的旅行。我们相信，我们原创的结论与建议中有很多都经受住了后续发现的检验。但那只是指向未来的过去。对于社会生物学与基因—文化研究而言，如同对于人类全体而言，最伟大的年头一定还在前头。

研究起点

在我们写作《基因、心灵与文化》之时，学术文献是极多的，而现在相对于单个读者的能力来说实际上是无限多的，即使是被一个学科一个学科地对待。但还是有一些研究起点。这里随后是一份曾激发了我关于社会生物学与人性的思考的著作的简短清单。结合"参考文献"中其他的一起使用，它们将有助于你进一步的阅读。

基因

Carroll, S. B., J. K. Grenier, and S. D. Weatherbee. 2001. *From DNA to diversity: mo-*

lecular genetics and the evolution of animal design.* Blackwell Science, Malden, Mass. xvi + 214 pp. （2004 年行文至此，一部修订扩展版的发行是有内在性的）

Frank, S. 1990. *Foundations of social evolution.* Princeton University Press, Princeton, N. J. xii + 268 pp.

Marcus, G. 2004. *The birth of the mind: how a tiny number of genes creates the complexities of thought.* Basic Books, New York. x + 278 pp.

Olson, S. 2002. *Mapping human history: discovering the past through our genes.* Houghton Mifflin, Boston. x + 292 pp.

Plomin, R., J. C. DeFries, I. W. Craig, and P. McGuffin, eds. 2003. *Behavioral genetics in the postgenomic era.* American Psychological Association, Washington, D. C. xxiv + 608 pp.

心灵

Koch, C. 2004. *The quest for consciousness.* Roberts and Company, Englewood, Col. xviii + 429 pp.

Lakoff, G., and M. Johnson. 1999. *Philosophy in the flesh: the embodied mind and its challenge to Western thought.* Basic Books, New York. xiv + 624 pp.

Lumsden, C. J., and E. O. Wilson. 1983. *Promethean fire: reflections on the origin of mind.* Harvard University Press, Cambridge, Mass. vi + 216 pp.

Ortony, A., G. L. Clore, and A. Collins. 1990. *The cognitive structure of emotions.* Cambridge University Press, New York. xii + 207 pp.

Penrose, R. 1994. *Shadows of the mind: a search for the missing science of consciousness.* Oxford University Press, New York. xvi + 457 pp.

Seager, W. 1999. *Theories of consciousness: an introduction and assessment.* Routledge, New York. x + 306 pp.

Stanovich, K. E. 2004. *The robot's rebellion: finding meaning in the age of Darwin.* University of Chicago Press, Chicago, Ill. xvi + 358 pp.

Wilson, E. O. 1978. *On human nature.* Harvard University Press, Cambridge, Mass. xii + 260 pp.

文化

Ball, P. 2004. *Critical mass: how one thing leads to another.* Farrar, Straus and Giroux, New York. xvi + 520 pp.

Cavalli-Sforza, L. L. 2000. *Genes, peoples, and languages.* University of California Press, Berkeley, Calif. xii + 228 pp.

Epstein, J. M., and R. Axtell. 1996. *Growing artificial societies: social sciences from the bottom up.* The Brookings Institution, Washington, D. C.

Geertz, C. 1973. *The interpretation of cultures.* Basic Books, New York. x + 470 pp.

Kennedy, J., and R. C. Eberhart; with Y. Shi. 2001. *Swarm intelligence.* Morgan Kaufmann, San Francisco. xxviii + 512 pp.

Kuper, A. 1999. *Culture: the anthropologist's account.* Harvard University Press, Cambridge, Mass. xviii + 299 pp.

Sperber, D. 1996. *Explaining culture: a naturalistic approach.* Blackwell, Oxford, U. K. viii + 175 pp.

Trigger, B. G. 2003. *Understanding early civilizations: a comparative study.* Cambridge University Press, New York. xii + 757 pp.

社会生物学

Alcock, J. 2001. *The triumph of sociobiology.* Oxford University Press, New York. x + 257 pp.

Lumsden, C. J. 2004. *Sociobiology.* In *Encyclopedia of neuroscience,* 3rd ed. G. Adelman and B. H. Smith, eds., Elsevier, New York: 085SociobiologyE. pdf and 085SociobiologyE. html.

Segerstråle, U. 2000. *Defenders of the truth: the battle for science in the sociobiology debate and beyond.* Oxford University Press, New York. x + 493 pp.

Wilson, E. O. 1975. *Sociobiology: the new synthesis.* The Belknap Press of Harvard University Press, Cambridge, Mass. x + 697 pp.

统合

Anker, S., and D. Nelkin. 2004. *The molecular gaze: art in the genetic age.* Cold Spring Harbor Laboratory Press, Cold Spring Harbor, N. Y. xxiv + 216 pp.

Goodman, N. 1976. *Languages of art: an approach to a theory of symbols.* Hackett, Cambridge, Mass. xiv + 277 pp.

Habermas, J. 2003. *The future of human nature.* Polity Press, Cambridge, U. K. viii + 127 pp.

Hayles, N. K. 1990. *Chaos bound: orderly disorder in contemporary literature and science.* Cornell University Press, Ithaca, N. Y. xviii + 309 pp.

Lumsden, C. J., W. A. Brandts, and L. E. H. Trainor, eds. 1997. *Physical theory in biology: foundations and explorations.* World Scientific, London. xviii + 486 pp.

Searle, J. 1995. *The construction of social reality.* The Free Press, New York. xiv + 241 pp.

Sen, A. 2002. *Rationality and freedom.* The Belknap Press of Harvard University Press, Cambridge, Mass. x + 736 pp.

Taylor, C. 1989. *Sources of the self: the making of the modern identity.* Harvard University Press, Cambridge, Mass. xii + 601 pp.

Wilson, E. O. 1998. *Consilience: the unity of knowledge.* Alfred A. Knopf, New York. viii + 332 pp.

参考文献

Agre, P. E., and S. J. Rosenschein, eds. 1996. *Computational theories of interaction and agency.* MIT Press, Cambridge, Mass. xii + 767 pp.

Anderson, J. R. 1990. *The adaptive character of thought.* Lawrence Erlbaum, Hillsdale, N. J. xiv + 276 pp.

Anker, S., and D. Nelkin. 2004. *The molecular gaze: art in the genetic age.* Cold Spring Harbor Laboratory Press, Cold Spring Harbor, N. Y. xxiv + 216 pp.

Arbeitman, M. N., and 9 others. 2002. Gene expression during the life cycle of *Drosophila melanogaster. Science,* 297: 2270—2275.

Arbib, M. A., P. Érdi, and J. Szentágothai. 1998. *Neural organization: structure, function, and dynamics.* MIT Press, Cambridge, Mass. xii + 407 pp.

Arthur, W. 2002. The emerging conceptual framework of evolutionary developmental biology. *Nature,* 415: 757—764.

Avital, E., and E. Jablonka. 2000. *Animal traditions: behavioural inheriance in evolution.* Cambridge University Press, New York. xvi + 432 pp.

Ball, P. 2004. *Critical mass: how one thing leads to another.* Farrar, Straus and Giroux, New York. vi + 520 pp.

Ballard, D. H. 1997. *An introduction to natural computation.* MIT Press, Cambridge, Mass. xxiv + 307 pp.

Barkow, J. H., L. Cosmides, and J. Tooby, eds. 1992. *The adapted mind: evolutionary psychology and the generation of culture.* Oxford University Press, New York. xii + 666 pp.

Beckman, M. 2004. Crime, culpability, and the adolescent brain. *Science,* 305: 596—599.

Ben-Shahar, Y., A. Robichon, M. B. Sokolowski, and G. E. Robinson. 2002. Influence of gene action across different time scales of behavior. *Science,* 296: 741—744.

Bienenstock, E. L., L. N. Cooper, and P. W. Munro. 1982. Theory for the development of neuron selectivity: orientation specificity and binocular interaction in visual cortex. *Journal of Neuroscience,* 2: 32—48.

Bouchard Jr., T. J., D. T. Lykken, M. McGue, N. Segal, and A. Tellegen. 1990. Sources of human psychological differences: the Minnesota Study of Twins Reared Apart. *Science,* 250: 223—228.

Boyd, R., and P. J. Richerson. 1985. *Culture and the evolutionary process.* University of Chicago Press, Chicago, Ill. viii + 331 pp.

Cairns-Smith, A. G. 1996. *Evolving the mind: on the nature of matter and the origin of consciousness.* Cambridge University Press, Cambridge, U. K. viii + 329 pp.

Caplan, A. L., ed. 1978. *The sociobiology debate: readings on ethical and scientific issues.* Foreword by E. O. Wilson. Harper & Row, New York. xii + 514 pp.

Carroll, S. B., J. K. Grenier, and S. D. Weatherbee. 2001. *From DNA to diversity: molecular genetics and the evolution of animal design.* Blackwell Science, Malden, Mass. xvi + 214 pp.

Carruthers, P., and A. Chamberlain, eds. 2000. *Evolution and the human mind: modulari-*

ty, language and meta-cognition. Cambridge University Press, Cambridge, U. K. xiv + 331 pp.

Cartwright, J. 2001. *Evolution and human behavior: Darwinian perspectives on human nature.* MIT Press, Cambridge, Mass. xxiv + 376 pp.

Cavalli-Sforza, L. L. 2000. *Genes, peoples, and languages.* University of California Press, Berkeley, Calif. xii + 228 pp.

Cavalli-Sforza, L. L., and M. Feldman. 1981. *Cultural transmission and evolution: a quantitative approach.* Princeton University Press, Princeton, N. J. xiv + 388 pp.

Cavalli-Sforza, L. L., P. Menozzi, and A. Piazza. 1994. *The history and geography of human genes.* Princeton University Press, Princeton, N. J. xi + 413 pp.

Champandard, A. J. 2003. *AI Game development: synthetic creatures with learning and reactive behaviors.* New Riders Publishing, Indianapolis, Ind. xlvi + 721 pp.

Clark, W. R., and M. Grunstein. 2000. *Are we hardwired? The role of genes in human behavior.* Oxford University Press, New York. x + 322 pp.

Clarke, G., and 6 others. 2000. A one-hit model of cell death in inherited neuronal degenerations. *Nature*, 406: 195—199.

Clarke, G., C. J. Lumsden, and R. R. McInnes. 2001. Inherited neurodegenerative diseases: the one-hit model of neurodegeneration. *Human Molecular Genetics*, 10: 2269—2275.

Cohen, J., and I. Stewart. 1994. *The collapse of chaos: discovering simplicity in a complex world.* Viking, New York. x + 495 pp.

Cosmides, L. 1985. *Deduction or Darwinian algorithms? An explanation of the "elusive" content effect on the Wason selection task.* Doctoral dissertation, Department of Psychology, Harvard University. 281 pp. HOLLIS Number 001448513.

Cosmides, L. 1989. The logic of social exchange: has natural selection shaped how humans reason? Studies with the Wason selection task. *Cognition*, 31: 187—276.

Cosmides, L., and J. Tooby. 1989. Evolutionary psychology and the generation of culture, II: a computational theory of social exchange. *Ethology and Sociobiology*, 10: 51—97.

Crook, J. H. 1980. *The evolution of human consciousness.* Clarendon Press, Oxford. xvi + 444 pp.

Csete, M. E., and J. C. Doyle. 2002. Reverse engineering of biological complexity. *Science*, 295: 1664—1669.

Culler, J. 1982. *On deconstruction: theory and criticism after structuralism.* Cornell University Press, Ithaca, N. Y. 307 pp.

Davidson, E. H., and 24 others. 2002. A genomic regulatory network for development. *Science*, 295: 1669—1678.

de Kerckhove, D. 1995. *The skin of culture: investigating the new electronic reality*, ed. by C. Dewdney. Sommerville House Publishing, Toronto. xxii + 226 pp.

de Kerckhove, D., and C. J. Lumsden, eds. 1988. *The alphabet and the brain: the lateralization of writing.* Springer-Verlag, New York. xvi + 455 pp.

Derrida, J. 1986. *Glas*, trans. by J. P. Leavey Jr. and R. Rand. University of Nebraska

Press, Lincoln, Neb. vi + 262 pp.

Donald, M. 2001. *A mind so rare: the evolution of human consciousness.* W. W. Norton, New York. xvi + 371 pp.

Duncan, J. 2002. Ring masters. *Cinefex*, #89: 64—131.

Edelman, G. M. 2004. *Wider than the sky: the phenomenal gift of consciousness.* Yale University Press, New Haven, Conn. xvi + 201 pp.

Ehrlich, P. R. 2000. *Human natures: genes, culture, and the human prospect.* Island Press, Washington, D. C. xii + 531 pp.

Eigen, M., and P. Schuster. 1979. *The hypercycle: a principle of natural self-organization.* Springer-Verlag, New York. viii + 92 pp.

Ellis, J. M. 1989. *Against deconstruction.* Princeton University Press, Princeton, N. J. x + 168 pp.

Enard, W., and 7 others. 2002. Molecular evolution of *FOXP2*, a gene involved in speech and language. *Nature*, 418: 869—872.

Epstein, J. M., and R. Axtell. 1996. *Growing artificial societies: social sciences from the bottom up.* The Brookings Institution, Washington, D. C.

Evans, P. D., and 6 others. 2004a. Adaptive evolution of *ASPM*, a major determinant of cerebral cortical size in humans. *Human Molecular Genetics*, 13: 489—494.

Evans, P. D., and 4 others. 2004b. Reconstructing the evolutionary history of *microcephalin*, a gene controlling human brain size. *Human Molecular Genetics*, 13:1139—1145.

Fararo, T. J. 1978. *Mathematical sociology: an introduction to the fundamentals.* Robert E. Krieger Publishing, Huntington, N. Y. xxvi + 802 pp.

Fiddick, L., L. Cosmides, and J. Tooby. 2000. No interpretation without representation: the role of domain-specific representations and inferences in the Wason selection task. *Cognition*, 77: 1—79.

Findlay, C. S., and C. J. Lumsden. 1988. The creative mind: toward an evolutionary theory of discovery and innovation. *Journal of Social and Biological Structures*, 11:3—55.

Fiske, D. W., and R. A. Shweder. 1986. *Metatheory in social science: pluralisms and subjectivities.* University of Chicago Press, Chicago, Ill. x + 390 pp.

Fodor, J. 2000. *The mind doesn't work that way: the scope and limits of computational psychology.* MIT Press, Cambridge, Mass. xii + 123 pp.

Gardner, T. S., C. R. Cantor, and J. J. Collins. 2000. Construction of a genetic toggle switch in *Escherichia coli*. *Nature*, 403: 339—342.

Geertz, C. 1973. *The interpretation of cultures.* Basic Books, New York. x + 470 pp.

Geertz, C. 2000. *Available light: anthropological reflections on philosophical topics.* Princeton University Press, Princeton, N. J. xvi + 271 pp.

Gogtay, N., and 11 others. Dynamic mapping of human cortical development during childhood through early adulthood. *Proceedings of the National Academy of Sciences of the United States of America*, 101: 8174—8179.

Goodman, N. 1976. *Languages of art: an approach to a theory of symbols.* Hackett, Cambridge, Mass. xiv + 277 pp.

Greene, J. D. 2003. From neural 'is' to moral 'ought': what are the scientific implications of neuroscientific moral psychology? *Nature Reviews Neuroscience*, 4: 847—850.

Greene, J. D., and 4 others. 2001. An fMRI investigation of emotional engagement in moral judgment. *Science*, 293: 2105—2108.

Greenspan, R. 1995. Understanding the genetic construction of behavior. *Scientific American*, 272(April): 72—78.

Habermas, J. 2003. *The future of human nature.* Polity Press, Cambridge, U.K. viii +127 pp.

Hayles, N. K. 1984. *The cosmic web: scientific field models and literary strategies in the twentieth century.* Cornell University Press, Ithaca, N.Y. 209 pp.

Hayles, N. K. 1990. *Chaos bound: orderly disorder in contemporary literature and science.* Cornell University Press, Ithaca, N.Y. xviii + 309 pp.

Hebb, D. O. 1949/2002. *The organization of behavior: a neuropsychological theory.* Wiley, New York/Lawrence Erlbaum, Mahwah, N.J. xix + 335 pp.

Herschkowitz, N., J. Kagan, and N. Zilles. 1997. Neurobiological bases of behavioral development in the first year. *Neuropediatrics*, 28: 296—306.

Herschkowitz, N., J. Kagan, and N. Zilles. 1999. Neurobiological bases of behavioral development in the second year. *Neuropediatrics*, 30: 221—230.

Hogeweg, P. 2002. Computing an organism: on the interface between informatic and dynamic processes. *BioSystems*, 64: 97—109.

Kennedy, J., and R. C. Eberhart; with Y. Shi. 2001. *Swarm intelligence.* Morgan Kaufmann, San Francisco. xxviii + 512 pp.

Klein, R. G., with B. Edgar. 2002. *The dawn of human culture.* John Wiley & Sons, New York. 288 pp.

Koch, C. 2004. *The quest for consciousness.* Roberts and Company, Englewood, Col. xviii + 429 pp.

Komarova, N. L., P. Niyogi, and M. A. Nowak. 2001. The evolutionary dynamics of grammar acquisition. *Journal of Theoretical Biology*, 209: 43—59.

Lakoff, G., and M. Johnson. 1999. *Philosophy in the flesh: the embodied mind and its challenge to Western thought.* Basic Books, New York. xiv + 624 pp.

Lawrence, P. A. 1992. *The making of a fly: the genetics of animal design.* Blackwell Scientific, Oxford, U.K. xiv + 228 pp.

LeDoux, J. 2002. *Synaptic self: how our brains become who we are.* Viking, New York. x + 406 pp.

Lopreato, J. 1984. *Human nature and biocultural evolution.* Allen & Unwin, Boston. xiv + 400 pp.

Lumsden, C. J. 1997. Holism and reduction. In C. J. Lumsden, W. A. Brandts, and L.

E. H. Trainor, eds., *Physical theory in biology: foundations and explorations*, pp. 17—44. World Scientific, London.

Lumsden, C. J. 1999a. Evolving creative minds: stories and mechanisms. In R. J. Sternberg, ed., *Handbook of creativity*, pp. 153—168. Cambridge University Press, New York.

Lumsden, C. J. 1999b. Cyborgs, genes, and wired planets. In F. Roetzer, ed., *Megamachine wissen*, pp. 176—192. Campus Verlag, New York.

Lumsden, C. J. 2004a. Sociobiology. In *Encyclopedia of neuroscience*, 3rd ed. G. Adelman and B. H. Smith, eds., Elsevier, New York: 085SociobiologyE. pdf and 085SociobiologyE. html.

Lumsden C. J. 2004b. The posthuman future: tool play and genomic oblivion in a utopic species. In F. Roetzer, ed., *Renaissance der utopie/Utopia reborn: future visions from the 21st century*, pp. 132—155. Suhrkamp Verlag, Berlin.

Lumsden, C. J. 2005. I object: mind and brain as Darwinian things. In C. E. Erneling and D. M. Johnson, eds. *The mind as a scientific object: between brain and culture*, pp. 381—395. Oxford University Press, New York.

Lumsden, C. J., and E. O. Wilson. 1983. *Promethean fire: reflections on the origin of mind*. Harvard University Press, Cambridge, Mass. vi + 216 pp.

Lumsden, C. J., W A. Brandts, and L. E. H. Trainor, eds. 1997. *Physical theory in biology: foundations and explorations*. World Scientific, London. xviii + 486 pp.

Marcus, G. 2004. *The birth of the mind: how a tiny number of genes creates the complexities of thought*. Basic Books, New York. x + 278 pp.

McAdams, H., and A. Arkin. 1997. Stochastic mechanisms in gene expression. *Proceedings of the National Academy of Sciences of the United States of America*, 94: 814—819.

McClelland, J. L., D. E. Rumelhart, and 14 others. 1986. *Parallel distributed processing: studies in the microstructure of cognition. Volume 2. Psychological and biological models*. MIT Press, Cambridge, Mass. xiv + 611 pp.

McGann, J. J. 1988. *Social values and poetic acts: the historical judgment of literary work*. Harvard University Press, Cambridge, Mass. xiv + 279 pp.

Meyer-Lindenberg, A., and 6 others. 2004. Neural basis of genetically determined visuospatial constructive deficit in Williams syndrome. *Neuron*, 43: 623—631.

Moore, A. W., L. Y. Jan, and Y. N. Jan. 2002. hamlet, a binary genetic switch between single-and multiple-dendrite neuron morphology. *Science*, 297: 1355—1358.

Moretti, F. 2000. Conjectures on world literature. *New Left Review*, 1: 54—68.

Moretti, F. 2001. Planet Hollywood. *New Left Review*, 9: 90—101.

Moretti, F. 2003. More conjectures. *New Left Review*, 20: 73—81.

Murray, J. D. 2003. *Mathematical Biology, Volume 2. Spatial models and biomedical applications*, 3rd ed. Springer, New York. xxvi + 811 pp.

Nagel, T. 1974. What is it like to be a bat? *Philosophical Review*, 83: 435—450.

Nowak, M. A., N. L. Komarova, and P. Niyogi. 2001a. Evolution of universal grammar. *Science*, 291: 114—118.

Nowak, M. A., N. L. Komarova, and P. Niyogi. 2001b. Computational and evolutionary aspects of language. *Nature*, 417: 611—617.

Olson, S. 2002. *Mapping human history: discovering the past through our genes.* Houghton Mifflin, Boston. x + 292 pp.

Oster, G. F., and J. D. Murray. 1989. Pattern formation models and developmental constraints. *Journal of Experimental Zoology*, 251: 186—202.

Oster, G. F., and E. O Wilson. 1978. *Caste and ecology in the social insects.* Princeton University Press, Princeton, N. J. xii + 352 pp.

Pagel, M., and R. Mace. 2004. The cultural wealth of nations. *Nature*, 428: 275—278.

Palacios, O. A., C. R. Stephens, and H. Waelbroeck. 1998. Emergence of algorithmic language in genetic systems. *BioSystems*, 47: 129—147.

Peiten, H.-O., H. Jürgens, and D. Saupe. 1992. *Chaos and fractals: new frontiers of science.* Springer-Verlag, New York. xvi + 984 pp.

Penrose, R. 1994. *Shadows of the mind: a search for the missing science of consciousness.* Oxford University Press, New York. xvi + 457 pp.

Pfeiffer, J. E. 1982. *The creative explosion: an inquiry into the origin of art and religion.* Harper & Row, New York. xviii + 270 pp.

Picard, R. W. 1997. *Affective computing.* MIT Press, Cambridge, Mass. xii + 292 pp.

Pinker, S. 2002. *The blank slate: the modern denial of human nature.* Penguin Books, New York. xviii + 509 pp.

Plomin, R., J. C. DeFries, I. W. Craig, and P. McGuffin, eds. 2003. *Behavioral genetics in the postgenomic era.* American Psychological Association, Washington, D. C. xxiv + 608 pp.

Plotkin, H. 2002. *The imagined world made real: towards a natural science of culture.* Penguin, London. xiv + 301 pp.

Prendinger, H., and M. Ishizuka, eds. 2004. *Life-like characters: tools, affective functions, and applications.* Springer, New York. xii + 477 pp.

Rao, C. V., J. R. Kirby, and A. P. Arkin. 2004. Design and diversity in bacterial chemotaxis: a comparative study in *Escherichia coli* and *Bacillus subtilis*. *PLoS Biology*, 2: 239—252.

Rashevsky, N. 1951. *Mathematical biology of social behavior.* University of Chicago Press, Chicago, Ill. xii + 256 pp.

Reynolds, J., and J. Roffe. 2004. *Understanding Derrida.* Continuum, New York. xiv + 168 pp.

Ronshaugen, M., N. McGinnis, and W. McGinnis. 2002. *Hox* protein mutation and macroevolution of the insect body plan. *Nature*, 415: 914—917.

Roseman, C. C. 2004. Detecting interregionally diversifying natural selection on modern human cranial form by using matched molecular and morphometric data. *Proceedings of the National Academy of Sciences of the United States of America*, 101: 12824—12829.

Rumelhart, D. E., J. E. McClelland, and 14 others. 1986. *Parallel distributed processing:*

explorations in the microstructure of cognition, Volume 1. *Foundations*. MIT Press, Cambridge, Mass. xx + 547 pp.

Sahlins, M. 1976. *The use and abuse of biology: an anthropological critique of sociobiology.* University of Michigan Press, Ann Arbor, Mich. xvi +120 pp.

Saltou, M., Sheila C. Barton, and M. A. Surani. 2002. A molecular programme for the specification of germ cell fate in mice. *Nature*, 418: 293—300.

Seager, W. 1999. *Theories of consciousness: an introduction and assessment.* Routledge, New York. x + 306 pp.

Searle, J. R. 1997. *The mystery of consciousness.* The New York Review of Books, New York. xvi + 224 pp.

Segerstråle, U. 2000. *Defenders of the truth: the battle for science in the sociobiology debate and beyond.* Oxford University Press, New York. x + 493 pp.

Semple, J., N. Woolridge, and C. J. Lumsden. 2005. *In vitro, in vivo, in silico*: computational systems in tissue engineering and regenerative medicine. *Tissue Engineering*, in press.

Shi, S.-H., and 4 others. 2004. Control of dendrite arborization by an Ig family member, dendrite arborization and synapse maturation 1 (Dasm 1). *Proceedings of the National Academy of Sciences of the United States of America*, 101: 13341—13345.

Shouval, H. Z., M. F. Bear, and L. N. Cooper. 2002. A unified model of NMDA receptor-dependent bidirectional synaptic plasticity. *Proceedings of the National Academy of Sciences of the United States of America*, 99: 10831—19836.

Simon, H. A. 1996. *The sciences of the artificial*, 3rd ed. MIT Press, Cambridge, Mass. xiv + 231 pp.

Sober, E., and D. S. Wilson. 1998. *Unto others: the psychology and evolution of unselfish behavior.* Harvard University Press, Cambridge, Mass. xii + 394 pp.

Solé, R., and B. Goodwin. 2000. *Signs of life: how complexity pervades biology.* Basic Books, New York. xii + 322 pp.

Stewart, J. Q. 1948. Concerning "social physics." *Scientific American*, 178(May): 20—23.

Taylor, C. 1989. *Sources of the self: the making of the modern identity.* Harvard University Press, Cambridge, Mass. xii + 601 pp.

Thompson, P. M., and 7 others. 2001a. Mapping adolescent brain change reveals dynamic wave of accelerated gray matter loss in very early-onset schizophrenia. *Proceedings of the National Academy of Sciences of the United States of America*, 98: 11650—11655.

Thompson, P. M., and 12 others. 2001b. Genetic influences on brain structure. *Nature Neuroscience*, 4: 1—6.

Thompson, P. M., and 10 others. 2003. Dynamics of gray matter loss in Alzheimer's disease. *Journal of Neuroscience*, 23: 994—1005.

Tooby, J., and L. Cosmides. 1989. Evolutionary psychology and the generation of culture, I: theoretical considerations. *Ethology and Sociobiology*, 10: 29—49.

Turner, V. 1967. *The forest of symbols: aspects of Ndembu ritual.* Cornell University Press, Ithaca, N.Y. xiv + 405 pp.

Ueshima, R., and T. Asami. 2003. Single-gene speciation by left-right reversal. *Nature*, 425: 679.

Vallender, E. J., and B. T. Lahn. 2004. Positive selection on the human genome. *Human Molecular Genetics*, 13: R245-R254.

Waddington, C. H. 1957. *The strategy of the genes: a discussion of aspects of theoretical biology.* George Allen & Unwin, London. x + 262 pp.

Wahlsten, D. 1999. Single-gene influences on brain and behavior. *Annual Review of Psychology*, 50: 599—624.

Weidlich, W., and G. Haag. 1983. *Concepts and models of a quantitative sociology: the dynamics of interacting populations.* Springer-Verlag, New York. xii + 217 pp.

Wilson, E. O. 1971. *The insect societies.* The Belknap Press of Harvard University Press, Cambridge, Mass. xii + 548 pp.

Wilson, E. O. 1975. *Sociobiology: the new synthesis.* The Belknap Press of Harvard University Press, Cambridge, Mass. x + 697 pp.

Wilson, E. O. 1978. *On human nature.* Harvard University Press, Cambridge, Mass. xii + 260 pp.

Wilson, E. O. 1998. *Consilience: the unity of knowledge.* Alfred A. Knopf, New York. viii + 332 pp.

Wilson, E. O. 2002. *The future of life.* Alfred A. Knopf, New York. xxi + 229 pp.

Woolridge, N., and C. J. Lumsden. 2003. EMOCAP: driving 3D characters with real mood dynamics. *SIGGRAPH 2003 Proceedings. Sketches and Applications*, CD-ROM.

第1章
引　言

　　本书的主题是我们将称之为"基因—文化协同进化"的东西。乍一看这一措辞可能好像暗示了一种未必会发生又或许不可能的过程的耦合。但这并不是实情。生物学进化与文化进化之间的联合是一种逻辑可能性，其探索已成为一个越来越明显的重大的智力挑战。许多哲学家与科学家仍然认为生物科学与社会科学之间的鸿沟将是一种永久的不连续性，立足于认识论并为专家们这一边目标的根本性差异所强化。我们反而视之为一种鲜为人知的进化过程——一种复杂的、迷人的交互作用，文化在其中为生物学指令所生成并塑造，而生物学特征又同时为对文化创新做出反应的遗传进化所改变。

　　除了少数例外*，进化生物学家们都在犹豫要不要将生物学起因与自然选择的概念扩展到文化研究。他们是被一种可称为普罗米修斯—基因假设的东西的流行给抑制住了：遗传进化产生了文化，但只在创造着凭文化进化的能力的意义上是如此；于是一群普罗米修斯基因就从其他基因那里解放了人类的心灵。对于他们这一边而言，又一次除了一些值得注意的例外**，社会科学家们在此观点上达成了一致意见并申明了社会科学的自治权。他们所持的是一种由一条第二关键假设，即人类的灵通统一性演绎而来的社会进化的生物学无量纲观点。该观点坚信，人类文化曾在一个对于遗传进化而言太短而发生不了的

---

　　* 特别是，Alexander(1979a, b)；Bonner(1980)；Boyd and Richerson(1976)；Cloninger et al.(1979a, b)；Durham(1976, 1979)；Feldman and Cavalli-Sforza(1976, 1979)；Pulliam and Dunford(1979)；Rice et al.(1978)。

　　** 评论于 Campbell(1975)；Chagnon and Irons(1979)；Fishbein(1976)；Freedman(1979)；Harrison(1977)；Tiger and Fox(1971)；van den Berghe(1979)。

时间内进化,而在任何情况下它都大大依赖一个单一的普罗米修斯基因型。

虽有普罗米修斯—基因假设与灵通统一性假设直接的貌似合理性,它们假定的条件还只是特殊的、极端的情况,仍然有待于一种耦合了遗传进化与文化进化的更为广泛的理论的评价。这样一种"比较社会理论"将视人类为一群物种之中的一个,既真实,又可以想象地是可进化的(Wilson, 1980a)。自然科学的经验教导我们,当现实世界在可能世界的矩阵中被可视化时,最强的理论就被创造出来。当一组基因—文化特性被遍及许多可想象物种地推断出来并超越了人类变异的任意限制,且被用来界定描述进化过程所需的数学因素时,人类历史的弹道就能够被识别出来。

动物行为学家与社会生物学家大体上赞同了这一立场。他们把人描述为各种各样灵长目物种当中的一个物种,每一个都以特异性的方式适应于特有的环境。为评价人类行为的特有性,他们往往会讲到有着人类特定遗传基础的行为模式,因而讲到规定行为的那些基因。当学习被完全讨论,它大体被视为一种编码外在行为的信息包以病原体侵入宿主的相同方式在两代之间跳跃并拓殖大脑的过程。

至少对于人类而言,这些假定是根本不正确的。行为在基因中并不明确,而心灵不能被视为仅仅是行为特征的复制品。在这本书中,我们提出一种非常不同的视角,以此看来,基因规定了一套生物学过程,我们称之为后成规则,指导着心灵的装配。这种装配是背景依赖的,随后成规则一道以采自文化与物理环境的信息为食。此类信息被锻造成为也就是思考与决定的原材料的认知图式。自发性行为只是心灵动力学的一个产品,而文化是后成规则向着精神活动与行为的团块模式的转译。相对于传统的动物行为学与社会生物学进路,包括先前的基因—文化协同进化进路,我们考虑了心灵的自由区间活动以及由它们创造的文化的多样性。基因确实是,但是是以一种深奥而微妙的方式与文化连接在一起的。

我们将通过一种简单的进化分类来着手启动我们的事业。设想一系列在教与学的能力上存在差异的物种。它们能够被安排到拥有文化进化四种基本组元不同组合的几个集合之中：简单学习、模仿、传授与物化。最后一个术语意指符号以及环境的其他抽象表达的建构，一种我们马上将以更多细节讨论的功能。这些组元中的每一种都可以想象会独立进化于所有其他的之外，不过在动物进化的大多数，如果不是所有的种系发生线中，它们按照我们刚刚以此给出它们的那种顺序出现了：简单学习→模仿→传授→物化。在表1.1中，这些组元的组合被运用来界定5个进化等级，它们粗略地平行于文化行为的逐渐涌现。为我们所知的每个物种（见以下评论：Wilson，1975；Alcock，1979；Beck，1980；与Bonner，1980）都落入这些等级的一个或另一个之中。在作为一个整体的动物界中，从非文化等级（Ⅰ+Ⅱ）到优文化等级（见图1.1），物种的比例在每一步上陡然下降。人独自达到了优文化等级，那就是，最先进的或"真正的"文化状态。

表1.1　界定文化进化等级的学与教的组元。最先进的等级（优文化）可以通过若干进化路径中的这一条或那一条到达，形成一种阶梯式的组元积累。

等级	组元			
	学习	模仿	传授	物化（包括符号化）
非文化Ⅰ				
非文化Ⅱ	●			
原文化Ⅰ	●	●		
原文化Ⅱ	●	●	●	
优文化	●	●	●	●

我们在广泛的意义上定义文化，包括精神结构与行为的总和，也包括加工品的建造与使用，通过社会学习从一代传递到下一代。尽管认识到符号在人类文化中的杰出性，但我们并不赞同格尔茨（1966；1973：89）、施奈德（Schneider）（1980）与其他一些社会科学家视它们为唯一的文化诊断法。这种语义的限制武断地排除了实质性的一类模仿行为，其中有些不知不觉地进入符号化的等

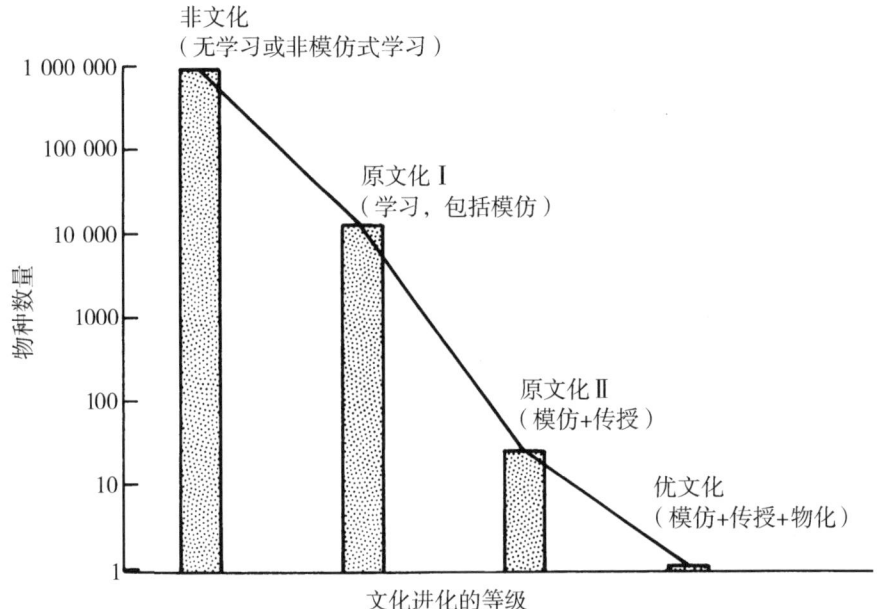

图 1.1 文化行为主要等级中现存动物物种的数量。非文化组被视为由所有无脊椎动物以及冷血脊椎动物组成;这组中的 1 000 000 个物种是一个数量级的估计(见例如 Wilson et al.,1978)。原文化 I 组被视为粗略地包括 8600 种鸟与 3200 种除原文化 II 组中那些之外的哺乳动物,其中暂定放入 7 种狼或狗(*Canis*)、唯一一种非洲野狗(*Lycaon*)、一种豺狗(*Cuon*)、一种狮子、全部两种象与全部 11 种类人猿。人是唯一的优文化物种。

级。它低估了认知过程的复杂性,其中许多不能被分析性地归入通常给予符号化的意义。最重要的是,这种狭义的定义将关键词——文化——排除在了对动物以及祖先人类的理论分析之外。

人类达到了优文化,部分地是通过实施于年轻人社会化期间的教育来实现的。有意的指导程序,至少由非正式的提问与回答组成,为所有的人类社会所使用(Williams,1972a,b;Davidson,1977;Hansen,1979;Patricia Draper,个人通信)。成年人有强烈的倾向去提供复杂的指导,而年轻人倾向于追随他们。如同沃丁顿(Waddington)(1960)曾适当地表达这种关系,人是负载权威性的物种。

事实是,教育并非为人类所独有。广义上蜜蜂跳摆尾舞时就可以说是在指导巢友。直线的行进,即8字舞模式中心横段的方向与持续时间,象征着新发现的蜜源或某个其他目标的定位。其他蜂儿自动跟随这舞蹈,记忆这些编码的指导,然后按此信息行动起来寻找目标。黑猩猩与其他灵长目的母亲走得更远,运用信号与体罚来指导幼崽玩耍与模仿的动作。例如,在坦桑尼亚的贡贝河国家公园,当婴儿黑猩猩爬得太高时,它们的母亲就敲敲树干,让它们立刻下来(Goodall, 1965)。如同邦纳(Bonner)(1980)所指出,教育被多样化为一个穿越少数实践它的动物物种的连续统,范围从表现为带有明显诱导模仿功能的行动,到模仿与探索行为的一步一步强化。但即使是最精致的动物教育模式,也远不及人类社会训练出来的密集而又复杂的指导程序。

简言之,人类在优文化过程的量级上定量地不同于动物。除此之外还有一种独一无二的活动,充分地将人类从最高级的原文化动物物种中分离出来,并使其成为唯一已知的优文化物种。这就是我们称之为物化的过程。人类心灵的操作合并了(1)概念的生成与(2)连续变动着的世界再分类。昆虫、冷血脊椎动物与其他大脑相对较小的动物,在周围感觉细胞与较低关联中心的水平上过滤掉了大多数的信号,进而主要对剩余信号当中一套非常受限的"符号刺激"(sign stimuli)做出反应。相比之下,人类心灵吸收数量多得多的混乱定时的刺激,其中大多缺乏直接的相关性,而从它们之中建构起一种内在的实在性。逐渐变异的构造被复杂但具体的一套操作碎解成不同的类别,其正在开始接受认知心理学家们的深入研究(Posner, 1973; Rosch et al., 1976; Getty et al., 1979)。诸类别经常成对出现——例如,群内/群外、孩子/成人、神圣的/亵渎的,同时它们的边界也为仪式与禁忌所增强。然后全新的产品,"心智品"(mentifacts)(Huxley, 1958)就被创造出来,包括那些情感强烈但只是被心灵的理性部分无力理解的心理过程。如此,诸神、精灵与图腾可被诠释为使心灵的群体绑定活动神圣化的外在表现(Lenski and Lenski, 1970; Rappaport, 1971)。隐喻被创造来联系那些被更为直接地觉察到的物理现象与更不易被把握到的那些。例如,一个人想象出思想的猛冲越过页面,或代表着部落世袭统一性的鹰,或恰当微分,dx/dt,表示着一个任意选定的实体中的变化。

物化的可行手段是符号化,其即刻服务于辅助记忆、触发情感、分类环境,以及传送信息与感受给其他人(Needham,1979)。人类语言大体上是符号的操纵,用来传达心灵的物化结构。黑猩猩语言训练实验的一个结果,是纯粹语言机制的部分贬值。依靠符号语言的方式,这些动物能够被教学会超过100个单词,以及传达情感或提出请求与命令的三个或更多单词的初等类句式组合(Savage-Rumbaugh and Rumbaugh,1978,以及Terrace et al.,1979)。它们明显缺乏的是物化其经验为新的概念,其可依靠无论什么的任何方式,包括单一的符号或句子传送给其他人,这种人类能力与纯粹的驱动力。尽管语法规则与语音是必不可少的传送手段,抽象化与符号化似乎才是优文化进化中的初步成就。

人类凌驾于黑猩猩与其他高级灵长目之上的先进性,获得于一段异常快速的进化爆发期。在一段近乎超过300万年的时期内,从祖先南方古猿(*Australopithecus*)以物质为基础的文化开端时起,到现代智人(*Homo sapiens*)的旧石器时代晚期,大脑尺寸已是原来的3倍。南方古猿的颅容量为400—500立方厘米,相当于黑猩猩和大猩猩的水平。200万年后,直立人(*Homo erectus*)达到了1000立方厘米的容积。又一个100万年,看得见尼安德特人(Neanderthal man)中一个达到1400—1700立方厘米的增长,现代智人中则是900—2000立方厘米。现代智人的年轻者也要经历一个长得多的社会化时期,一个明显起源于人类新皮层扩大之时的阶段。黑猩猩、红毛猩猩和大猩猩的幼年期有7到8年。在现代人中,它大约是14年,并伴随以认知与生理学发育一种相对缓慢的、设定程序的展开。此外,这种发育还包含了导致高级认知、思考与学习水平的全新要素(见图1.2)。

简言之,凭借单一的智人物种达到优文化,在不止一个方面都是一个独一无二的事件。它是通过生命史上一次前所未有的神经解剖学与行为的进化加速来实现的。一个人可以用几乎是物理学的术语来可视化这一过程:凭借此物

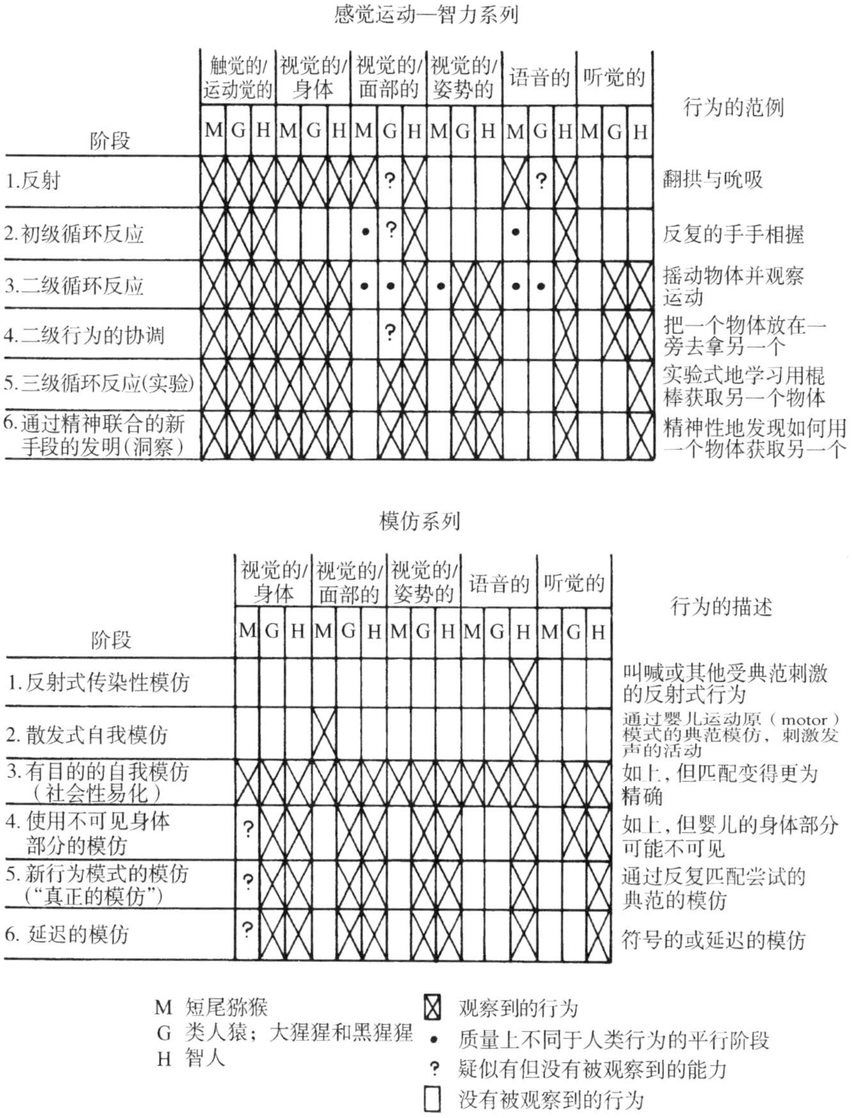

感觉运动—智力系列

阶段	触觉的/运动觉的			视觉的/身体			视觉的/面部的			视觉的/姿势的			语音的			听觉的			行为的范例
	M	G	H	M	G	H	M	G	H	M	G	H	M	G	H	M	G	H	
1. 反射	X	X	X	X	X	X	X	X	?	X	X	X	X	?	X	X	X	X	翻拱与吮吸
2. 初级循环反应	X	X	X	X	X	X	•	?	X	X	X	X	•	X	X	X	X	X	反复的手手相握
3. 二级循环反应	X	X	X	X	X	X	•	•	X	•	•	X	•	•	X	X	X	X	摇动物体并观察运动
4. 二级行为的协调	X	X	X	X	X	X	X	?	X	X	X	X	X	X	X	X	X	X	把一个物体放在一旁去拿另一个
5. 三级循环反应(实验)	X	X	X	X	X	X	X	X	X	X	X	X	X	X	X	X	X	X	实验式地学习用棍棒获取另一个物体
6. 通过精神联合的新手段的发明(洞察)	X	X	X	X	X	X	X	X	X	X	X	X	X	X	X	X	X	X	精神性地发现如何用一个物体获取另一个

模仿系列

阶段	视觉的/身体			视觉的/面部的			视觉的/姿势的			语音的			听觉的			行为的描述
	M	G	H	M	G	H	M	G	H	M	G	H	M	G	H	
1. 反射式传染性模仿	X	X	X	X	X	X	X	X	X	X	X	X	X	X	X	叫喊或其他受典范刺激的反射行为
2. 散发式自我模仿	X	X	X	X	X	X	X	X	X	X	X	X	X	X	X	通过婴儿运动原(motor)模式的典范模仿,刺激发声的活动
3. 有目的的自我模仿(社会性易化)	X	X	X	X	X	X	X	X	X	X	X	X	X	X	X	如上,但匹配变得更为精确
4. 使用不可见身体部分的模仿	?	X	X	X	X	X	X	X	X	X	X	X	X	X	X	如上,但婴儿的身体部分可能不可见
5. 新行为模式的模仿("真正的模仿")	?	X	X	X	X	X	X	X	X	X	X	X	X	X	X	通过反复匹配尝试的典范的模仿
6. 延迟的模仿	?	X	X	X	X	X	X	X	X	X	X	X	X	X	X	符号的或延迟的模仿

M 短尾猕猴
G 类人猿:大猩猩和黑猩猩
H 智人

⊠ 观察到的行为
• 质量上不同于人类行为的平行阶段
? 疑似有但没有被观察到的能力
☐ 没有被观察到的行为

图 1.2 年幼的猴、类人猿与人类的发育程序的比较。所用分类采自皮亚杰(Piaget)的那种,并续以感觉运动智力与模仿能力发育的系列阶段。(基于 Chevalier-Skolnikoff, 1977)

种的优文化阈值的穿越,跟随——或许不可避免地——以一种持续的自催化反应,遗传进化与文化进化在其中驱动彼此向前。

　　为了更严密地考察这一显著的过程,有必要考虑遗传进化与文化进化得以贯穿个体发育的程序而互动的方式。如图1.3所示,在一个社会物种中有三种程序是可能的。想象此刻有一组可传递的行为、心智品与加工品(artifacts),我们提议称其为**文化根**(culturgens)[来自拉丁语 *cultur*(*a*),文化,加上拉丁语 *gen*(*o*),生产;而被我们发音为"kul' tur jens"]。此单位为考古学中所采用的加工品类型(artifact type)的对等物(Clarke,1978),在可变程度上还类似于布卢姆(Blum)(1963)的记忆类型(mnemotype)、赫胥黎(Huxley)(1962)与卡瓦利-斯福尔扎(1971)的理念(idea)、默里(H. A. Murray)(于Hoagland,1964)的理因(idene)、斯旺森(Swanson)(1973)的社会基因(sociogene)、克洛克(Cloak)(1975)的指令(instruction)、博伊德与里彻森(1976)的文化类型(culture type)、道金斯(Dawkins)(1976a)的模因(meme)与希尔(Hill)(1978)的概念(concept)。附录1.1中给出了使用这个新词的正当理由,以及它更为精确的定义。图1.3中简化表示的文化根对于教学双方而言同样可及。它们要通过一系列**后成规则**来处理,其为遗传决定的程序,指导着心灵的装配,包括对通过周围感觉过滤器的刺激的筛查、神经元间的细胞组织化过程,以及更深的定向认知过程。这些规则构成了基因置诸发育的约束(因而有"后成"的说法),并且它们影响着使用一个相对于另一个的文化根的概率。这种概率分布自身被适当地称为**使用偏向曲线**(usage bias curves),或者更简单地,就叫**偏向曲线**。

　　设想一物种内给定基因型的幼稚种群或幼稚个体面对着一套文化根。这些要素可能是一种食材搭配、一套木工工具、各种各样可被采用或抛弃的替代性婚姻习俗,或任何可比较的一组选项。如果个体社会成员的发育是以每次有相同的文化根被选择这样一种方式被遗传地约束,这种传递就被说成是**纯遗传传递**。后成场,即是所有发育选项的时程,是一条从出生到成熟伸展着的单一的狭窄渠道。在非文化物种中,受到类似约束的行为选项,被动物行为学家们

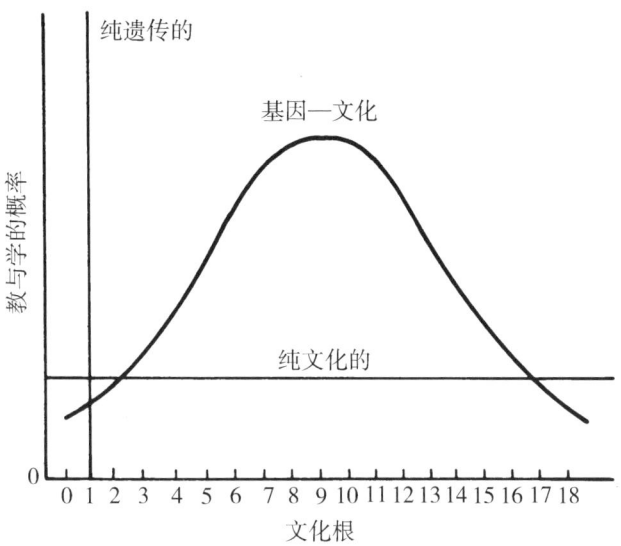

图1.3 社会物种中三种可想象的信息传递程序。根据后成规则(遗传决定的细胞周围筛查与定向认知的过程)的特性,文化根传递的概率将被限制在一种单一的选项(纯遗传传递)、所有选项等概率(纯文化传递)或并非等概率的多个选项(基因—文化传递)。这些曲线是为给定有关特定文化根类别的基因型的个体生物所拥有的后成规则的产物。(修改自 Lumsden and Wilson, 1980a)

称为固定行为型(fixed-action patterns)。取决于物种与行为类别,此类反应能够全部地在中枢神经系统中被编程,而不需要学习无论什么。或者,如果有学习发生,它会被如此紧密地指导,以至于只有一种基因型特定的行为才能实现。干涉发育过程将导致发育不全版本的行为或完全没有行为,换成某种替代性的充分发育模式(Alcock, 1979)。如此,许多鸟类物种的幼崽必须学习本物种特有的歌唱,因为它们没有能力学习任何别的。纯遗传传递到目前为止已是生物学家们的主要兴趣,尤其是神经生物学家与动物行为学家们,因为它典型地与"本能"密切相关,是文化的相对反面。但要注意,一种高度社会性的物种也可以想象地是会进化的,其将拥有一种高级的语言与文化,所有这些都是学来的,并且也能够传递仅仅一套行为以至一种文化。换句话说,纯遗传文化是一种逻辑可能性! 在一种被完全约束的物种中,因为后成规则中的一个变化,无论它被编程为固定行为型还是充分渠道式学习,从一种被偏爱的文化根到另一种的转换,就是纯遗传进化。

在相对的极端上,图1.3中也有所表明,所有的可用文化根都将被同样可能地利用。后成规则进化如此,以至在个体发育中移除了所有形式的偏向性,其原本可能产生于周围感觉筛查、神经元间细胞组织化或更深认知过程中的内在倾向。这种**纯文化传递**正是许多社会科学家在他们诠释人类进化时心中所存有的东西:

> 人性在社会—文化上是可变的。换句话说,并没有在生物学固定基底决定社会—文化形成可变性这种意义上的人类本性。只有在限定与许可人的社会—文化形成这种人类学变量(例如,本能结构的世界开放性与可塑性)的意义上的人类本性(Berger and Luckmann, 1966:46—47)。

这一假说似乎是一种盛行的看法。在一项关于24本导论性社会学教科书的分析中,彼得沙克(Petryszak)(1979)曾发现下述假设是基础性的:"关于被相信内在于人类物种的生物学因素的任何考虑,在理解人类行为与社会的本性方面都是完全不相干的……人类文化是单独地由社会的观念性与技术性方面所构成的,而不包括关于有一个生物学基础的任何考虑……人的学习以及对于社会化过程与他人意见易感的能力,只是由于所有本能的缺席。"在这样一种整个不受约束的物种中,文化根偏爱性的转换就会是纯文化的进化。乍一想,这样的一种安排,可能似乎构成了一种相对简单、普遍又稳定的状态,既然社会行为从基因那里"解放"了出来。但相反的情况更有可能是事实。文化根中偏爱性的生理学平等化,需要一种编码多个复杂的微调机制的基因型。只有在依靠连续遗传进化的精确控制下,纯文化传递才有可能维持。

介于其间的情况是**基因—文化传递**,定义为在其中多于一种文化根可使用而至少两种文化根因内在后成规则而在采用的可能性上有所不同的一种传递。**基因—文化协同进化**被相应地定义为起因于基因频率变动的后成规则之中,或者起因于后成规则的文化根频率之中,或者共同存在于二者之中的任何变化。如我们将要证明的,给出足够的时间,这两种变动都会不可避免地发生,并且它们也会彼此施加以一种互惠式的影响。关于这一交互作用正式的概念化与分析,可被称为基因—文化协同进化理论,或者更简洁地称之为:**基因—文化论**。*

在先验的基础上,基因—文化传递似乎对于所有类别的文化根而言,在人类物种以及在所有其他可想象的、身上有文化能力在进化的物种身上,都是最有可能的传承模式。由于如下原因,纯文化传承是一种不大可能的遗传进化备选结果。

(1)在人类感觉形式(视、听、味、嗅、触、潮湿感、热感)的每一种之中,敏感性都在大量可接收刺激的范围内发生着程度上的变化。在视与听的案例中,狭窄的上限与下限括住能被区分或甚至被知觉的波动频率。对于一个进化着的生物学系统而言,依靠转导细胞与神经元链,要想获得充分的质量控制以接近一致的敏感性,与此同时取消频谱上的限制,将是困难的或不可能的。同样的考虑也适用于中间神经元之间的编码装置对模式与复杂性的读取。简言之,中枢神经系统先天地就没有准备要平等地知觉与分类来自文化根全范围的初级刺激。一定会有一些偏向性,**自始**内置于它们的筛查与编码设备之中。

(2)智人,以及理论上可以想象的、极其依赖文化传承的任何其他物种,都不可能从一种无差别的行为发育来开始它的进化。如同在所有的动物物种中那样,直系的祖先种群必定依赖了自动的周围筛查与模式编码,以及有准备的学习形式,诸如产生于一种适应性的、对于某些刺激的偏爱的印记与抑制。

---

* 协同进化是生物学中为人熟知的现象。理论与实验研究被引向了竞争物种的互动、杂交物种之间交配前隔离机制中的性状替换与捕食者和被捕食者、宿主和寄生物以及互利共生中的伙伴们。关于这些互动形式的精彩评论由拉夫加登(Roughgarden)(1979)、斯拉特金(Slatkin)与梅纳德·史密斯(Maynard Smith)(1979)以及 D. S. 威尔逊(D. S. Wilson)(1980)给出。

（3）即使一个物种能够以某种方式启动于一致的后成规则,该策略一般也将是不稳定的,会在基因—文化协同进化的进程中导致不一致的后成规则的再次出现。

设想一个二倍体生物的种群,带有个体基因型 G_iG_j,这里每个成对的 i 和 j 代表每个位点上的等位基因。在一个文化物种中,一个生物体的遗传适合度 w 不仅由它的基因型 G_iG_j 决定,而且由它的文化遗产决定,表现为它的被同化文化根的集合,$\mathbf{c}$。遗传适合度 w 服从于缘于学习、创新与其他时间依赖的更改文化根内容的文化过程的变化:

$$w = w(i,j,\mathbf{c}) = w[i,j,\mathbf{c}(t)].$$

如图 1.4 所示,当关于文化根集合从 $\mathbf{c}_0$ 到具有同等或较高相对适合度的一个集合 $\mathbf{c}_k$ 的变化的概率每单位时间 $v_{0k}(t)$,大于关于到具有较低相对适合度的某个其他集合 $\mathbf{c}_m$ 的一个变化的概率每单位时间 $v_{0m}(t)$,则遗传适合度会被提高。后成规则提供这一能力,以向着相对有利的集合如 $\mathbf{c}_k$ 的转变比向着相对有害的集合诸如 $\mathbf{c}_m$ 的转变具有更高频率的发生这样一种方式,塑造着生物体的文

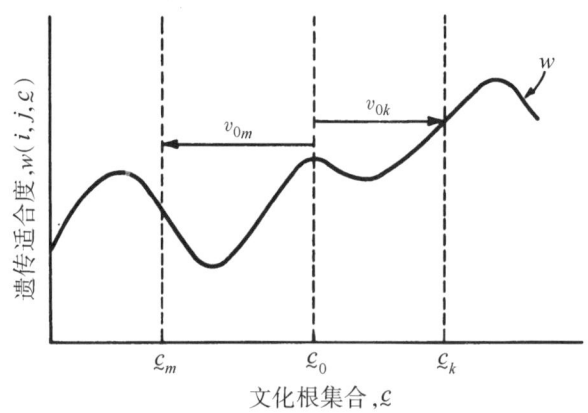

图 1.4 后成规则的进化。自然选择偏爱一致地使从文化根集合 $\mathbf{c}_0$ 到文化根集合 $\mathbf{c}_k$ 的变动概率 v_{0k} 大于从 $\mathbf{c}_0$ 到 $\mathbf{c}_m$ 的变动概率 v_{0m} 的生物,这里由 $\mathbf{c}_0$ 所赋予的遗传适合度大于由 $\mathbf{c}_m$ 所赋予的,但小于或等于由 $\mathbf{c}_k$ 所赋予的。

化根使用模式。

现在设想一个白板生物体种群,其改变着它们的文化根集合,并变动着加之于由不涉及对遗传适合度的影响的特定文化根所发动的行为之上的控制程度。换句话说,该发育场是平的。该种群暴露于这样一种环境,既包含适应性的,又包含有害的文化根,但它并不能区别它们。与此同时,它对能够一时兴起设置 $v_{0m} > v_{0k}$ 的文化编程又是开放的。经过数代时间,该种群在遗传突变的入侵面前,其会编程后成规则偏向于向着相对适应的集合同化的个体,是不稳定的。然后,后成规则会倾向于将认知发育引向相对于其他的某些文化根。为了使它在比喻上更加生动,我们非正式地称这种关系为"皮带原理":遗传自然选择以这样一种方式操作,就像是控制文化于一条皮带绳之上。

这皮带象征着遗传规定的、使用承载某些贡献遗传适合度的关键特征的文化根的倾向性。这些倾向性有别于必定导致特定文化根同化(而由此完全不允许皮带)的硬连线算法(hardwired algorithms)。在文化物种中,几种其他的因素将无论如何都会合起来支持一种皮带的延长。用纯生理学的话说,从一个能够识别并分类文化根适应性特征的神经子系统那里增加的利益,随着其精确度的增加,将最终为创建系统所需的个体发育路径成本,以及维持它于一个功能性状态的新陈代谢成本所抵消(见图 1.5)。分辨能力的这种极限,在文化根同化能力上产生出额外的灵活性,也增加着皮带的长度。在优文化与一些原文化生物的案例中,我们预期文化根集合将不只恰恰是一个同化文化信息的被动容器。它也是一个新的文化根在此能够被发明出来的场所。对于创新着的文化生物而言,一个文化根的适应值,部分地取决于生物体"播种"拥有适应性特征并促进其同化的新事物的潜力。即使当新颖的文化根承担高风险之时,在先前曾受遗传自然选择偏爱的后成规则之下,它们也能携带一种相对高的同化概率。在风险成为现实之前,此类文化根也许会,也许不会结出短期的果实。

从白板状态中,转变概率可能要么为适当的新基因型的并入,要么为新文化根的发现所扰动。前者通过改变影响文化根使用概率的后成规则,变动着对

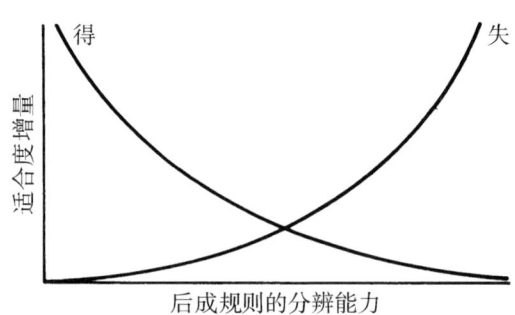

图 1.5 为一种遗传适合度净收益的最终减少所约束的后成规则分辨能力。这种减少既缘于从提高分辨率中获利的增量下降(图中标为"得"),也缘于分辨率提高所需的更精确生理学机制的上涨的成本(标为"失")。在这里描绘的假想案例中,当曲线交叉时,或说在一种中间分辨能力的水平上,则最适度被达成。

先前存在文化根的遗传适合度的影响,同时后者也变动着先前存在基因型的适合度。重点在于,两种事件都会将种群从白板状态中移出。

我们甚至能估计出文化根创新将有此扰动性影响之前的等待时间。此类信息使得以一种初步的模式评价那些贡献性因素的相对重要性成为可能。在文化根创新的案例中,这里文化根与另一个之间的差别随机可变且文化根被以恒速创造,一个适合度变动着的文化根的引入时间为

$$t = [vMI(\pi^{1/2}\alpha)^N]^{-1}\Gamma\left(\frac{N}{2}+1\right)$$

且这里 v 为单位时间内每人文化根中的文化根创新率,I 为种群人数,M 为可能得到的适合度变动着的文化根数量,N 为一个文化根得以区别于他者的品质的数量,α 为关于区别个别文化根的难度的一种量度,Γ 代表伽玛函数。如图 1.6 中的曲线所示,这些系统对于区分文化根的能力上的变化似乎是最敏感的。随着文化根空间维数(N)的增加,以及在不同维度上认知简易度的提高(通过 α 的减小),适合度变动着的文化根被添加的频率下降得非常陡峭。相同的原理,也适用于作为一种极端的、危害全社会福利的适合度变动着的创新的"死文化根"的同化。文化根区分能力的这种提高,会放慢从白板状态中的离开,

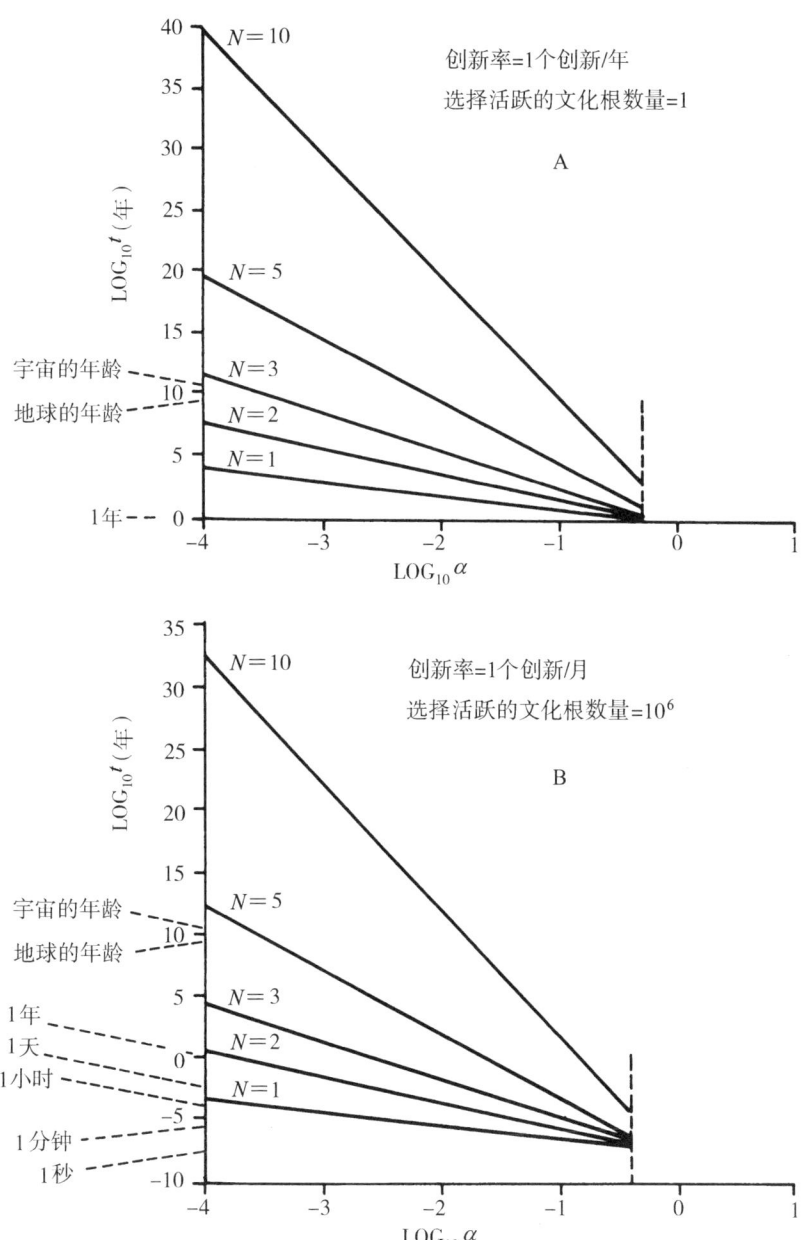

图1.6 一个社会从一种白板状态中离开的等待时间,作为用来区分文化根的属性的数量 N 与认知系统的分辨力 α 的一个函数。显示于图表的创新率是整个种群的那些,换句话说,是 vI。

但不能完全避免它。(关于等待时间估计公式的一种推导,见附录 1.2。)

如前述讨论所示,人类物种是置身于基因—文化协同进化之中的吗?在我们看来,对于这样一个结论,最低限度上,四种证据将是必要的。第一,必须表明,不一致的后成规则存在,它们是普通的,如果不是普遍的,并且它们能够以这样一种方式被分析来检验基因—文化协同进化理论的细节。我们将在第 2 章和第 3 章中证明,这第一个要求是充分满足的。

第二个要求是,人类种群内部后成规则的遗传变异必须存在。因为后成规则研究仍然处于早期阶段,其变异的范围与原因很少被明确地考虑了——并且当然不是在基因—文化论的语境中。但是谱系分析与异卵及同卵双胞胎的标准比较,在某些情况下为发育的纵向研究所增强,凭借这种手段,包括要么构成后成规则要么与其共享组元的一些,被研究的几乎每一类别的认知与行为中,都产生了遗传变异的证据。这些类别包括色觉、听敏度、气味与味道区分、数字能力、词语流畅性、空间能力、记忆、语言习得的定时性、拼写、造句、知觉技能、精神运动技能、外向性/内向性、同性恋、酗酒的倾向性、初次性活动的年龄、皮亚杰式发育阶段的定时性、一些恐惧症、某些形式的神经症和精神病,包括狂躁—抑郁行为和精神分裂症,等等(Heston and Shields, 1968; McClearn and DeFries, 1973; Ehrman and Parsons, 1976; Farley, 1976; Loehlin and Nichols, 1976; Martin et al., 1977; Bohman, 1978; R. S. Wilson, 1978; Ashton et al., 1979; Comings, 1979; Rainer, 1979; Vandenberg and Wilson, 1979)。

基因—文化协同进化成立的第三个条件,是人类种群内部文化实践与遗传适合度之间一种关联性的证实。事实上,在一大批行为类别之中,这样一种关系已经被记录下来了,且经常牵涉到文化根之间的细微差别。例如,在文身与其他身体标记模式中的某些实践,如同在割礼、对月经及产后血的处理,以及日常饮食中,已知都传播着病毒与其他极大影响死亡率、出生率甚至性别比例的传染源(Blumberg and Hesser, 1975; Gajdusek, 1977; Drew et al., 1978)。关于性行为、婚姻习俗、早期母婴依恋、有差别杀婴、攻击的形式化技术以及经济组织等对遗传适合度的直接影响,记录也存在(Daly and Wilson,1978;Chagnon and Irons,1979;D. G. Freedman,1979;Kennell and Klaus,1979)。然而,此类实践的长期效应还没有得到测量。

相对细节化的关联性,在烹饪案例中的文化与遗传适合度之间建立起来了。人类不能遗传地生物合成赖氨酸这种氨基酸,其必须从一种平衡的饮食中获取。玉米,新世界唯一的栽培谷物,拥有大量的赖氨酸,但2/3的化合物被锁定在胚乳和胚芽不可消化的谷蛋白片段中。释放这些被隔离部分最简单的方法是碱法蒸煮(alkali cooking)。此技术的数个变种被发明出来并通过文化的扩散而传播开来。在卡茨(Katz)与助手们评论过的北美洲、中美洲及南美洲的51个社群当中(1974),玉米耕种的强度、碱法蒸煮的使用、人口密度与社会组织的复杂性之间存在一种强正相关。考古学数据与当代社会的观察显示出,当高度的依赖性被加在作为一种主食的玉米之上,人口密度就会增加。但除非被加工以释放赖氨酸,玉米并不是一种有营养的食物。看起来,许多采用碱法蒸煮的新世界社会,都不大可能会直接将此道工序理解为其生化短缺的解决乃至促进人口增长与社会进化之必需。

一个不同种类的基因—文化关系体现在蚕豆,地中海地区最流行也最容易耕种的作物之一的食用上。基因 $G6PD^-$ 是性连锁隐性的,当没有等位基因 $G6PD^+$ 的陪伴时,会导致一种红细胞酶,即葡萄糖-6-磷酸脱氢酶的缺乏。在地中海人口当中,$G6PD^-$ 的发生率位于 0.05 到 0.30 之间。它的相对高频率一般被归因为它带来的更高抗疟疾性。然而,由该基因导致的纯生化缺陷会因蚕豆的食用而恶化,引起疾病与时而的死亡。似乎存在一种 $G6PD^-/G6PD^+$ 的多态性,随着 $G6PD^-$ 的发生率几乎肯定地为蚕豆的食用以及由此引发的蚕豆病所降低。不足为奇的是,在贯穿大部分有记载历史的地中海社会中,蚕豆已是烹饪特殊仪式、选择性禁忌与民间传说的相关物件。尚少有证据表明,受到影响的人们曾在其信仰与现在被认为是蚕豆病的真实本性和原因的东西之间,建立起任何直接的、理性的关联(Katz,1980)。

关于基因—文化协同进化的第四个,也是最后的必要条件,是直接关联基因与认知发育的分子以及细胞机制的存在。动物物种中感觉接收与行为的中间纽带,已被广泛地记录下来(McClearn and DeFries,1973;Ehrman and Parsons,1976;Hall and Greenspan,1979)。关于人类认知中这样一种连锁性的证据是碎片化的,同时一些基本步骤也已为人所知。即使是最复杂的后成规则,也能为影响分子与细胞机制的遗传变化所更改。例如,在周围感觉筛查的层次上,改变色觉与对苯硫脲敏感性的单一突变,就是以初级感受器细胞的分子结构变化为基础的。同样初等的遗传控制,也会影响到觉察某些气味诸如十五酸内酯的能力,并且可能构成了在知觉类麝香物质环十五内酯方面的性别差异的基础。

在下一个组织层次上,20种或更多种已知的神经递质,包括一元胺、血清素、去甲肾上腺素与多巴胺,有一些会对心情、专注度、睡眠习惯与社会行为施加重大影响。它们运作在特定的感受器位置,而它们的影响能够为抑制其特定氧化酶或以其他方式改善突触持久性的物质的使用所增强。在任何有意义的程度上改变行为有效性神经递质产生或其感受器位置特性的突变,都有可能同样改变了后成规则。例如,最严重的临床上可定义的精神分裂症形式,就是明显地处在部分的遗传控制之下(但见Taylor and Abrams的保留意见,1977)。它们与多巴胺感受器的较高密度或多巴胺的较高浓度有关(Greenberg,1978)。类似的可能性,也存在于促黑素细胞激素,一种影响记忆与焦虑水平的肽,以及调解疼痛感受、焦虑与压抑的内啡肽的调节过程中(Arehart-Treichel,1978)。神经生物学家与生理心理学家们是乐观的,相信为人的行为现象负责的那些细胞机制最终将被理解(见例如Boddy,1978,以及Schmitt and Worden,1979)。法利(Farley)(1976)与其他生物精神病学家们走了很远,以至总结出,神经症与精神病,是由经常恰恰超出了正常的遗传调解活动范围的心理学事件所引起的精神状况。充分的扰动,可能产生于异常基因型、早期发育事故、环境压力或这些过程之间的交互作用。如此,行为中的根本性变化,有时可能会跟随影响着关键细胞活动的相对少量的遗传变化而来。

在一个还要更高的、细胞结构的组织层次之上，大鼠、恒河猴与人类大脑的愉快中枢现在已知并非由局部的细胞群集构成，而是由从边缘区域扩展进入额皮质的整个纤维束构成的。研究显示出，此"大脑奖励系统"中的活动有差别地受到一元胺神经递质的影响（Routtenberg, 1978; Stevens, 1979）。我们认为，该系统的一个遗传变化将会改变认知发育的方向，如此也会构成后成规则的一次修改。在最高的层次上，也不乏用来解释意识的神经元基础以及解释心灵的模型。确实，这在当前是理论神经生物学最活跃的领域之一，而其范围被示例于普里布拉姆（Pribram）(1971)、布塞（Buser）与鲁热尔-布塞（Rougeul-Buser）(1978)、科尔比（Colby）(1978)、埃德尔曼（Edelman）与芒卡斯尔（Mountcastle）(1978)、格罗斯伯格（Grossberg）(1978)、勒德雷尔（Roederer）(1978)、瓦塞尔曼（Wassermann）(1978)，以及西蒙（Simon）(1979)的著作之中。诸模型中的一些格外微妙，并且创造性地动用了大量关于大脑结构及作用的实验数据。身—心关联在细节上仍然有待于解谜，同时其可行性已在基于神经生物学信息的具体重构中建立了起来。

简要地总结这一点，我们讨论了，自其进入最先进的、"优文化的"社会组织等级，基因—文化传递就是人类物种的一个几乎不可避免的特性，因为在任何文化物种中，其替代方案，纯文化传递，内在地都是一种稀罕且不稳定的状况。我们进一步展示出，有遗传基础的后成规则，预计存在于基因—文化协同进化之中，确实在人类身上发生了，并且对其经验分析必不可少的所有条件也都存在。

我们现在来到基因—文化协同进化理论的中心经验问题：在人类种群中，由遗传进化与文化进化的交互作用所产生的后成规则的严格性与特异性的程度。一个重要的考虑是，在基于后成约束文化根的两种表型的选择率方面，只在1%或更小的级别上有一点细微的差别，也可能造成遍及作为一个整体的种群的遗传进化，足以使个体发育偏向于有利的文化根。进一步说，遗传漂变能够在短至10代的时间里变得可检测。这一推论是以经典种群遗传学的二对等位基因模型与多基因模型为基础的（Crow and Kimura, 1970; Roughgarden, 1979），而我们随后将直接以基因—文化协同进化的模型来证实它。它也被大量地记录在了关于定向（orientation）与其他初等形式的动物行为的选择实验中（Dobzhansky et al., 1972）。其对于基因—文化协同进化的特殊含义将在第6章中得到探索。

相反地，在文化根的选择上，仅仅是一个很小的偏向，也足以产生出惊人的新型社会组织来。在《微观动机与宏观行为》（*Micromotives and Macrobehavior*）（1978）中，谢林（Schelling）提供了一些令人印象深刻的例子，关于以相对小的个人决定为基础的模式之上的大影响，包括个别司机减速10秒钟引起的交通堵塞、由无非是加入一个多数派的温和愿望而已导致的居住隔离、缘于成员利益小幅降低到一定阈值水平以下的机构倒闭，以此类推。看起来同样可能的是，在一个更大的可用集合（例如偏爱某些食品、服饰或婚姻安排的趋势）之外采用一个文化根子集的微弱的先天倾向，在某些条件下也有可能被放大成为文化进化中大得多的事件。例如，年轻男孩女孩早期性情上相对微小的先天差异（Blurton Jones and Konner, 1973; Maccoby and Jacklin, 1974），被扩大为所有社会中都一致的角色差异，包括少数中的极端男性支配（Rohner, 1975; Draper, 1976）。

这种放大的一个重要后果，是模式变动可由不同原因发起并沿独立路径实现的轻松性。由此，微观动机相对难以单独从一种宏观行为的知识中推断出来。快速的历史变迁经常被引用来作为人类社会行为中遗传约束缺席的证据（Allen et al., 1976; M. Harris, 1979）。然而，有所相关的并非文化进化的数量，而是其方向的一致性。模式对来自社会生物学理论细致预测的遵从，以及尤其是个体发育中变化与后成规则之间的因果关系，也是同样重要的。当来自发育心理学的精确信息被并入到基因—文化协同进化的模型之中时，社会科学意义重大的理论问题将变得更易于处理。

因此，文化研究应从关注后成规则调节遗传进化与文化进化之间关系的一类工作中受益。我们认为，这些规则的进化势必形成两种互补往复式的选择模式。第一种是**遗传同化**（genetic assimilation），其将构成如下事件序列：由基因型与正常物种环境相互作用产生的表型频率分布，为环境中的一个变化所扩展，创造出一种新颖的表型；于新环境中产生该表型的趋势，在先在的基因型之间变异；该新颖表型在新环境中占有遗传选择优势，导致一种使发育倾向于它的基因型的频率提高；在足够数量的几代以后，取决于选择的强度与传承的模式，作为一个整体的种群变得更容易发育该表型，而当该物种回到最初的环境时，该特征甚至会作为反应规范的一部分继续存在。尽管遗传同化迄今只在解剖学与生理学特征方面有所记录（Waddington, 1962; Futuyma, 1979; Milkman, 1979），它应在行为表型，包括自身部分地构成了变动着的环境的文化创新方面同样可得。文化能力的遗传同化，预计可经由后成规则中的一个变化而发生，使得新颖文化根的传递更加可能（见图1.7）。

相反的过程，可称为**文化根同化**（culturgen assimilation）：如果发育的灵活性足够大，某些新颖的文化根就有可能被发明与传播。换句话说，文化倾向于填补遗传决定后成规则所允许的空间。除此之外，文化在规则最偏爱它的地方的那些行为类别中，预计将是最为丰富的。我们可以期望文化堆积起来，成为围绕最受偏向性后成规则影响的习俗的节点，诸如乱伦回避、求偶以及群里群外之间的区别对待。最仪式化的文化形式，不会像许多社会科学家所思考的那样倾向于取代后成规则，而是会增强它们。

后成规则可能凭借处于少数有选择优势的新颖文化根的影响之下的遗传同化而进化，一种仍然接纳其他文化根的变化。换句话说，文化根同化跟在遗传同化之后。另一种可能，文化根同化也会跟在文化的贫瘠之后，而牵涉不到后成规则中的遗传变化。

如果用一种单程生命循环的抽象图来表示它们，基因—文化协同进化的初等特性能够被更清楚地理解到（见图1.8）。在每一个世代的进程之中，一个社会的文化根都要经过构成后成规则的"过滤器"来被清扫。如果该文化是由容易教与学的要素构成，并且并不是创新性的，它就将从一代到下一代地保持稳

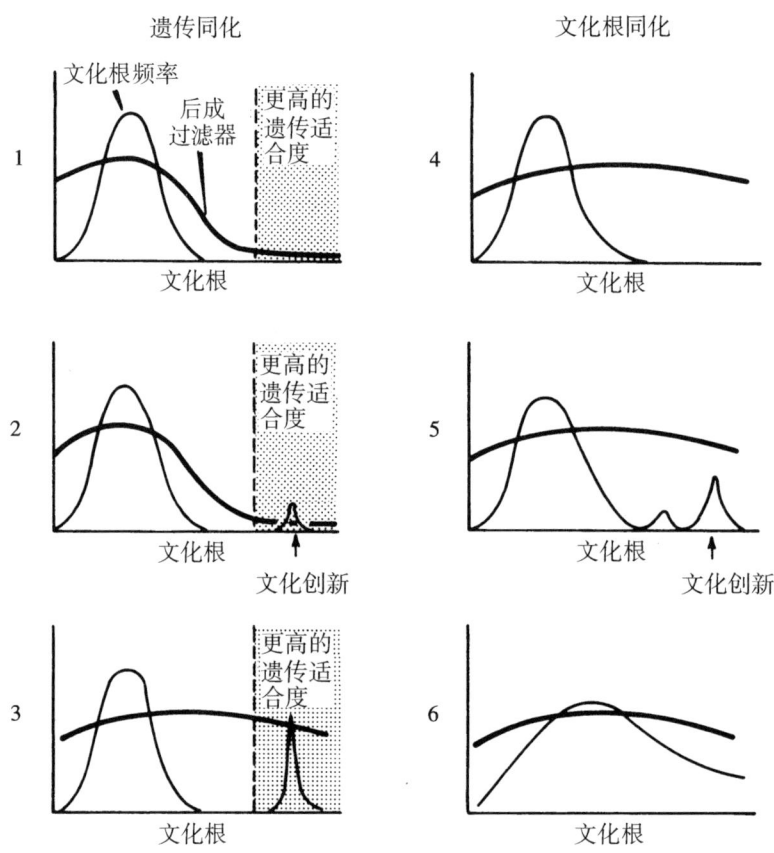

图 1.7 基因—文化协同进化期间假设的遗传传递与文化传递互惠效应的简化表示。细线代表社会中可替代文化根的频率,而粗线表示学习、使用与传授特定文化根的倾向。**遗传同化**:一个文化根被发明出来,传达更大的遗传适合度(1,2);随后的自然选择改变着后成曲线而使传递更有可能发生(3)。**文化根同化**:后成规则已经普遍宽松,结果是文化根更容易被发明与传播(4—6)。尽管这两种同化模式在此特殊的图表中被顺次展示,它们也可能同时发生。进一步说,同化的方向能够被反转,结果将是后成规则的收窄与文化的贫瘠。

定。这些文化根对于该社会的成员们来说"感觉对",经过许多世代,它们至多产生出一种相对弱强度的稳态化遗传自然选择,转而保持后成规则为近似恒定。如果另一方面,新文化根是通过创新或扩散引进的,它们将会被相对轻松地并入进来,并引起文化的扩张或转换,直到它们为后成规则所反对。这就是

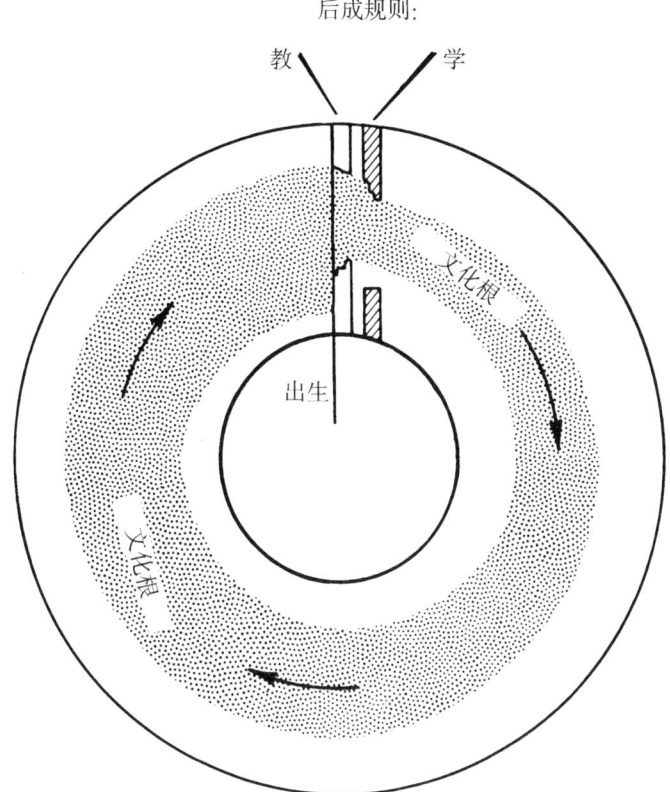

图 1.8 基因—文化协同进化的抽象表示。圆环面包含一个社会成员的生命周期。文化根同化发生于文化根在个体的生命跨度之内被引入到社会之时。在此特例中,展示出一个非常大的数量。后成规则既影响个体传授特殊文化根的倾向,也影响学习它们的其他人,在图表中显示为一些过滤器。这些规则,影响着文化进化的速率与范围,放在这里作为童年早期的一次发生,但它们是能够多次且终生发生的。遗传同化发生于过滤器经过许多世代而被作用于后成规则之上的自然选择所改变之时。当新颖的文化根一致带来较高的遗传适合度,过滤器被侵蚀。当文化根降低遗传适合度,过滤器向内生长。

我们称之为文化根同化的过程。为后成规则所不喜的文化根将会被更快地清除,而开始遍及许多社会地只以更低的频率发生。这一过程预计会无限期地继续下去,除非新颖的文化根带来了更高的遗传适合度,在此情况下,后成规则自身可为在一个对于新颖文化根来说更为宽松的方向上经过数代时间的遗传进化所改变。这一形式的遗传同化在图中表现为后成过滤器的侵蚀。但相反的过程也可能发生:如果新文化根呈现出那种一致较低的适合度,后成规则将会被收紧。在比喻的图像中,过滤器现在向内生长。

我们现在可以以一种更精确的形式重申这本书的目标:它是要用公式阐明一个理论框架,其将生成一个完全的模型光谱,从全遗传到全文化传递,涉及要么是整个物种仓库,要么是仓库内特殊的行为类别。这项计划建基于我们的假定之上,即人类文化传递终归是基因—文化传递,而人类文化进化只代表远大得多的可能传递史阵列的一个轨迹小集合。这传递空间,可通过一种比较社会理论的发展来让人理解,其中范围广泛的得到推论的非人类解也会被添加到传统的社会科学之中。

基因—文化协同进化理论也将大大扩展社会生物学的视野。动物学研究目前聚焦在了一个相对有限的现象集合之上,诸如亲缘选择、领地性与等级体系,这些最有可能将合作纳入动物的本能仓库之中。社会生物学还没有处理学习与认知或那些深度的、贯穿特征化人类行为发育的社会化的成果。基因—文化协同进化理论被设计来对付这些问题,并允许整个进化论进入到产生人类心灵及行为的机制的研究之中。正如我们将在即将到来的章节中展现的那样,它从生物学的基本规则中衍生出文化多样性的模式。并且因为人类社会化与认知实际上影响着每一种缺少反射性与自主性的行为特征,基因—文化论也扩展社会生物学远超出以动物为基础的研究的传统论题之外。它指示出人类后成规则大领域的存在,其大部分依然未被研究,它在文化进化引导方面的成果意义深远而仍然大大地不被赏识。

小结

在新近提出的比较社会学理论框架内,人类被归类为优文化物种,其中精神活动在很大程度上是以物化与符号化为基础的,而年轻者是通过有目的的教育程序来实现社会化的。

在社会化期间,行为与加工品的一个阵列,我们称之为文化根,通过一个后成规则的序列来被处理。这些规则是遗传决定的周围感觉过滤器、中间神经元编码过程,以及更处中心位置的知觉、学习与决策的认知程序。它们影响着传递一个相对于另一个的文化根的概率。概率分布自身构成偏向曲线,其在后面章节中将被用来关联人类认知与社会行为的模式。

优文化在理论上可由纯遗传传递构成,其中所有成员都被遗传地约束在给定的类别中学习一个文化根;或者是纯文化传递,其中没有偏爱一个文化根超过另一个的内在倾向存在;或者是基因—文化传递,其中一个或更多的文化根会因为来自内在后成规则的偏向性而被偏爱(见图1.3)。基因—文化协同进化被相应地定义为在起因于规定者基因频率变动的后成规则中、起因于后成规则影响的文化根频率中,或共同地在二者中的任何变化。在理论考虑以及来自遗传学与神经生物学的证据的基础上,似乎优文化物种将总是倾向于向着基因—文化传递进化。在最简单的情况下,有可能估计出从一个白板状态中离开到不一致后成规则的时间。我们表明,当用来区别文化根的维度数很小时,这样一种变动将会最快地发生。当在任何一个维度中区别文化根的能力很小时,而在遗传自然选择中有利或不利的可发现的文化根数量很大时,它也将被增强(见附录1.2)。

四个条件对于基因—文化协同进化的分析而言是必不可少的:不一致后成规则存在并能以检验基因—文化协同进化的模型这样一种方式被研究;在后成规则的表达中一些变异是可传承的;文化实践影响遗传适合度;以及在分子和细胞水平上的遗传控制过程与后成规则之间存在因果链。所有这些过程在当代人类种群方面都已有所记录。

基因—文化协同进化既包括遗传同化,其中使个体倾向于有利文化根的后成规则为自然选择所强化,又包括文化根同化,其中文化创新为宽松后成规则的先在所加速。这两个过程被设想为以一种往复式的且经常是非平衡态的方式在起作用(见图1.7与1.8)。

基因—文化协同进化理论扩展社会生物学远超出以动物为基础的研究的

传统论题,诸如亲缘选择、领地性与等级体系。它指示出在实际上每一种行为类别中影响社会化与认知的人类后成规则大领域的存在。这些规则的大部分依然未被研究,而在文化进化引导方面它们的角色只是正在开始被理解。

附录 1.1 文化根的定义

新术语应该被不情愿地提出,因为行话是学术的麻醉剂。但我们在文化根的案例上建议一个例外,理由为一个新词可能被更为精确地定义。背负着一个历史的词语,如尼采(Nietzsche)所说,没有可能被完美地定义。文化根不像其他措辞——理因、指令、模因——以各种形式被当作近似相同的范畴来使用,因此它也能够被无歧义地并入到这一首例综合性的基因—文化论之中。该术语胜过了备选者的其他优势是它合乎体统的(即使是混合式的)希腊化词源、理性上优雅的形容词形式(culturgenic)可用,以及该词轻易可辨并且是正确的操作性意义隐含(文化根生成文化,culturgens generate culture)的事实。

无论学者们挑选什么来称呼这单位,他们都将发现有必要设计出一个一致的、实用的定义。这在事实上被克拉克(1978)与其他考古学家们达到一个合理的满意水平地完成了,他们或许比其他社会科学家们更多地看到了关于文化的操作性单位的一个严格定义的必要性。考古学的单位是加工品类型,其可被仅仅看作一个特别的文化根种类。它的定义可被修改为如下这一更为一般性的范畴:一个文化根是一个相对同质性的加工品、行为或心智品(与现实有着很少或没有直接关联的精神结构)的集合,其要么无一例外地分享一个或多个因其功能重要性而被选择的属性状态,要么至少分享在一个给定多元集(polythetic set)中一个一贯再现的范围内的此类属性状态。后面,在第 6 章中,我们将展示文化根如何经由长期记忆中的关系网络起作用,并在许多情况下得以与其相认同。

多元集的概念源于数值分类学,一种尝试量化有分类需要的生物体、物种与其他可想象对象之间的关系程度的方法论(Jardine and Sibson, 1971; Sneath and Sokal，1973；Doran and Hodson，1975）。一个多元群（polythetic group）是实体的任一集合，诸如一个剑或结婚仪式的阵列，其中每个实体都拥有一个大数量的该群体的属性，在这里属性可能是大小、几何形状、一个过程的绵延，以此类推。进一步说，每一属性都为大量的实体所分享，同时没有单独一个属性对于群体成员资格而言是既充分又必要的。如表1.2所示，多元群有别于一元群，一元群被定义为它们全都拥有——无一例外——一种或更多种诊断属性的事实。已提出的文化根定义包括特殊加工品、行为与心智品的此类多元群或一元群，在这里被进一步理解的是，属性状态的一个或一些组合，就是该文化根所服务的函数。

表1.2　一个文化根的定义，作为可被区分为要么是一个一元集，要么是多元集的特殊用途的一个群。+，属性在场；-，属性缺席。

	加工品或行为						
属性	A	B	C	D	E	F	G
1	+	+	+				
2	+	+	+				
3	+	+	+	一元群			
4	+	+	+				
5	+	+	+				
6				+	+	−	+
7				−	+	+	−
8			多元群	+	−	+	+
9				−	+	−	+
10				+	−	+	−

克拉克暗示出，在加工品的集合之间，存在严密共变的属性的紧密相关的核心簇，其关联度有一些高达90%—100%。大部分属性可能在或许60%的水平上被关联，同时散发式属性的一个小"半影区"将会小于10%地与任一他者相关联。每一加工品类型，都能被表示为在降低着相关度的属性的外围群中的一个属性核心。每一类型也可在一个判别功能空间中被表示为一个或多或少离散的样本簇。后者展示的一个例子，来自多兰（Doran）与霍德森（Hodson）的哈尔希塔特剑分析，在图1.9中给出。

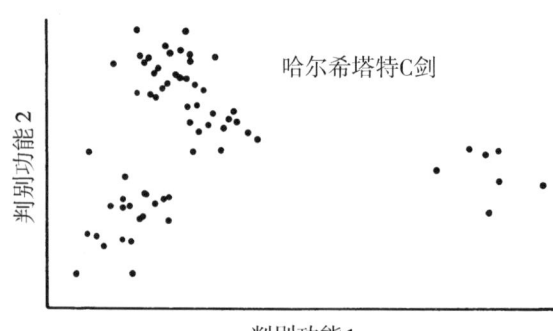

图1.9 文化根的分化,基于文化根作为一个离散单位的正式定义。该散点图源自一个以19种属性描述65种哈尔希塔特C剑的k-簇分析。(修改自Doran and Hodson,1975)

这里依然存在簇集加工品、行为与心智品簇为更大的文化根分类单位以形成一种更高的分类的问题。在这个例子中,哪一个是文化根:所有的青铜剑、所有的青铜凸柄剑,或者所有的青铜凸柄埃本海姆剑?用来定义分类学范畴的区别水平的挑选必定是任意的,这在文化根分类中的案例,并不比在生物体分类中的更少。然而,正如数值分类学家们所展示的那样,该水平不需要是主观的。像加工品、行为与心智品这样的实体,都可以通过表型分析来检验,确定出它们的相似程度。那些在90%相似水平上的,可被任意放入相同的文化根;那些在另一些水平上的,诸如70%或45%,可被同样好地簇集。心理学家们所发展的其他技术,提升单位(可定义为文化根)的集合,由实验对象与通过多维缩放而简化的数据矩阵成对比较(Shepard and Arabie,1979;Davis,1979)。要点在于,即使在自然过程于此并不以任何可预测或直觉清晰的方式划分实体的案例中,相似度可被客观地测量,而分类得以重复。

有可能观察到文化根随时间进化,作为由多重属性所定义并绘制图谱于判别平面之上的加工品或行为簇的转换模式(见图1.10)。克拉克(1978)将该过程生动地描述成了一种对于考古学数据的知觉:"渐渐地,在祖先的加工品类型的多元星座中,一个崭新且生长着的内核显现出来,内容与交互相关水平都在稳步增加——一种一致的变异正在发展……随着该新加工品格式的涌现特

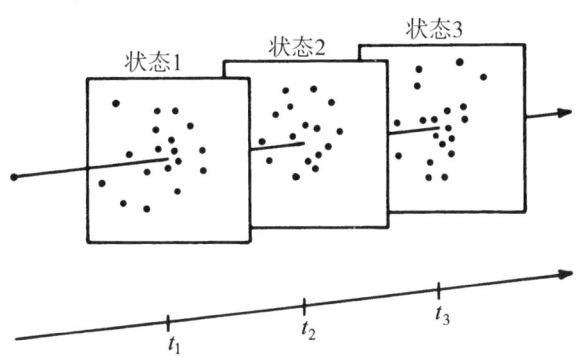

图 1.10　一个通过时间的文化根的进化。各个平面是图 1.9 中所示种类的区别功能的一个代表。(修改自 Clarke,1978)

性越来越被赏识,最终这个扩展的集合将在功能线上分开,导致有考虑的形式化、增长着的分化以及分叉的加工品使用模式的特化式发展。"例如,燧石斧会在边缘上被磨平以便该工具更加趁手,然后在一些样本中围绕径向边缘的二级成形将被突出,与此同时其他样本被给予一种更尖的形状,如此等等。然后,该砍斧/砍击工具类型作为一个变种延续,但一种尖且越来越被偏好的梨形变种在对功能需要的回应中成形了,结果就是手斧,一种新型的加工品,随之诞生。文化根进化与动植物种群中的成种过程有许多惊人的类似物。

　　这样一种关于文化根区别的详细程序,看起来在只有少数的非常困难或关键的案例中可证合理,例如,像弗赖伊(Fry)(1979)分析的玛雅服务器皿的扩散。这里解释了更为正式的进路,以便提出复杂的、持续变异的阵列分类的一般性问题,并表明基因—文化论中精确而可重复的分析的可行性。

　　将被强调的是,而本书也将阐明,文化根在清晰度上的极大变异可被区分。文化根类别范围一路涵盖从变异在其中由两种明显状态构成的那些,诸如乱伦的接受或排斥,到必须以一种任意的方式细分的更加微妙而复杂得多的现象。一种相似的变异,也能在还是证明了其理论价值的生物学基本单位中找到。尽管细胞最经常地是围绕一个单独的二倍体内核作为中心的离散单位,生物学家们也必须对付多核合胞体与无核"细胞"的问题。在经典的孟德尔遗传学中,初等的分离单位,即基因,被很好地定义;但在现代分子遗传学中,术语"基因"的含义变得远为模糊了。分离的 DNA 片段不必然是突变或规定多肽链的那些。进一步说,"基因"不知不觉地合成大的且甚至更加定义不好的分离单位,诸如被连锁不平衡与染色体畸变结合到一起的超基因复合体。在生殖隔离的种群共存于相同时空的地方,物种能够被客观地定义,但当种群被分隔开时,此单位就变得越来越任意了。在无性繁殖的"无性种"面前,它变得完全任意了。关于基因—文化协同进化理论的最佳研究策略,也是我们在本书中采用了的这一个,将看起来与采用于生物学与民族志的那个是相同的:开始于在其中单位被最锋利又停当地定义的例子,树立它们作为范式,然后再前进到牵涉更不易定义的单位的更复杂的现象当中。

附录 1.2 从白板中离开的等待时间

设想一个 N 维空间,其中各坐标轴对应于文化根的特性或属性。归因于感觉与认知处理系统的有限能力,可行的文化根被包含在属性空间中一个有限量的规模 V 之中。出于现实主义考虑,我们假定生物体的信息处理能力是有限的,所以如果它们之间的距离是 r_0 或更小,两种文化根就被认为在本质上是相同的。

我们设想文化根一致地随机出现于 V 各处。换句话说,如果 c 代表一个新创的文化根,而 v 是 V 之中的任何量,则 c 位于 v 中的概率为 v/V。这个假定建模极端的环境论观点,即文化如同一种环境之上任意形式的强加,而人们就文化根使用来说如同是完全可塑的。但是在这属性空间之中,就影响种群后成规则的基因来说,存在一些对应着选择中性的文化根的点,以及其他对应着选择活跃的文化根的点。我们已经阐明,对于大多数或所有类别的文化根而言,这是一个现实的前提。当一个新创的文化根落入一个选择活跃点 r_0 时,二者相等同,一个选择活跃的文化根就这样进入该种群。

根据定义,我们的白板种群一开始只拥有选择中性的文化根。一旦它发现并开始传递选择活跃的文化根,它的后成规则就服从于自然选择带来的改变,而它也就从白板状态中离开。一定比例潜在的新文化根是选择活跃的。到一个选择活跃的文化根初次出现的等待时间,是关于这一比例的大小与该种群的创新率二者的一个函数。

确切地说,如果在某个时间间隔 δt 内发生了一次创新,其文化根为选择活跃的概率等于所有以选择活跃点为球心的半径为 r_0 的球体的总体积除以属性空间 V 的总体积。为使此关系精确化,我们设想该 N 维信号空间装备有欧几里得几何质;一个半径为 r_0 的 N 维球体的体积则为

$$V_0 = \frac{\pi^{N/2} r_0^N}{\Gamma\left(\frac{N}{2}+1\right)}. \tag{1-A1}$$

且这里 $\Gamma\left(\frac{N}{2}+1\right)$ 为伽玛函数;对于任何 N,Γ 是一个常数。

存在一个与该空间相联系的自然的长度单位 $V^{1/N}$,这样 r_0 可表示为

$$r_0 = \alpha V^{1/N}, \tag{1-A2}$$

且这里 α 是一个常数。如果 M 选择活跃点存在于该空间,一个创新的文化根将被其中之一认同的概率为

$$p = \frac{M}{V} \frac{\pi^{N/2}}{\Gamma\left(\frac{N}{2}+1\right)} (\alpha V^{1/N})^N = \frac{M(\pi^{1/2}\alpha)^N}{\Gamma\left(\frac{N}{2}+1\right)}. \tag{1-A3}$$

建模文化根发明的动力学为在一个一维点阵上的行走,会很有用。如果 n 是由时间 t 所创新的选择活跃的文化根数量,则社会开始于 $t = 0$ 时的 $n = 0$ 且有一个恒常的概率每单位时间,即 λ,这样一个文化根将被发明出来,n 也由此增加 1。我们允许创新一旦引进就保持流通,这样灭亡率即为 $\mu = 0$。由此,在此行走过程中,

$$\begin{aligned}概率\{n \longrightarrow n+1 \text{ in}(t, t+\delta t)\} &= \lambda \delta t, \\ 概率\{n \longrightarrow n-1 \text{ in}(t, t+\delta t)\} &= \mu \delta t = 0.\end{aligned} \tag{1-A4}$$

用先前定义的量来说,λ 为每单位时间发生一次创新的概率乘以该创新为一选择活跃的文化根的概率。设 $P(n,t)$ 为关于时间 t 上选择活跃的文化根数 n 的时间依赖的概率密度,给定时间 $t=0$ 时没有这样的文化根存在。此创新进程是一个泊松过程,其密度为

$$P(n,t) = \begin{cases} e^{-\lambda t}(\lambda t)^n/n!, & n \geq 0 \quad (1-\text{A5a}) \\ 0, & n < 0 \quad (1-\text{A5b}) \end{cases}$$

且期望值为

$$\langle n \rangle = \lambda t. \quad (1-\text{A5c})$$

量值 λ 作为选择活跃的文化根预期数量增加的一个特征生长率而起作用,也给出此过程一个特征时间尺度

$$\tau = \lambda^{-1}. \quad (1-\text{A6})$$

得自等式(1-A5c),积累一个平均水平的 $\langle n \rangle$ 选择活跃的文化根所需的时间为

$$t = \langle n \rangle \lambda^{-1} = \langle n \rangle \tau, \quad (1-\text{A7})$$

且第一个这样的文化根预计在时间 τ 内出现。如果 v 是每个创新者的平均创新率,而 I 是这样的个体在该种群中的数量,则

$$\lambda = vIp. \quad (1-\text{A8})$$

且我们可将**从白板中离开的平均时间**写成

$$t = [vMI(\pi^{1/2}\alpha)^N]^{-1} \Gamma\left(\frac{N}{2}+1\right). \quad (1-\text{A9})$$

这一关系可重写在下面,更清晰的线性形式:

$$\log_{10} t = \log_{10}\left[\frac{\Gamma\left(\frac{N}{2}+1\right)}{vMI}\right] - N\log_{10}(\pi^{1/2}\alpha), \quad (1-\text{A10})$$

这里,重述要点,

I = 社会中创新者的数量,

v = 个体的创新率,

M = V 中可达的选择活跃点的数量,

N = 信号空间的维度(用来区分文化根的品质的数量),

$\alpha = r_0$(文化根可区分于其中的距离)对 $V^{1/N}$(上升到 $1/N$ 次幂的总信号空间体积)的比率。

在图 1.6 中,我们给出了两组曲线,表明活跃文化根等待时间对模型参数的敏感度。

最现实的条件(在此之下预计有一个较短的等待时间)如下:

(1) **一个低信号空间维度,N**。尽管考古学家们在加工品的统计研究中区分了 20 个或更多个维度,有可能的是,最多的加工品,在日常生活中还是通过认知心理学研究中所展示的"特征提取"过程来分类的,借此,知觉上重要的特征被从模式中提取出来,同时其他信息则丢失了。许多发声法与副语言信号,直觉上在我们看来是被分开在了一到两个维度的基础之上。文献中报告了相对较少的研究。在一个例子中,无知观察者们被给予了相对困难的任务,分类复杂声音的视觉声谱图;当一个多维尺度的程序被应用于它们的相似性判断时,它产生出了一个三维的知觉空间(Getty et al., 1979)。无论如何,设计的与日常生活中遇到的许多东西相比仍然是简单的。知觉空间维度数的估计是认知心理学中一个重要的问题,当应用于范围广泛的文化根类别时,其对于基因—文化论的重要性将得到证明。

(2) **一个大 α**,意味着一个大 r_0 以及由此沿任一坐标轴都少有可区分的文化根。

(3) **一个非常高的 M**,或活跃于自然选择的文化根数量,若环境非常异质化的预期结果。

这里给出的初等模型当然可以做得更复杂也更现实化。我们给出了这一初等版本来提供一个关于此参数的最初的概念,我们相信其在等待时间的决定中是最有潜力的,并且来推荐认知中的种种品质,其可能因此在文化进化的未来研究中证明出最重大的意义。

第 2 章
初级后成规则

基因—文化协同进化理论中的关键要素,是后成规则在文化根挑选中的角色。这些规则与它们生成的偏向曲线能够充当社会科学的假设—演绎模型中的分子单位。尽管有发育心理学领域的相对精密性,后成规则还是从未被系统地描述过,关于它们的数据依然零散且无关乎进化论。或许主要原因在于,认知发育学者们大大忽视了在多重竞争的刺激与图式之间的偏好——尤其是内在偏好——的研究。替代地,他们聚焦在了关于一个单一刺激或至多为操作方便而挑选的成对刺激的强化与学习上。虽然布鲁纳(Bruner)、斯金纳(Skinner)与其他顶级研究者视学习能力为一种随年龄展开的复杂过程,一种基本上与遗传理论相兼容的观点,但是他们相对没有花多少注意力在内在约束,那将学习引向相对于其他具有相同刺激类别的某些选项的可能性上。他们集中在了尝试解释具有最一般化的阶段性以及学习规则的发展上,正如洛格(Logue)在新近的评论中所强调的那样(1979)。

几乎是相反的进路,被心理语言学家、心理学家以及属于"结构主义"学派的人类学家们采取了。皮亚杰、莱维-斯特劳斯(Lévi-Strauss)、乔姆斯基(Chomsky)及其合作者们假定一种或多或少与基因—文化协同进化理论相一致的内在限制的存在。虽然他们的进路富有成果且振奋人心,但是他们的方法在很大程度上是非实验性的,产生了很少对于一种真正的假设—演绎式后成理论的建立而言足够的数据(见,例如,Brainerd 的批评,1978)。事实上,连接结构主义概念到神经生物学与遗传学,以创造一门"生物遗传结构主义"的想法是相对较新的(Laughlin and d'Aquili,1974),而且它还没有被转变成为从发育心理学中召唤信息到进化论的服务之中的实用理论或是特定模型。

后成被定义为发育期间基因与环境相互作用,随着基因通过后成规则被表达的总过程。沃丁顿(1957)与其他生物学家们在其原始的后成场,或"地形"(landscape)概念中所援引的意象,是通过整个发育进程之上连续的时间横断面所观看到的后成规则的影响。影响行为的每一个后成规则,构成发生于分布遍及神经系统的各位置上一个复杂的事件序列的一个或多个要素。它们的范围包括从对出自视网膜、耳蜗与其他初级感受器的刺激阵列的选择性过滤,通过对出自响应支线神经元间活动模式的中间神经元的视觉与听觉信息的整合,到使用相对于其他的某些文化根的内在倾向。后成规则是细胞结构、神经元回路与激素释放定时性方面特化的结果,这些特性本身则是后成在细胞水平上更为基础的产物。

现存的关于认知的信息,通过将后成规则分为在神经系统之中按顺序发生的两类,被最有效地关于基因—文化论地组织起来。**初级后成规则**为从感觉过滤引导到知觉的最自动化的过程。它们的后果最少服从于缘于学习与其他更高级皮层活动的变异。例如,视网膜的视锥细胞与外侧膝状体核的中间神经元,就是被这样构造来促进对于四种基本颜色的知觉。**二级后成规则**作用于颜色与展现于知觉场的所有其他信息。它们包括通过记忆、情感反应,以及个体通过它而倾向于优先于其他地使用某个文化根的决策等过程的知觉评价。因此,害怕陌生人就代表了一种准备学习的形式,从 6 个月或 8 个月到 18 个月大的人类婴儿以此显露出一种对于跟他们不适应的成年人的反感,而如果这陌生人瞪着他看,反应还会自动增强(Argyle and Cook,1976;Eibl-Eibesfeldt,1979)。

这一粗略的二段分类法,与一些认知心理学家独立使用的信息处理大纲是一致的。在他们对幻视的分析中,格古斯(Girgus)与合作者们(1975)发现了在视觉和神经系统的"结构特性",与发生于中枢神经系统高级中心的过程的认知要素之间的重要差异。类似地,在一项关于复杂视觉形象的研究中,格蒂(Getty)与同事们(1979)区分了关键特征的自动知觉与形象相似性由此被判断的决定过程。马萨罗(Massaro)的听觉信息处理模型(1975),划分了前知觉听觉存储,其取决于接收者系统的特性且不服从于缘于学习的变化,与随后在某种程度上可为经验所修改的特征评价和决策的阶段。

我们现在提出一个关于最好理解的初级后成规则的说明,指出它们在文化进化中的一些后果。一般来说这样似乎是对的,由周围感觉筛查与神经元间编码所组成的过滤器,通过在来自皮层调节学习的最小影响下严格引导的发育后果而运作。因此,对于视力正常的孩子,大脑视辐射线中的髓磷脂沉积是在出生后大约 5 个月时完成的,在其间的几个星期里,异常行为在先天盲童中变得明显。类似地,听辐射线的髓鞘形成在第三年到第四年完成,大约在这时先天聋儿的父母开始注意到明显不对劲的行为(Yakovlev and Lecours,1967;D. A. Freedman,1979)。视觉的侧向组织发生在人类与恒河猴婴儿生命的最初几星期之内。在猴子身上,进入皮层的左、右传入神经元在整个出生前期自始至终都在混合,但谱带的分离却在出生以后很快进行并在大约 3 个星期内完成。如果一只眼睛被堵塞,剩下那只眼睛的传入神经就与原本将从受损眼睛正常接收输入的神经元形成突触(Hubel et al.,1977;Goldman and Rakic,1979)。在与这些几乎是纯细胞的事件相对的极端上,是一些明显最为复杂的二级后成规则,诸如自动的兄弟—姐妹乱伦回避与早期的语言发育,都牵涉到学习以及对于后果的有意识的评估(Lenneberg,1967;Shepher,1971;Brown,1973)。

下面将被考察的实例记录,说明了初级后成规则的多样性及其对于社会行为发育的影响。这些例子也揭示出,心理学这一领域,虽然实验可控,仍然处在一个非常早期的探索阶段。它的进一步追求,可被预见到产生出对于社会理论来说很重要的额外成果。许多的,也许是最多的行为类别的发育,都将证明是受到了初级与二级规则联合的引导。下面要给出的第一个例子,味觉与嗅觉,展示了这样一种联合如何能够导致相对复杂的特定行为。

味觉与嗅觉

相比大多数种类的动物,化学感官在人类身上的发育更贫乏,而化学感觉的学习服从于几种特殊的限制。当给定一个单独的机会以嗅觉辨认物质时,个体能够辨认出仅仅 6 到 22 件物品。这一数目可增至 100 或更多,在下列三个条件全部满足之时:这些物质长期以来为人所熟悉,气味与其名称之间存在长期的关联,以及一些辅助被提供来回想这些名称(Cain,1979)。因此,当与词语记忆相结合时,气味记忆可被显著地增强,也许味觉记忆也是如此。化学感觉信息处理能力的劣势,在人类语言中有所反映,相比标示景象与声音品质的词语,其包含了远少得多的代表气味与味道品质的词语。在表 2.1 中,我们记录了在 8 种感觉模式中适用于传递与接收二者的所有词语的数目,取自随机选择 10 页部分的下列独立进化的语言的词典:英语、日语、祖鲁语、桑语("布须曼")、达科他语。只有在平常使用中表示强度、频率或模式等不同品质的用语才被包括在内。技术性的表达,诸如无回声的、信息素以及旁轴的,都被删掉了。通过检查,可以看到,在一种感觉模式之中的人类区别能力与适用于该模式的词语数量之间,存在着一种跨越独立进化各文化的相关性。对于进化研究而言,更多真实且不乏重要性的是,区别气味的最大敏感性与能力,在于与人类食物以及哺乳动物体味有关的一类物质方面(Amoore,1977)。因此,感觉系统的相对力量与这一感觉层级的一般语言学表达是相互关联的物种特有特征,而在化学感受的案例中,它们似乎具有直接的生物学适应价值。

  气味记忆的特性与视听记忆有着惊人的不同。恩金(Engen)与罗斯(Ross)(1973)曾发现,图片的视觉细节能被快速而准确地记住一段很短的时间,但大部分会在 3 个月之内被忘掉。相比之下,气味被记住更具难度且更少短期准确性,但此记忆可存留不衰达 3 个月或更久。司空见惯的是,来自气味与味道的简单线索,在唤起关于人们与地方的生动、细致的回忆方面非常有效。进一步说,这些记忆是典型地情感化和非言语性的,正如诗人们所强调的那样。普鲁斯特(Proust)的灵感从一块玛德琳蛋糕中不可避免地来到心中,同时波德莱尔(Baudelaire)在《恶之花》*中提供了另一则动人的文学典范:

---

* 由 Edna St. Vincent Millay 译自法语,Charles Baudelaire 的 *Flowers of Evil*, Harper & Row. Copyright 1936, 1963 by Edna St. Vincent Millay and Norma Millay Ellis.

表2.1 5种独立进化的语言中描述8种感觉模式的品质的词语分布。给出的数字为所遇到的代表感觉品质的词总数的百分比。两种化学感受感觉模式,嗅觉与味觉,被合并在一个单独的类别之中。

语言	来源	遇到的词的总数	视觉	听觉	嗅觉和味觉	触觉,包括表面和密度	温度	湿度	电场
英语	*Random House Dictionary*, unabridged ed. (1966)	100	0.49	0.32	0.10	0.06	0.01	0.01	0.01
日语	*Kenkyusha's New Japanese-English Dictionary*, American ed. (1942)	141	0.45	0.30	0.06	0.11	0.04	0.02	0.02
祖鲁语	*Zulu-English Dictionary*, C. M. Doke and B. W. Vilakazi (1953)	137	0.36	0.32	0.07	0.16	0.04	0.04	0.01
桑语("布须曼")	*Bushman Dictionary*, Dorothea F. Bleek (1956)	117	0.25	0.37	0.08	0.13	0.12	0.05	0
蒂顿达科他苏语	*Dictionary of the Teton Dakota Sioux Language*, E. Buechel (1970)	86	0.28	0.36	0.07	0.14	0.08	0.07	0

> 某只衣柜,于一屋久无人居,
>
> 满是已死瞬间的粉状气味——
>
> 一时间,清晰如昨,一只旧瓶将发散
>
> 它的香气;而一个灵魂回来住在它里。

在《玛丽,一部小说》(*Mary, a Novel*)(1970)中,纳博科夫(Nabokov)指出:"记忆能够归还给生命一切,除了气味,虽然没有什么像是曾经与它相关的一种气味那样,如此完全地复活过去。"

所以很清楚,化学感觉信息在文化进化中的角色受制于一种严厉而特殊的方式。进一步说,虽然味觉与嗅觉个体发生的更精细细节处于学术研究的一个早期阶段而仍然鲜为人知,下列饮食偏好发育中的主要步骤还是被建立了起来。这些精加工牵涉到后知觉的评价,并且因此受到我们所称的二级后成规则的影响。

(1)婴儿天生喜爱糖,一种持续到童年及以后的偏向性,而他们对酸、咸与苦味则表现出明显的厌恶反应。

(2)如果断奶的孩子们被允许以随意提供的食物做实验,他们将相对地不加区别,但仍会来选择一套营养均衡的饮食。

(3)在那之后,食物习惯变得非常保守,即使在其他文化要素被改变了以后依然稳定。此保守主义建基于个体的长期化学感觉记忆、在对于气味的熟悉程度与由其得到的愉快之间的一种一般性关联,以及对于新的气味与味道的一种一般性厌恶。

支持这些一般化的文献由许多研究者一篇篇积累起来了。利用消化实验,马勒(Maller)与德索尔(Desor)(1974)曾发现,新生婴儿喜爱各种各样的糖溶液(蔗糖、果糖、乳糖与葡萄糖,按此顺序)胜过普通水,至少在成人可察觉的部分浓度范围之内。这一选择性延续到以后的生命之中。当高热量的蛋白质食物被补充以蔗糖时,孩子们会实质性地增加他们的摄入,然而他们对于杏仁味

(7 种分别测试的味道中最受偏好者)的添加物却并不在乎(Grewal et al., 1973)。该特征有理由被假定为是物种特有的。比彻姆(G. K. Beauchamp)(私人交流)预言了,食草动物以及像啮齿动物与人类婴儿这样的杂食动物,应该会天生地偏好甜食,其一般示意一种可消化食品中的高卡路里产量,但食肉动物应该不会。在一项初步研究中,比彻姆与合作者们(1977)曾发现,受试的四种猫科动物(狮子、老虎、美洲豹、美洲虎)事实上对于糖并不在乎,然而它们却有一种关于蛋白质与脂肪补充物的强烈偏好。

新生婴儿不仅偏好甜味溶液,而且他们进一步在酸、咸或苦味之间做出区别,对每一种表现出不同的面部反应,类似于各种成人面对强烈而令人不愉快的味道的厌恶表情(Chiva, 1979; Steiner, 1979)。拉塞尔(Russell)(1976)曾发现,到 6 个星期大时,母乳喂养的婴儿更喜欢他们的母亲留在胸垫上的气味,而不是其他泌乳女性留在胸垫上的——一项了不起的区别技能,而其他哺乳动物的新生幼崽在这方面也不相上下(Rosenblatt, 1972)。尽管如此,马勒—德索尔实验确实证明了婴儿中对膳食风味的选择水平要比成人中存在的低得多。其结果与一项更早的,3 到 4 岁大的孩子报告说乙酸戊酯、合成的粪便气味与合成的汗液气味一样好闻的发现相一致。到了 6 到 8 岁,他们才认为粪便与汗液的气味是不好闻的(Stein et al., 1958)。在恩金(1974)看来,这一结论会为幼儿对几乎任何刺激说"我喜欢它"的倾向所削弱;但该反应可能事实上简单地反映了对于化学感觉刺激更大的容忍度,而非表达的简陋性。

在断奶的时候,比起更大的年龄,孩子们更少在区别,而更可能地是以食物做实验。然而这一试错法并不导致一种随机的饮食。在一项经典的实验中,戴维斯(Davis)(1928)允许三个新近断奶的孩子从一大堆随意提供的食物中选择他们自己的饮食。每个人都很快获得了一种营养而均衡的饮食,包括奶、谷类、蔬菜、水果、蛋与其他动物制品。虽然孩子们之间在这些类别的比例上发生了显著的差异,在所有可能的饮食排列中趋同的程度还是相当接近的。这一结果将会得到证实吗?我们只能推测那些引导挑选的生理学及心理学机制(Engen,1979)。该行为与被安置于一种"自助餐"制度的大鼠的饮食自选择相当接近。正如里克特(Richter)及其合作者们所展示的那样(例如,Richter and Rice,1945),动物们会自动寻找富含它们当时缺乏的那些成分的食物。大鼠们如此对待在它们最需要的基本营养上有所不足的食物,就像这些食物是慢性的毒药。它们有通过延迟行为来学习厌恶性味道刺激的能力,此即在许多研究中发现过的"加西亚效应"(评论自 Logue,1979)。随后包含这些刺激的饮食就被避开,以缺乏它们的那些取代,最终的结果是一种均衡的饮食被获得(Rozin,1976)。当更直接的负面影响,包括肠胃痛苦与全身中毒,在消化特殊食品后发生时,延迟学习也会发生。在一项关于气味的多维尺度分析中,戴维斯(1979)曾发现,人类受试会以一种与增长着的分子链长度相关的方式自动分类酒精饮料,并根据愉悦度排列它们。

总的来说,一套非常普遍的学习规则指导着饮食偏好的进一步收窄,超越了断奶期间对于糖的先天偏好。所达到的体内稳态可以是精确的,而我们认为,它服从于转换饮食挑选的主要模式为新的稳定状态的遗传变化。关于这一结论的证据是间接的。一种常染色体的"肥胖基因"在小鼠身上被证实了,其在纯合状态(ob/ob)下引起更重口味的吃法,一种更高脂肪百分比(52%,相比于由它们不肥胖的兄弟姐妹们所挑选的 29%)的挑选,以及对甜度上的变异更低一些的敏感度(Mayer et al.,1951;Ramirez and Sprott,1979)。人类遗传学中一个类似的现象是著名的影响着品尝苯硫脲(PTC)能力的多态性。对于相反的隐性等位基因而言是纯合型的味盲的频率在地理上变异如下:欧洲人 30%,中国人 10.6%,非裔美国人 6.4%,以及高地秘鲁的美洲印第安人 1.9%。一般据信,品尝 PTC 的无能,在全世界地方性甲状腺肿最高发的地区——如秘鲁的安第斯——以及在天然的致甲状腺肿素(其味道像 PTC 一样苦)易于在饮食中出现的地区,是一种适应不良。这两种等位基因的高频率,都可以由尝味者患甲亢的更大的趋势来解释,当其与味盲关于致甲状腺肿素的弱点相抵消时,就引出一种遗传多态性的情况(Greene,1974)。

特定的嗅觉缺失症,即个体嗅出某些种类物质的较低能力,但嗅出其他种类物质的能力并没有减少,在人类中是多样且非常广泛地分布着的(Beets,1979)。其发生的模式指引了阿穆尔(Amoore)(1977)想到人类身上堪比先天原色的原味的存在。至少嗅觉缺失症之一,对类麝香物质十五酸内酯的敏感性的丧失,是基于一种隐性基因的(Whissell-Buechy and Amoore,1973)。某个未确定的证据存在,即对臭鼬的气味、正丁硫醇与小苍兰花香的不敏感性,是基于常染色体隐性的。另一方面,在对乙酸、异丁酸以及2-仲丁基环己酮的敏感性上的变异,似乎并不具有一种遗传的成分(Hubert et al.,1980)。

时间与实践稳定地强化烹饪的特质。一定程度上,一种与食物相关的气味越是熟悉,它越被评定为更令人愉快;越不熟悉,它越有可能被积极地躲避,一种平行于有很好记录的大鼠喂食恐新症的现象(Engen,1974;Rozin,1976)。

食物以及围绕进餐时间的习俗被彻底地仪式化了,以便交流并强化实际上是社会生活每个其他侧面上的正确行为,包括致敬、和解、结盟、求偶、统治、卫生与宗教(Lévi-Strauss,1969;Douglas,1979)。没有证据存在,证明特定的仪式形式曾经被遗传地同化了。不过,这些形式很清楚地陷入到引导化学感觉学习的后成规则之中,并且它们也受到影响由烹饪仪式化所服务的其他的基本社会功能的规则的约束。

颜色分类

大脑处理着视觉信息的两种基础要素。首先是轮廓,其被知觉为亮度上的空间变化率并传达客体的形状。第二个要素是颜色,其传达关于客体表面的信息。

一个引人注目的事实是,大脑沿一条连续带知觉亮度上的变异,却将颜色划分为类别(图2.1)。进一步正确的是,所有文化都采用语言范畴来描述颜色。许多社会科学家(例如,Whorf,1956)曾相信,划分为红、绿,以此类推是武断的,但语言学以及跨文化的研究表明了它们事实上是与自然颜色知觉密切相关的(Berlin and Kay,1969;Rosch,1973;Ratliff,1976)。

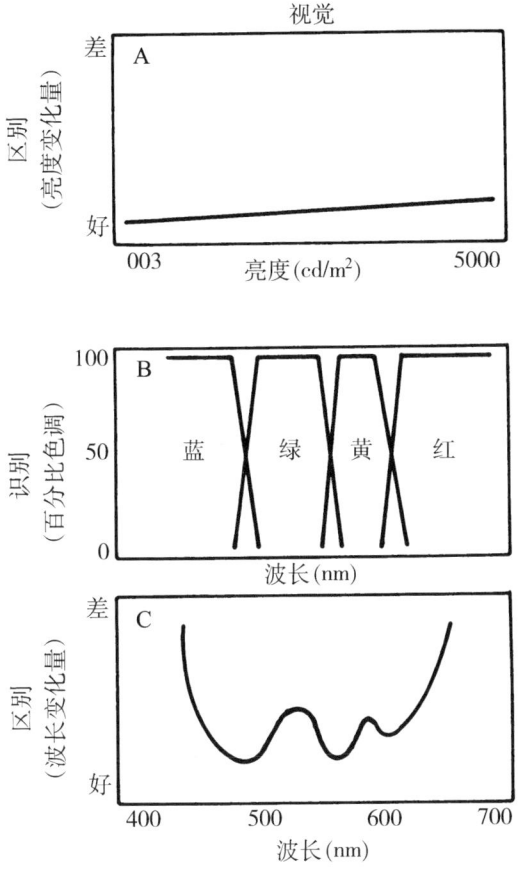

图2.1 视觉方面的后成规则。A:亮度区别是一个连续区,随着亮度的增加而变异很小,并且总体上相当精确。B:在婴儿期,光波长被心理学地知觉为好像它被打断成四种主要类别——蓝、绿、黄与红。C:波长可区别度沿可见光谱在好与差之间突然变异,带有粗略地对应于四种主要色调类别之间边界的峰值。(修改自 Bornstein,1979)

伯恩斯坦(Bornstein)及其合作者的研究(Bornstein et al.,1976;Bornstein,1979)提供了关于颜色分类发育起源有价值的新洞见。四个月大的婴儿被发现对波长上的变异有反应,好像大脑在区别四种基本的色调类别,对应于成年人的蓝、绿、黄与红诸类别。这种离散化,通过测量婴儿对沿可见光谱分布的各种单色光的注意范围而被侦测到。一段短时间之后,婴儿们变得习惯于一种光的显现然后看向别处。当婴儿接下来面对的波长位于一个邻近习惯性光的色调类别,而非当它来自同样的类别时,甚至当两种测试的刺激与原初习惯性的波长等距(以纳米计)时,从习惯性中恢复过来的反应会更大。此种分类化草图被表示于图 2.1B。

天生的人类颜色分类开始于视锥细胞分化为三种类型(Wald, 1969),其各自的最大敏感性对应于蓝(440 纳米)、绿(535 纳米)与黄-绿(565 纳米)(Mollon, 1980)。重新组织这些敏感性为关于四种主要颜色的知觉的机制,仍然处于争论之中。

心理学家在绘制颜色知觉空间的图谱方面取得了一些进展。当人类受试根据相似度判断各种颜色对,然后数据通过多维尺度程序被转换到一个平面之上时,连续的波长类别并没有形成一条直线。反而,它们的路径弯回自身之上,一种以循形丛(circumplex)为人所知的形式(Guttman, 1954; Shepard, 1978)。结果,可见光谱的相对两端,红与紫,被判定为彼此相似,几乎像在波长尺度上邻近的原色一样接近(见图 2.2)。循形丛在人类知觉的领域是一个广泛散布的现象。类似于颜色循形丛的图形,也在对于音素与音乐声的知觉中(Shepard, 1978; Shepard and Arabie, 1979),以及对于通过一系列增长着的分子链长度的酒精气味的侦测中(Davis, 1979)被发现了。

颜色知觉中的后成约束,反映在迄今为止被研究过的所有文化的语言中所采用的口头颜色分类之中。在伯林(Berlin)与凯(Kay)的一项重要研究(1969)中,全世界 20 种语言(其包括阿拉伯语、保加利亚语、广东话、加泰罗尼亚语、希伯来语、伊比比奥语、日语、泰语、泽套语、乌尔都语等)的母语者被展示为按孟塞尔系统中的颜色与亮度分类的小块群。他们被要求放置其语言的每一种主要颜色用语于此二维阵列。结果于图 2.3 中给出,清楚地表明,语言以一种密切符合颜色辨别后成规则的方式进化了。这些用语大都落入到离散的群簇之中,至少以一种近似的方式,对应于似乎天生地为婴儿所区分的主要颜色。这一中心结果随后被许多研究者证实了,如同凯(1975)、博尔顿(Bolton)(1978)、

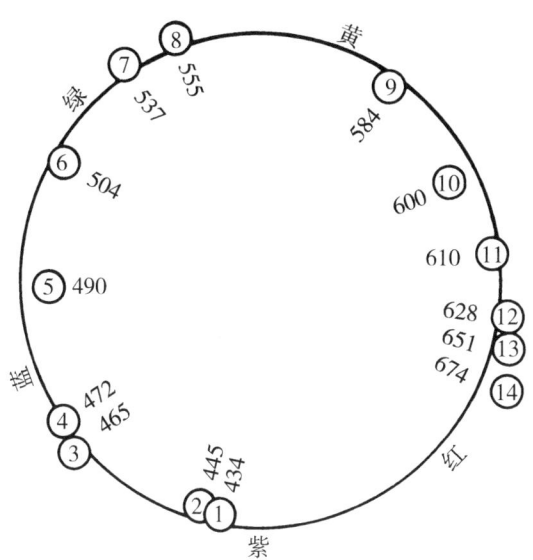

图 2.2 颜色知觉领域的循形丛形态。红与紫,位于可见光谱的相对两端,被判定为彼此相似,几乎像邻近的原色一样接近。邻近 14 个位置的每一个而给出的数字为以纳米计的波长。(修改自 Shepard,1978;基于来自 Ekman,1954 的数据)

以及冯·瓦滕韦尔(von Wattenwyl)与佐林格(Zollinger)(1979)在评论中所指出的那样。罗施(Rosch)(1973)发现,新几内亚的达尼人,其颜色分类是粗浅的,学习一种基于伯林—凯数据群簇的"自然"分类,要比一种基于其他任选群簇的竞争性方案更快。如此,罗施能够展示出一种运作于成年人的学习规则。

进一步正确的是,当颜色分类被跨文化地比较时,大多数文化都落入到如下被认为代表一种进化序列的类别之一或其他:黑、白;黑、白、红;黑、白、红、绿或黄;黑、白、红、绿与黄;先前诸色加上蓝(Berlin and Kay,1969;Bolton and Crisp,1979)。这一序列同孩子们掌握颜色用语的次序相一致(Harkness,1973;Johnson,1977)。

光谱蓝端的诸类别在一些语言中崩溃了,这样绿与蓝,或者蓝与黑,或者绿、蓝与黑就不以名称区分;这种合并的倾向随着接近赤道而增强(Bornstein,1973)。根据冯·瓦滕韦尔与佐林格的研究,这些以及其他累积的资料与现存

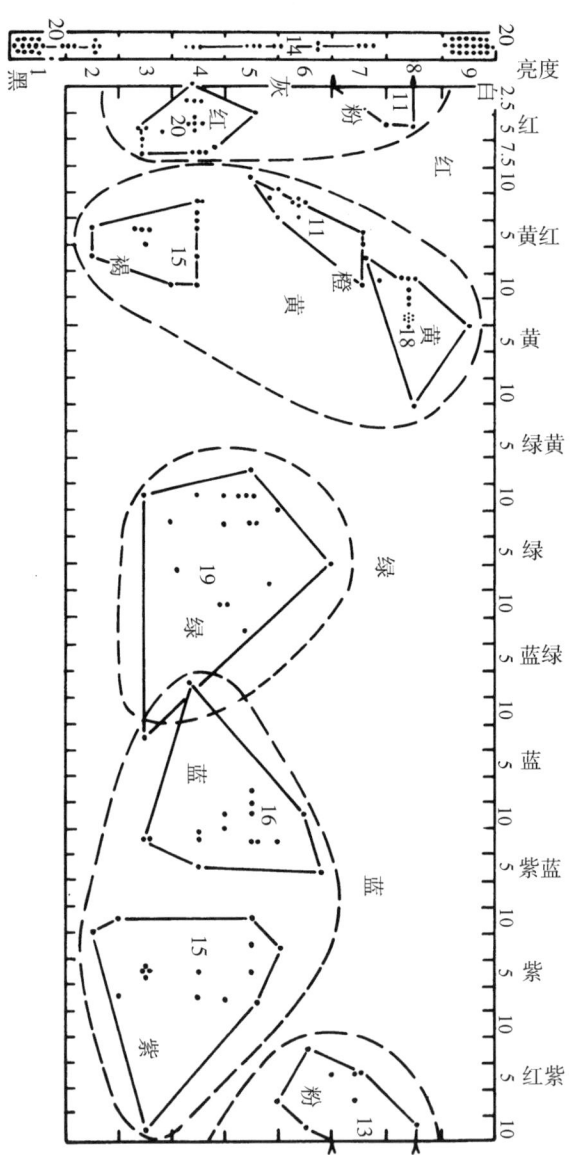

图 2.3 语言作为颜色分类的初级后成规则的一种反映。各个点标示在一门语言中一个颜色用语的一个孟塞尔阵列上的平均位置,如该语言的母语者所估量。虽然来自全世界的 20 种文化被作为代表,其多为独立于另一个地进化,他们采用的颜色用语还是被分组到最离散的群簇中,以一种近似的方式对应于天生地为婴儿们所区分的主要颜色。(修改自 Berlin and Kay, 1969, 添加了虚线以及主要颜色的标签)

的神经生理学信息是一致的。他们偏爱"竞争者模式",其中颜色视觉是基于三对相反的过程的,用以知觉暗(无反射)与光、红与绿,以及蓝与黄。这初级的三刺激值光化学反应然后就为外侧膝状体核细胞以及可能是其他的中间神经元所编码。

色调知觉的结构还能够影响视觉知觉的其他功能。例如,波拉克(Pollack)(1972)发现,米勒—利耶尔错觉(Müller-Lyer illusion)的程度是受颜色影响的。在此效应中,置于外指 V 形之间的线条(↔)似乎比置于内指 V 形之间等长的线条(⋈)要短。当线条为蓝色或红色时,错觉最大,对应于如图 2.1C 中所示的最小波长区别度区域,而当线条为绿色、黄色或黑色时,则减小 30% 之多。

最后,颜色视觉遗传进化的范例,为科瓦奇(Kovach)(1980)近来的鹌鹑(quail)日本鹌鹑(*Coturnix coturnix japonica*)实验研究所提供。在一日龄时,自孵化以来一直留在黑暗中的个体雏鸟,第一次被允许在其穿过一系列隔间寻找它们的路径时以视觉定向。在这些条件下,在其自身之间,它们在其对红色的偏好方面略有不同,与对蓝色的刺激正相反。运用标准的双选择程序,科瓦奇能够分开两条雏鸟家系,分别拥有着更显著得多的对红色或蓝色的偏好。完全的歧化,于挑选得分上没有重叠,在 5 代之内获得。两条家系之间的不同据估计是基于 4 到 8 个分离的传承单位的。这一结果是重要的,因为它证实了两个为理论所预期的现象,就是后成规则的遗传基础可在 10 代或更少之内被一项充分严格的选择制度所改变,以及复杂的行为可为相对小的基因群所影响。在第 6 章中,我们将返回到这些原理更为完整的含义。

听觉

婴儿带着内置的声学行为开始生命,这有助于塑造其随后的交流与社会存在。其对童床的一个突然的响声或震动的反应,就是莫罗反射(Moro reflex):"仰卧着的婴儿向前伸展他的手臂,绷紧下肢并扭曲他的脸呈怪相;一或两秒之后，他慢慢收拢手臂呈一种拥抱，发出一个哭声，然后逐渐放松"（Holt and Howland，1939：32）。在 4 到 6 周以内，莫罗反射为惊吓反应（这或许是由孩子与成人所显露的最复杂的真正的反射）所取代。在一个出乎意料的巨响被听到后几分之一秒内，眼睛闭上，嘴巴张开，头低下，肩膀与手臂下垂，而膝盖微微发软。简言之，该个体准备好如他所能地经受一次对身体的打击。自然的惊吓反应，比由志愿者人类受试所故意表演的关于其动作的任何模仿更快地发生。

新生婴儿能进一步在噪声与音调之间区别。在由勒瓦里（Levarie）与鲁道夫（Rudolph）所进行的测试期间（1978），新生儿为 85 分贝的物体相撞声，却不为一个 293 赫兹的 85 分贝音频脉冲所惊扰。

婴儿也拥有关于言语知觉的类成人且促进语言发展的天生规则（Liberman et al.，1967；Eimas et al.，1971）。如在亮度的案例中被注意到的那样，音高上的变异也被知觉为一个连续区。但是发声的区别，像色调的区别一样，是被自动地分归为类别的，在此案例中即为音素。例如，在/ba/与/ga/与/s/与/v/这几个音之间，并非听起来像是连续体，而像是这些成对单位的一个或另一个。音素区别的一个主要成分是嗓音起始时间（VOT），其为对相对于彼此的共振峰或能量带的计时（见图 2.4）。

近来的学术研究揭示了，音素区别的发育是被引导的，在生命的第一年或更长时间内进展着，贯穿多于一个阶段（Eilers et al.，1977）。嗓音起始时间单独不足以解释区别度数据。背景也被用到：对闭塞辅音及摩擦辅音的认知依赖于第一个共振峰的范围与第二个共振峰的方向。此外，婴儿的音素知觉也不能被轻易地绘制图谱于成人音素知觉之上（Eilers and Minifie，1975；Eilers，1977）。但是该相关性足够强到产生跨越多种语言的嗓音起始时间值的一致模式。利斯克（Lisker）与艾布拉姆森（Abramson）对 11 种语言的研究（1964）揭示出，全部的可变异性并非单独地为解剖学能力上的极限所限制。此外还有一种基础而限制性的策略：在每一种语言中，一个或两个值沿着各个 VOT 连续区充当参照点并分隔该连续区为两个或三个语音类别。总库存为 20 到 60 个音素，精确

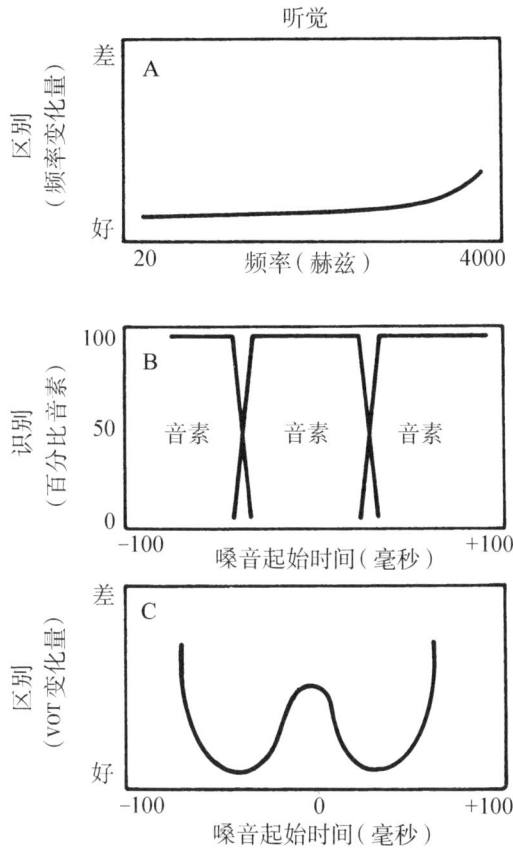

图 2.4 以图解形式表现言语知觉中的后成规则。从 20 到 4000 赫兹音高的区别(A)是连续的,穿过该波段只略有变异,且一般是敏锐的。相比之下,音素识别(B)是基于相继能量带之间的强变异区别(C)的,取决于分开它们的时间(-100 到+100 毫秒)。区别度差的地方,共振峰似乎属于相同的类别;在它敏锐的地方,音素能够被区分。(修改自 Bornstein,1979)

数字因文化而异。此外,音素也落入到基于其间相似性差异度的直观知觉的自发类别之中(见图 2.5)。

因为言语知觉的后成规则研究处在一个早期的阶段,这些规则与语言内部及之间字词形成多样性的关系还没有被有效地处理。同样的情况对于语法规则也是对的,包括被许多心理语言学家认为包含天生成分并因此

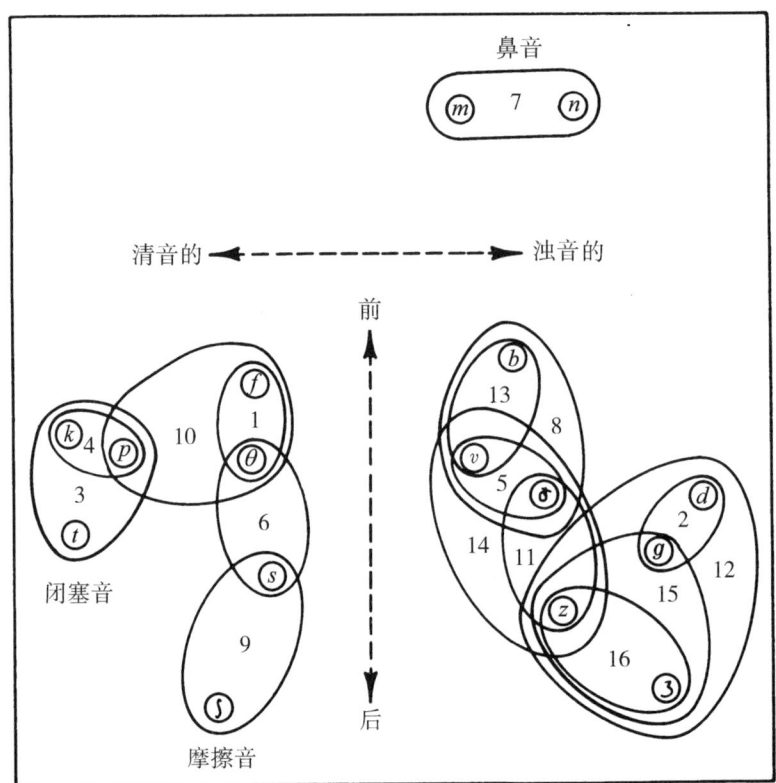

图 2.5 音素知觉场比例的一种表现。基于为实验受试所知觉的相似性的 16 个辅音音素的群簇，被嵌入在了一个二维的空间之中。(由 Shepard and Arabie 所分析，1979；基于 Miller and Nicely 的数据，1955)

按照遗传程序展开的"深层语法"。很显然的是，后成规则影响了语言的短期进化。合理推测，经过更长的时间段，扩张语言的无情的文化压力塑造了后成规则的遗传进化。

小结

后成是发育进程期间基因与环境之间相互作用的总过程，基因随之经由后成规则被表达。每一影响行为的后成规则，构成发生在遍及神经系统各个点位上一个复杂的事件序列的一个或多个要素。将这些要素分成两组是有用的：初级后成规则,其范围从感觉过滤到知觉;以及二级后成规则,其包括特征评价与决策的程序,个体经由其而倾向于传递某些文化根优先于其他。许多,或许最多的认知与外显行为种类都为这两组规则的联合所引导。

初级规则是更多被遗传限制也更不灵活的。范例从味觉与嗅觉、颜色分类以及听觉中被提供了。各个在心灵的运作之上发挥重要的约束作用,并在独立衍生的文化中引起了平行式或会合式的进化。

第 3 章
二级后成规则

我们看到了初级后成规则如何在决定知觉空间中扮演一个重要的角色并从而影响文化的进化。但是这种形式的约束只是基因、心灵与文化之间关系的开始。如同目前这章将要展示的，许多额外的步骤导致二级后成规则以及社会行为最终的个体发生。

由大脑所处理的各个刺激配置，被解剖并分成能在多种感觉模式的知觉空间中被抽象地描绘成点或包络的东西。知觉可以简单如一个单色的一闪或一种芳香化合物的气味，各占知觉空间上一个单独的点。或者它可以复杂如哺育一个婴儿，其创建声音、视觉、触觉与气味的包络。从感觉感受器引向知觉在其中被转变为有意识的图像的皮层区域的路径，已是基础研究的对象，例如由布洛克（Bullock）与同事们（1977）以及博迪（Boddy）（1978）所评论。

最多的文化根都相对复杂且参与多重的感觉模式。大脑并非按照这些文化根配置向内携带的所有信息来行事。心灵的决定，是基于提取自知觉空间内文化根最终表现的某些特征的。特征提取的内在物理基础，依然大不为人所知，不像相对被充分研究的向更高中心携带感觉信息的神经元回路。为人类行为学家（Eibl-Eibesfeldt，1975，1979）与认知心理学家（Neisser，1976）所共同确认的提取过程的外在品质，是快速、精确，以及相对的简单。

关于主观推断过程的一个有趣的物理模拟，由霍夫施塔特（Hofstadter）提供（图 3.1）。照片中的中心图形可被用来代表一个文化根，或者更精确地是知觉空间内一个文化根的配置。心灵并非按照存在于该结构中的所有信息来行事。它选择某些特征，其在分开的一套神经机制的基础上是决策的对象。这些特征被体现为在光线中剪影的字母。对于较低等的动物而言,这些字母粗略地相当于符号刺激,或更精确地,那些由符号刺激所唤起的神经元点火模式。在人类行为的案例中,它们是响应图式的神经元活动模式,其转而由缘于学习与思考的变异着比例的遗传回路与细胞修改所构成。

图 3.1　霍夫施塔特的"三联体"(trip-let),是关于复杂刺激配置的特征提取,因此也是关于凭借心灵的文化根初始诠释的一个抽象的物理模拟。(来自 Hofstadter,1979)

我们将简短返回暗示二级后成规则存在的一些最显著的人类认知特性。为明确起见,无论如何,让我们首先前进至行为发育的关键表现之一,名为**偏向曲线**。这些曲线是各种文化根的使用的概率分布,一种能够被转译为基因—文化协同进化模型的形态。使用被宽泛地定义为一条复杂的个体决定之链中的一或多环,其包括初始学习或失败于学习某些文化根,反省后对一个文化根超过另一个的偏好,以及特定文化根的实际采用。偏向曲线可相关于这些事件的任何一个。考虑一下图3.2中所展示的两种曲线。左边的曲线标绘在一个非常大的阵列中各种文化根的使用概率,u;它因此被给予一种连续的形态。右边的曲线描画极端相反的情况:该社会的成员们能够在只有两个的文化根之间挑选。

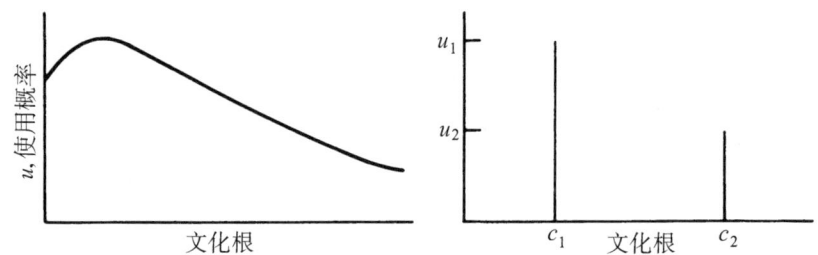

图3.2 根据可用文化根的数量,偏向曲线的两个极端。左边曲线给出使用的概率,u,穿越一个非常大的文化根阵列;右边那种给出使用的概率只涉及两个文化根,c_1与c_2。

    一些偏向曲线是相对严格的。这尤其是那些源自初级后成规则的情况。其他的变异很大,以可预言但仍依赖背景的种种方式,达到采纳一种文化根超过另一种的倾向可能被反转的程度。民族志文献包含极多与栖息地、生产模式和营养状况上的差异相关的反转的例子。文化人类学家,尤其是那些在与他们自己显著不同的社会中生活了长时期的人,讲到文化的"背景"或"整体"性质,其意味着特定的文化根与许多其他的在一种功能方式上的相关性。他们采用背景分析,"一个方法论程序与一个理论假定……其指出文化的每个方面必须就它与文化的其他方面的相互依赖而言被看待与研究"(Williams,1972a:288)。因此,女性青春期初始仪式,在一个年轻女孩至少一半的时间继续住在她母亲的家里(换句话说,女方或双方居住规则在生效)的社会中,以及在严重依赖于女孩与年轻女人们的工作来对营养活动作出一种重大贡献的社会中,产生得最为频繁。

    认识到一些文化根在功能上比其他的更具衍生性与交流性,有可能勾勒出似乎是连接着主要栖息地、经济策略，以及既初级又具衍生性的文化挑选的因果链条。一个非常简化的例子如下：

栖息地与经济	→	主要文化根	→	衍生文化根
沙漠牧人		一夫多妻，父系相传，婚后居男方		正式的女性初始仪式的缺乏

引用在此特定案例中的划分，粗略地对应于马克思主义人类学家们的下层建筑与上层建筑(Terray, 1975; Godelier, 1975, 1977)，也更接近于哈里斯(Marvin Harris)在他关于文化功能主义的阐述中所区分的下层建筑、建筑与上层建筑(1979)。

文化人类学家们通常理解此种序列为根据推理与评价的文化获得规则做出有意识挑选的结果。穿过因果网络的不同路径的存在，表明极大的灵活性。因此，在任何有意义的程度上，人都被判定为"文化决定"的，而不是遗传决定的。人类被认为要在一个非常少的结构简单的生物学需要的基础上，借助大量的、任意的，并且经常是精致的文化获得行为来追求其自身及其社会的利益。对比此传统观点，我们对来自认知与发育心理学的证据的诠释，指出具有充分强大的特异性来引导推理与决定规则的获得达到一种实质性的程度的后成规则的存在。这一精神沟通的过程转而塑造文化进化的轨迹。进一步说，栖息地与经济策略不必然是初级推动者。它们代表边界条件，其选择为后成规则所影响，并且其是在限制而非指导由社会个体成员所做出的挑选。

在文化进化的后果中观察到的可变性，并不自行表明后成规则中类似结构的缺乏。为了使这一点更明确，定义 ϕ 为二文化根状态中文化根使用概率之间的差值，因此有

$$\phi = u_2 - u_1, \ -1 \leq \phi \leq 1.$$

如图 3.3 所示，ϕ 可穿越一个给定范围的环境、生产方式或其他周边文化模式而保持恒定。或者，相比之下，ϕ 可在环境或文化背景被更改时，通过许多模式之任一种而变化。要点在于，两种反应形式都能够基于知觉与决策同样严格

的、遗传基础的规则之上。规则从一种文化到下一种保持相同;只有起始点与背景不同。

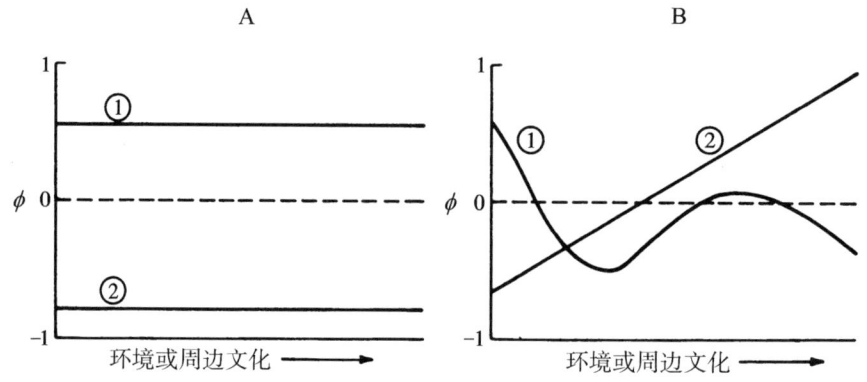

图3.3 获得两个文化根之一或另一的倾向上的差值ϕ。如A中所示,这个差值可在环境或文化中发生变化时保持恒定。或者,如B中所表现,该差值可在背景被更改时通过许多模式之任一种而变化。两种类型的反应都有可能处在遗传决定的认知与决定的核心规则的控制之下。

经常被争论的,例如非常令人信服地出自格尔茨(1966)与哈里斯(1979),社会人类学应该关注于文化之间的差异以及产生这些差异的原因,而非人类认知的共同特性。但是自然科学的历史表明,这样一种进路,在产生着对于任何学科来说都关乎生命的自然史的同时,却从未得到比表面描述及相关性更多得多的结果。基础规则与背景二者对于一种详尽的、分析的说明而言都是必要的。想想运动中的物体。一颗轨道卫星、一架飞机,以及一颗坠落的流星,有着极端不同的轨迹。但是它们之间的变异性,没有对牛顿运动定律的应用是无法被理解的,即使这些规律性可能初看起来会像是不相关的或甚至违反直觉的。更接近于手头的主题,苯丙酮酸尿症与正常的苯丙氨酸代谢代表一种表型的变异,其可被很好地描述为一种营养的结果。它可为下至生物化学水平观察到的饮食及其效应所个别地规定。而人类种群内变异性的起源与分布,只有参考它们暗中服从的孟德尔遗传学定律,才是可理解的。

人类文化进化中基础性的、依据生物学规则的问题是经验式的,将通过对辅以神经生物学与遗传学的认知与发育心理学语境中的后成分析来被解决。初级后成规则的存在,其在知觉中施加约束,在第 2 章中曾有记录。我们现在调查那处理了人类中更高的信息处理与决策的程序的研究中的一些。我们分析的目的将是要展示穿过关于人类认知已知事实的多样性的惊人规律——这些规律我们诠释其为由我们的理论所预测的二级后成规则存在的证据。

人类信息处理的要素

信息处理由至少 5 个程序构成:特征区别、存储、诠释、回想与计算。在近些年,认知心理学家们在识别这些活动的人类形式方面取得了重要的进展。一个关于人类认知的信息处理环节的总结被展现在图 3.4 之中。虽然这种公式化不能被看成是确定的,但它确实将多种多样的实验数据整合起来。它理解到,在潜在的大脑系统中,容量与执行时间是被紧紧地约束的。在处理的早期阶段,特征的一些被选择,而其他的被丢弃;保留的那些被放入一个"前知觉存储空间"之中。直到这一点上,该处理过程是被遗传固定的,带着充分的严格性而不受学习的影响。它们包括第 2 章中强调的初级后成规则的至少一些。当前知觉空间中的特征与长期记忆中的知觉单位相对照时,辨认即开始。知觉空间上刺激的定位,通过其进入长期记忆(LTM)的进一步整合来实现,一个有时被称为二级识别的过程(Massaro,1975)。这一步不仅受记忆,也受期望与精神定势的影响。这些特性部分地依赖于来自海马—隔轴与边缘系统其他部分的重入式信号。二级识别过程转译此信息为一个额外的、抽象的编码,其在符号背景下匹配信号并传递给它们某些超越简单识别的品质。如此,关于一位朋友的嗓音的综合知觉,产生关于词语及来源的识别,同时该抽象的编码程序用诸特性如低沉、刺耳、不自然,以此类推的话来定义嗓音。

在一系列天才的实验中,奥登(Oden)与马萨罗(1978)证明,听觉信息处理采用经常被称为模糊逻辑的东西。并非在全有或全无特征基础之上的音素之

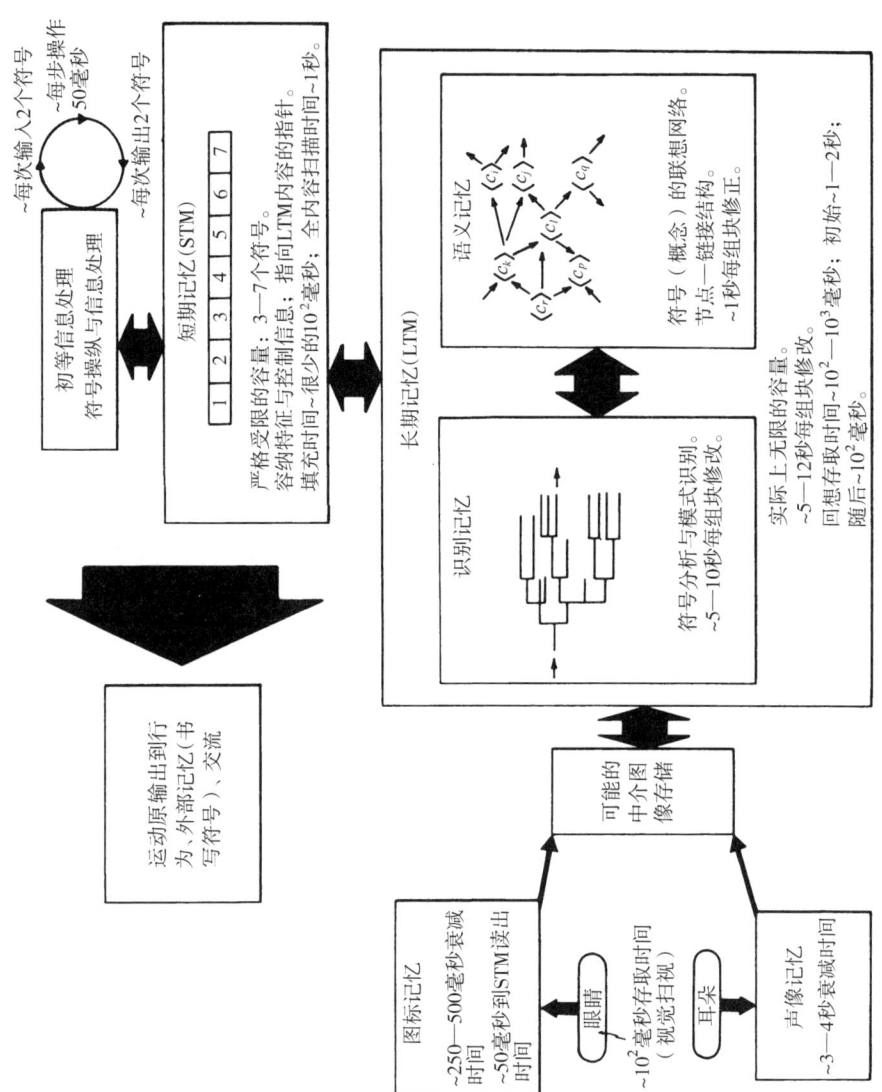

图 3.4 一个总结人类信息处理的模型。短期记忆的大小代表有意识的心灵能够同时管理的符号数量。那会响应潜意识的过程在这里所示的框架中全然不被理解且未被明确展示。显示为长期记忆的每组块修改时间指出每需要形成一个新组块的旧组块的间隔。见正文中关于 10J 规则的讨论。(基于 Newell and Simon, 1972; Massaro, 1975; Norman and Rumelhart, 1975; Lindsay and Norman, 1977; Oden and Massaro, 1978; 以及 Simon, 1979 中的数据及模型)

间做出敏锐的分别，大脑是在评价声音的语音品质，特别是发音的位置与嗓音起始时间，通过将它们分类为沿着连续尺度间隔排列的交叠集。既然品质连续地变异，它们被描述为或多或少是真实的，而非绝对为真或假的断言。音素分类是由对长期记忆中音素原型的检索构成的。如第 2 章中所解释，这些原型被学习，但学习遵循自动间隔音素并限制其数量的初级规则。前脑然后分类声音为属于提供着最近匹配的音素原型。音素识别上的数据事实上适合卢斯（Luce）的模型（1959），其声明，确认一个声音为一特定音素的概率，等同于对于那相对于关于知觉空间中所有被考虑着的音素的匹配良好值的总和的音素的声音的匹配良好。音素确认的另一个明显特殊性，是在处理的特征评价阶段声学特征的非互动性。

这些初等程序对于人类心灵来说也许是基础性的。认知心理学家们近来汇集了一系列证据，表明原型与模糊集合的使用特化附加于言语知觉的活动中识别与区别的过程，包括视觉、姿势以及概念组织化（Brown, 1978; Rosch and Lloyd, 1978; Wickelgren, 1979a）。

对于用来匹配刺激与长期记忆中的符号的程序的进一步洞见，可通过考虑对于相对于单个的成对刺激的评价来获得。在格蒂与合作者们所进行的实验中（1979），受试被要求评价 8 个复杂声音的视觉表现。他们根据主观的相似度程度成对地判断图片，也在各种子集中单个地确认它们。借助于一种多维尺度程序，相似性判断被置于一个三维的知觉空间之中。该数据严密适合一种基于加权刺激间距的决定模型，其中刺激之间的可混淆性跌落为它们之间距离的一个指数函数。当给出图片的子集时，受试明显地置变异着的权重于那些维度之上，以这样一种方式来最大化正确确认的百分率。当一组分开的受试被单独地交给这确认任务时，他们采用相同的一组维度。

这些来自视觉区别实验的结果，支持在绘制知觉空间图谱中多维尺度分析运用的有效性，既然由该程序展示的空间能够被用来说明一项独立任务中的行为。对可混淆性模式的适合表明，在区分视觉模式中，大脑使用一种类似于区别音素中采用的那种模糊的集合程序。

信息回想也有几种特定的品质,可被临时性地特化为人类独有的,有待非人类认知方面进一步数据的积累(见例如 Lauer and Lindauer, 1971; Griffin, 1976)。未经排练过的短期记忆持续大约 30 秒。一个那种长度的延迟扫除掉回想几组被仓促地记忆了的不相关的词语或记号的大部分能力。短期记忆的容量,大约为 3 到 7 个符号的控制与特征信息。去使用米勒(Miller)(1956a,b)的原始公式,这是七要素,或者,更精确地,7 加或减 2 的"魔数"的等同物。人们能够快速记忆大约 7 个不相关的音节、整数或词语。他们也能以 2 到 3 比特的精确度区别一个声音的音调与响度、一份盐溶液的盐度,以及在一段线性间隔中一个指针的位置。这种对一个连续尺度的求解,转译成为在一个离散尺度中大约 7 个等概率的符号。米勒想知道是否它只是一个"有害的、毕达哥拉斯的巧合",即有古代世界的七大奇迹、七个海、七宗死罪、昴星团中阿特拉斯的七个女儿、人的七个年龄段、地狱的七层、星期的七天,以此类推。我们不怀疑,虽然来自非西方文化的证据显眼地缺乏着。

相比之下,长期记忆几乎是永久的、潜在无限的与不可破坏的。它通过重复与强力加固来获得,尤其是引起情感的那种。存储与回想为分块的过程所极大增强,那随后只需关于一个将要被取回的单个要素的回忆的信息符号的打包。如果短期记忆只允许 3 到 7 个左右的符号被激活,并在进行中行为的取舍期间被短期保存在有意识的心灵中,大量的额外信息仍然能够凭借相关符号的取回而发挥作用。符号是信息的神经表现,并在认知或激活之上唤起它们存储的指定者(Miller, 1956a, b; Newell and Simon, 1972)。分块是一种服务于语义记忆、配置形成以及处理效率的皮层功能。

人类认知的这些方面,在两种后成约束之内发挥功能。一个是短期记忆极小的符号存储容量。只要所有刻意的符号操纵与计算都还发生在短期记忆中暂时活跃的结构之上,这 3 到 7 个符号限制就在本质上用之不竭的长期记忆与促进有意识心灵的大脑过程之间造成一个严重的瓶颈。这一基本的约束极大地限制处理速度与效率,也减少在任何给定时间实用的处理策略的数量。

第二个主要约束,可称为 10J 规则,是由内在于长期记忆的运作中一种显著的不对称性所造成的。不少于 5J 到 10J 秒的神经元处理时间被需要,为了在长期记忆中存储对于认知与诠释一个由 J 个熟悉的组块或子模式组成的组块来说必要的符号(Newell and Simon,1972;Simon,1979)。这样的写入时间在行为的时间尺度上是非常长的,并且对生物体就时间与机会损失而言意味着一种真实的代价。以此方式,它们限制新信息的同化。从长期记忆取回组块所需的时间是短一到两个数量级的。这两个约束,短期记忆的容量与长期记忆的 10J 规则,从进化论的观点看是未解释的,而我们将在第 6 章与第 7 章中返回到它们。

在关于海马健忘综合征的分析基础上,威克尔格伦(Wickelgren)(1979b)总结出,通过有差异地填装那些符号化并连接起组块要素的自由神经元,海马在认知的生理学中扮演一个关键的角色。当前关于学习以及特别是长期记忆巩固过程的信息,对于我们来说似乎是与埃德尔曼(Edelman)的大脑行动等级化模型相一致的。其中被选择的"识别者"细胞,诸如纹状皮层中复杂的神经元群,为它们被预先编程来对其做出反应的刺激所激活(Edelman and Mountcastle,1978)。然后,"识别者的识别者",其为颞、额或前额皮层中的神经元,对来自识别者群的信号做出反应。识别者的识别者之间的候选神经元群,形成所有此类群的一个退化的子集。那就是,多于一个群能够识别一个特定的识别者细胞组合。识别者的识别者群能够以一种等级化的方式相互作用,创造越来越抽象的表现物。如此,学习在某种程度上是被编程的,而它的进度也由此增加,但最终存储在大脑中的符号信息的总内容是高度可变的。

在他的模型的基础上,埃德尔曼(于 Edelman and Mountcastle,1978)设想意识为"一种带更新的联想回忆形式,基于当前的重入式输入,借助于平行的运动原或感觉输出,连续地确定或变更一个'世界模型'或'自我理论'。这整个过程,依赖于在一个已经为胚胎学、发育与进化事件所特定化的神经系统中,群选择与重入式信号发送的特性"。格里芬(Griffin)(1976)表明了,意识的类人类要素存在于智能较高的动物身上,而他也概述了这一可能性可由之所被探索的一系列测试。

我们对关于存储与回想的学习过程与物理设备之上的约束的改进的理解,使得为何人类心灵主要借助于符号以及刺激的等级化分类来运作这点越来越清楚了(Bartlett,1932;Miller,1956a,b;Simon,1979)。有理由推测,任何在从原文化向优文化状态的进化运送中活着的系统,都会遭遇相似的约束,以相同的方式减弱它们,以及从而聚集起一个大致上以符号与组块来运作的有意识的心灵。

二级后成规则的一般特性

我们现在是在一个更好的位置上考虑二级后成规则本身。各个规则在偏向曲线中促成两个要素。第一个是外显率(penetrance):使用一些给定类别的文化根——任何文化根——的倾向,无论该挑选是从多数还是少数之间被做出的。第二个要素是可用文化根之间的选择性。在图3.5的理想化选择曲线中,一个高外显率可被测量为空类别中个体的一个低频率,同时一个高选择性程度被反映在那些在文化根的一个或相对少数之上做出了挑选的个体的集中度之中(也请见附录3.1)。文化根传递中的外显率与选择性可能彼此独立地进化。进一步说,两者都能凭借不少于三个主要细胞系统的行动来被分开调节:初级感觉感受器与编码中间神经元,其决定特定文化根被以此知觉到的容易度;大脑皮层的联想中心以及海马中的注意与回想调解中心,其决定学习的容量;以及边缘系统与中脑的黑质中心,其影响强化(Oades,1979)。

来自发育心理学的数据指明,后成在婴儿期有着最低的外显率。在以后的生命中,背景依赖后成规则的行动在维持着高选择性的同时允许高外显率。出于模型建构的目的,我们相信,在至少更简单的文化根类别中,简化后成规则的相关部分为一个单独的过滤器,表示为转变概率的一个轮廓,是有效的。这些

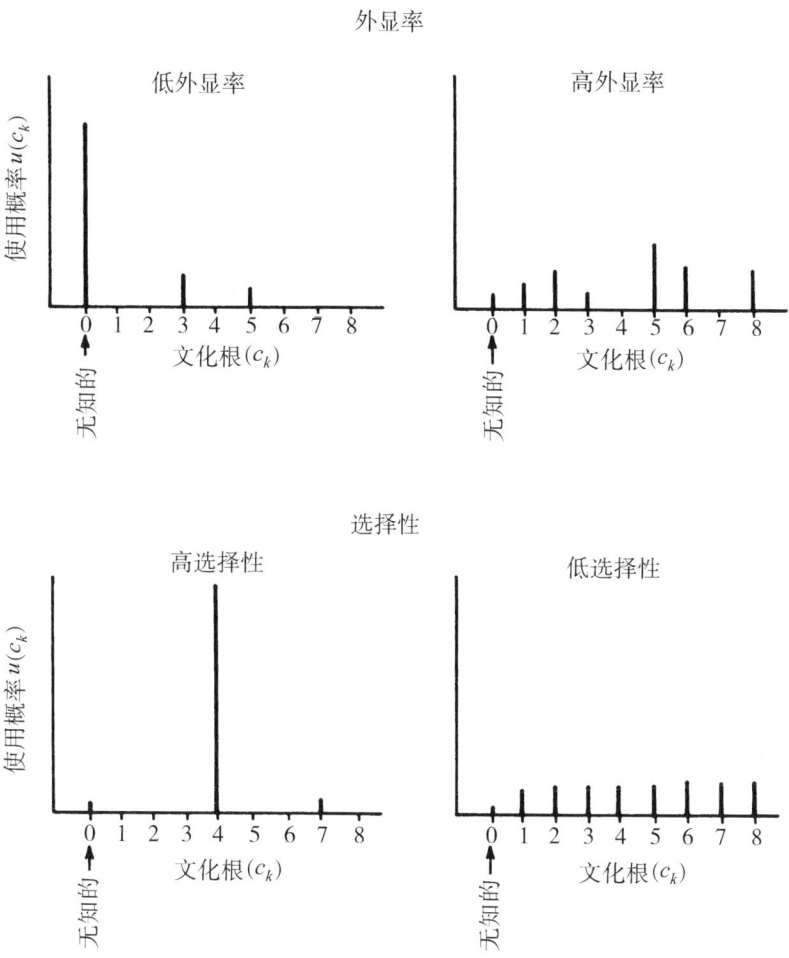

图 3.5 四种想象中的使用偏向曲线,被选来说明后成规则的两种主要特性:外显率,给定类别的任何文化根 c_k 为一个社会的成员们所使用而达到的程度(没有学到文化根的那些人保持"无知");选择性,在那些可用的之间偏好一些文化根胜过其他的程度。该分布一致地由特定环境中特定基因型的个体所展示。

轮廓,或偏向曲线的大部分作为周围的文化以及物理环境中主要特征的一个函数而变化。有最大分析可处理性的那些,足够结实到保留一种可轻易识别的跨文化形态。

沃尔夫（Wolff）(1970)与赫斯（Hess）(1973)讨论了，在婴儿与儿童中，遗传指引学习的时间进程对于学习达标为真正的印记而言是太长了。（印记被动物行为学家们定义为一个在发育期间一个非常短的时期内发生的事件。）在后代依恋母亲的案例中，该易感时期在绵羊那里为 2 个小时，鸭与鸡为 36 个小时，狗为一个星期，大鼠为 3 天。很少人类行为有学习计划被限制在少于 3 个月的时期之内。人类婴儿与儿童参与无疑是被指导式的学习，但它是被集中在更长、更不好界定的时期中的。因此，儿童的初级社会化，尤其是对特定成人的依恋，被认为是发生在 6 个星期到 6 个月之间（Gray, 1958）。相反方向上的纽带，母亲对婴儿的依恋，确实具备印记的特性，既然它发生在数小时或数天的一段敏感时期内，并且产生持续多年的后效应。

早期人类社会的发展被有效地看作一个聚焦的过程——在根据刺激类别，个体地从数日到数年持续的时期里，一段从一般到更特别种类刺激的通道。后成规则被表达为聚焦过程期间定向性程度的逐步变化。第一个阶段经常比一个对于特定的一组刺激相对于其他而言自动更强的吸引多不了多少。如同范茨（Fantz）及其同事们（1975）在其关于早期视觉发育的极佳说明中表达了该问题，知觉先于行动。换句话说，偏好某些提示，使婴儿与儿童暴露于最相关的可处理信息。进一步说，婴儿专注于图像，甚至是图像的小部分，比大一些的儿童更久（Kagan, 1970; Salapatek, 1973）。注意力因此是早期后成规则的一个重要的要素。而且因为它也是实验最可处理的，它提供关于基本后成过程最初的、有价值的一瞥。在表 3.1 中，我们总结了一些由范茨及其伙伴们所获得的成果。从上到下的序列，按其出现的顺序给出视觉的挑选。图 3.6 与图 3.7 展现的是实验期间使用的一些配置，与视觉偏好的时间曲线一道。这些数据指明婴儿的视觉挑选中至少三个关键步骤的存在。在一开始，挑选是在简单的及物式区分的基础上做出的，比如对于更大要素或对于更大量要素的一种喜欢。接下来，婴儿在相关的复杂样式之间挑选，带着被给予中度复杂性与对称性的偏好。最后，在一种与前两个策略相重叠的时间表中，婴儿发展出一种对于新奇图像的轻微偏爱。

表3.1 婴儿视觉偏爱发育中相续的后成规则。各竞争对中被偏好的挑选被首先给出。（基于 Fantz et al. 的资料,1975）

视觉偏爱	初次发育时的出生后年龄(星期)
简单的及物式区分	
更大的要素	1
更大量的要素	1
曲线对直线	1—8[a]
样式之间的区分	
靶心图案对平行线条	8
接触着的要素对那些被分开的	8—10
非线形阵列对线格阵列	8—12
三维物体对二维物体	8—12
新奇的识别	
新奇的视觉样式(一般)对学过的样式	16—30[a]
新奇的面孔对熟悉的面孔	20—24
面孔的新奇朝向对常规的朝向	20

[a] 计时取决于对比的样式。

这些以及类似的研究表明,除了从注意到学习行动的转变,还有一个关于被区别刺激的聚焦顺序问题。此顺序开始于对由感觉感受器与编码中间神经元所过滤的刺激的一个自动的限制,以及对于某些刺激相对于其他的一种偏好。它转到对一类对象的偏向式学习。它结束于对于特定对象的一种偏好（或厌恶）。如此,在视觉发育的案例中,婴儿将其注意力优先指向发现于一个非常宽泛的对象范围内的初等视觉图案,包括面孔以及相似的构造。其同时缩减其对相对于相似的样式有正常安排特征的面孔的偏好。最终,其学习并开始偏好其母亲的面容。在这三个层次的前两个之中,学习被遗传地偏向于某些种类的视觉样式。人类学习规则中的这一编程概念,至少与当前神经系统中的等级组织模型以及动物行为中的决策装置是一致的(Dawkins,1976b; Bentley and Konishi,1978)。

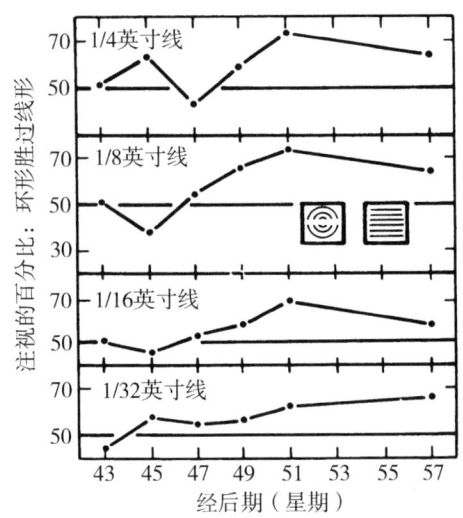

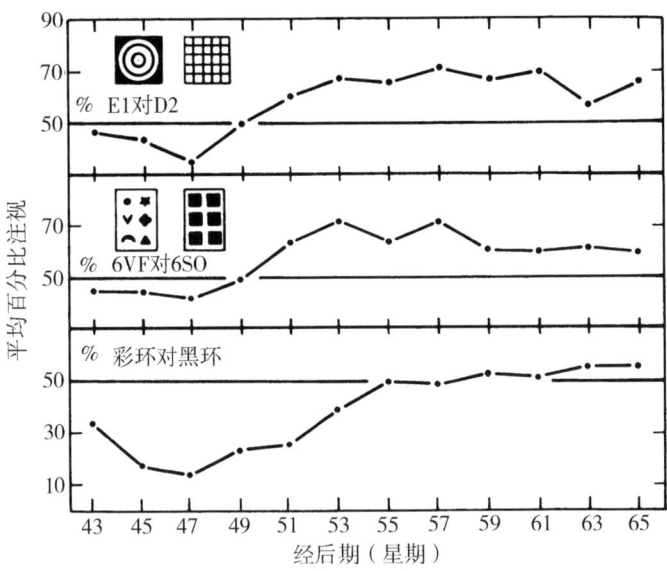

图 3.6 视觉挑选中的早期后成规则。曲线代表由婴儿表现出的对各种竞争且同时被展示的图案的相对关注。列举的时期为母亲上一次月经以来的时间。此间隔大约为怀孕以来的时间,而其使用具有消除用语差异的优势。(修改自 Fantz et al., 1975)

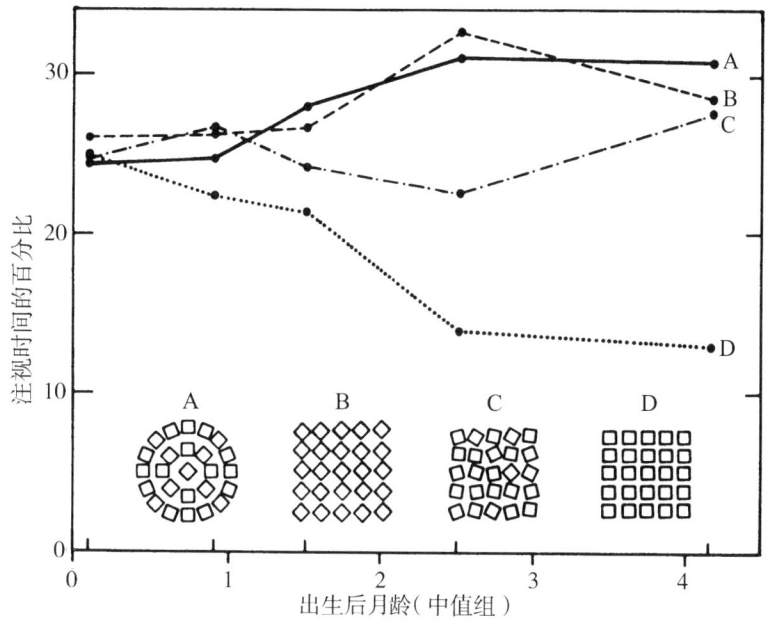

图 3.7　婴儿在一套更复杂的图案构件之间的挑选。（修改自 Fantz et al., 1975）

我们的印象（无法被可用数据严格检验），是人类物种遵循了一种后成规则进化中的简约性规则。在刚刚列举的程序等级中，导致着一种文化根上最终的经验聚焦，当该规则达到将满足的选择性的最低程度时，后成规则的进化停止。如此，婴儿拥有一种对于人类面孔的主要特征胜过其他、类似样式的天生的偏好，但还没有其偏好一个女性面孔，或者任何其他特定的大小、形状或颜色之一的证据（Jirari, 1970）。基因规定乳糖酶生产的一种早期中止，在东方人口中高频率发生，而奶在东方烹饪中一般是被避免的。但是该厌恶似乎是基于胃肠不适，而非一种被编程在童年晚期出现的先天乳糖厌恶（Rozin, 1976）。性固着（Sexual fixation）是一种有准备学习的强大形式，激活于青春期与成熟早期。它通常导致异性的配对结合，但在发育易感期的特异经验会部分地或整体地使个体转向同性恋或诸如恋童、恋物、尿色情、粪色情与恋尸等越轨实践，以后难以改变（Goleman and Bush, 1977; VanDeventer and Laws, 1978）。

如果简约性的原理是有效的，它会平行于其他进化模式研究中推论的新陈代谢守恒规则。例如，在进化的时间进程中，某些氨基酸变成"根本"，而其他分子则变成维生素，如果它们在正常饮食中被如此丰富地供应，以至于其独立合成的需要被取消了。以类似的方式，大多数强制性的穴居动物物种往往失去它们的眼睛与体色素。遗传学家给出的通常解释是，当生化合成特定途径的产物对生存与生殖不再必要时，它们消耗的材料与能量就构成一种亏空。任何消除该生物合成途径的突变则将具有一种选择优势；该现象已为 E. O. 威尔逊（1975:160—161）所讨论。类似地，在社会行为的发育中，无论何时选择要求被减少或消除，特殊的编码装置都可被预见到衰退。不过，出于第 1 章中解释过的原因，编码装置极其不可能被全然消除掉。

后成规则中低程度的选择性，可被预见到创造社会互动中的几个重要效应。我们已经列举了婴儿发育中印记与关键时期的稀有性。另一个可预料的结果，是正常的行为发育对高水平的社会化以及因此日复一日的遭遇，而非更近乎自动、与生俱来的反应的一种更大的依赖性。哈洛（Harlow）与其他人对恒河猴的经典研究揭示出，当此物种的婴儿在早年生活期间被剥夺母性与同伴刺激时，它们以后就会在性表现与养育方面有所无能（Harlow et al., 1966; Hinde and Spencer-Booth, 1969）。在一种也许是平行的关系中，斯蒂尔（Steele）与波洛克（Pollock）（1968）曾发现，在 60 个家庭中卷入严重儿童虐待的所有父母，他们自己都曾在其童年期间被剥夺了父母身体爱抚的机会。他们一般也受过抑郁之苦，并曾有困难建立起适合于其年龄的自我认同。

低选择性的一个最终可预料的效应，是超常刺激的存在，其引出比通常由个体在交流期间所产生的信号更强烈的反应。例如，银鸥更喜欢实验者提供的假木蛋胜过它们自己的蛋，只要该替代品在尺寸上更大——事实上，越大越好。这似乎是一种简单的先天决策规则，在绝大多数的案例中允许蛋从石头与其他无生命物体中的正确分离。以一种相似的方式，人类有时也更喜欢那些超出社会化期间所经验的规范之外的刺激。例如，在成年人这边的初始遭遇中，他们更强烈地反应于唤起性或父母兴趣的超常视觉图像,诸如那些展示女人非常巨大的胸部或孩子们异常宽大的眼睛与异常小的鼻子的(Eibl-Eibesfeldt,1975)。该现象似乎可确保对确实在事实上特化绝大多数女人与小孩的更普通特征的更大注意。

后成进化中的另一个趋势,可以被称为透明原理:对一个行为类别的遗传适合度的影响越取决于环境状况,有意识的心灵越清晰地知觉其关系,其反应也越灵活。在极端的情形中,该行为被修改为适合各种特殊的偶发性,遵从着对状况有意识的反映。有可能的是,一旦背景被指定,反应的形式就是完全可预测的。我们可以将这样的行为说成既是灵活的(根据背景变异着),又是选择性的(在给定的背景之内不变),或者该行为可以既是灵活的,又是相对非选择性的——换句话说,它变异于不同的背景,既在之间,又在之内。

重要的一点在于,当对此类行为遗传适合度的影响取决于背景时,心灵更有可能知觉该关系并根据此知觉决策。如此,经济行为,包括能量采集与互惠往来的程序,具有根据周围环境与社会组织的特殊性而直接妨碍到生存的效应。这些关系以或多或少的清晰度被直觉地理解并服从于有意识的思考。经济行为是相对灵活的,文化则在其表达上变异极大(Haggett,1972;Boehm,1978;Clarke,1978)。在相反的极端,对遗传适合度的影响,在大多数或所有可能的状况中保持近似恒定。在此情形中,心灵典型地意识不到行为与遗传适合度之间的关系,而行为也不根据背景而变异。相应地,深层语法(连贯的、快速的句子形成)、乱伦回避(近交衰退的减少),以及糖消耗(含异常高的热量)的适应意义,在过去200年间,只为少数科学地研究了它们的社会所理解(Katz et al.,1974;Rozin,1976;Katz,1980)。这些行为被自动并入到强大的、选择性后成规则引导下大多数或所有的人类社会之中。如果透明度与背景依赖之间的相关性被证明是普遍的,它就是与前面提出的简约性原理相一致的,就是说,后成规则进化到它们达到最小充分程度的选择性为止。

认知发育与成人决策方面的一系列案例研究,将说明二级后成规则与刚刚提出的原理的多样性。此分析模式还在发展的最早阶段,而同时,其结果对于社会科学的未来来说显然注定是异常重要的。

面部识别

人脸是一个早期的注视对象,并且对婴儿们充当为一个舒适的来源(Argyle and Cook,1976)。对于大孩子与成年人双方而言,它都包含一套主要的特征,运用于个体识别、非言语交流以及艺术表现的一个实质性的部分。因此并不令人惊奇的,是利用面部特征发现相对选择性的后成规则。吉拉里(Jirari)的实验(1970)表明,即使是新生婴儿,也会更多地注视于面部图案,胜过更简单的样式。他们也更喜欢普通特征,胜过相同复杂水平的杂混特征,眼睛尤其是吸引性图表的重要部分(见图 3.8)。相似的结果由哈夫(Haaf)与贝尔(Bell)(1967),也由麦考尔(McCall)与卡根(Kagan)(1967)的 4 个月大的婴儿实验获得了。很难归结这些结果于任何形式的学习;吉拉里用 40 个其平均年龄为 **10 分钟**(区间为 2—17 分钟)的婴儿重复图 3.8 中显示的第一个比较系列,并观察到相同的偏好等级顺序。一些数据表明,对面孔的相对注意力,在随后的 6 个月间仍然被进一步增强。范茨(1963)曾发现在此期间平均注视时间上一个 15% 的增加,以及对同心圆注视上一个相伴而来的减少。到 4 个月时,婴儿不再偏好普通面孔超过杂混(Kagan,1970),但正是在此时,新奇的几何样式与新奇的面孔开始更被喜欢,胜过熟悉的刺激(见我们的表 3.1)。

一种学习能力的快速聚集,跟随在面部识别上的成熟进程之后。到 5 个月时,婴儿区别并回想几类面孔之间的差异,诸如男人对女人的,以及女人对孩子的。到 7 个月时,婴儿能够区分个体人并利用各种各样的面部角度于达成识别(Fagan,1979)。分辨力上的这一增长,平行于在识别相似复杂度的抽象几何图案的能力方面的一般性成长,但它仍然是一项独立的能力。事实上,区分面孔的能力是依赖于颞与枕叶表面下的专门区域。这一区域的损害引起面容失认症,一种引人注意的选择性无能。病人能够通过看确认物体,以及凭其声辨人,但他无法通过看他们的脸而认出人来(Geschwind,1979)。

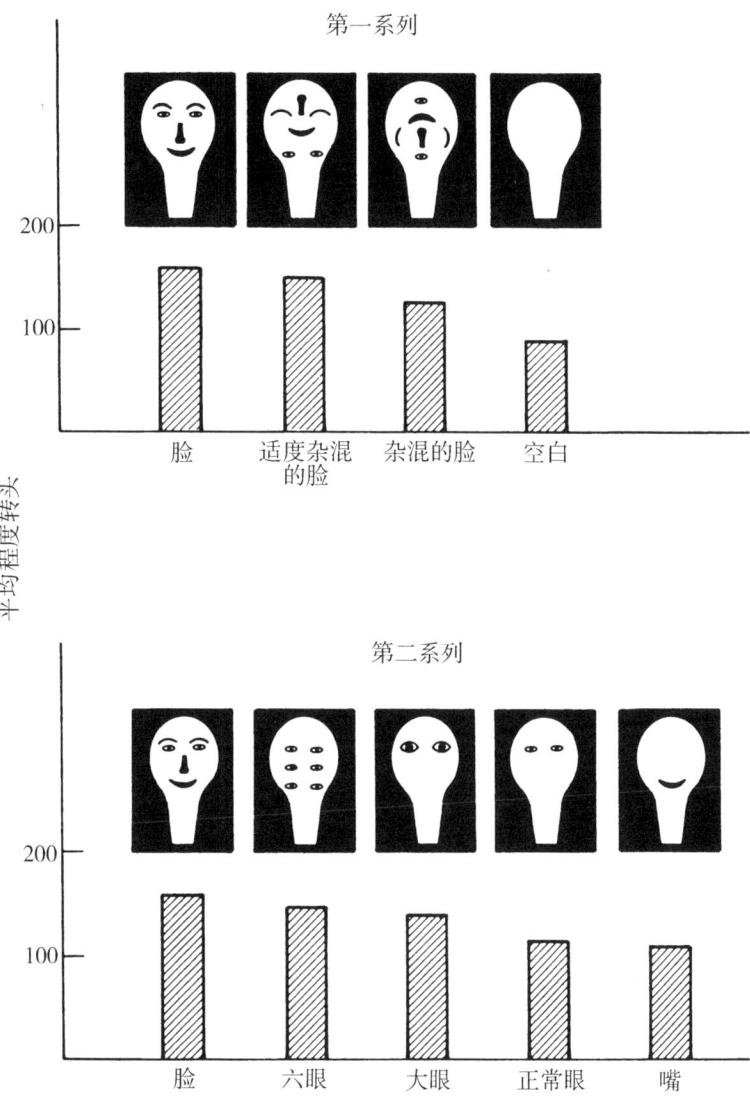

图 3.8 表明早期面部识别二级后成规则发生的实验。包含着一个正常面部特征系列的简图被展示给新生婴儿,与含有杂混或简化特征的图相竞争。注视被测量,作为被展示以动图的婴儿的转头程度;36 个新生儿被用在两个系列的每一个。婴儿们偏爱一个正常的面部特征系列,而眼睛则是受偏爱样式的一个重要组成部分。(基于 Jirari,1970,于 Freedman,1974)

视觉样式复杂度

虽然人类对有些文化根类别上的超常刺激做出反应，偏爱度却并非单调地随着刺激的一个连续的强化而增加。在所有对我们已知是被检测过了的类别中，存在被偏爱超过其他更极端者的中间值或值域。例如，在关于动机的研究中，这一原理被很好地建立了起来。施罗德（Schroder）与同事们（1967）记录了在中等复杂水平上情感回报与信息处理的最大化。他们建构了一个一般模型，试图预测这些峰值，作为信息内容、回报以及计算困难与情感压力的负面效应的最大总和。

相同的原理在认知研究中被独立地引证了。人们倾向于分解信息为相对少数的类别。正如前面提到，米勒（1956a）提出，该数目就是神话与民间传说的"魔力七"，加或减二。回顾那时的文学，他展示出，在没有特殊训练与辅助而有小错误的情况下，区别纯粹的声调、味道、大小、颜色与温度的能力，事实上是通常被限制在这个范围之内的。最近以来，彭德塞（Pendse）（1978）证明，在通信系统中，类别的最佳数目，一般是一个信号—噪声比的函数。一个信号在一条嘈杂的通道中被传递的次数越大，信号任一采样可被分解而成的类别的最佳数目就越小。如果此数学推导关系在生物进化期间被遵守，那么大脑本身的设计就有可能被预见到相当精确地具体指定普通的、直觉的分类中所采用的复杂程度。这一假说可部分地通过下列由数学模型所生成的预测来检验：左脑半球，其必须用言语表达且因此比右半球更广泛地再传递信息，将会在有着少量类别的处理系统中表现得更好。当类别数被增加，优势将会转向右半球。这一预测被彭德塞的实验研究证实了。

样式区别与偏爱的情感成分，在美学的实验研究中变得至高无上。在关于多边形（正方形对八边形对六角星，以此类推）的研究中，艾森克（Eysenck）（1968）发现，受偏爱的图形具有下列品质：较不熟悉、对称、非直角，以及有许多不平行的边。拉舍夫斯基（Rashevsky）（1960）走得如此之远，以至于设计出一个神经学模型来说明此类数据。他得到一种紧密的匹配，于该假设被做出之时，即，愉快中枢为在重复但不同一的系列中许多多余要素的总激发所最大地刺激。

早期美学实验中用到的多边形,在复杂度上有所限制,结果数据只揭示出在复杂性尺度较低一端美学反应的相关性。斯梅茨(Smets)随后的研究(1973),使用着间接但更能精确测量的阿尔法脑波阻滞反应作为一种唤起的信号,指出当竞争图案被制作得更复杂时,中间最大量的存在(见图3.9)。

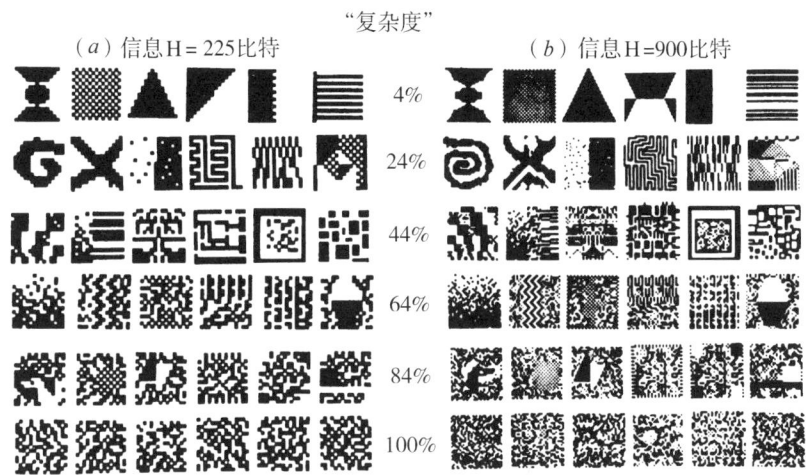

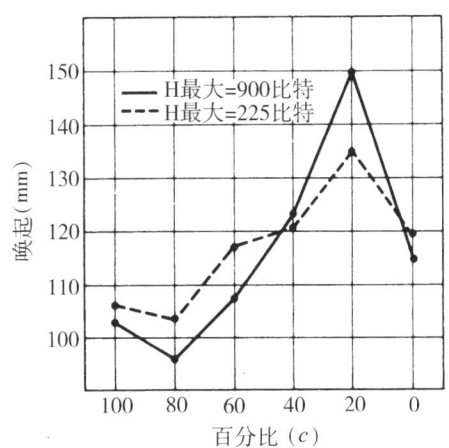

图3.9 视觉样式上达到中等复杂度水平的最大唤起。在这一实例中,复杂度是由元素数目上不同的两个系列中冗余度的百分比来测量的(一个系列生成225比特,另一个是900比特的不确定度)。唤起测量的是跟随图形的出现,脑电图的阿尔法波被阻滞(去同步)的时间;给出的数字是与多导记录仪记录一致的相应距离。下面图表中的各点给出67个人的平均反应。(依照Young,1978;来自Smets,1973)

有趣的是，对中等复杂度图案的偏好，可追溯到最早的婴儿期。赫申孙（Hershenson）与同事们（1965）向新生儿展示一系列随机构造的图形，根据它们是否包含5个、10个或20个拐弯而分类。婴儿们最一致地凝视在有10个拐弯的系列上（见图3.10）。其后，模式挑选更精确的后成规则，牵涉复杂度作为一个关键变量，为范茨及其合作者们的视觉发育实验所揭露（见表3.1）。

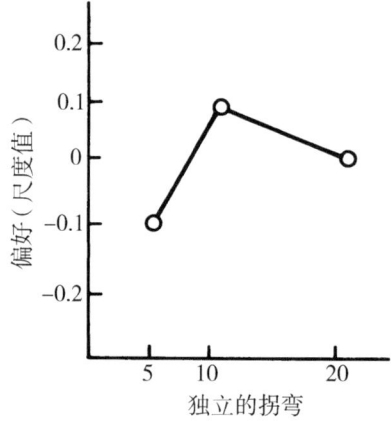

图3.10 复杂度挑选中的一个后成规则。给出的偏好测量被展示随机生成图形系列的新生婴儿眼睛注视的相对时长。图形中的复杂度由沿其边缘的拐弯的数来测量。（修改自Hershenson et al.，1965）

统治复杂度挑选、问题解决以及美学的发育的后成规则的知识，仍然是粗浅的。伯利内（Berlyne）（1971）与博茨（Bortz）（1978）总结出，在现有知识的基础上，唤起曲线与主观美学判断之间，简单的联系无法被做出。不可能的是，美学判断上的偏好曲线，会是代表着唤起曲线那样的单峰形态。而看起来还是有可能的是，强大的间接联系确实存在，并且使文化进化受到了有意义的影响。进一步说，复杂度的平均最佳水平，以及种群内水平频率分布的更高阶矩，可初步诠释为智人的物种特有特征。当用其他智能动物物种，尤其是旧世界的猴与猿类来进行可比较挑选实验时，它们将被更加清楚地理解。

非言语交流

非言语交流中所使用的动作，为后成规则研究提供有希望的例子。某些信号是相对不变的，以至于在其形态与意义上大量的趋同跨文化地出现。而几乎所有的信号也还是服从于对于个别文化来说很古怪的修改。例如，埃克曼（Ekman）（1973）曾在表示恐惧、厌恶、愤怒、惊奇与快乐的面部表情使用中发现相对的一致性。他曾拍摄演出这些情感的美国人，以及在他们讲述类似的感受在其中被强调的故事时的新几内亚高地部落民。当个体们被展示来自其他文化的肖像时，他们以一种高于 80% 的精确度诠释面部表情的含义。

在他连续的人类行为学田野调查中，艾布尔-艾贝斯费尔特（Eibl-Eibesfeldt）（1975，1979）记录了其他非言语交流形式中不同程度的趋同，包括性器展示、眉毛挑动、威胁盯视、噘嘴、凝视厌恶以及亲吻。证据足够强大，以至于少有怀疑，此行为多为人类特有，并且狭窄但清楚地将其与其他旧世界灵长目区分开来。

由心理学家与人类学家所独立进行的微笑研究，揭示了在其发育与使用上一种实质数量的径路化。微笑是最早由婴儿在 2 到 4 个月之间的年龄时所显露的。它们立刻在照料着的成人这一边唤起大量的慈爱。卡拉哈里沙漠的昆桑人婴儿被养育在与美国婴儿非常不同的条件之下。他们由其母亲不借助麻醉药地独自接生，几乎一直与母亲或其他成人保持身体接触，一小时被照料数次，且被严格地训练来坐、立与行走。而他们的微笑在形式上却与美国婴儿的完全一样，出现在相同的时间，并且服务于相同的社会功能（Konner, 1972, 1977）。微笑也按时间表出现在聋盲儿童甚至是沙利度胺畸形儿身上，后者不仅聋且盲，还残疾得如此严重，以至于他们无法摸到他们自己的脸。在这些极端的情形之下，行为的早期发育中实质上是不可能涉及学习的（Eibl-Eibesfeldt, 1979）。

终其一生，微笑主要被用来发出友好与赞同的信号，而其次（且不定地）来显示一种愉悦之情（Kraut and Johnston, 1979）。各文化铸造行为的精确含义为一系列由其确切形式及其展示于其中的背景所决定的细微差别之中。当然,在老于世故的成人之间,微笑可能被转向讽刺或轻嘲的使用。但是即使在这样的案例中,它的含义仍然只涵盖包含在所有面部表情中极小的一部分。

艾布尔-艾贝斯费尔特继续追踪了儿童中非言语信号的个体发生学,以及文化进化进程中信号获得新含义的改进这两个方面。一个例子,基本的抬眉及其文化根衍生物,在图3.11中被给出。另一个案例是发出一个"不"的信号的身体动作的仪式化。最普遍的动作是摇头,在像巴布亚高地人、委内瑞拉的雅诺马马人、南非的辛巴人,以及卡拉哈里桑人一样分开进化的文化中一个标准

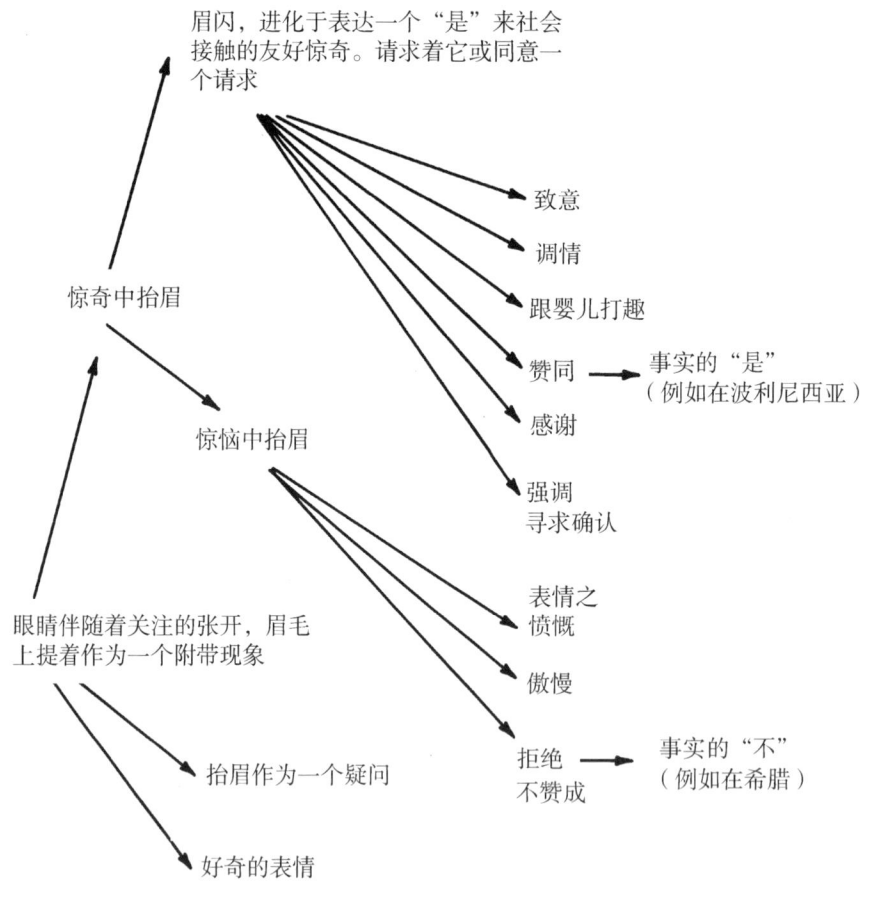

图3.11 抬眉及其文化根衍生物。(修改自 Eibl-Eibesfeldt, 1975)

的信号。许多地中海与中东民族用猛扭回头同时闭着眼睛来发出一个"不"的信号,有时转头向一边然后以一种拒绝的姿势举起一只手或两只手。巴拉圭的阿约里奥印第安人皱起他们的鼻子,好像他们正在触及一种不愉快的气味,闭上他们的眼睛,并且经常以一种噘嘴向前推他们的嘴唇。新几内亚的埃波人用一种摇头表示一个事实的"不",而在社会遭遇中用噘嘴表示拒绝。艾布尔-艾贝斯费尔特指出,实质上所有这些信号都可以被诠释为对令人不快的物理刺激的更直接的、运动神经的拒绝的仪式化——头上东西的一次"甩掉"或眼睛、鼻孔以及嘴的关闭。噘嘴另外被仪式化为了对于侮辱的回应以及切断联系。

我们从这些研究中得到了的主要结论是,非言语交流多被建立在了基本行为样式仪式化的基础之上,随着这仪式化的行为版本为新的后成规则所引导。在像摇头这样的类别中,基本的样式是并不比也服务于其他非交流功能的无差别的运动神经活动多出多少的。但是微笑、另外的基础面部表情、大笑与哭的样式,似乎被限制在了由其进化起源而来的信号功能,而它们也在以后的仪式化进程中服从于更严格的径路化。抬眉在其专门化的程度上是中等的。使用基因—文化论的意象,后成规则于狭窄性与特异性方面变异在非言语信号的类别之间,但在所有的案例中,这些品质都足够强大到实质性地约束文化进化期间生成的一系列非言语信号。

母婴纽带

后成规则运作于成人的例子,可被发现于母亲对其新生婴儿的依恋中(Adrienne Harris,1979)。依恋的强度,在4种不同文化(美国、瑞典、危地马拉与巴西)中的12项研究期间被考察了,包括较低的与中等的两个社会经济阶层。研究中的11项实质性地产生相同的结果。当母亲被给予与其宝贝在最初几小时或几天中频繁的接触时,她们就会在接下来的几个月中提供更密切的关注给婴儿,胜过按照标准的医院惯例只允许间歇性接触的控制组母亲(见Kennell and Klaus 的评论,1979)。这些婴儿们也享有略微但明显更好的健康以及日后免于虐待与忽视的自由。

该研究中的两项可被引用来更详细地说明这一效应。克劳斯（Klaus）与合作者们（1972）曾观察俄亥俄的28位初产母亲与她们正常的、足月的婴儿。控制组的14位母亲遵循传统的医院时间表接触她们的婴儿：出生后马上看他们一眼，在6到12个小时一次短暂的接触，跟着是每4个小时20到30分钟的探视随后瓶喂。实验组的母亲们遵循相同的例程，但她们在分娩以后的最初3小时中另外被交托其裸婴一个小时，又在产后3天每个下午收到5个附加小时的接触。实验组中的母亲们随后被观察到，在医学检查期间，站得与她们的婴儿更近，给予更多的抚慰动作，并且在喂奶期间有更高频率的目光接触与爱抚。她们也更不情愿把她们的婴儿交给其他的成年人。

奥康纳（O'Connor）与同事们（1977）曾进行一项关于301位田纳西母亲的平行研究。一组按照标准的医院程序，每4个小时给宝贝们喂奶20分钟。另一组给出6个小时的额外接触两天。在12到21个月以后的一个观察期间，严重的父母虐待，只为更长时间暴露于其母亲的158个婴儿之间的1个所遭受，同时参与常规医院接触的143个婴儿的9个曾因父母的失序，包括虐待、疏忽、抛弃以及非器质性发育停滞而就医。

肯内尔（Kennell）与克劳斯问："在生产前后短短数小时间的变化怎么能够深刻地改变一个已经活了160 000到180 000个小时的女人此后的行为呢？"他们提出，在早期敏感期，一连串的互惠式互动在母亲与她的宝贝之间开始，这使他们互相锁定而确保依恋的进一步发展。母亲与她的婴儿之间在分娩以后最初数小时间的亲密接触，对于随后强大纽带的形成而言似乎是关键性的。

关于在遗传上有所准备的学习的一个敏感时期，可能的额外证据，为女人识别她们宝贝出生后不久的哭声的非凡能力所提供。莫斯巴赫（Morsbach）与邦廷（Bunting）（1979）曾发现，母亲们能够轻易地从4个其他的、随机选择的婴儿的哭声录音中区分出她们自己宝贝的录音带声音。即使婴儿们只有3到8天大且只在一种医院环境中被短暂地接触过，27个女人当中的22个仍做出正确的辨认。同样有趣的是这一反应明显的鲁棒性。并无所分析因素曾被发现对该表现有任何的影响,包括母亲的年龄、婴儿的年龄与性别、有无兄弟姐妹、临盆期间的药物、生产的方法以及喂养的方法。因为样本的规模小,这一最后的、重要的结果有待证实。

婴儿拥有同样非凡的识别其母亲嗓音的能力。在由德卡斯珀(DeCasper)与菲费尔(Fifer)所进行的测试中(1980),10 个新生儿被允许来在两个非营养性奶头之间挑选,一个触发一段其母亲讲话的磁带录音,一个触发由另一个女人制作的录音。早在出生 24 个小时的时候,婴儿们就显露出对其母亲嗓音磁带的偏爱。

还有另一种不统一的后成规则,影响母亲们抱其婴儿的方式并导致一条直接被知觉到的偏向曲线。在一项美国人研究中,索尔克(Salk)(1973)曾发现,32 个左撇子母亲的 25 个,或者说是 78%,抱她们的新生婴儿在其左边。大约相同分数的右撇子母亲,255 个出 212 个,或者说是 83%,也抱她们的婴儿在左边。(左撇子见于成年人的 5%—10%,并且显而易见在一个相当大的程度上是遗传决定的。)在从 4 种文化中随机选择的描绘母亲与婴儿的 400 件艺术作品中,80%的时间,婴儿都被抱在靠近心脏的左边。在一项关于早期基督教艺术的独立研究中,以及在印象派与后印象派的绘画中,该偏向都被证实了。另一方面,在男人抱孩子或女人护理婴儿的表现中,并没有偏向性存在(Finger,1975)。洛卡德(Lockard)与助手们(1979)曾在华盛顿西雅图附近被观察到抱着婴儿的 79 个女人之间发现相同的倾向性:77%抱她们的孩子在左边。而在由相同作者在达喀尔所观察到的沃洛夫部落中 85 个女人的 59%,抱婴儿在左边。相比之下,在西雅图地区观察到的男人,大约同样可能抱婴儿在任意一边。

索尔克提出,左边抱的适应性功能在于使婴儿更靠近母亲的心跳声。达到一个正常速率(72 循环/分钟)的心跳录音使婴儿平静,而达到一个更快速率(125 循环/分钟)的录音播放却具有一种烦扰的效果。洛卡德团队指出,达喀尔婴儿将其头挪向更靠近心脏的位置。*其他研究揭示了,当大约以一个正常心跳的速率摇晃时,新生婴儿会比当以更慢或更快速率摇晃时更安静而更少哭闹。进一步说,他们从未习惯这种刺激,因此它无期限地保持有效(Ambrose,1969)。因为晚期胎儿能够至少听到尖锐、大声的噪声,莫里斯(Morris)(1971)与索尔克(1973)提出了,婴儿在出生之前就变得习惯于母亲心跳的声音。心跳因此充当一种产后的纽带性刺激,母亲通过抱婴儿在她的左边而无意识地增强它。

抱婴儿方面的特殊性平行于抱书。由斯波茨伍德(Spottswood)与布格哈特(Burghardt)(1976)所观察到的82%的男大学生,都拿他们的书在其右手中,随着手臂沿身体伸直,同时79%的女生则用前臂抱她们的书压在其一边,或扣在其胸前。

相同的性别差异,在美国其他广泛分布的社区里有被注意到。它也被追回到青春前期,在解剖学差异能够扮演角色于决定身体最舒服的姿势之前(Jenni and Jenni,1976)。如此,关于拿东西的使用偏向曲线,似乎就具有一种遗传的成分,虽然该性别连锁的特异性需要被追回到还要更早的发育阶段。与此同时,细微差别当然起之于纯文化进化。例如,在哥斯达黎加观察到的两性几乎所有的学生,都掖一或两本书在他们短裤或短裙的腰带里,一种在美国少有(如果曾被看到过)的行为。

害怕与恐惧症

大多数的动物学习都是从适度到强力地被定向的。个体遗传地准备或反准备来学习应对在那些对于其生存与生殖来说最重要的行为类别中的特殊条件刺激,同时在其他的行为类别中,它们是典型地无准备的或中立的(Seligman,1972a,b)。或许与人类后成规则的本体最接近的平行线,是某些种类的

---

* 有一些证据,红毛猩猩婴儿也更喜欢被抱上母亲胸膛的左边(Horr,1977)。

害怕与恐惧症。这些给予额外的分析优势,直接可转译为偏向曲线。

例如,一种对蛇的恐惧,在人类种群中是很普遍的,甚至在那些野外蛇很少,如果曾被看到过的地方。这种害怕在一大部分孩子身上(英国孩子的三分之一有它)随非常小的负调节而发育,在 3 到 4 岁之间表现为一种轻度厌恶,到 4 岁强化为一种活跃的不喜欢。在大多数案例中,它随之衰退直到 14 岁,但在少数个体中,它硬化为一种永久性的恐惧症(Marks,1969)。恐蛇习性是一种普遍的灵长目特征,似乎与自然环境中毒蛇的存在相关。当米切尔(Chalmers Mitchell)(引自 Morris and Morris,1965)带蛇穿过伦敦动物园时,猴子们曾尖叫着跑开;但是狐猴,其来自马达加斯加,毒蛇并不出现于其中的世界少数部分之一,却跑向它们笼子的前面。

在一个相关兴趣的实验中,耶基斯与耶基斯(Yerkes and Yerkes)(1936)以及哈斯勒留德(Haslerud)(1938)搜寻正在自然地吓到被捉的幼年与成年黑猩猩的视觉刺激。他们发现将是最有效果的,包括尤其强烈的、突兀的以及迅速变化着的运动,即自然界中由蛇所表现,但此外并不多见的那些品质。如此,黑猩猩(小孩也是一样?)并非继承一种关于一条蛇的内在图像,以此关联它与危险。不如说,它拥有一种更一般的图式,把蛇与其他少见的东西归为一类。

在陌生人面前的焦虑是另一个普遍的人类特征,也是被完善得多地记录的。轻易地滑向害怕与敌意,有助于人们生活在亲密小团体的倾向,对文化进化也具有重要的影响。当陌生人是瞪着眼睛的入侵者时,该反应被增强(Argyle and Cook,1976)。眼睛以及类似眼睛的样式,被发现具有一种比其他面部特征普遍更高的唤起效率(Coss,1972)。在艾布尔-艾贝斯费尔特(1979)所有研究过的诸多文化中,对陌生人的厌恶在非常小的孩子中都被注意到了。婴孩转过身去,把脸埋在其母亲的肩膀里,而经常就开始哭泣起来。该反应首次出现在婴儿身上时,他们有 6 到 8 个月大,然后在随后一年间的某个时候达到峰值(Morgan and Ricciuti,1973)。它不依赖于此前对陌生人的厌恶经验,也并不以任何明显的方式关联于与母亲分开的焦虑。后者独特的反应,首次涌现于婴儿大约15周大的时候(Hess,1973)。艾布尔-艾贝斯费尔特提出了,如下相对咎啬的规则引导该行为的发育:幼童自动对另一人类的特征报以焦虑与害怕,但当这人被足够经常地见到以至于变得熟悉时,这些关键刺激的恐惧释放品质则被取消。

其他涌现在童年期间特定年龄的明显内在的恐惧,被指向高、黑暗的,以及不熟悉的动物种类(见表3.2)。

表3.2 成年人中恐惧症的主要类别及其相对频率,如观察于英格兰的莫兹利医院与精神病学研究院。(基于Marks,1969)

恐惧症类别	描述	恐惧症病人百分比	主要发作年龄(岁)
广场恐惧症	对开放的地方、封闭的空间、人群、旅行或这些的组合的极端恐惧	60	15—35
社交恐惧症	在他人面前对吃、喝、脸红、讲话、写字或呕吐的极端恐惧	8	5—35
动物恐惧症	对有限的一系列动物种类(包括大鼠、蛇、蜘蛛、狗、猫与马)之一或其他的极端恐惧	3	1—5
各种特定的恐惧症	对高、风、黑暗、雷暴、流水以及少数其他(大多为自然的)现象的极端恐惧	14	5—40

人类学习之准备,在恐惧症案例中最为清楚地显示出来,其为由几个特征的一种组合来界定的害怕。它们首先是反应上的极端,经常牵涉自主的行动。它们典型地在仅仅一次单独的负强化后全面涌现。它们非常难以消除,持续着,甚至是在受试被缺乏非条件刺激地反复提供以条件刺激,并且恐惧对象的危害性被仔细地解释的时候。最后,恐惧症是高度特定的;少数物体或品质引起它们很容易,同时绝大多数的其他刺激却罕有或从不导致这样一种极端的反应。

恐惧症的特化性在表3.2的数据中被很好地表明。一个引人注目的事实是,唤起这些反应的现象(封闭的空间、高、雷暴、流水、蛇与蜘蛛),一致地包括一些存在于人类古代环境中的最大危险,同时,枪、刀、汽车、电插座与其他远更危险的技术先进社会的威胁,却罕有效果。有理由得出结论,恐惧症是非理性恐惧反应的极端案例,其给出一种额外的盈余,为在人类后成规则的遗传进化期间确保生存所需要。爬离一个悬崖,因恐惧而恶心,比漫不经心地行走其边更好。最后,一些恐惧症是性别偏向的。由马克斯(Marks)(1969)在莫兹利医院所研究的有社交恐惧症的成年患者的60%,以及75%有广场恐惧症的都是女性。

乱伦回避

乱伦禁忌是一种文化普适;被民族志研究过的数百个社会中,全都允许或甚至是鼓励第一代堂表亲之间的婚姻,但却在亲兄弟姐妹以及半亲兄弟姐妹之间禁止它。非常少的社会为其一些成员设立了兄弟—姐妹乱伦的制度。这些包括印加人、夏威夷人、一些泰国人、古埃及人、莫诺莫塔帕(津巴布韦)、安科莱(乌干达)、布尼奥罗(乌干达)、布干达(乌干达)、尼安扎(扎伊尔)、赞德(苏丹)、希卢克(苏丹)以及达荷美人。在各个案例中,该习俗都是(或曾是)为仪式所围绕并限于王族或其他高地位群体。范登贝格(Van den Berghe)与梅舍(Mesher)(1980)指出,在所有已知的乱伦安排中,一夫多妻制是(或曾是)被乱伦男性另外加以实践的,导致着远交以及个人遗传适合度上的一种总体的增长。统治家族是(或曾是)父系的。因此,最大的适合度结局,对于一个高阶层男性来说,将是既与他自己的姐妹配对,生出与他分享75%其共同由来基因的孩子,又与遗传无关但更可能生出正常孩子的女人配对。因为上嫁的一般趋势,王室女人较少可能向下嫁入阶层,也因此更易受到与她们的兄弟相配的影响。

关于兄弟—姐妹配对的结果,记录完备的是一种后代中遗传畸形的更高频率(Seemanová,1971;Stern,1973)。恩贝尔(Ember)(1975)从一项跨文化调查中得出,对于这些有害效应的避免,是适合同代乱伦回避细节模式的唯一的解释。它不仅说明兄弟与姐妹之间的交配抑制,也说明在跨堂表婚姻的可变容忍中观察到的细节模式。曾被丢弃或降低为次要解释力的竞争性假说,是弗洛伊德的心理分析模型,即乱伦扰乱家族纽带的看法,以及外婚制充当一种家族之间的纽带装置的看法。

恩贝尔相信,近亲繁殖严重到了足以被直接观察到,因此也充当了有意设计的禁忌的基础。用我们曾试探阐述的透明规则的话来说,乱伦对遗传适合度的影响,允许对灵活后成规则以及理性计算的依赖。然而,由谢普尔(Shepher)(1971)以及其他人对以色列人的基布兹中儿童的性偏好发育所做的分析表明,情况并非如此。作为替代地存在一种相对特定的后成规则,凭此,当一人或所有人长到6岁,一种自动的性抑制在亲密地生活在一起("使用相同的便壶")的人们之间涌现。在谢普尔审视过的2769例婚姻当中,没有一例是在自出生以来就曾生活在了一起的相同基布兹同龄群体成员之间结成的。甚至连一个单一的异性活动已知案例都没有,尽管有基布兹成人们并不反对它这一事实。紧密平行的资料由一项关于中国台湾家庭的研究提供了,其收养非常幼小的女孩,为了以后与主人家的儿子结婚的目的。在绝大多数案例中,这些夫妇拒绝走进婚姻,因为基于早期家常接触的可能的性抑制(Wolf, 1966, 1968, 1970; Wolf and Huang, 1980)。证据表明一种遗传基础的偏向曲线的存在,其上对于远交的偏好性相对于乱伦是非常强的。在美国家庭中,兄弟—姐妹交合确有发生,但它仍然是相对罕见的、转瞬即逝的,并且通常是一个羞耻与相互指责之源(Weinberg, 1976)。这一行为将在第4章中被更详细地分析,在那里它将被用作从后成规则到文化模式的转译中的一个例证。

评估与决策的后成规则

在达成一个决定的过程中,有意识的心灵并不使用每一潜在的反应的遗传代价与好处这些观念。涌现自认知心理学与认知人类学的证据表明,心灵作为替代地依赖于相对简单的启发法(heuristics),或能够被快速而有效地应用于广泛多样的偶发事件的思考规则(Wason and Johnson-Laird, 1972; Hallpike, 1979;

Hutchins,1980;Nisbett and Ross,1980)。如果自然选择是有效的,那么后成规则就同时引导积极的挑选与这些启发法的使用,通过直接的认知以及来自边缘系统的影响而起作用。大量如此做出的决定,导致提高遗传适合度的个体行为模式与社会结构,如果合计通过整个生命周期的话。然而该结果也许远未达到一个理论上可想象的最大值,以此每个个体反应的最终遗传后果都为一个完美的计算装置所权衡。

当代心理学的主要目标之一,是一种认知代数,评价与决定以此能够被描述为一套精确的甚至是数学的规则。费希纳定律(1860)是一个早期的部分成功:与一个声音的响度有关的心理感觉,被发现是与实际物理强度的对数成正比的。如此,我们用分贝测量声音强度,取代排列在一条严格线性尺度上的单位。最近,心理学家们有在尝试着确定参数并测量社会行为中更重要的复杂认知品质,诸如个人的可爱度、主观概率,以及应得赞成的总量(Fishbein and Ajzen,1975;Anderson,1979)。一种至少由北美人所使用的记录完备的启发法,是此类品质的不同成分被相加且无显著互动效应地求和。如此,当诸如头脑冷静、世故老练、大胆以及好脾气的程度这些成分被成对地组合起来时,它们以一种相加的方式贡献出吸引力的总体印象,即使不同的权重被分配给每一个。

另一种展示于北美受试认知实验期间的启发法,是在判断赌博中乘法逻辑的运用。在是否要冒一次险的决策中,人们采用主观的期望值。他们判断收益然后乘之以他们主观的获胜概率估计。如此,一张彩票的价值,被认为随着收益概率的一次增加而更快地提高,如果回报是一只金表而不是一双凉鞋的话。同样的乘法规则被应用于人们评价一个复合陈述的真实性之时,例如以下:麻雀是鸟,或者企鹅是鸟,或者二者都是,这是有多真实?复合形态的主观真实性,近似地是两种独立命题主观真实性的乘积(Oden,1977)。

还有另一种认知代数原理,就是匹配律(Brown and Herrnstein,1975;Rachlin,1976):回应率等于回报率。被要求监视一个仪表盘以记录指针偏转的受试者们,逐渐以仪表实际显示偏转的同样比例花时间给个别的仪表。当其他受试者们被要求在一个关于 X 与 O 的随机序列中猜下一个符号时，其中 70% 是 X，他们并不选择总是挑选 X 的最佳策略，即使是当这一结果的优势对他们变得明显时。替代地，他们遵循匹配律并如此获得一个 58% 的分数，而不是原本将从更简单的、最佳的策略中得到的 70%。匹配律，其被发现以同等强度适用于大鼠与鸽子，也许反映一个在所有更高等动物的认知系统中仍未被揭露的基础启发法。无论如何，其他的决定程序是被采用的。当恒河猴被训练以一种比例为 70∶30 与 30∶70 的红—绿区别时，它们达到最大值；那就是，它们开始挑选更频繁呈现的颜色，而完全忽略另一个。当给出一个 50∶50 的比例时，它们往往挑选相对于最近奖励过的那一种颜色（Bitterman, 1975）。

其他研究透露了，人类在处理生死攸关的大事时，是尤其可怜的直觉型统计学家。人们往往混淆低概率/低后果事件与低概率/高后果事件。他们很少在对风险的评估中采取一种综合的方法且往往低估灾难的效果。结果是他们一贯地误判战争与技术的风险，以及洪水、风暴、干旱与火山喷发的未来效果，即使此类事件在许多世代中被周期性地经历与记忆（Reijnders, 1978; Orr, 1979）。

人们也采用一种简单的启发法，其在于匹配问题来对抗一个长期记忆中有代表性的原型。这样做，他们往往凌驾于他们自己基于个人经验的关于可能性的知识（Tversky and Kahneman, 1971, 1974）。如此，当一名观察者被要求猜另一个害羞的、有帮助的，以及痴迷于细节的人的职业时，他更可能在其他职业之上选出图书馆员，而不顾他之前的个人经验。大多数人——包括甚至是一些训练有素的统计学家——直觉地期望小随机样本来忠实地反映它们从其所被抽取的大总体，即使这在一个大百分比的情况下是可证明地不真实的。一个额外的易于出错的偏向，是在相关实例的基础上，根据这些实例依其现于脑海的容易度来做出判断的倾向性（Peterson and Beach, 1967; Tversky and Kahneman, 1973）。这种初等的启发策略大多数时候管用，因为它们相当好地与现实世界中偶发事件的现实性相关。例如，对最熟悉的，因此也是最频繁发生着的、有代表性的,如通过文化中传统的刻板印象表现出来的那些事件的依赖,在多数时候是一种可靠的程序,而这在最稳定、传统的社会中是尤其正确的。不过,它经常远远不够且在最复杂、快速进化着的社会中造成重大困难(Nisbett and Ross,1980)。

其他的认知捷径被发现了。在决策期间,发生一种类似于分块程序的活动。面临一项挑战,心灵探索一个"问题空间",然后选择能被用来解决问题的可能程序(Newell and Simon,1972;Simon,1979;Brainerd,1979)。在许多实例中,解决问题的可能途径是众多的,但心灵折合选项为一种二元挑选,以此决定是否前进。当公式化未能相配彼此,就是说当一个元素的反题(非-x)从另一个(y)得到,结果就是认知不调。不一致造成一种情感唤起的"有害"效应,心灵尝试用两种办法消除之,要么通过添加新的知觉与解题程序,要么减少那些产生不调者的相对重要性(Zajonc,1968)。

尽管有越来越精致的实验分析,有意识的心灵借以做出时时决定(moment-to-moment decisions)的方式还远未被清楚地理解(Ajzen and Fishbein,1977;Bentler and Speckart,1979)。人类"意志"或许并不是比图式之间竞争的解决多出什么的东西。生物体能够被反馈回路指引,构成一系列信息,从感觉器官导向大脑图式再回到感觉器官,周而复始直到一种对于图式足够紧密的适合度被达到。意识可能就是此类图式的一个共和国,被编程来竞争最终决定中心的控制权,它们的个体强度增长着或衰减着,取决于经由脑干与中脑向决定中心发送信号的身体生理需要的相对紧迫性。

由认知心理学家所观察到的评价与决策的特性与限制,至少松散地与由西蒙(1957a,b;1979)与其他经济学家以及政治科学家所发展的有界理性的特征化相一致。本质上,这个观点坚持,人类群体并非向着基于全知理性与利润最大化的解决之道而工作。他们做以"满足"为目标的决定,那就是,获得至少某一个也许伴随以安全与社会互动方面的辅助奖励的最小回报。替代性的反应检验于一种相对简单的二值尺度之上,来决定他们是满足还是不满足。评价的规则,被认为仅仅随着时间慢慢改变。还有来自经济学中其他研究的结果,也导致了一种在决策与执行中对努力、才智以及合作性的情感影响特性的增长着的强调。随着关于人类心灵的独特运作更为现实的假定的采用,微观经济学的数学模型正在被修正(Winter, 1971; Becker, 1976; Leibenstein, 1976; Hirshleifer, 1977, 1978; Navon and Gopher, 1979)。

一种可比较于满足的决策的观点,由经济人类学家们独立地触及了。原始经济中的人们,在资源收获期间是压倒性地反对冒险的(Johnston and Selby, 1978)。他们采取可被特征化为**极大极小**(maximin)的策略,其意味着,他们牵涉的战术担保某一份最小量的、维持生活的食物产量,在环境下行波动期间不管条件变得多坏的每个季节。但是这些策略也放弃了在丰年里格外大的收成的可能性,并且它们使所有年来取得的平均产量降低。例如,达文波特(Davenport)(1960)研究的牙买加渔民,如果他们将专门在超出自家环礁湖的开放水域打鱼,就能够最大化其平均捕捞量。但是如果他们坚持这一策略,他们就会偶尔破产,因为当不可预言的水流流动迅速时,他们的罐子丢了,他们的时间与精力也被浪费了。替代地,他们根据外部水流平均四天中有一天猛烈流动的知识,调配他们的突袭。这一保守的程序,比起专在开放水域捕鱼的极大极小策略,产出少12%的磅数,但渔民们再也不会破产了。

对于大多数经济简单的社会的人们而言,破产就是灭亡。因此不足为奇的是,给定人类作为直觉型统计学家的可怜能力,发现不仅有这样的人们之间的风险厌恶与恐新症,还有在设计极大极小策略中可观的精明。在其关于詹蒂拉的加纳人村庄的研究中,古尔德(Gould)(1963)采用线性编程,来评估所观察的潮湿与干旱年份组合中的山药、玉米、山稻与小米多种混合的理论产量。推论英亩数的极大极小组合,77%的玉米与23%的山稻,接近于詹蒂拉村民所实际种植的。可比较的结果,在若尚(Jochim)(1976)关于渥太华的朗德湖奥吉布瓦渔猎手以及基恩(Keene)(1979)关于奈茨利克因纽特人的研究中,也被获得了。

极大极小策略,有时被松散地提及为"最小风险律"。它可以与一些人类学家支持的更具推理性的"最少努力律"联系起来,其声称人们只将足够的工作投入生产过程,来维持文化决定的满意消费水平。在大多数狩猎者—采集者以及原始农业的社会中,这些水平靠近于极大极小处。结果是,许多这样的社会保持在远低于以潜在能量产出来定义的环境的承载能力以下。然而,如同科恩(Cohen)(1977)令人信服地讨论了,其他社会允许其人口规模悄然攀升,迫使他们要么扩张其范围,要么开发新的典型地更少受人喜欢的食物来源。西方的观察者们经常能够推荐些简单的、可得的程序,生产力借此可被增加,但如果它们被发觉在以任何显著的方式影响着文化,这些改变是有可能被抵制的。而当被采纳,技术的改进频繁地导致迅速的社会瓦解。举一个例子,钢斧,在时间消耗与净能量产出方面,比石斧更有效率 3 到 6 倍,但其为石器时代人们的使用典型地曾导致一种环境的破坏,连同对社会经济组织深远的负面影响,包括部落间贸易关系的破裂、等级体系的崩溃,以及对殖民管理增加的依赖(Salisbury,1962)。

结果,对于经济保守主义的倾向提供一个缓冲,允许革新被逐渐且更少破坏性地吸收。在亚马孙印第安人的案例中,在并非在一种密度制约方式上为蛋白质缺乏所限制的意义上,人口密度会低于承载能力(Chagnon and Hames,1979)。虽然猎枪允许了诸如黑瓦洛人、西欧那-席科亚人与耶夸纳人这样的群体以比用弓与箭可能的远为更大的效率打猎,它并未增加他们的捕获量达到临近印第安人生活其中的热带森林的潜力的任何地步。他们的需要保持在很大程度上受统治于更古老的文化习俗,还并未向国际毛皮与羽毛市场无法满足的需求让了步。结果,猎枪的到来,最显著地导致了闲暇时光上的一种增加(Hames,1979)。

前文字的人们,以及实际上是一般的人们,在缺乏热量计与最优化理论时,是如何达成此类解决办法的呢?目前并无详细的答案。在至少一些案例中,时间是在他们一边的。跨越数代,他们能够采用试错组合,逐渐汇集出与一种给定的风险厌恶程度相一致的最实际的解决办法（Gould，1963；Haggett，1965）。总体上他们的思考原则显示出一种引人注目的能力，通过预料备选行动的生存与生殖后果，"在自然选择拔武器前开打"，一种贝姆（Boehm）（1978）称之为理性预选择并详细地说明了的过程。由民族志学者所记录的，如此多的人类行为都落到或接近适合度最大化最适度这一事实，提供后成规则存在的证据，其塑造有意识的决定，并如此引导贯穿成年生活的心灵发育。

人们只能推测这些机制的细节，评价与决策的后成规则借此导致诸如经济保守主义与新文化恐新症一类的现象。人类学家们缺乏对于如同在原始经济之内人们渐渐靠近生存线地生活这些倾向性的强化度的严格测量。将被预见到的是，随着认知与发育心理学当前研究的进展，核心的后成规则将以一种直接将它们联系到经济行为一般规则的方式来被理解。

其他后成规则

可被保守地预言的是，当额外的发育研究考察其他种类文化根中的多重挑选时，更多的后成规则将渐为人知。最有前途的行为领域之一是工具使用。康诺利（Connolly）与埃利奥特（Elliott）（1972）区分了画刷可被握住的 7 种可能的手法、9 种刷子的运动，以及 6 种基本笔画。非常年幼的孩子们在对诸组元之每一种的初始挑选上，展现出一种特有而相对狭窄的频率分布，而且该偏向曲线还随着练习与模仿被更多地收缩，最终在"成年"形态上达到中心。可比较的趋势，被康诺利描述在了关于圆柱体适合性的发育中。在更复杂的运动动作序列的表面下，是肌肉活动中本体感受的某些基本的后成规则。例如，在以其个体肌肉努力的个体这一边的有意识的知觉，作为实际施加的力的一个指数衰减函数而增加（Banister，1979）。

另一种后成规则可能在其中具有重要性的行为类别，是学习某些相对于其他的种类的社会网络的倾向。在关于这一主题的一项富于暗示的早期叙述中，德索托（De Soto）（1960）曾报告到，如果结构是不对称、可传递的，并且形成完全连接的阵列,个体能够最好地学习关系的细节(诸如"吉姆喜欢雷,其喜欢斯坦,其喜欢……")。这些学习能力上经历童年的不规则性的发育,还没有被探究过。

教育规则依然鲜为人知。一个明显的例子早期曾被引用在母亲抱婴儿的案例中。教育在确定儿童中的性别角色差异上可能也是重要的。非常年幼的儿童展现性别差异于脾气以及依恋成人与同伴的模式,预示着角色的后期分化。这些初期的歧化形式是充分普遍的、独特的,并良好相关于激素活动,表明它们在起源上是生物学的(Money amd Ehrhardt,1972;Blurton Jones and Konner;1973;Maccoby and Jacklin,1974;Symons,1979)。

在一项跨文化研究中,巴里(Barry)与其他人(1957)曾在成人促进进一步角色分化的方式上发现一种显著程度的一致性。在所有采样的社会中,成人们在"自立"上训练男孩比女孩更多,而在"养育"上女孩比男孩更多。在绝大多数的案例中,它们也以更大的一致性将男孩们引向"成就",而将女孩们更多地引向"顺从"与"责任"。贝里森(Bearison)一项随后的研究(1979)表明,在美国的家庭中,异性父母的影响在角色形成中是更有效的。一种表面下的后成规则可能暗含在他的概括之中,"母亲们倾向于通过诉诸自我与他人的心理属性(需要、意图、感觉,等等)来规范女儿的行为,同时父亲们倾向于与他们的女儿诉诸社会行为的地位方面。相反的关系保持在父母与他们的儿子之间。"设计有能力量化运作于性别角色训练以及其他教育行为中的后成规则的实验,将证明是异常困难的,但结果应该证明值得努力。

物化学习规则

在第1章中,我们认定物化为人类意识的一种诊断活动。更高的精神过程,在很大程度上构成于分类巨量的非相位定时以及接近混沌的刺激为范畴,贴标签于诸范畴以隐喻与符号,再装运它们以从边缘系统发出的情感品质。大多数人类交流都涉及这些作为词汇的符号的传递,其被以各种组合串在一起来传达一种实际上无限多样的含义。当该信息被插入到某些背景并伴以面部的表情、声调上的变化,以及其他副语言的装饰时,它就得之于精确性与情感的强度。

人类学文献包含许多文化经由日常事务中复杂现象的压缩抽象而生长的例子。经常这一仪式化过程对于观察者来说是即刻清楚的。选取一个案例,赞比亚的本巴及其邻村生活在一片不确定季节性降雨的艰苦地区,并且几乎专门依赖于手指小米,其被做成一种叫作 *nbwali* 的粥。*nbwali* 这个词在谚语、双关语、笑话与民间故事中以隐喻的形式反复出现。它在本巴人部落政治行动的仪式、女性成人礼、婚礼以及亲属关系中,代表生命与健康(Richards, 1939)。

婆罗洲的达桑人赋予他们房屋的内部安排以强烈的含义。每个房间或区域以及每件家具,都关联于历法仪式以及魔力与社会信仰。房屋被进一步物化为一个拥有手臂、头、肚子、腿以及其他部位的"身体"。房屋被相信是正确地"站立"在一个方向上,如果建在一个山坡上,将会底朝天,并且将是各种年轻与强壮、衰老与疲乏,以及肥胖或皮包骨。在达桑的民间故事与谜语中,房屋诸部分是惯常被拟人化的(Williams, 1972a)。

在数不清的文化中,偏手性都被采用为一种创造二分归类的隐喻。自史前时代以来,大多数或所有的人口中,近似 10% 的人类天生就是左撇子(Hardyk and Petrinovich, 1977),一种少数地位,通常被翻译成了劣势。这一特征明显具有一个部分遗传的基础(Carter-Saltzman, 1980)。典型的是认右为男,左为女;右为好,左为坏(因此,"凶");右为好兆头,左为恶兆;右为体格强壮,左为虚弱;如此等等。这些区别渗透仪式与宗教信念,甚至达到最神圣的级别(Needham, 1973)。

物化的过程是如此独特而有力,以至于有理由假定引导知觉到的刺激与通过精神活动获得的新知识二者的聚集与客体化的特殊后成规则的存在。这些物化规则事实上是超规则。它们治理已经由一般后成规则以一种初级的方式过滤并引导了的信息过程。或许它们也指导这些规则的一些借以吸收信息的那些过程。它们最重要的后果之一,是提供一种对社会其他成员的集体行为更容易知觉与诠释的测量。有了物化的帮助,个体能够快速地对围绕他发生着的大众行为的复杂模式做出反应。

尽管有许多精彩但大有灵感的关于符号化过程的研究——例如卡西尔(Cassirer)(1944,1946)、朗格(Langer)(1967,1972)以及莱维-斯特劳斯(1969a,b)——物化过程的特性却未被很好地理解。除了分组对象与倾向到人为类别的趋势之外,还有一种在对待社会重要之列上使用二部分类的非理性趋向,诸如内集团对外集团、孩子对成人、亲属对非亲属、神圣对亵渎,以此类推,并赋予该二领域之间的边界以禁忌与仪式。

莱维-斯特劳斯与其他作家(其关于大脑行动的假说有时被作为结构主义共同提及)认为有精确的、经常是复杂的规则在统治二分法。心灵在很大程度上是用二元对立的话来构想宇宙,诸如(男人:女人)、(内婚制:外婚制),以及(大地:天堂)。这些结对制造出必须随之被解决的矛盾,经常凭借神话。如此,生命的概念使死亡的概念成为必要,其被解决为死亡作为永生之门的神话创造。诸二元对立还被进一步连接成复杂的组合,文化由此被建构为有机的整体。结构主义的进路是富有创意而令人振奋的,但它被关心分析的基本程序本身的结构主义者队伍内的不一致甚至是不同意见给弱化了,如在卡普兰(Kaplan)与曼纳斯(Manners)(1972)以及克罗嫩菲尔德(Kronenfeld)与德克尔(Decker)(1979)实质同情的评论中所强调的那样。我们怀疑,问题不是基本概念,而是认知心理学中一种适当基础的缺乏。在其最近的隐喻解释中,奥托尼(Ortony)与他的合作者们(1978)事实上指出,关于该现象的心理学研究,甚至还没有开始利用标准化测试与客观测量。

小结

跟随着初级知觉,大脑提取某些特征并通过长期记忆内的一种整合过程置其于知觉空间。然后它评价它们并对一个行动做出决定。运用实验研究以及来自关于听觉与视觉认知的文献的相关模型，我们表明精神活动中这些程序的每一个如何遵循那深刻影响最终行为模式的独特规则。这些现象中有模糊逻辑、认知代数的算术及乘法程序、分块、匹配律、认知不调、满足以及一般的风险低估。

影响着特定行为模式的二级后成规则，部分地是从这些更为基础的认知过程中被建构起来的。在对这些可从心理学研究中被推断的规则的识别中，我们牵引出了对基因—文化协同进化中潜在重要性的几个概括。首先，使用偏向曲线在婴儿期间具有最小的外显性与最强的刚性。幼儿身上遗传指引学习的时程，对于有资格作为类动物印记来说是太长了。（一个单一的类似于印记的案例，母亲对婴儿的依恋，不过确实发生在成人身上。）在早期的社会发育期间，幼儿经历一个聚焦的过程，一段从一般到更特定种类的刺激的通道。如此，婴儿开始于一种对于更大与更大量要素以及曲线的视觉偏好，然后改良该偏好至靶心图案、非线性阵列，以此类推，而最终（在 16—30 周）开始偏爱新奇的构造。一种简约性的原则似乎在遗传进化期间被遵循了：后成规则停在一般化的最高水平，其将满足需要并很少规定一种关于符号刺激的类动物识别。人类基因型，换句话说，不在一个将满足需要的地方采用两个规则。还有另一种概括是透明规则：对一类行为的遗传适合度的影响依赖于环境状况越多，有意识的心灵知觉那种关系就越清楚，它的反应也越灵活。如此，经济行为是典型灵活的，同时深度语法、乱伦回避以及孩子们的糖消耗是被更严格编程的。

特殊的二级后成规则及其相关的偏向曲线，在面部识别、视觉复杂度偏爱、非言语交流、母婴纽带、害怕与恐惧症、乱伦回避与其他行为的案例中被识别出来。物化学习规则的特别类别，牵涉符号与隐喻的选择，也被考察。

一些使用偏向曲线，尤其是那些源自初级后成规则的，是相对刚性的。其他的变化很大，达到有些可能被反转的程度（见图 3.3）。但即使在那些最可修改的案例中，背景依赖也不能被拿来作为文化决定论，或者更精确地是纯文化传递的初步表面证据。替代地，曲线与背景之间的关系都能同样好地受控于遗传决定的认知与决定的核心规则。只有适当的发育研究才能决定这样的规则存在或者缺乏。

附录 3.1　后成规则中选择性的测量

发育的选择性能够以数种方式之任一被量化。对于二文化根案例而言，最直接的测量是这两个文化根采用概率上的差值，$\phi = u_2 - u_1$，如图 3.3 所示，以及两值之比 u_j/u_i，此处 $u_j \leq u_i$。

对于有多于两个文化根的类别而言，直觉上最令人满意的测量也许是使用偏向曲线的熵。文化根挑选的频率 u_j 首先通过定义如下量 p_j 而被正态化（$j = 0$ 标示幼稚状态；见图 3.5）：

$$p_j \triangleq u_j / \sum_{j=0}^{C} u_j,$$

这里 C 为文化根的数量，而 $\sum_j p_j = 1$。我们现在定义学习曲线熵为

$$-\frac{1}{\ln(C+1)} \sum_{j=0}^{C} p_j \ln p_j,$$

而选择性 S 为

$$S = 1 + \frac{1}{\ln(C+1)} \sum_{j=0}^{C} p_j \ln p_j.$$

在**无选择性**的案例中，这里所有的文化根被同等地偏爱，而所有的 p_j 都相同，$S = 0$。在**最大选择性**的案例中，此处一个 p_j 是 1，而其余的为 0，$S = 1$。

模型可通过群簇在品质与采用概率上相似的文化根成组而被简化，如图 3.12 中所示。在一些时候，有趣的问题或许是两个非常相似的文化根的文化进化，例如图中的 a 与 b，这里 $u(a) = u(b)$。在尤其是牵涉那些长期遗传模型的其他时候，处理整个潜在的文化根阵列，但识别两个群簇，诸如 A 与 B，这里 $u(A) > u(B)$，将是更有用的。当文化根被绘制地图在长期记忆的知识结构之上，一个将在第 6 章中被讨论的程序，就有可能以认知与评价中被心灵最突出地采用的共同特征来定义群簇。如此，更大数量的文化根模型就能够被制作得

更具生物学现实性。

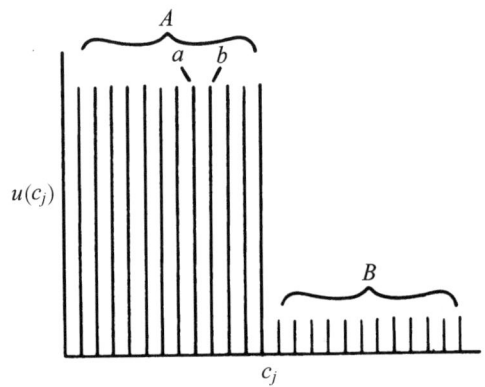

图 3.12　为了分析的方便而分成群簇对(A 与 B)的文化根,代替作为全阵列被处理。

第 4 章
基因—文化转译

人类社会生物学的中心原则是，社会行为是被自然选择塑造的。尽管有时滞与随机效应的扰动，那些在世代更迭中具有最高替换率的行为，还是有望在局部种群中兴盛起来，进而最终影响世界范围基础上文化的统计学分布。* 就目前而言，社会生物学理论很大程度上存在于对种群遗传学与生态学原理的这一命题的应用之中。生物学家与社会科学家尝试推导了亲缘关系、生命周期动态、捕食者躲避以及能量采集的策略，然后用观察到的社会生活现象来检验它们。以其最一般的形式，常规理论可应用于行为传递的全部三种模式——纯遗传、纯文化、基因—文化。它允许但不预设社会行为的个体类别发育中遗传倾向的存在。

如同沙尼翁(Chagnon)与艾恩(Irons)(1979)、弗里德曼(Freedman)(1979)以及范登贝格(1979)的作品所示，此类分析已大大有助于解释形态各异的侵略、一夫多妻、上嫁、乱伦回避以及其他类别的人类社会行为，但它不能直接把遗传进化与文化进化联系起来。为了把人类社会生物学带到下一个逻辑阶段，我们必须插入中介后成规则，它们大多是人类所独有的。如果成功，此程序将揭开**基因—文化转译**的真实属性。基因—文化转译被定义为在社会模式基础上个体认知与行为发育由遗传

---

* 在离散的、不重叠的世代之间，这一替换率 R_0 简单来说就是

$$R_0 = \sum_{x=0}^{\infty} l_x m_x$$

此处 l_x 为存活到年龄 x 的概率，m_x 为每个女性在年龄 x 上女性后代的期望数目。由此，不论是更高的相对存活率、更高的相对生育力还是两者的综合，都能在自然选择中获胜。这个适合度，可能在亲属替换率模式的附加效应作用下被包括进来，转而被各个亲缘关系的系数所降低。

决定的后成规则效应(Lumsden and Wilson, 1980a, b)。

我们早先曾提出,自然选择塑造着后成规则,它的成果以抽象的偏向曲线形式表达出来。现在的目标,是为那些能够预测组成社会系统群体行为的"复合"与"混合"的个体归一化过程,创造出一种化学计算法。

在少数类别的认知与行为(包括色觉、抱婴儿、乱伦回避与恐惧症)中,近似形态的使用偏向曲线已经为人所知。当我们对在竞争的刺激之间做选择的发育过程给予更多的关注时,其他的曲线也肯定会被揭示出来。同样明显的是,偏向曲线可能源自一个或非常少的几个后成规则,但更可能由很多个后成规则混合而成。类似地,可以想象,文化模式也可能源自一个后成规则,但更可能是很多后成规则的共同产物。由此,颜色词汇可能处于视觉神经元原色编码的主导性影响之下(见第2章),但领土防御的模式(Dyson-Hudson and Smith, 1978)有可能是从几种要素中构造出来的,例如婴儿对陌生人的厌恶(Eibl-Eibesfeldt, 1979)、孩童们在游戏中组成团伙相互攻击进犯(Maccoby and Jacklin, 1974:257),等等。我们期待着完全的因果关系模式(从基因到行为)将通常是多价态的、网状的(图4.1)。然而在起初的分析中,最有效率的是考察含有两个文化根的后成规则以及与文化模式之间的单一联系。这一简化方案,进一步被心灵把信息一分为二的趋势所支持,例如在初级经济决策与神话形成的情况中(Simon, 1957a, b, 1979; Lévi-Strauss, 1969a, b; Tversky and Kahneman, 1974),也正如我们在第3章的讨论中所指出的那样。

文化根的社会化与增殖

我们将借助对人类社会化特殊性的考察,开始对基因—文化转译的分析。* 为了发展出一套合理的理论,有必要知道文化根是如何被传递的,以及

---

* 虽然能够在作为一般的、物种范围内的特征传递的社会化与作为个体文化专有特征传递的文化适应之间做一个有益的区分(Mead, 1963),我们还是可互换地使用这两种表达,在最宽泛的意义上来意指文化的传递(见第1章)。

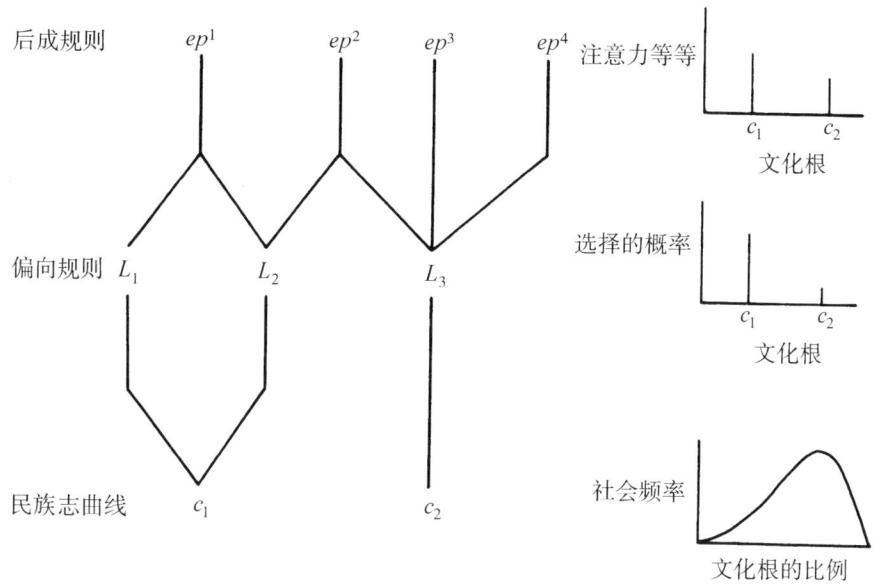

图 4.1 从遗传决定的后成规则到最终的民族志曲线的因果关系,一种通常被认为是网状的模型。也就是说,复合因与复合果都在邻近水平之间发生,如同在基础的后成规则与更具派生性的学习、评估、决断等规则之间发生的那样。然而,只涉及单因与单果的简单关联是可能的(比如 ep^1-L_1 与 L_3-c_2),并可为转译理论提供起点。民族志曲线反映出拥有各种比例的可替换文化根的文化的频率分布。

个体心理发育受其他社会成员所做选择影响的方式。

社会化的三种一致特征在民族志的资料中显露出来(Williams, 1972a,b):(1)多种亲属模式供养了巨大数量的父母代理人或替代者,产生的结果是文化根在各个世代中通过较小规模的社会广泛扩散;(2)不同亲族群体对孩子提出的相互冲突的要求,在文化适应期间,借助于诸如图腾与生命精灵这样的概念得到满足;(3)祖父母在传授神话、民间故事以及多种其他文化辩护方式的过程中扮演着重要的角色。在威廉斯(Williams)评论过的 128 个文化体中,有 99 个(或 77%)拥有全部这三种特征。剩下的 29 个,要么缺少这些特征中的一个或多个,要么尚未被充分研究而不允许做出判断。这些社会中,只有 6 个(美国、英国、法国、德国、以色列、俄罗斯,全都属于西方工业化等级的文化)这三种特征全都没有。换句话说,人类的文化适应通常导致了信息通过各个世代大量地增殖,并且存在着特殊的机制增强着作为一个有机整体的文化传递。这些特质尤其盛行于原始经济社会,据信在这种社会中发生了大多数的人类遗传进化。

借助于扩散、流行病学以及信息—理论模型,社会科学家们已经对文化根的散播进行了集中的研究。为了将他们的研究结果运用于基因—文化协同进化理论,有必要区分发生在群体之间的增殖与发生在相同群体的成员之间的增殖。群内增殖涉及自身有趣的现象(包括前进的波前的地理学与经由军事统治的增强),而对于基因—文化理论的第一个初级模型来说,它可以被作为一个创新的源泉来对待。* 另一方面,在一个特定的、可被暂时认为是一个离散实体的社会中,种内增殖决定着新文化根的命运,也影响着文化适应的动力。

一个正处在文化进化途中的社会,本身就是一个学习系统,其中的个体相互交流,观察自己的行动及他人行为的后果。新的行为、思考模式以及手艺的引入,是一个连续的过程。其中一些是被发明出来的,要么来自设计,要么来自偶然的意外事件,其余的则是从邻近的社会引进的。每一种创新都会经受考验,然后要么被丢弃,要么被合并到这个社会的文化中。各人自行决定采用哪些文化根,但在大多数情况下,他们在很大程度上受到他人经验的影响。模仿与观察同情式学习,通过有计划的正规教育与宗教教化程序,构成文化根增殖的主要机制之一(Rosenthal and Zimmerman, 1978)。人们从经济的、情感的成本与收益角度出发观察使用的效果,然后根据评估与决定的直觉来做出抉择(见第 3 章)。很清楚,从社会心理学(Berelson and Steiner, 1964; Freedman et al., 1978)与消费者调查(Moschis and Moore, 1979)方面的文献来看,在大多数情况下,人们也受到其采用这一种而不是那一种文化根的同伴的数量的影响。他们将观察到的多数人意见作为实用性的粗略测量,同时也易受到来自

---

* 对地理学扩散感兴趣的读者,或许会愿意参考以下著作的评论:Haggett, 1972; Ammerman and Cavalli-Sforza, 1973; Clarke, 1978; Renfrew and Cooke, 1979。

遵守一般用法的同伴的直接压力。在许多情况下,这两种力量都引起了采用概率的不成比例的上升,这种上升伴随着观察到的其他社会成员使用水平的提高。

个人以相对较高的比率观察其同伴的行为会增加社会传染。后成规则的大多数遗传进化发生于其中的狩猎者—采集者队伍,通常包含15—75个个体,他们中的所有人都可能彼此熟识(Wobst,1974;Hage,1976;Buys and Larson,1979)。在现存的诸如格威人与昆桑人的狩猎队伍中,关乎觅食的重要决定,只有在为达成一致而激烈地讨论过后才有可能做出。在讨论期间,关于环境的大量信息被传来传去。在达成共识前,各种态度实质性的含混状态促进了这种交流(Biesele,1978)。即使在大型工业国家,个人的交流网络也是非常广泛的。在美国,平均只需要5个中间人,就能在任何两个人之间建立私人联系(Travers and Milgram,1969)。

群体内文化快速传递的一个结果是,个体积极地使用特定的文化根,同时以一种消极的状态把可替换的文化根储存在长期记忆中。人们意识到可替换的工具、服装样式、词的用法、对内兄内弟的态度、打开软体动物的方式,如此等等,但他们只以个人历史以及对利益一天一天地评估为基础,在后成规则的偏向影响下,选择一种或相对少数的几种。

虽然出于对增殖的分析,我们可以假定群内所有成员都能轻易获得各种文化根,但复杂社会中的文化根的整体流动,很少像在完美的信息市场或"语义游牧部落"这种极端的情形中预测的那样。划分出社会群体的关系,包括性别与劳动的区分、亲缘世系、婚姻与居住规则、联盟、年龄段、统治等级以及特殊利益集团,为文化根有倾向性的运动开辟了道路(Haggett,1972;Leinhardt,1977;Hamblin et al.,1979)。有权限的信息,事实上是定义人类以及或许更高等的灵长类社会的一个本质特征。图4.2中给出了一个关于旧世界猴子的例子。个体间交流网络的全部潜力,通常要在经历漫长的时期之后才能获得,即使是在那些具有狩猎者—采集者队伍特点的小群体中也是如此(图4.3)。这种结构的可能结果,只在有限的程度上已被社会人类学家们考虑过(例如,可参考 Zachary,1977)。

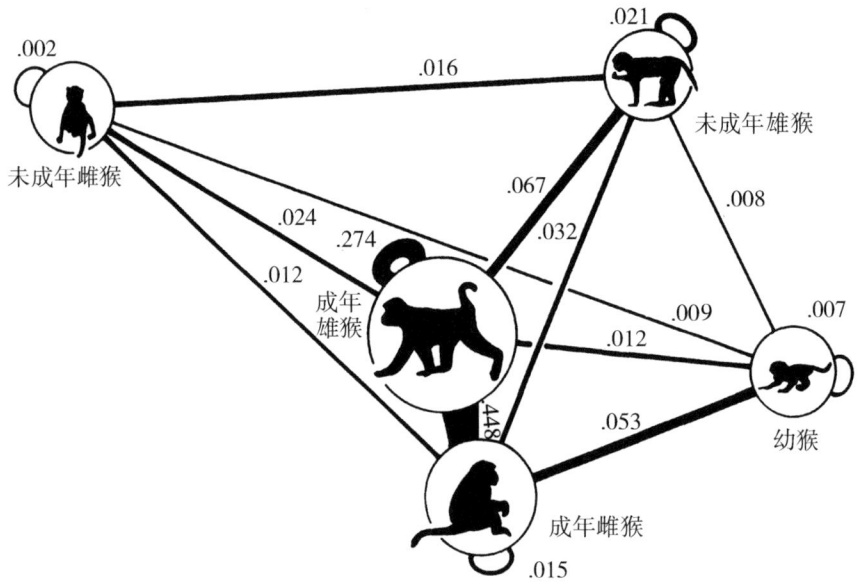

图 4.2 一群自由生存的恒河猴的交流路径。信息(包括引向原文化及社会化的信息在内)受到很强的引导;图中社会互动的概率大致上与线的粗细以及图像的靠近程度成正比。(修改自 Altmann,1968)

关于群内增殖的研究指出,即使在非常结构化的社会里,效仿值的变化率(dI/dt)也通常以某个 p 值为比例系数,正比于过去效仿值 I,也就是

$$\frac{dI}{dt} = pI, \quad 0 < p \leq 1. \tag{4-1}$$

建立在这一基本变化律的基础之上,汉布林(Hamblin)(引自 Hamblin et al.,1979)构造出一个增殖模型来,在其中,同等功能的新文化根被偶尔引入。人们评估文化根,然后因青睐代价较小的替代者而减少对特定文化根版本的使用或整个丢弃。当丢弃率与丢弃的累积数成比例,实际上是效仿的相反形式,结果就是一个有着如下形式的冈珀茨方程

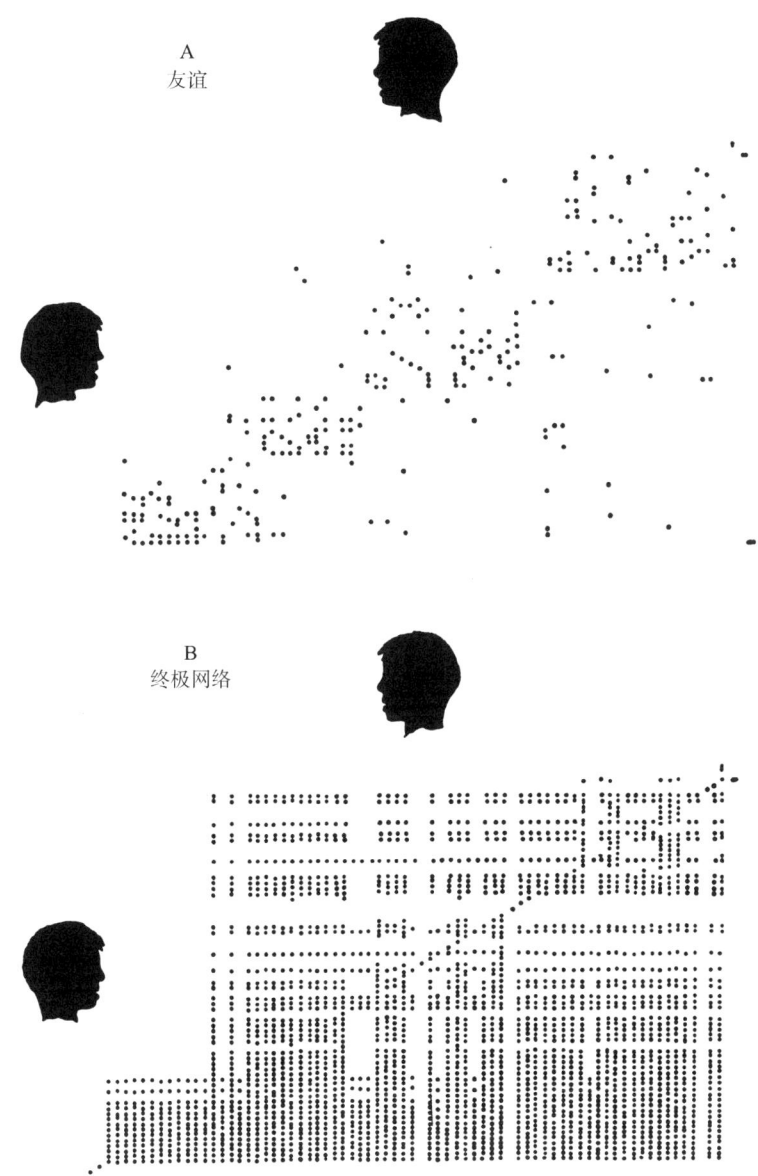

图 4.3　文化根在 73 个高中男孩中直接流动的路径。A 中的小点连接了称其他人为"朋友"的个体们。稀疏的结构与朋友聚集成亚组的特征是明显的。在 B 中,这些联系在时间中被展现到极致,以此生成一种"终极社会联系矩阵"。此程序显示出,在这种情况下,个体们通过关系链条已经进入了群体的大多数,虽然群成员之间明显的隔离仍有发生。(修改自 Coleman,1964:450—453)

$$U(t) = ca^{b^t}. \qquad (4-2)$$

此处 $U(t)$ 是在时间 t 上一个给定文化根的使用者数量, a、b 与 c 为由采用与丢弃率的比例常数推导而来的系数。汉布林与合作者们将来自 17 个使用实例的数据与该方程相配,代表了多样的活动,诸如汽车注册、直升机客运里程与电影上座率。相关系数在所有的案例中都是 0.99 或更高,而与纯粹逻辑曲线(也就是在大多数先前的扩散模型中用到的 S 形积累曲线)的匹配则是 0.98 或更低。

对这个模型的一个有趣的预测是:如果有一个连续的创新过程,那么对任何给定文化根的选用将最终变为零。该模型的主要优点在于,它以理解人们如何实际获得信息并做出决定为基础。无论被接受的是冈珀茨-汉布林方程还是逻辑方程,汉布林的研究指出,效仿与强化,是个体选择行为的关键属性,关于它们与群体现象的关系,相对简单的假定也能够做得相当精确。这一说明得到了格里利谢斯(Griliches)在 1957 年对美国杂交玉米推广所做研究的支持,它包含了迄今为止发表过的对文化增殖最全面的解释之一。从 31 个州的 132 个收成报告区杂交玉米的普及情况中,格里利谢斯获得了 163 个经验决定的逻辑方程。通过两个外生变量:杂交品种引进之前农场种植玉米的总英亩数的百分比,以及邻近地区达到中等种植水平的日期,他能解释推广开始之时几乎所有的变化。大约 70% 的推广增长率变化以及最终的推广水平,是由可被宽泛地理解为强化的事件引起的:农场种植玉米的英亩数的百分比,以及杂交品种引进之前玉米的利润率。杂交与自由授粉的玉米之间的产量差异,可解释更多的变化。在黑格斯特伦(Hägerstrom)对瑞典农业革新采用情况的早期经典研究、琼斯(Jones)对英格兰转而生产经过结核菌素试验的牛奶的分析,以及鲍登(Bowden)对科罗拉多农场水利变迁的分析中,已经得到了相应的 S 形采用曲线(Haggett 的评论,1972)。

总之，正在浮现的共识是：关乎文化根的信息，在不同大小规模的群体中，甚至在有特权通道存在的情况下，以一种可预测的方式蔓延着。通过一种与覆盖了主导效仿及评估的初级规则的假定相一致的时间曲线，受到偏爱的文化根就得到了采纳。

如何才能把这些结论并入基因—文化协同进化理论呢？效仿与评估的关键性决定因素，是对其自身的抽象化以及对认知发展的后成规则极其简化的表达。效仿的比例函数，可被转译成文化根传递与同伴压力的规则，它把社会个体成员采用文化根的概率变化表达为关于社会其他成员的使用百分比以及文化根价值衡量的一个函数。

虽然看起来很平常，个体能感知到整个群体的使用模式，并能依此做出决策，但其实这是一种相当了不起的本领。我们认为，有两个机制共同产生了对群体及文化模式的敏感能力。第一个是决策过程中的一种策略，即通过观察与效仿他人来寻求减少不确定性。第二个是物化的过程，即把复杂的模式与过程（包括那些产生于群体组织的）转变为真实对象的强烈的精神倾向。这些对象也经常被赋予动物或人的形态。这些性质在全体文化（诸如制度与群体规范）的水平上，借助于物化而被"浓缩"（shrunk down）、被拟人化，以及被添加到群体成员的花名册中。它们变成了每个个体都必须适应的具体的、像人一样的实体。心灵有一种倾向，即在制造那些甚至很少有直接物质基础的精神产品时走得更远。它编造空想与梦境，虚构的文学作品、神话、艺术皆由此而生。

物化的存在，对于社会理论意义重大，其影响深远且极不明朗。从个体行为到社会模式的转译，产生出多层次的组织，它们彼此反馈。在原始层级体系或经典概念的多级结构中，多种层次的组织相对独立而彼此封闭（Lumsden，1977）。相比之下，文化是**变态分层**的——多层次混合的系统，个体在其中对宏文化特征（包括制度、社会规范、使用模式）有所感知并做出回应（图4.4）。

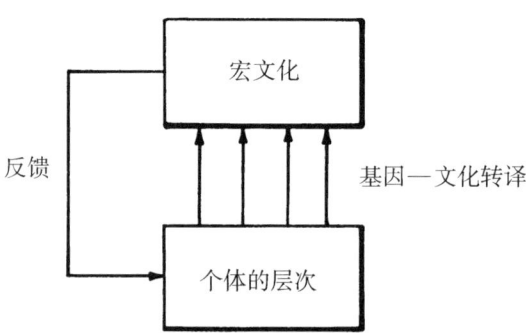

图4.4 文化作为变态分层结构,或混合层次的层级体系。基因—文化的放大器产生了制度、社会规范以及其他宏文化模式,它们通过物化学习而编码为规则,并反馈回个体的决策过程。

在这一章剩下的内容里,我们将表明:变态分层结构内的两种精神生物学反应,即认知发育的后成规则与文化根的增殖模式,允许一次从个体行为到文化模式转译的初步近似。其他过程当然也必须保存在心灵中。例如,创新扩展了文化根的阵列,也加速了替换的速率。旧的文化根,可能要么全部失去,要么从积极状态转为消极状态,随着环境变化或恢复旧社会秩序的复兴运动,或许以后还会被重新激活。拥有一个活跃的文化根,可能抑制对另一个文化根的采用,而主要文化根与次要文化根相比,被替换掉的可能性更小(Berelson and Steiner, 1964:541)。这种文化根新奇恐惧症,程度范围从温和到剧烈,是一种无处不在的日常现象(见图4.5)。某些倾向性会随着环境而改变,但正如我们早前提到过的,即使是这些变迁也有可能遵循可辨别的核心规则。最终,一些文化根锁在了一起,创造出一个更稳定的整体模式,对变化具有抵抗力,但也并非不会受到变化的影响。

所有这些效应都可以建立假设—演绎的模型,以此并入基因—文化理论,这些在第6章与第7章中还会再讨论到。然而,为了评价转译过程最基本的方面,我们暂时要把它们放在一边。

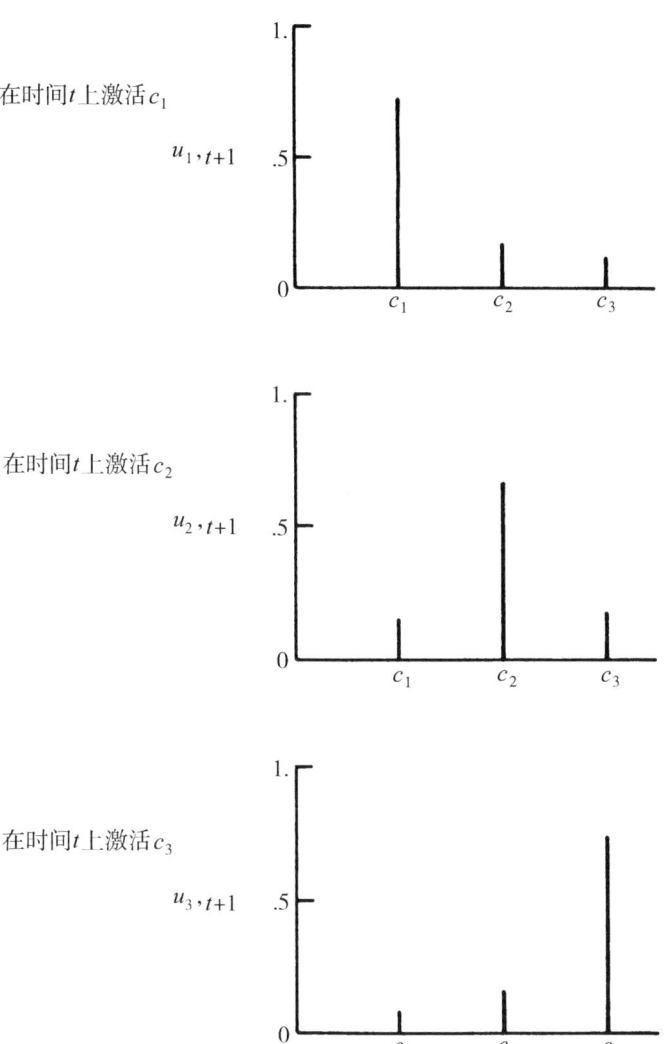

图 4.5 当前选用情况影响随后选择的一个例子。统计图给出了一个使用某品牌煎饼面粉(c_1、c_2、c_3)的女人在下一次购物时选择相同或不同品牌的概率。(基于 Coleman 的资料,1973:12)

个体决策

从文化人类学与基因—文化理论中推导出来的一些前提，足以在个体反应与文化模式之间建立关联。在下面两节中，我们刻画了决策的特征，并以速率（指定为 v_{ij}）的形式表达出来，个体以此速率在两个文化根（c_1 与 c_2）之间变来变去。在随后的小节里，这一初步的认知描述将被并入到一项关于文化模式的分析中，这些模式是由涉及同类文化适应与决策的许多个体相互作用而产生的。从这一有利位置出发，我们将得出我们关于基因—文化转译的主要结论：后成规则中相对较小的变化，能够深刻改变依附其上的文化模式。

我们对最简单的双文化根案例的运用，是出于策略上的考虑，遵循了初步理论化工作中的一种常见程序。这是一个直截了当的过程，运用任意数量的文化根，随后在更完满的协同进化模型中合并任意数量的认知过程与控制基因。然而，最终得到的方程可能会过于复杂，不利于太直接的理解。我们选择了从初级公式化开始，先以一种粗略的方式把握基因、心灵与文化的基本属性，同时为假说提供最大程度上的清晰度。确实，这一研究领域涉及的问题太新了，甚至最简单的基因—文化协同进化模型都还未被探索。一旦迈出第一步，假设与模型就可能变得无限复杂，由此使基因—文化协同进化理论向着刻画了大多数传统社会科学的特点的"深度描述"靠近。

以下是关于文化根变化速率特征的正式论述。考虑一种最简单的社会系统，无阶级并有 N 个平等主义者成员，处于或接近于人口统计学的稳定状态。我们从经典的人类学**二元选择**的情况入手，即有两种文化根，c_1 与 c_2，争夺在群体中的一个用武之地。可将它们设想为具体的实体，比如相互竞争的园艺实践、口头颜色分类或喷枪的设计。文化适应群体的成员们意识到 c_1 与 c_2 之后，会把两者都保存在长期记忆中。在该群体内部，n_1 个个体当下使用 c_1，而 n_2 个个体使用 c_2。

每个群成员都同时拥有一套学习程序与一套认知决策体系，它们有着物种的特征,或许还有着特定基因型的特征(图4.6)。每个个体反复地评估自己的选用情况,在那些要么维持当前所用、要么切换到竞争的文化根的场合,他也受内在的后成规则的影响。由于多种情形的综合作用,包括对模糊直觉的依赖(见第3章)、环境固有的不确定性、群中成员在各个决断点可获得的信息的有限性、出现混合策略的可能(见第5章),后成规则设置了**变迁的概率**,而不是固定的选用模式。令 u_{ij} 为一个个体在一个决断点将会采纳文化根 c_j 的可能性,假定他正在使用文化根 c_i。那么,后成决断规则就能以 u_{ij} 的形式(图4.7)来表达,而一个决断点可被描述为变换矩阵

$$\begin{bmatrix} u_{11} & u_{12} \\ u_{21} & u_{22} \end{bmatrix}. \tag{4-3}$$

相继的、后成规则生效的决断点之间的平均寿命,对于 c_1 的使用者是 τ_1,对于 c_2 的使用者是 τ_2。因此决断的机制就分别被平均速率常数 $r_1 = 1/\tau_1$ 以及 $r_2 = 1/\tau_2$ 所刻画。平均速率的矩阵为

$$\begin{bmatrix} r_1 & 0 \\ 0 & r_2 \end{bmatrix}. \tag{4-4}$$

我们注意到,通过被调查者分析,r_k 是可以在观察中得到的,并且在某些情况下可由调查者预先安排(例如,见 Dodd,1955;Rachlin,1976)。

图4.6 一位个体群成员的最小决断结构。两种轮替的文化根状态被表示为 c_1 与 c_2,箭头标示控制状态之间转换的后成规则。

参数 τ_1 与 τ_2 是状态 c_1 与状态 c_2 保持时间的概率分布平均数。我们将用指数密度为这些分布建模(图4.8),这意味着潜在的认知系统是一种马尔可夫(Markov)式的学习与决断过程。这在很多情况下都是一个有用的近似(Bush

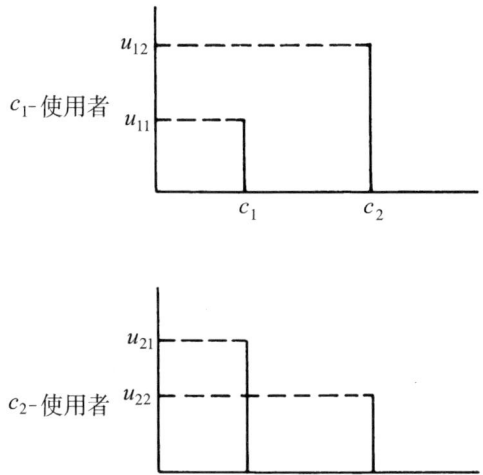

图 4.7 决断过程的后成规则。此处 u_{ij} 是个体在决断点将会采用文化根 c_j 的可能性,假定他正在使用文化根 c_i。

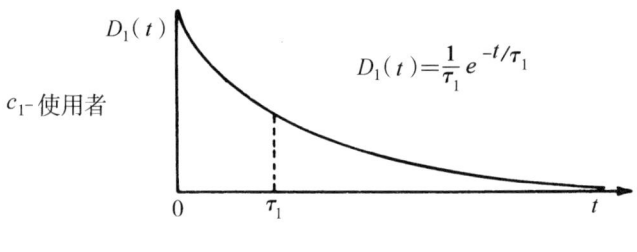

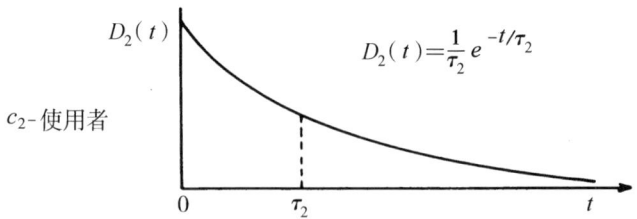

图 4.8 c_1-使用者与 c_2-使用者状态保持时间的分布。概率密度分别以 τ_1 与 τ_2 平均数的指数来表示。

and Mosteller, 1955; Kemeny and Snell, 1962; Coleman, 1964, 1973; Atkinson et al., 1965; Bartholomew, 1973; Greeno, 1974)。同样能够显示的是,深层的关联存在于这种马尔可夫系统律与信息处理理论之间,学习与决断的认知以及民族语义学机制在其中自然地表达出来。这一重要关系将在附录 4.1 中进一步讨论。

这样,决断过程的转换率就是 v_{ij},此处

$$\begin{bmatrix} v_{11} & v_{12} \\ v_{21} & v_{22} \end{bmatrix} = \begin{bmatrix} r_1(u_{11}-1) & r_1 u_{12} \\ r_2 u_{21} & r_2(u_{22}-1) \end{bmatrix} \qquad (4-5)$$

(Howard,1971b:769 ff.)。我们现在不仅获得了个体群成员的转换速率矩阵,也得到了一个方案来计算 v_{ij},即引入更直观的参数 r_i 与 u_{ij}。此外,在某种情况下,与 v_{ij} 相比,r_i 和 u_{ij} 更容易得到直接的测量(例如 Rachlin,1976:544—603)。

社会传染与物化学习规则确保群成员不会彼此隔离地活动,而是形成了一个综合的学习与决断系统(图 4.9)。基因—文化转译模型的目标是在给定个体后成规则的条件下,预测此类系统的组织与功能属性。在当前的例子中,我们有一个最简单形式的自然宏文化模式,即分别由文化根 c_1 的使用者与文化根 c_2 的使用者形成的两个**制度**。变态分层反馈表现为特性 r_k、u_{ij} 与 v_{ij} 在两个制度中的依赖性。在能够导出依赖性的各种制度特性当中,我们将把注意力集中在两个使用者群体的大小上。虽然其他的依赖也是可以想象的,包括两个群体的增长速率、群体的大小或"社会压力"本身,都已经被相当集中地研究过了。它对人类决策的重要性,特别是在像委员会及狩猎者—采集者队伍这样的小集团中,已有文献详细地阐述过(例如,Berelson and Steiner,1964;Biesele,1978;Lee,1979)。因此一般来说,我们有 $r_k = r_k(n_1, n_2)$、$u_{ij} = u_{ij}(n_1, n_2)$ 以及 $v_{ij} = v_{ij}(n_1, n_2)$。

一种更详细的分析将包括个体之间社会接触的完全矩阵,当信息流、社会压力、传染效应受到社会阶层化及其他类型的分区的限制时,这是一个重要的

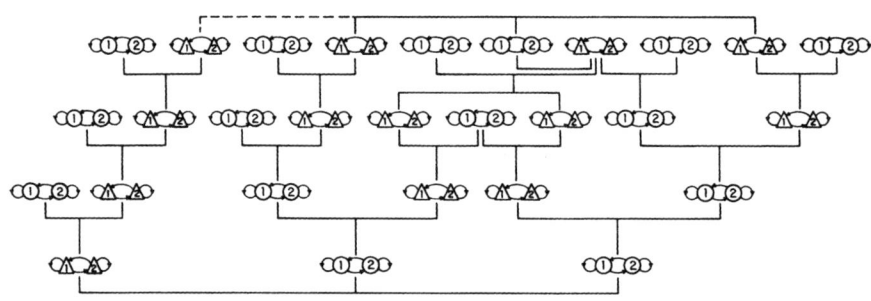

图 4.9 一个亲族群体作用于一个双文化根语义场时的表现。信息与社会影响沿着亲缘线与社会关系矩阵的其他元素流动。图中结构是一个真实的雅诺马马人世系,来自沙尼翁(1977)的数据。男性用三角表示,女性用圆圈表示。

步骤。这种优化,可通过对此处讨论方法的直接扩展来达到;为此拉姆斯登与特雷纳(Trainor)提供了一种简明的数学指导(1976)。

认知与民族志图像

对于田野民族志学者与人类动物行为学家而言,受试者的认知状态经常是不得而知甚至是次要关心的。而民族志—动物行为学与认知两方面的描述都要处理现实行为的诸多方面。竞争文化根之间的切换,是看待人类行为的两种方式中都有涉及的可观察方面。在一个完备的理论中,认知图像与民族志图像因此必定是相关的。让我们用"Cog"表示前者,用"Eth"表示后者。然后,为了完成对社会系统个体层面的描述,我们寻求一个把 Cog 与 Eth 关联起来的地图 ψ:

$$\psi: \text{Cog} \longmapsto \text{Eth}. \tag{4-6}$$

一般化的反转地图将把民族志图像切换回认知图像,因此一套完整的关联系统即为

$$\text{Cog} \mathrel{\substack{\psi \\ \rightleftarrows \\ \psi^{-1}}} \text{Eth} \tag{4-7}$$

对于这一节剩下的内容,上角标 C 将指代认知图像中的量,而上角标 E 将表示民族志图像中测量的量。

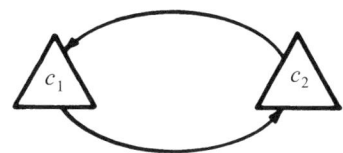

图 4.10 当仅被外部行为的观察者感知时,从一个文化根向另一个文化根的迁移。归于给定文化根的内部决断不能被观察到。

当在图 4.6 所示种类的系统中采集数据,一个把注意力限定在外部行为上的观察者,会只把文化根的明显切换列出来(图 4.10)。决断过程的可重入回路对他而言将是不可见的。因此在民族志图像中,仅有的非零概率转换是 u_{12}^E 与 u_{21}^E。此外,u_{12}^E 与 u_{21}^E 都有单位价值:当一个行为转变确实发生了,它有一个唯一可能的目的地,那就是另一个文化根。这种描述非常不同于认知图像,其中重新进入相同的文化根态,会推迟从一个文化根到其竞争者的行程。对于民族志学者来说,这些推迟会随着各个状态中保持时间 τ_1^E 与 τ_2^E 值的增加而出现。观察处于自然状态下的决策者,民族志学者看到了一个先验的转换概率矩阵

$$\begin{bmatrix} u_{11}^E & u_{12}^E \\ u_{21}^E & u_{22}^E \end{bmatrix} = \begin{bmatrix} 0 & 1 \\ 1 & 0 \end{bmatrix} \qquad (4-8)$$

以及一个比率矩阵

$$\begin{bmatrix} r_1^E & 0 \\ 0 & r_2^E \end{bmatrix} = \begin{bmatrix} 1/\tau_1^E & 0 \\ 0 & 1/\tau_2^E \end{bmatrix}. \qquad (4-9)$$

这些一起给出了一个转换率矩阵

$$\begin{bmatrix} v_{11}^E & v_{12}^E \\ v_{21}^E & v_{22}^E \end{bmatrix} = \begin{bmatrix} -r_1^E & r_1^E \\ r_2^E & -r_2^E \end{bmatrix}. \qquad (4-10)$$

民族志学者与认知人类学家都在观察相同的个体,所以若这两种观察者的时钟是同步的,那么当且仅当 $v_{ij}^C = v_{ij}^E$ 时该系统是一致的。对于认知人类学家,

我们决定

$$\begin{bmatrix} v_{11}^C & v_{12}^C \\ v_{21}^C & v_{22}^C \end{bmatrix} = \begin{bmatrix} r_1^C(u_{11}^C - 1) & r_1^C u_{12}^C \\ r_2^C u_{21}^C & r_2^C(u_{22}^C - 1) \end{bmatrix}. \quad (4-11)$$

然后，在这一系统中，就得到了认知图像与民族志图像之间的地图：

$$r_1^E = r_1^C u_{12}^C, \qquad r_2^E = r_2^C u_{21}^C. \quad (4-12)$$

这些发现意味着，当此模型被应用到民族志数据上时，对于在不受扰动的系统上所做的测量来说，关于认知过程的重要数据就是开放性的。进一步讲，如果决断过程的循环速率 r_1^C 与 r_2^C 独立于文化根的状态，那么 $r_1^C = r_2^C$，并且

$$r_1^E / r_2^E = u_{12}^C / u_{21}^C. \quad (4-13)$$

从对外部行为的观察来看，这两个状态的偏向曲线的相对结构，可在这一类型的系统中被决定。

转译过程

我们现在可以将关键问题陈述如下：后成规则的特性是如何被转译成社会模式的？在接下来的两节中，我们将描述为这重要的一步建模的程序。该程序的核心是一个平衡方程，用来描述整个文化从一种状态向另一种状态改变的速率，特别是从特定数量的个体积极地使用一个文化根（c_1）而其他个体积极地使用其他文化根（c_2）的情况，变为一些不同比例的个体使用这两种文化根的情况。例如，我们可能会问：在个体水平上给定一种特定的后成规则，在特定的时间里，一个有 30 个个体的社会中，26 个个体使用文化根 c_1，4 个个体使用 c_2 的概率是多少呢？这一概率随着时间的增加或减少又有多快？一个社会的文化模式，是它使用两种文化根之一的成员的相对比例。我们称之为民族志曲线的概率分布，给出了在许多运用可能文化模式之一的此类社会样本中的百分比。实质上，我们是在探寻各种文化的民族志曲线的改变速率与方向，以及许多社会作为一个整体倾向于向其会聚的稳态的民族志曲线。

自从科尔曼的专著(1964)出版以来,上文提及的那种平衡方程,已被用来描述人类群体的动力学。事实上,它们是数理社会学领域不断增加的文献的主题,尽管只有相对初级的形式,它们似乎也抓住了社会人群重要的群体属性。(相关背景与抽样,见 Coleman, 1964; Liboff, 1970; Cohen, 1971; Weidlich, 1972; Bartholomew, 1973; West, 1974; Walls, 1976; Haken, 1977; Nicolis and Prigogine, 1977; Bowers, 1978a,b。)在随后的发展中,我们要把这一累积形态的形式主义拉进来为基因—文化理论服务,并进行从后成规则层次到文化模式层次的转译。给定我们在前面章节中建立的后成规则与个体行为动力学之间的连接,借助于建立起来的数学技术,从个体到文化的迈进能够以一种相当直截了当的方式来实现。

我们因此能够处理基因—文化转译过程中的核心问题,即后成规则对文化层次上的模式与结构所具有的影响。既然民族志曲线提供了对文化模式的详细描述,我们可通过分析它与后成规则的联系来继续前进。根据我们称之为放大律的合适的新定理,可以证明:后成规则中即使微小的变化,也能引起民族志曲线上的巨大变化。因此,后成规则的效应在转译过程中并没有失去。相反,它们被极大地放大了。通过把一般理论应用到具体特例,这种放大现象的性质与程度得到了进一步的探索。我们特地考察了同胞乱伦、雅诺马马印第安人的村落分裂,以及西方女性的时尚改变周期等模型。

下面继续我们的正式论述。社会作为一个整体,可在某个时间 t 被向量 $\boldsymbol{n}=(n_1,n_2)$——分别拥有两种文化根之一的个体数量——所表示。因为该系统是概率性的,感兴趣的量是 $P(\boldsymbol{n},t)$,它表示在时间 t 上该群体有 n_1 个人携带 c_1 文化根、n_2 个人携带 c_2 文化根的可能性,于是就有

$$\sum_{\boldsymbol{n}} P(\boldsymbol{n},t) = 1. \qquad (4-14)$$

换句话说,在任意给定时刻,所有文化根选用的可想象状态的总概率是 1。让我们把一个特别的状态 $\boldsymbol{n}$ 从所有其他可能的状态 $\boldsymbol{n}'$ 中区分出来。进入状态 $\boldsymbol{n}$

的概率流就是

$$\sum_{n'\neq n} P(\boldsymbol{n}',t) R_{n'n}, \qquad (4-15)$$

此处 $R_{n'n}$ 是作为一个整体的系统从状态 $\boldsymbol{n}'$ 转换到状态 $\boldsymbol{n}$ 的每一单位时间出现的概率，而 $P(\boldsymbol{n}',t)$ 则是处于 $\boldsymbol{n}'$ 的概率。离开状态 $\boldsymbol{n}$ 的概率流类似地就是

$$\sum_{n'\neq n} P(\boldsymbol{n},t) R_{nn'}, \qquad (4-16)$$

而 $P(\boldsymbol{n},t)$ 的运动方程因此就是平衡方程

$$\frac{\mathrm{d}}{\mathrm{d}t} P(\boldsymbol{n},t) = \sum_{n'\neq n} P(\boldsymbol{n}',t) R_{n'n} - P(\boldsymbol{n},t) \sum_{n'\neq n} R_{nn'}. \qquad (4-17)$$

注意到在时间的任何微分间距 $\mathrm{d}t$ 中，两个或更多同步决断的概率通常在至多 $(\mathrm{d}t)^2$ 的数量级上，并作为一个可被忽略的结果，这样一来，这一方程就能被连接到个体水平的事件上去。如果这个社会从时间 t 上的状态 (n_1', n_2') 迁移到时间 $t+\mathrm{d}t$ 时的状态 (n_1, n_2)，那么只有一个人改变了文化根。结果只能是

$$(n_1', n_2') = (n_1+1, n_2-1)$$

或者 $\qquad (n_1', n_2') = (n_1-1, n_2+1).\qquad (4-18)$

类似地，如果这个社会到时间 $t+\mathrm{d}t$ 时从状态 (n_1, n_2) 迁移到了状态 (n_1', n_2')，结果只能是

$$(n_1', n_2') = (n_1+1, n_2-1), \qquad (4-19\mathrm{a})$$

在这样的情况下，一个人从 c_2 切换到 c_1，

或者 $\qquad (n_1', n_2') = (n_1-1, n_2+1), \qquad (4-19\mathrm{b})$

在这里一个人从 c_1 切换到了 c_2。

由此可知，整个群体转换到 $\boldsymbol{n}=(n_1, n_2)$，或从状态 $\boldsymbol{n}=(n_1, n_2)$ 开始转换的速率，等于单一个体的转换速率 $v_{ij}(n_1, n_2)$ 乘以发生转换的文化根选用群体中的个体数量：

$$\begin{aligned}
R_{(n_1+1, n_2-1)\longrightarrow(n_1, n_2)} &= (n_1+1) v_{12}(n_1+1, n_2-1) \\
R_{(n_1-1, n_2+1)\longrightarrow(n_1, n_2)} &= (n_2+1) v_{21}(n_1-1, n_2+1) \\
R_{(n_1, n_2)\longrightarrow(n_1+1, n_2-1)} &= n_2 v_{21}(n_1, n_2) \\
R_{(n_1, n_2)\longrightarrow(n_1-1, n_2+1)} &= n_1 v_{12}(n_1, n_2).
\end{aligned} \qquad (4-20)$$

文化动力学可被视为一种在一维点阵上的行走,点阵中的各个点对应于各个社会,其中 c_1 与 c_2 子群有其特有的大小(图 4.11)。关于更高维度的点阵,涉及多文化根的问题时可被类似地处理。

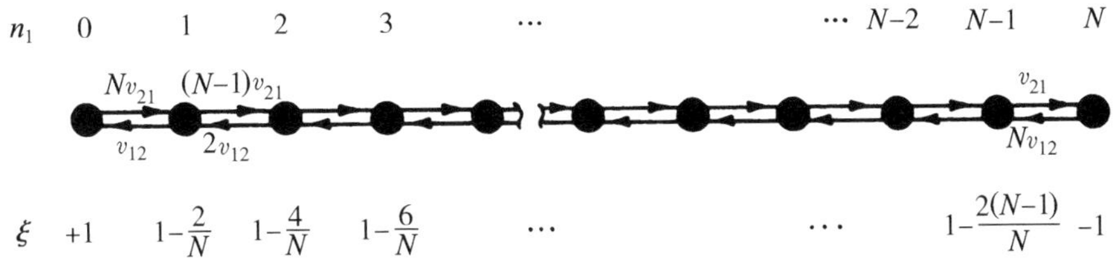

$$n_1 \quad 0 \quad 1 \quad 2 \quad 3 \quad \cdots \quad \cdots \quad N-2 \quad N-1 \quad N$$

$$\xi \quad +1 \quad 1-\frac{2}{N} \quad 1-\frac{4}{N} \quad 1-\frac{6}{N} \quad \cdots \quad \cdots \quad 1-\frac{2(N-1)}{N} \quad -1$$

图 4.11　图 4.9 中表现的那种社会群体的文化动力学状态空间。c_1-使用者的数目用 n_1 表示;ξ 是序参数 $1-2n_1/N$。

把这些项代入方程(4-17),可给出主方程

$$\frac{\mathrm{d}}{\mathrm{d}t}P(n_1,n_2,t)$$
$$= (n_1+1)v_{12}(n_1+1,n_2-1)P(n_1+1,n_2-1,t)$$
$$+ (n_2+1)v_{21}(n_1-1,n_2+1)P(n_1-1,n_2+1,t)$$
$$- [n_1v_{12}(n_1,n_2) + n_2v_{21}(n_1,n_2)]P(n_1,n_2,t) \quad (4-21\text{a})$$

对于 $0<n_1<N$,

$$\frac{\mathrm{d}}{\mathrm{d}t}P(0,N,t) = v_{12}(1,N-1)P(1,N-1,t)$$
$$- Nv_{21}(0,N)P(0,N,t) \quad (4-21\text{b})$$

对于 $n_1=0$,还有

$$\frac{\mathrm{d}}{\mathrm{d}t}P(N,0,t) = v_{21}(N-1,1)P(N-1,1,t)$$
$$- Nv_{12}(N,0)P(N,0,t) \quad (4-21\text{c})$$

对于 $n_1=N$,在任何给定时间上,所有文化根组合频率的概率密度分布,可被称为种群的**民族志曲线**;这一曲线提供了被同时考虑的很多种群,或者一个或少数几个在时间中被反复观察的种群的期望频率分布。对于图 4.11 所示的状态

空间,这一分布接近一个稳定状态,如下

$$P(n_1, N-n_1) = P(0,N) \binom{N}{n_1} \prod_{i=1}^{n_1} \frac{v_{21}(i-1, N-i+1)}{v_{12}(i, N-i)} \quad (4-22a)$$

$$= P(0,N) \binom{N}{n_1} \exp\left[\sum_{i=1}^{n_1} \ln \frac{v_{21}(i-1)}{v_{12}(i)}\right] \quad (4-22b)$$

如此又有

$$P(0,N) = \left[1 + \sum_{n_1=1}^{N} P(n_1, N-n_1)\right]^{-1}. \quad (4-22c)$$

短暂时期之后,在该群体中选用频率的模式,将充分地体现出具有频率 $P(n_1, N-n_1)$ 的概率密度特征。这一分布就是稳定状态的民族志曲线(图4.12)。一个关键性的目标,是获得民族志曲线对于潜在的后成规则中的变化的敏感度。

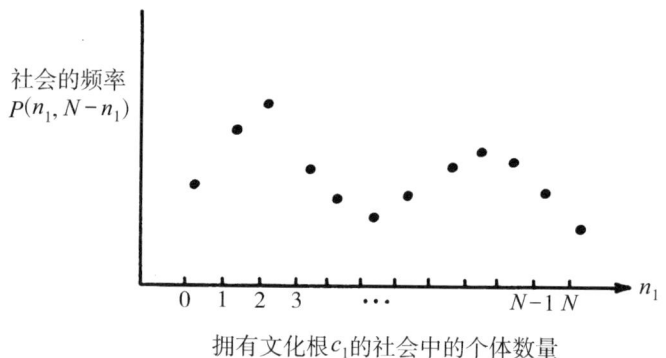

图 4.12 民族志曲线。在这一直接的展示中,$P(n_1, N-n_1)$ 是有着大小为 n_1 的 c_1-制度的文化群体的显现频率,也就是说,精确地有 n_1 个个体拥有文化根 c_1 而非 c_2 的 N 个个体的群体的出现频率。

根据 n_1 进行的民族志曲线参数化,在对大小不一的群体进行比较时是不方便的。因此我们要寻求一个新的独立变量,以此把所有的民族志曲线统一标度为相同的间距。一个方便的标度变量是

$$\xi \triangleq \nu_2 - \nu_1 = 1 - 2n_1/N \quad (4-23)$$

此处,ν_1 与 ν_2 是群体中 c_1-使用者与 c_2-使用者的频率:

$$\nu_1 = n_1/N, \qquad \nu_2 = n_2/N = 1 - n_1/N. \qquad (4-24)$$

无论 N 的绝对大小如何,ξ 的范围为从+1 到-1,而 n_1 的范围为从 0 到 N(图4.13)。

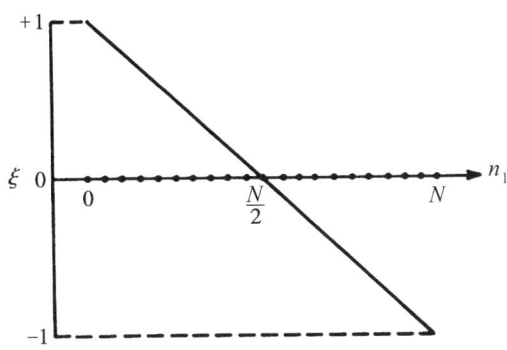

图 4.13 作为 c_1-使用者数目 n_1 的一个函数的序参数 ξ。

变量 ξ 测量了文化模式的一个重要方面。当 $n_1 = n_2$,ξ 为零,而当 $n_1 \sim n_2$,$|\xi| \ll 1$。因此,当两个文化根有着相似的频率时,ξ 为小。在这样的一些点上,种群在文化根选用上是高度无序的,大量 c_1 与 c_2 都很活跃。随着 $|\xi|$ 接近于 1,一个文化根占据统治地位,群体也就变得越来越有序。我们稍后会展示出,在特定条件下,存在着 ξ 的简单运动律,而群体的宏文化因此获得了覆盖律。

在狩猎者—采集者队伍规模的群体的情况下,如果给出转换率 $v_{12}(n_1, n_2)$ 与 $v_{21}(n_1, n_2)$ 的具体形式,民族志曲线就能从方程(4-22)中轻松计算出来。为 $v_{ij}(n_1, n_2)$ 选择模型是至关重要的一步,这一步之后,标准的方法就可以应用了。根据已知函数的方程(4-22)的简单、严格的解罕有出现,虽然在稍后对人类学实例历史的特别应用中我们将获得此类形式。由此,对于快速洞察民族志曲线对后成规则的依赖,严格的方程(4-21)与(4-22)是不太有效的工具。我们因此引入一个对方程(4-21)的近似,它对于大群体($N \to \infty$)会变得极为精确,在若干个百分点之内,对于小至 $N = 25$——换言之,接近狩猎者—采集者群体的平均规模——的群体的民族志分布的低阶矩,也经常是好的。注意到随着 $N \to \infty$,这个标度变量 ξ 的相邻值之间的分离度 $\Delta \xi$ 变小到接近于零,这个近似就能被调用。既然 $\Delta \xi$ 是 $\xi(n_1 \pm 1)$ 与 $\xi(n_1)$ 之差,如果我们想起方程

(4-23),$\Delta\xi$ 必须等于 N^{-1} 且因此有着受限制的行为

$$\lim_{N\to\infty}\Delta\xi = 0. \qquad (4-25)$$

所以 ξ 表现为一个连续变量。若给出了这一属性,常微分方程(4-21)的系统就可绘制成连贯的民族志曲线 $P(\xi,t)$ 的一个单一的偏微分方程。必要的步骤跟在标准的方法之后,见附录4.2。我们发现,用于民族志曲线的运动方程是正向扩散的,或者说是福克尔—普朗克型的:

$$\partial_t P(\xi,t) = -\frac{\partial}{\partial\xi}[X(\xi)P(\xi,t)] + \frac{1}{2}\frac{\partial^2}{\partial\xi^2}[Q(\xi)P(\xi,t)], \qquad (4-26)$$

此处

$$X(\xi) = (1-\xi)v_{12}(\xi) - (1+\xi)v_{21}(\xi),$$

$$Q(\xi) = \frac{2}{N}(1-\xi)v_{12}(\xi) + \frac{2}{N}(1+\xi)v_{21}(\xi), \qquad (4-27)$$

且
$$-1 < \xi < 1.$$

很容易得到对 $M > 2$ 的文化根的一般化描述(见附录4.3)。

短暂的衰减之后,我们这个模型的文化群体所适用的民族志曲线接近于一个稳定的状态,如附录4.4所示,它以如下形式出现

$$P(\xi) = \frac{C}{Q(\xi)}\exp\left[2\int_{-1}^{\xi}\frac{X(\xi')}{Q(\xi')}d\xi'\right], \qquad -1 < \xi < 1 \qquad (4-28)$$

此处 C 是可按需要决定的规范化常数

$$\int_{-1}^{+1} P(\xi)d\xi = 1. \qquad (4-29)$$

方程(4-28)是对离散-ξ 式民族志曲线(4-22)的连续-ξ 式模拟。

民族志曲线的结构

民族志曲线方程(4-28)有着有趣的特性,直接有助于对基因—文化转译的直观理解。在这一节以及随后的几节中,我们将阐明一个在我们看来对于把基因—文化理论应用到社会科学而言意义重大的特性。即将展现的是,民族志

曲线对于其成员后成规则中的微小变化也是敏感的。只有少量支持一个文化根的先天倾向性，或者一种由遗传或环境导向的、个体选择他人所造文化根的敏感度上的改变，才能在民族志曲线上造成巨大的变迁。这一原理对发展心理学以及人类学都有着潜在的重要含义。

数学论述以如下方式开始。在方程(4-28)中，$P(\xi)$可被看作$[Q(\xi)]^{-1}C$与$e^{2V(\xi)}$这两个因数的乘积，此处

$$V(\xi) \triangleq \int_{-1}^{\xi} \frac{X(\xi')}{Q(\xi')} d\xi'. \tag{4-30}$$

积分$V(\xi)$被赋值为从$\xi'=-1$到$\xi'=\xi$，因此它就是曲线$X(\xi')/Q(\xi')$下方的区域，左边被限定在$\xi'=-1$，右边被限定在$\xi'=\xi$（见图4.14）。$V(\xi)$受到这些**比率**而不是转换率$v_{ij}(\xi)$的绝对值的影响，因为

$$\frac{X(\xi')}{Q(\xi')} = \frac{N}{2}\left[\frac{(1-\xi') - (1+\xi')\mathscr{R}(\xi')}{(1-\xi') + (1+\xi')\mathscr{R}(\xi')}\right], \tag{4-31}$$

此处

$$\mathscr{R}(\xi') = v_{21}(\xi')/v_{12}(\xi'). \tag{4-32}$$

这一关系平行于经典种群遗传学中适合度的概念，其中相对的而不是绝对的适合度最终决定了特定等位基因的命运。$v_{ij}(\xi)$代表的是两个文化根c_1和c_2的适合度函数。

函数$Q(\xi)$是$y=1+\xi$与$y=1-\xi$这两条直线的$v_{ij}(\xi)$加权总和。文化模式与社会传染对个体认知的反馈，由转换率的ξ-依赖表达出来。在用来与更复杂的系统做比较的自然参考模型之中，每个v_{ij}都是常数，不依赖于ξ。这样，群体各成员的行为并不依赖于变化中的文化根选用模式，而$Q(\xi)$是一条依照v_{ij}的相对值、有着或正或零或负的斜率的直线：

$$Q(\xi) = \frac{2}{N}[(v_{12} + v_{21}) + (v_{21} - v_{12})\xi]. \tag{4-33}$$

此$Q(\xi)$在$(-1,1)$上是单调的，相应的$[Q(\xi)]^{-1}C$也不能在民族志曲线中得出

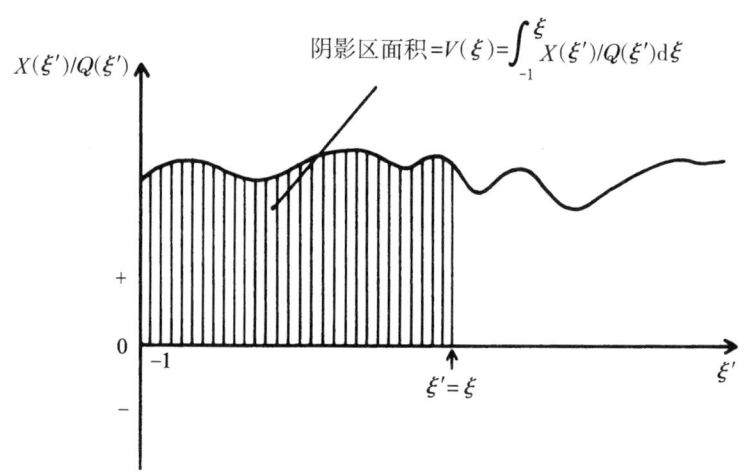

图 4.14 决断概率与物化效应的关键功能的积分,概括为 $X(\xi')$ 与 $Q(\xi')$。在这一实例中,被积分的面积全部位于 $X(\xi')/Q(\xi') = 0$ 的轴线上方,因此是正的,但它也可能在轴线下方而成为负的,或者它还可能在轴线上下来来回回。

内部最大或最小。它们的存在和位置必须由 $X(\xi)$ 来决定,并间接地受到通过 $e^{2V(\xi)}$ 起作用的 $v_{ij}(\xi)$ 的影响。

当一阶导数 $dv_{ij}(\xi)/d\xi$ 在 $(-1,1)$ 上一次或多次地改变符号时,$Q(\xi)$ 一般来说就不再单调了。然而,$e^{2V(\xi)}$ 根据群体的大小 N 发生指数变化,同时 $Q(\xi)$ 随着 N^{-1} 变化,结果就是,在许多实际相关的案例中,因数 $e^{2V(\xi)}$ 在覆盖大部分 $(-1,1)$ 的民族志曲线的行为中占据主导。这样,对指数 $V(\xi)$ 的研究就提供了关于民族志曲线定性结构的相当多的信息。实际上,对于表现良好的系统,有一个坐标图,当 $\xi \mapsto z$ 而 $Q(z) \triangleq 1$,民族志曲线就是一个纯粹的指数函数

$$P(z) = Ce^{V(z)} \qquad (4-34)$$

(Goel and Richter-Dyn, 1974:40)。

函数 $Q(\xi)$ 对于 $-1<\xi<1$ 通常是正的。另一方面,在相同的间距上,$X(\xi)$ 是由两个正的项 $(1-\xi)v_{12}(\xi)$ 与 $(1+\xi)v_{21}(\xi)$ 之差而不是之和得出的。因此对于适当的个体转换率,$X(\xi)$ 有可能改变符号一次或多次。如图 4.15 所示,这个效应会在 $e^{2V(\xi)}$ 中产生一个或多个峰值。这种复合模式的发生具有关键性的人

类学意义,指示出两种或更多种经常广为分化的独特的文化根选用模式对于相同的文化群体有着相对大的可能性。

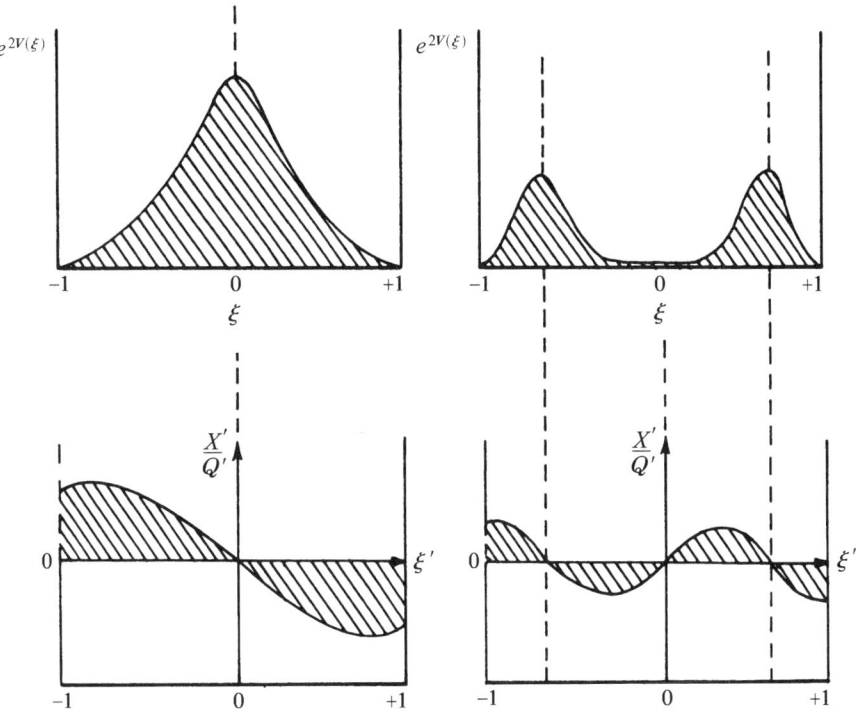

图 4.15　民族志曲线中形态的决定。民族志曲线因数 $e^{2V(\xi)}$ 中的模式数目及位置(上面的两幅图),由 $X(\xi')$ 的符号改变并因此由 $X(\xi')/Q(\xi')$ (下面的两幅图)来决定,因为在 $(-1,1)$ 的各处都有 $Q(\xi')>0$。

在函数 $e^{2V(\xi)}$ 中模式的数目,等于在 $(-1,1)$ 上的零的数目,在其间,$X(\xi')/Q(\xi')$ 随 ξ 朝着+1 前进而从+变为-;局部最小值的数目,等于零的数目,在 ξ 的相同变化期间 $X(\xi')/Q(\xi')$ 从-变为+。所有这些零,都出现在 $\xi_0 \in (-1,1)$ 的一些点上,在这些点上,函数

$$g(\xi) = (1-\xi)/(1+\xi) \text{ 与 } \mathscr{R}(\xi) = v_{21}(\xi)/v_{12}(\xi) \quad (4-35a)$$

相交:

$$g(\xi_0) = \mathscr{R}(\xi_0), \quad \xi_0 \in (-1,1). \quad (4-35b)$$

用来对方程(4-35)的关系式展开初始研究的自然参考模型,这次又是以

v_{ij} 为常数、不依赖于 ξ。一般来说,函数 $g(\xi)$ 在 $\xi = -1$ 处岔到了 $+\infty$,又在 $\xi = 1$ 处单调减少为零(图 4.16A)。对于常数 v_{ij},在 $(-1, 1)$ 上严格地存在着一个点 ξ_0,方程(4-35b)在其上被满足(图 4.16B)。对于常数 v_{ij},$X(\xi)$ 是一条有着负斜率、在点 ξ_0 上经过 $X = 0$ 的直线。所以与常数 v_{ij} 相关联的因数 $e^{2V(\xi)}$ 必定是单峰的,且它的模式被定位于 $\xi=\xi_0$。

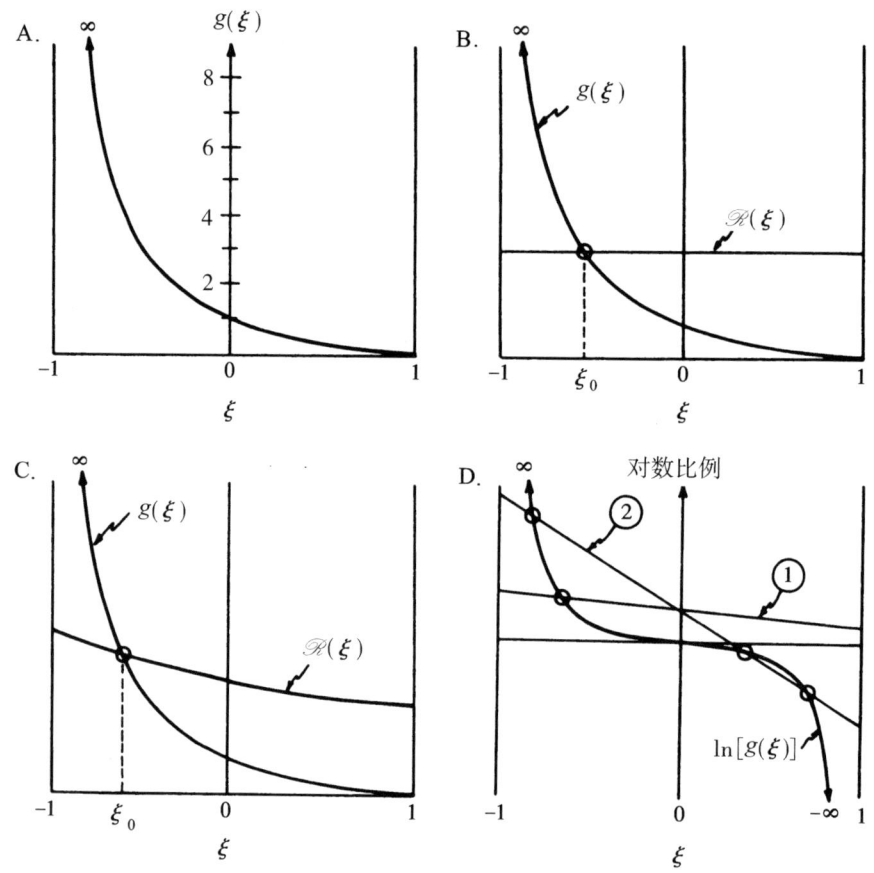

图 4.16 $e^{2V(\xi)}$ 模式的根轨迹图表。A,函数 $g(\xi) = (1-\xi)/(1+\xi)$ 的草图。B,转换率 $v_{ij} = $ 常数的模式的位置。C,v_{ij} 只是微弱地依赖于 ξ 的模式的位置。D,方程 (4-36) 与方程(4-37)的指数趋势—观察者模型中的模式分歧。对于 $a_1 \ll 1$,意味着后成规则对 ξ 仅有微弱的依赖,存在着一个对应于某一内部模式的根(线 1)。对于 a_1 很大的情况(线 2),存在着三个根与一个朝向双峰结构的 $e^{2V(\xi)}$ 分歧。

对于随 ξ 缓慢变化的 v_{ij},情况本质上没有改变,因为比率函数 $\mathscr{R}(\xi)$ 也是一个 ξ 的弱函数。这一类型的模型对于相对轻微地依赖社会模式的决断与学习过程是适合的。最终的因数 $e^{2V(\xi)}$ 将再一次成为单峰的(图 4.16C)。复合模式只有在 $\mathscr{R}(\xi)$ 充分变化、在 $(-1,1)$ 上与 $g(\xi)$ 相交不止一次时发生。从魏德利希(Weidlich)的一项研究(1972)中归纳的指数趋势—观察者模型,可提供一个便利的可视化范例

$$v_{12}(\xi) = a_2 e^{a_1\xi}, \quad v_{21}(\xi) = a_3 e^{-a_1\xi} \qquad (4-36)$$

此处,$a_j \geq 0, j = 1, 2, 3$。根据方程(4-35),

$$\mathscr{R}(\xi) = (a_3/a_2) e^{-2a_1\xi}. \qquad (4-37)$$

以一个自然对数比例绘图,$g(\xi)$ 是一个反对称函数,而这个 $\mathscr{R}(\xi)$ 是一条斜率为 $-2a_1$ 且截距为 $\ln(a_3/a_2)$ 的直线(见图 4.16D)。对于 a_1 的小值,$\mathscr{R}(\xi)$ 与 $g(\xi)$ 刚好有一个相交点;但随着 a_1 的增加,$\mathscr{R}(\xi)$ 的斜率变得越来越趋于负值,直到最后在三处 $\mathscr{R}(\xi)$ 与 $g(\xi)$ 相切。因数 $e^{2V(\xi)}$ 变成了双峰的。这是在图 4.15 中定性图解所示的模式分歧过程的一个特例。

在民族志分布 $P(\xi)$ 的空间中,这些包含着特定数量模式的分布集合形成了各具特色的自然族。随 $v_{ij}(\xi)$ 通过学习活动、文化变迁、自然选择而变化,$P(\xi)$ 既在一个集合的全部成员之间迁移,又在集合之间迁移。在我们的模型中,$v_{ij}(\xi)$ 包含可调整的参数 $a_1, \ldots, a_M$,描述着这些变化——例如方程(4-36)——这样就得到了 $v_{ij}(\xi) = v_{ij}(\xi | a_1, \ldots, a_M)$,并提供给只在 $a_1, \ldots, a_M$ 值上不同的函数 v_{ij} 的各个集合一个自然坐标系。唯一地指定 $\boldsymbol{a} = (a_1, \ldots, a_M)$,即可找出集合 $\{v_{ij}(\xi|\boldsymbol{a}) | \boldsymbol{a} \in \mathscr{S} \subset \boldsymbol{R}^M\}$ 的唯一成员。

在参数 $\boldsymbol{a}$ 中或在 $v_{ij}(\xi|\boldsymbol{a})$ 的解析形式中的微小改变,要么使 $P(\xi)$ 在单峰或多峰分布集合内局部变动,要么把民族志曲线由此集合移至另一集合。后一种变化是定性式的,我们称它们为民族志曲线的**转换阈值**。依赖于潜在的后成规则结构及对参数 $\boldsymbol{a}$ 的限制,一个文化群体可能有一个或多个转换阈值,若超出这些阈值,它的民族志分布就呈现出新的特质,一个双模式而不是单模式的范

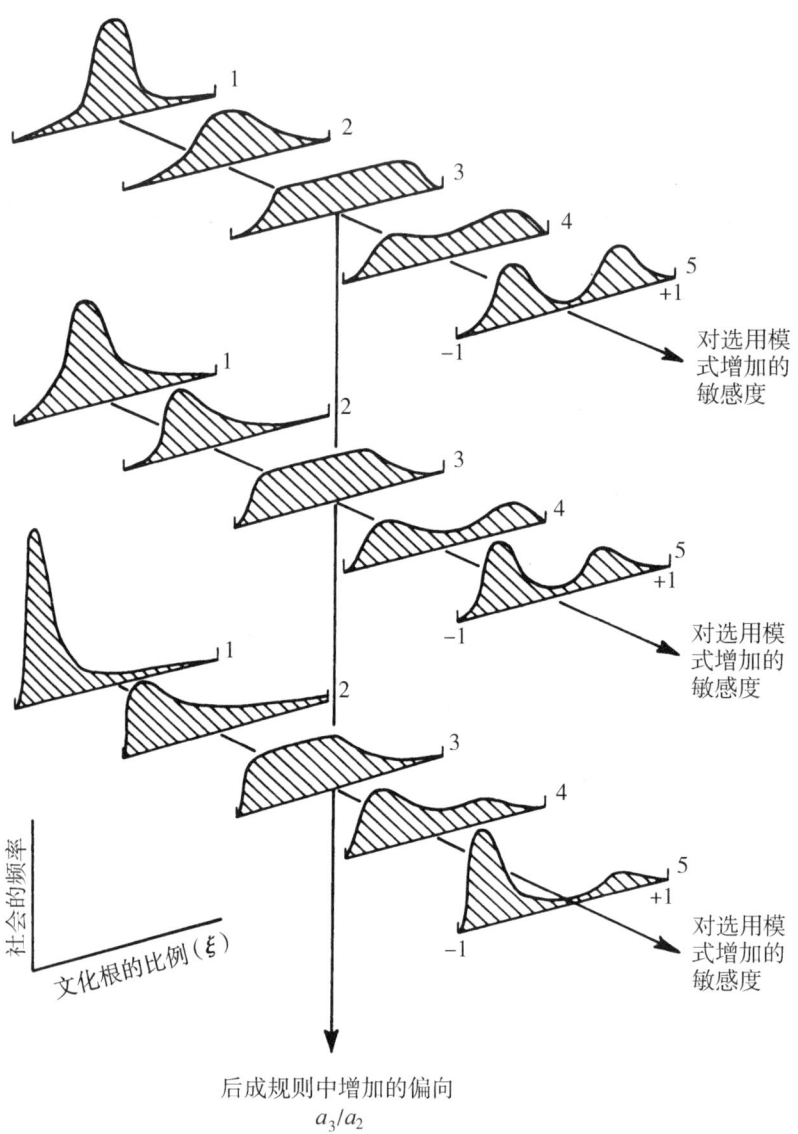

图 4.17 发生在指数趋势—观察者模型方程(4-36)中单峰与双峰的民族志分布集合之间的转换阈值。对于每个偏向比率 a_3/a_2,都存在一个转换阈值 a_1^*。对于 $a_1>a_1^*$,民族志曲线是双峰的;对于 $a_1<a_1^*$,它是单峰的。这些曲线以 $0<a_1<2$ 以及 $1 \leqslant a_3/a_2 \leqslant 5$ 时方程(4-22)的赋值为基础。(修改自 Lumsden and Wilson,1980a)

例。在此处大多数的相关案例中,与有着特定数量模式的分布相关的 a_m 值子集,都是形成其间边界的转换阈值 R 的连续子区间。图 4.17 提供了这种现象发生在指数趋势观察者种群中的一个例子。

关于基因—文化转译的两个一般结论,在一般转译方程(4-22)与(4-28)以及刚刚用来为(4-28)求值的图示模型基础上,可以被立即预见。第一个,即后成规则及其相关偏向曲线影响着民族志曲线的位置及高度,因为它们在 $Q(\xi)$ 与 $X(\xi')/Q(\xi')$ 曲线下方附近的移动区域中是有效的,并且决定了以 $X(\xi')/Q(\xi')$ 的值为标志的改变。第二个一般结论是,由于群体的大小、群体成员行为之间的耦合以及 $V(\xi)$ 的指数位置,放大有可能是强有力的。后成规则中的一次微小改变,反映在文化根选择 $v_{ij}(\xi)$ 的转换概率中,能造成民族志曲线中的一次巨大改变。接下来的章节将对这一放大的程度进行量化分析。

人类同化函数

下一步将要更为明确地评估后成规则、对决策的社会影响以及民族志分布之间的关系。在这一节中,我们引入了同化函数,它指明了已经由社会其他成员做出的决定对个人文化根选择施加的影响。大范围可能形式的函数将被考虑在内,对于在先前章节中最初被推导出来的、民族志分布改变先天倾向及社会反应的大敏感度,也将给出严格的形式。我们将推导出一个放大律,以此在民族志分布的敏感度与个体选择行为中先天倾向的幅度之间提出一种简单的关系。我们也将评论行为发育的实例,以此允许评估人类基因—文化进程中的先天倾向,并做出最初的预测。

为发展出更明晰的模型,我们找寻的关系实际上就是基因—文化的转译过程 T,它把后成规则与认知发育的程序绘制成文化模式。如图 4.18A 所示,转译过程可以方便地呈现为几何形式。基因—文化理论的目标之一就是要估计,通过转译起作用的后成规则的变化在何种幅度上影响了民族志分布(图 4.18B)。

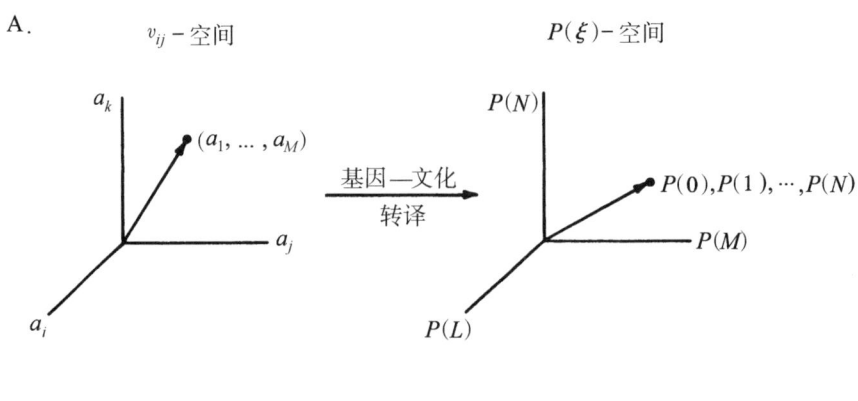

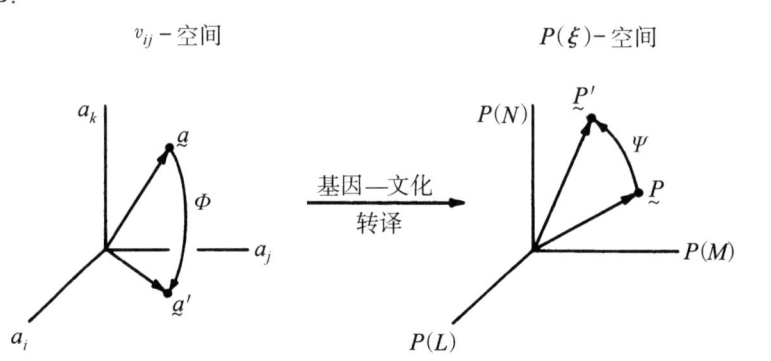

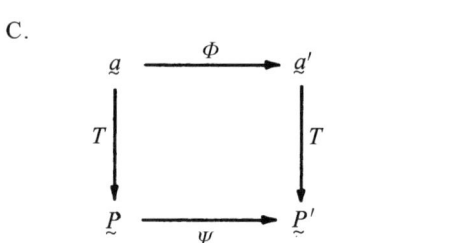

图 4.18 基因—文化转译过程。转译方程(4-22)与(4-28)把后成规则 v_{ij} 绘制到民族志分布 $P(\xi)$ 中。由此,在可想象的 $v_{ij}(\xi|a)$ 规则的空间与民族志分布 $P(\xi)$ 的空间之间,存在着一个自然的关联。A:转译过程对于 $v_{ij}(\xi|a)$ 只在参数值 $a = (a_1, \ldots , a_M)$ 中显示出区别。多维空间 $\boldsymbol{R}^M$——此处显示其三维横断面——中的每一个点 a,标志出一个独一无二的后成规则。相似地,转译方程(4-22)产生了民族志概率 $P(0), P(1), \ldots , P(N)$,它们形成了空间 $\boldsymbol{R}^{N+1}$ 中向量 $\boldsymbol{P} = (P(0), P(1), \ldots , P(N))$ 的自然分量。B:当一个事件——以符号 Φ 表示——把后成规则从 a 变到 a',民族志分布就从 $\boldsymbol{P}$ 变到 $\boldsymbol{P}'$。由此,改变 $\Phi: a \mapsto a'$ 引起了一个改变 $\Psi: \boldsymbol{P} \mapsto \boldsymbol{P}'$。一个关键问题是,当 a 被改变,$\boldsymbol{P}$ 将移动多远。C:图 Φ、Ψ 和 T 形成一个交换系统,此处 T 是由方程(4-22)与(4-28)实现的基因—文化转译运算符。

出于方便,关系 $v_{ij}(\xi)$ 将被称为**同化函数**;它带来了一条同化曲线,针对 ξ 绘制的 v_{ij}。很少有能直接用来描述真实的同化函数特征的数据存在。所以,发展出产生活跃同化函数的信息处理阶段的简要模型,并用它来探索后成规则回应文化根选用模式的大范围的可能形式,是会有益处的。此模型与人类决断及选择的心理学原理(Newell and Simon,1972;Lindzey et al.,1975)相符合,涉及从对文化根选用模式的个体分析中提取出来的信息,如何被用以修正或升级那些可能会被采纳的同化倾向。反映了原生倾向及被升级的同化函数特征的数值,是被后成规则所塑造的。此图式在图 4.19A 中勾勒出来,而它的数学模型见图 4.19B。选用分析阶段赋值了升级函数 $g_{ij}(\xi|\boldsymbol{a})$ 与 $h_i(\xi|\boldsymbol{a})$,连同参数 $\boldsymbol{a}=(a_1,\ldots,a_M)$ 的具体值,这样一来,"原生的"或"先天的"倾向 u_{ij}^0 的修正及激活版本 u_{ij} 就是

$$u_{ij}(\xi|\boldsymbol{a}) = u_{ij}^0 g_{ij}(\xi|\boldsymbol{a}). \tag{4-38a}$$

给出 $i \neq j$,转换率为(回想方程 4-5)

$$v_{ij}(\xi|\boldsymbol{a}) = r_i(\xi|\boldsymbol{a})u_{ij}(\xi|\boldsymbol{a}) = [r_i^0 h_i(\xi|\boldsymbol{a})][u_{ij}^0 g_{ij}(\xi|\boldsymbol{a})]$$
$$\triangleq r_i^0 u_{ij}^0 f_{ij}(\xi|\boldsymbol{a}) \triangleq v_{ij}^0 f_{ij}(\xi|\boldsymbol{a}). \tag{4-38b}$$

我们已经考虑过的同化函数(4-38b)的类别在图 4.20 中显示出来。最初级的常数函数(v_{ij} 对 ξ 不敏感)与阶梯函数,如果与高选择性结合起来,将导致相对统一的、容易预测的物种专有特征。它们最有可能发生在婴儿早期,此时最强硬的后成规则把行为引向特定有限的、本质上不可避免的选择。在第 2 章和第 3 章中,我们在颜色感知的词汇表、音素形成以及母婴纽带的若干方面举出了可能的文献例证。这样的 ξ-非敏感规则,也有可能在生命史任何阶段的低进化透明度环境下指导行为。稍后我们将直接把常数函数应用到兄弟—姐妹乱伦的民族志案例中。单调的"趋势—观察"案例也非常易于发生。此一般形式的曲线的存在,是以西方工业社会中群内文化扩散的经验数据为基础推测而来的(Haggett,1972;Hamblin et al.,1979)。

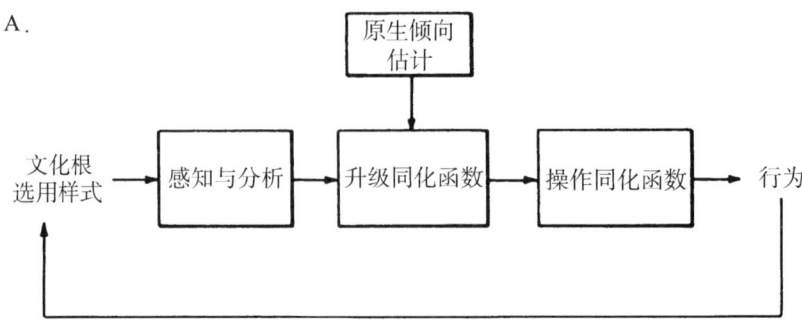

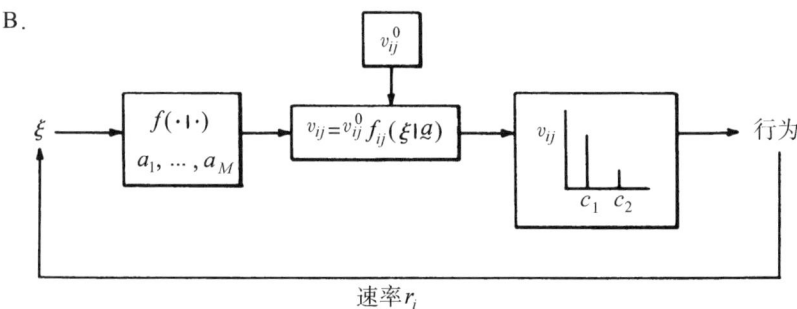

图 4.19　导致活跃的决策函数的认知信息处理主要阶段的简要情况。

在小群体的水平上,阿施(Asch)的实验(1951)显示:如果一致的多数派占据与明显事实相矛盾的非常规位置,更愿意追随而不是成为一个少数派的人的百分比会随群体大小的增加而上升。在阿施的安排下,当多数派群体的人数达到 5 左右的时候,从众行为稳定在 30%—40% 的水平上。米尔格朗(Milgram)与助手们(1969)在一项关于人群吸引力的实验中得到了类似的结论。数群合作实验者三三两两地在纽约一条拥挤的街道上相遇,按照信号向上看一座附近的高楼,随后记录下也会跟着向上看的路人的数目。这种传染现象遵循一种模式,这种模式符合图 4.20 中两条趋势—观察者曲线中的一条:当合作实验者中有一个人抬头观看,不明真相的人群中就会有 4% 的人跟着抬头看,5 个人抬头则会引起 16% 的从众率,10 个人是 22%,15 个人是 40%。

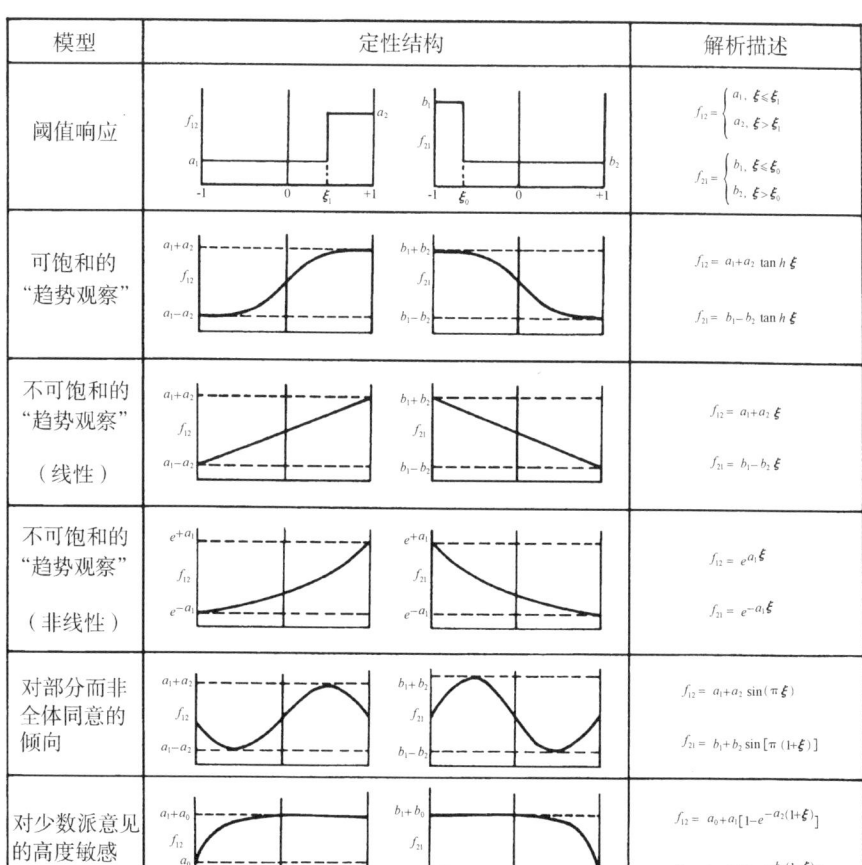

图4.20 同化函数,或个体转换率 v_{ij} 对社会其他成员的选用模式的依赖。(修改自 Lumsden and Wilson, 1980a)

基因—文化转译模型揭示出,民族志分布对于同化函数的改变是敏感的;图4.18发展出来的几何图像中,即使是在后成根则空间中的微小位移 Φ,也会在民族志分布空间中产生巨大的位移 Ψ。在先前关于结构 $P(\xi)$ 中的定性改变的章节中,我们提供了相关的文献,论及这些改变伴随着 $v_{ij}(\xi)$ 对选用模式敏感度的微小变化,并带着民族志分布跨越转换阈值。进一步的重要问题涉及

$P(\xi)$ 对影响原生倾向 u_{ij}^0 与 v_{ij}^0 幅度的社会成员的基因构成变化的一般敏感度。因为这一类的进化步伐被期望为小，它们是在基因—文化转译过程中被放大，还是被升级过程的文化依赖淘汰掉？

答案是：它们被放大，并且对民族志分布有着戏剧性的影响。为了清晰阐述这一关系，我们利用严格的转译方程(4-22)的结构，并考虑在图 4.21 中显示的四路比对。$P^{(0)}[\xi(n_1)]$ 与 $P^{(1)}[\xi(n_1)]$ 是两条民族志曲线；以 $P^{(1)}$ 为特点的文化群体的成员有着先天的倾向 v_{ij}^0，而位于分布 $P^{(0)}$ 之下的个体则有着先天的倾向 v_{ij}^{0*}。两个种群都是稳定状态的，大小为 N，与升级函数 $f_{ij}(\xi|a)$ 有着相同的容量。换句话说，这两个文化群体的成员只在他们先天倾向的值上有所不同。

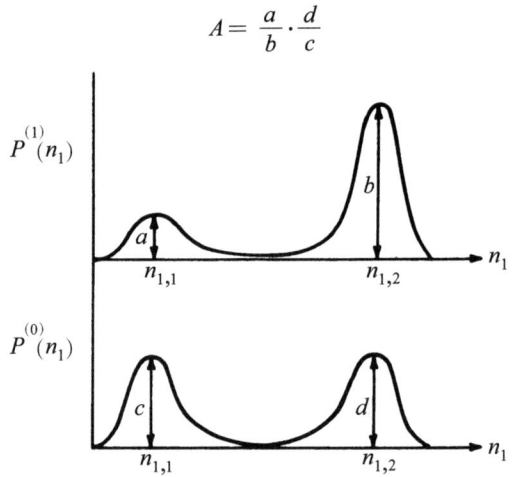

图 4.21 先天后成倾向的放大因数 A 的定义。注意：$n_{1,1}$ 与 $n_{1,2}$ 的值是可变的，且只出于清晰的目的而被随意置于民族志曲线的模式之下。此外，A 的定义可被应用到随意形状的民族志曲线。

定义放大因数 A 为在两个不同的 n_1 值（比如说 $n_{1,1}$ 与 $n_{1,2}$）上的

$P^{(0)}[\xi(n_1)]$ 与 $P^{(1)}[\xi(n_1)]$ 的相对幅度比率:*

$$A \triangleq \frac{P^{(1)}(n_{1,1})/P^{(1)}(n_{1,2})}{P^{(0)}(n_{1,1})/P^{(0)}(n_{1,2})}. \quad (4-39)$$

如此 A 即是对 $P^{(0)}$ 与 $P^{(1)}$ 结构差异的相对测量。如图 4.21 所示,我们两点比对式的选择使这一测量表达出两种分布的整体结构差异。并且 A 似乎还是相对于由 v_{ij}^0 值变化导出的预选参考曲线变化的有用的量词。通过运用认知模型(4-38)以及民族志分布的精确表达式(4-22)对方程(4-39)求值,得出

$$A = \left[\frac{v_{21}^0}{v_{12}^0} \frac{v_{12}^{0*}}{v_{21}^{0*}}\right]^{n_{1,1}-n_{2,1}} \quad (4-40)$$

一族自然参考曲线就是一个与 $v_{12}^{0*} = v_{21}^{0*}$ 相关联的集合,可称为先天无倾向的生物体文化。而当 v_{12}^{0*}/v_{21}^{0*} 等于 1,放大方程简化为

$$A = (v_{21}^0/v_{12}^0)^{n_{1,1}-n_{1,2}}$$
$$= (r_2^0/r_1^0)^{n_{1,1}-n_{1,2}} (u_{21}^0/u_{12}^0)^{n_{1,1}-n_{1,2}}. \quad (4-41)$$

设 δ 表示差值 $n_{1,1}-n_{1,2}$,$\mathscr{R}_0$ 表示先天偏向的比率 v_{21}^0/v_{12}^0——回想方程(4-32);这样**放大律**(4-41)就简明表达为:

$$A = (\mathscr{R}_0)^\delta. \quad (4-42)$$

当重入率 r_1^0 和 r_2^0 的值相等时,$\mathscr{R}_0$ 由先天决断可能性 u_{21}^0 与 u_{12}^0 的比率给出。对整体相对差异的净测量由以下方程给出

$$A_{\text{net}} = \sum_{n_{1,1}, n_{1,2}} A. \quad (4-43)$$

至少远至更新世晚期以来,基因—文化的协同进化与转译已经在由 15—75 个个体组成的狩猎者—采集者队伍中发生了(Wobst,1974;Hage,1976;Buys and Larson,1979)。于是,在(4-42)中显示的求幂过程就使得相对于 v_{ij}^{0*} 的 v_{ij}^0 中即使轻微的差异也被大大地放大,从而对民族志曲线产生巨大的影响。

---

* 在这里我们使用适合于离散分布(4-22)的整数变量,并回想 $\xi = \xi(n_1) = 1 - 2n_1/N$,此处 n_1 是 c_1-使用者的数量。

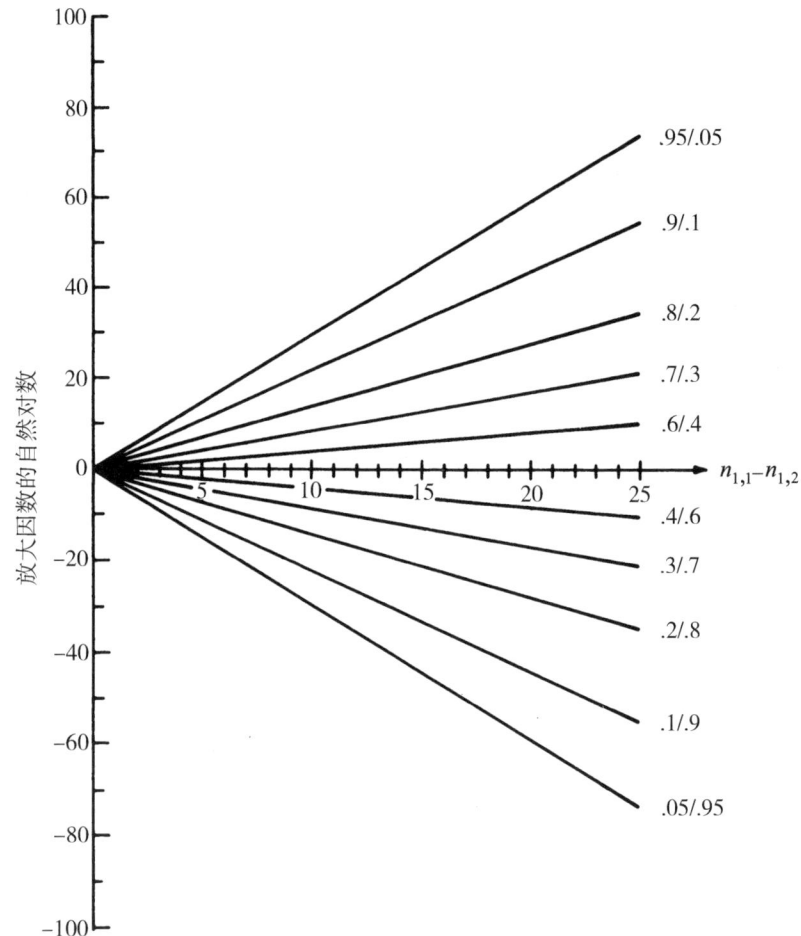

图 4.22 大范围倾向比率 v_{21}^0/v_{12}^0 的放大因数 A。等倾线表示决断比率 u_{21}^0/u_{12}^0，假定 $r_1^0 = r_2^0$。注意纵坐标刻度是自然对数。若要得到范围 $-1, -2, \ldots, -25$ 中 $n_{1,1}-n_{1,2}$ 相应的 A，可将当前的图绕着横坐标轴做镜像。等倾线从一组 25 个个体中计算出来。

图 4.22 中显示了一组 25 个个体的 A 的等倾线。对于更大的群体，此效应将会指数式地增大。

在方程 (4-40) 到 (4-42) 中表达出来的放大律，涵盖所有同化函数由一般模型 (4-38) 近似得到的生物体，在这个意义上它是普遍性的。可观察到的

结果,对与一相去甚远的 A 值来说,将围绕着参考分布 $P^{(0)}$ 的结构发生转移。当相互比较的点 $n_{1,1}$ 与 $n_{1,2}$ 被分开很远并产生出 $|n_{1,1}-n_{1,2}|$ 的大值,因数 A 会最为强烈地偏离 1。这将把 $n_{1,1}$ 与 $n_{1,2}$ 的其中之一或全体置于狩猎者—采集者规模群体的民族志分布侧翼之中。这种情形的一个例子可见于图 4.23。该群体是由 $r_1^0 = r_2^0$ 的指数趋势观察者组成的。图的左面展现了 $v_{12}^{0*} = v_{21}^{0*}$ 的参考态 $P^{(0)}[\xi(n_1)]$,右面则是 $P^{(1)}[\xi(n_1)]$。在转换阈值以下,对于 $|\xi|>0$,民族志曲线快速地下降,而 v_{ij}^0 中的一个小变化的结果本质上是不易注意到的(上面)。然而,超出了转换阈值,$P^{(0)}[\xi(n_1)]$ 对于 $\xi=0$ 的任意一边都有着实质性的大数量。在 $A=1.5$ 的每个 v_{ij}^0 中仅仅 1% 的变化,其效果就足以在 $P^{(1)}[\xi(n_1)]$ 的结构中引发宏观的迁移(中部和下面)。

放大因数 A 服从简明而直观的定律(4-42),它是一个基于比例而不是绝对差异的**相对**测量。当 $P(\xi)$ 中的**绝对**变化很大时,巨大的测量值可提供有关基因—文化放大之重要意义的附加信息。我们可以开始直接地量化后一类型的变化,并通过以度量或距离函数装备后成规则与民族志分布空间(图 4.18)的办法,将校正函数 $f_{ij}(\xi|a)$ 中的扰动包括进来。这些空间的每一个都可被 $\mathbf{R}^K$ 的自然几何学装备起来,此处,在后成空间中 $K=M$,在民族志空间中 $K=N+1$。设 $\mathbf{x}_1$ 和 $\mathbf{x}_2$ 为 $\mathbf{R}^K$ 中的两个点;我们就可以说,$\mathbf{x}_1$ 与 $\mathbf{x}_2$ 之间的距离是

$$d(\mathbf{x}_1, \mathbf{x}_2) \triangleq \langle \mathbf{x}_1 - \mathbf{x}_2 | \mathbf{x}_1 - \mathbf{x}_2 \rangle^{1/2}, \quad (4-44)$$

此处 $\langle \cdot | \cdot \rangle$ 是通常的内积

$$\langle \mathbf{x} | \mathbf{y} \rangle \triangleq \sum_{k=1}^{K} x_k y_k. \quad (4-45)$$

在方程(4-44)中提供的标准定义,只是把在二、三维中常见的欧氏距离的观念,一般化为任意但限定维度的真正的向量空间。当后成规则在一段距离中迁移

$$d(\mathbf{a}, \mathbf{a}') = \langle \mathbf{a} - \mathbf{a}' | \mathbf{a} - \mathbf{a}' \rangle^{1/2} = \left[\sum_m (a_m - a_m')^2 \right]^{1/2}, \quad (4-46a)$$

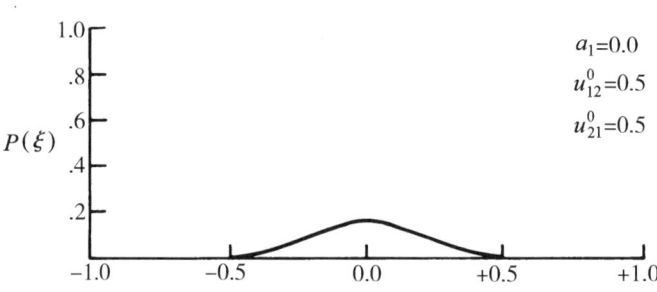

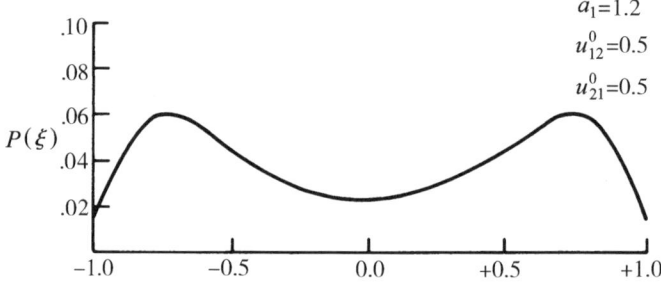

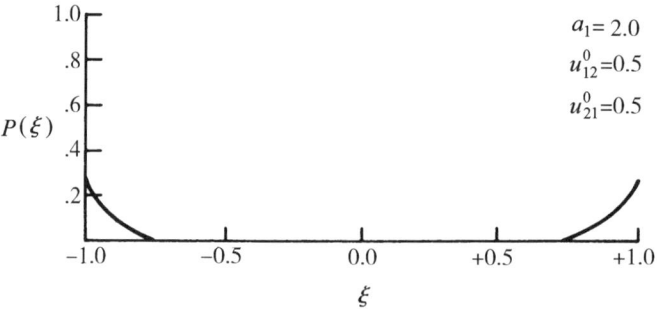

图 4.23 后成规则对社会模式的放大效应。这一系列的民族志曲线以指数趋势观察者实例为基础,此处,文化根改变的概率分别是 $v_{12} = r_1^0 u_{12}^0 e^{a_1 \xi}$ 与 $v_{21} = r_2^0 u_{21}^0 e^{-a_1 \xi}$,且 $r_1^0 = r_2^0 = 1$。在转换阈值 a_1^* 以上,$e^{2V(\xi)}$ 发生分岔,且当 u_{12}^0 与 u_{21}^0 的关系为 $|u_{21}^0/u_{12}^0|$ 在同一个量级上的时候,$P(\xi)$ 对于阈值 $a_1^* \sim 1.0$ 有两个清晰可辨的模式。左面:$P(\xi)$ 系列展示出在零固有倾向 ϕ 上,亦即在 $\phi \triangleq u_{12}^0 - u_{21}^0 = 0$ 且 $\mathscr{R}_0 = 1$ 的实例中,增加的敏感度对社会氛围(他人

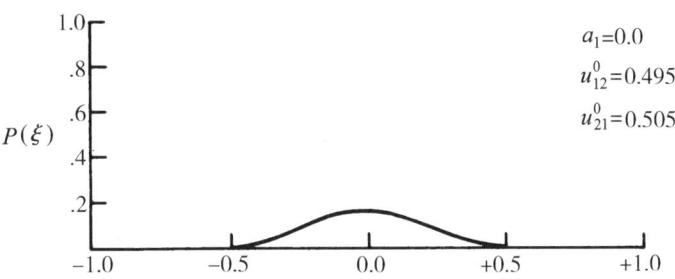

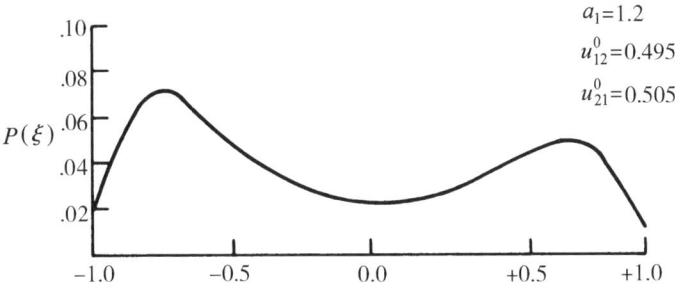

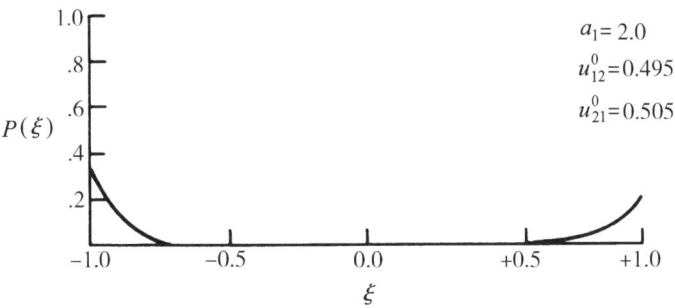

的文化根选择)的影响。$P(\xi)$ 曲线在 $\xi=0$ 附近保持对称。右面：$P(\xi)$ 系列展示出既在转换点之下又在转换点之上的极小的 ϕ (=-0.01) 与 $\mathscr{R}_0 = 1.02$ 的定性的影响。民族志曲线从一组 25 个个体的实例中以方程 (4-22) 计算出来。（修改自 Lumsden and Wilson, 1980a)

民族志分布移动一段距离

$$d(\boldsymbol{P},\boldsymbol{P'}) = \langle \boldsymbol{P} - \boldsymbol{P'} \mid \boldsymbol{P} - \boldsymbol{P'} \rangle^{1/2}$$
$$= \left[\sum_{n_1} (P(n_1) - P'(n_1))^2 \right]^{1/2}. \quad (4-46\text{b})$$

有着连续 ξ 的民族志曲线 $P(\xi)$ 的对应量为

$$d(\boldsymbol{P},\boldsymbol{P'}) = \left[\int_{-1}^{1} [P(\xi) - P'(\xi)]^2 d\xi \right]^{1/2}. \quad (4-46\text{c})$$

与 A 不同, $d(\boldsymbol{P},\boldsymbol{P'})$ 并不天然地适合于 $P[\xi(n_1)]$ 的结构, 简明的分析结果也是得不到的。然而, 距离函数在数值上较易被评估, 所以当其由 $\boldsymbol{a}$ 指定的后成规则按给定量迁移的时候, 就有可能绘制出由民族志曲线所移动的欧氏距离。有着很多参数 $a_1, \ldots, a_M, M \gg 1$ 的规则需要一个高维的后成空间, 并产生出繁重的绘图问题。在这里, 我们将引用有两个或至多三个参数的例子。所得结果见图 4.24。对于一个 25 人规模的狩猎者—采集者群体, 民族志分布的空间是 26 维的。

大体上, 方程(4-46b)的值似乎比放大因数 A 的值更为适度。这是可以预期的, 既然 $d(\boldsymbol{P},\boldsymbol{P'})$ 是由 $P(n_1)$ 与 $P'(n_1)$ 这两个量之间必然限定在 0 与 1 之间的算术差组成的。相比之下, 放大因数 A 可以是任意大或任意小的, 取决于先天倾向的比率 $\mathscr{R}_0$。通过强调我们称之为 $P^*(n_1)$ 与 $P^{**}(n_1)$ 的、想象中民族志曲线两个最极端形式之间的距离只能是

$$d(\boldsymbol{P^*},\boldsymbol{P^{**}}) = \sqrt{2} \sim 1.414 \quad (4-47)$$

此处

$$P^*(n_1) = \begin{cases} 1, n_1 = 0 \\ 0, n_1 = 1, 2, \ldots, N \end{cases} \quad (4-48\text{a})$$

以及

$$P^{**}(n_1) = \begin{cases} 0, n_1 = 0, \ldots, N-1 \\ 1, n_1 = N \end{cases} \quad (4-48\text{b})$$

(图 4.25A), 图 4.24 中记录的距离迁移就被正确地确定下来。可实现的曲线

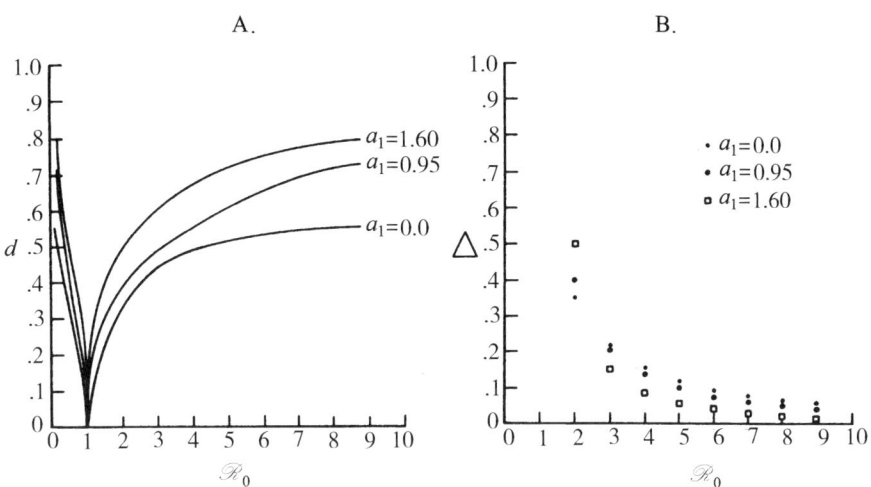

图 4.24 包含民族志分布(方程 4-22)的空间中的欧氏距离。计算显示的是 $v_{ij} = u_{ij}^0 e^{\pm a_1 \xi}$ 的指数趋势观察者。注意:值 $a_1 = 0$ 对应于不依赖 ξ 的后成规则 v_{ij} =常数。A 显示了民族志分布的距离 d,分别由来自 $\mathcal{R}_0 = 1.0$ 的参考分布(白板态)的具体值 $\mathcal{R}_0 = u_{21}^0/u_{12}^0$ 来决定。替换的绝对比率 $|\partial d/\partial \mathcal{R}|$ 最初是非常高的,但随着分布接近单位单形的顶点而逐渐变窄(也可见图 4.25)。B 显示了在有代表性的轨道 $u_{12}^0 = 0.1$,$u_{21}^0 = 0.1(1+k)$,$k = 1, \ldots, 9$ 之上的相邻分布之间的距离。因此 Δ 就是 $u_{21}^0 = 0.1(1+k)$ 以及 $u_{21}^0 = 0.1k$ 的分布之间的距离。图 4.20 中的其他模型都有类似的结果。

集合,在其空间 $\boldsymbol{R}^{N+1}$ 里形成了一个相当紧凑的群簇,占据着单位单形的倾斜面(图 4.25B)。因此,伴随着 $v_{ij}(\xi|a)$ 中微小的绝对改变的、0.05 以及更大的距离,覆盖了 $\boldsymbol{R}^{N+1}$ 中可得到 $\boldsymbol{P}$ 的可观数量的"领土"。这些结果再一次证实了民族志分布对后成规则结构的敏感性。

虽然由放大与距离因数得到的值是显著的,方程(4-42)与(4-46)提供的估算却有可能是保守的。在真正的认知系统中,后成规则的网络被期望为更经常地是网状的(回想图 4.1),而不是此处理想化了的单价体。在任何一个 v_{ij}^0 中的变化,都会随之影响不止一个,而是很多个不同的后成子系统的运行。此外,由调节得符合选择优势的增强处理器所指导的学习与长期语义学记忆(见第 3 章),将在时间中放大原生倾向 v_{ij}^0 本身,随着基因

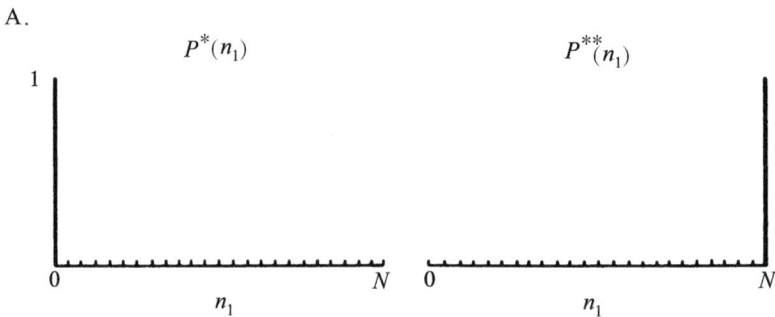

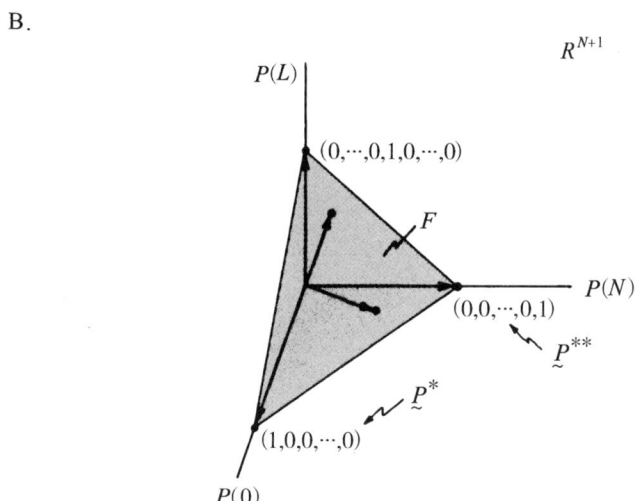

图 4.25　A：想象中两个极端的民族志分布。在 $P^*(n_1)$ 下方，所有文化都是有着单位概率的 100% 的 c_2-使用者。它的对面则是 $P^{**}(n_1)$ 的情况。B：因为 $\sum_{n_1} P(n_1) \triangleq 1$，$R^{N+1}$ 中的民族志分布向量 P 被限制到一个顶点在原点上并有单位边长的四面体的倾斜面 F 上。这个形体，就是 R^{N+1} 中的单位单形。分布 $P^*(n_1)$ 与 $P^{**}(n_1)$ 在这个单形的顶点处对应于点 P^* 与 P^{**}。

项圈的牵拉向上转译到文化水平，导致越来越大的放大以及民族志曲线中的重大变化。对基因—文化转译中这些更复杂的效应的严格理论研究，眼下仍然是一个开放性的问题。

总的来说，在作用于个体行为期间的后成规则之中，有着几乎观察不到的

少量选择性，可能会强有力地改变社会模式。甚至当同化函数对社会模式相对不敏感，$v_{ij}(\xi)$ 中微小的差异仍然对民族志曲线有着实质性的定性影响。插图中描绘的许多差异在全面的民族志研究中都大到一目了然。它们展示出强有力但至今远未被领会的关联，我们相信其存在于已成为实验心理学家主要关注点的行为模式与传统上由人类学家、社会学家、经济学家所研究的社会模式之间。

人类后成规则是否具体到足以创造出对于文化模式如此显著的限制呢？答案是：它们经常是的；在某些案例中，它们超出了刚刚展示的边际水平达一或两个数量级。在表4.1中，我们归纳了我们所知的案例，其中相对同化概率的近似值能够从实验数据中估计出来。这些范例被主要限制在初始的文化适应中，但有理由认为，先天的倾向可能一直维系到文化根之间的后期转换。这一倾向的持续，在糖偏爱、颜色分类、抱婴儿等案例中实际上是十分明显的。

这一类的发育研究还相对较少，相关反应还没有在参考其依赖其余社会成员行为的条件下展开研究。不管怎样，被引述的例子在这一点上不可能是很灵活的，因为它们要么在本质上是初级的，涉及相对基础的感觉辨别，要么发生在社会不变性的情形之中，比如母亲与婴儿之间的早期身体接触。事实上，或许可证明已经查明的那些值就是实际存在的最高值之一，因为极端灵活并有所选择的规则正是那些最有可能抓住实验心理学家注意力的。然而按照图4.21到图4.24的预测，小得多的选择规则仍然能创造出强大的疏导效应。出于这个理由，我们期望转译模型基本的定性结果可被证明是坚挺的。

因为实际上没有心理学或动物行为学研究是在基因—文化转译的观念下进行的，似乎同化函数的相关数据很少会超出表4.1中所列的数据。类似地，几乎也得不到能够被直接关联到同化数据的民族志曲线。然而，特定类别的行为还是为人所熟知，并且似乎足以用来激励进一步的分析。我们选择了三个诸如此类的例子来阐明基因—文化结构中大量潜在的多样性。首先是兄

表 4.1 对幼儿先天倾向的估计。受到偏爱的文化根任意定为 c_1，选用此文化根而不选 c_2 的估计概率由 u_{21} 来表示。（修改自 Lumsden and Wilson, 1980a）

可替代的反应	第一次有反应的年龄	u_{21}/u_{12}	后期社会效应	来源
偏爱糖（蔗糖、果糖、葡萄糖、乳糖）	初生	0.6/0.4 到 0.8/0.2，依照糖类而定，且在 0.2—0.3M 之间	糖偏爱少延续至儿童早期并影响成年烹任	Maller and Desor (1974), Chiva (1979)
连续或其他离散分类之外的离散四色分类	4 个月	在色觉完好的人群中接近 1.0/0	跨文化的语言学颜色分类可从一对一到三对一分成四个类别	Ratliff (1976), Bornstein (1979), Wattenwyl and Zollinger (1979)
偏爱相似图案之中的人脸示意模式	初生	≥ 0.5/0.49 到 ≥ 0.6/0.4，依照设计而定	长期注意脸，尤其是眼睛；父母与子女纽带的助长，也许还有人际间纽带的形成	Freedman (1974)
偏爱视觉设计中的中等复杂度：图中大约有 10 个转弯，相对于 5 或 20 个弯	初生	≥0.55/0.45	延续为入学路孩子中相应程度的偏好；成人也偏爱大约有 20%冗余的中等复杂度	Hershenson et al. (1965), Young (1978)
害怕回应陌生人	8 个月	>0.75/0.25	可能导致了早期的群体区分以及孩子与成人对陌生人与群外人的敌意	Hess (1973), Argyle and Cook (1976), Eibl-Eibesfeldt (1979)
抱婴儿：女人把婴儿抱在左边；男人随机地抱在左边或右边	成人；可能可追溯回青春前期拿东西的行为性别差异	0.6/0.4 到 0.7/0.3，依照婴儿年龄而定	靠心跳使婴儿得到安抚，可能助长母婴纽带	Salk (1973), Lockard et al. (1979)

弟—姐妹乱伦回避,这是一个强"生物学"案例,拥有巨大但隐蔽的适应价值(纯合性减少),并为相对简单但强大的后成规则所支撑。接下来,雅诺马马人村庄的分裂模式被视为一种复杂的社会现象,它看起来仍然起源于相对简单并可以量化的后成规则。对于探索社会模式的生态学基础的人类学家们来说,这一现象是典型的可引起重大关注的类别。最后,女性的服饰变化是一个终极"文化"现象,初看起来超出了生物学规则的触及范围。我们将证明,事实上,如果向基因—文化理论求援,可用一种新奇的方式对之进行分析。

兄弟—姐妹乱伦回避

为了寻求对于基因—文化转译过程的实证,我们以兄弟与姐妹之间近乎普遍存在的对通婚及完全性关系的回避这一案例来作为开始。后成规则看似很好地建立了起来:在生命最初的 6 年里亲密地生活在一起而保持居家接触的人们之间,发展出了一种深深的性抑制。证据显示,此过程有着相对简单的形式,并且特别适合用来分析。尤其是,此后成规则强有力地影响着个体发育,但对社会其他成员所做的选择,它却并无反应,或至多只有微弱的反应。在这一节中,我们用一条平滑的同化曲线构造一个模型,以二项式密度函数的形式生成一个民族志分布(方程 4 – 49)。随后,我们采用此民族志曲线在大型社会中的一个普通的分布近似。虽然社会科学家们累积的数据还很少,不足以画出实际的民族志曲线,但所得的信息已表明,其平均值会接近模型的预测。此原理还有另一个说明:即使是硬性的后成规则,也不仅能引起放大效应,还能引起实质性的文化多样性,此多样性仍然整个地符合特别的概率分布(民族志曲线)。

很多人类社会容忍甚至鼓励第一级堂表亲之间通婚,但却几乎都禁止同胞及半同胞之间通婚。极少数的一些社会,包括印加、夏威夷、古埃及、布干达以及布尼奥罗,其皇族或其他高地位群体会使兄弟—姐妹之间的通婚制度化。禁忌只在仪式与神话辩解中才被取消。更进一步,范登贝格与梅舍(1980)注意到乱伦的男性是一夫多妻的,这意味着他们仍然能与族外人婚配并使得较高的个人遗传适合度成为可能。由于人类一般倾向于与相同阶层或更高阶层的人联姻,尤其是在这样的父系社会中,阶层较高的女性不太可能下嫁,因此就更易于与她们的兄弟婚配。

同胞乱伦回避是由一种强大的后成规则产生的,生命最初6年中的亲密家庭关系以熟悉感中和掉了性的吸引力(见第3章)。该规则已为以色列及中国台湾的相关研究所证明,这些研究与大量主要只引用为奇闻逸事的跨文化记述是有区别的,而且它们也可作为独立的信息应用于评价基因—文化转译过程。为了建模这一现象,我们识别出两种文化根:族外婚与兄弟—姐妹乱伦。由此必须在精确的意义上界定乱伦。它可包括婚姻或同样长期的纽带、完全的性活动以及生育孩子,或者还可以在低至以及包括短暂的、偶然的性接触的任一强度水平上定义它。我们在这里考虑更为极端的形式,包括有或者没有类似婚姻纽带的情况下的完全的性交行为。

从对以色列人的基布兹(Shepher,1971)以及中国台湾人的村庄(Wolf,1966,1968,1970;Wolf and Huang,1980)中集体抚养的无亲缘关系的孩子的互动研究中,我们可试验性地指派一个接近于一的值给偏爱族外婚(文化根 c_1)的转换概率 u_{21},再指派一个接近于零的值给偏爱兄弟—姐妹乱伦(文化根 c_2)的 u_{12}。我们的论证如下。在以色列人的大样本中,年轻人从来不选择曾经一起长大的无亲缘关系的伙伴进行异性性交或结婚,甚至在一个鼓励基布兹内通婚的宽松环境中也是如此。卡夫曼(Kaffman)(1977)报告说,这一偏好模式在整个以色列社会"性革命"之后的时期里一直持续着,尽管他也报告了同一基布兹中青少年之间些许异性恋活动的逸事(未详细说明其性质)。如此,当可以自由选择的时候,年轻人实际上都会表现出对家族群体之外的通婚的绝对偏好,这一反应与其他按较常规的方式组织的社会中人们对兄弟—姐妹婚配的普遍厌恶相一致。换一种表述方式:在统一采取族外婚但在其他方面允许个人自由选择的社会中,转换到族外婚的可能性接近于一。

中国台湾人的研究允许在一个有着中间水平文化根选用的社会中评估一种偏好。沃尔夫(Wolf)考虑了"未成年婚姻"(minor marriages)的效应,在此制度下,无亲缘关系的女婴被一些家庭收养,与家庭中的亲生儿子生活在一起,以一种典型的兄弟—姐妹关系被抚养长大,随后两人结为夫妇。甚至在中国台湾某地区,这种安排已成为一种普遍惯例,占婚后生活在男方家的婚姻的将近一半,它们也通常会遭到当事年轻人的抵制。

例如,据沃尔夫 1966 年的报告分析,在 19 个家庭中,有 15 例年轻夫妇拒绝完成这种婚配。在两个案例中,一对男女当中有一位死于儿童期,只有两对夫妇维持了婚姻关系。在随后分析的更大样本中,未成年夫妇显示出更高水平的顺从,但抗拒仍然极其强烈,其成效与同一地区的成年婚姻相比也要低得多。24%的未成年婚姻以离婚告终,而只有 1.2% 的成年婚姻是如此。报告称 33.1%的未成年婚姻中的女人涉嫌通奸,相比之下成年婚姻的通奸率只有 11.3%。婚后的最初 25 年里,未成年婚姻比成年婚姻少出生 30%的孩子,且报告称这些孩子中很多都是通奸关系的产物。有一些报告称,父母不得不强迫年轻人完成未成年婚姻,甚至到了要动用威胁式体罚的地步,但在成年婚姻中却没有强迫的记录。因此,当文化根选用接近于 50%($\xi \sim 0$)的时候,族外婚仍然是一种强有力的倾向。因为中国台湾的未成年婚姻都是由父母安排与强制的,这一倾向甚至会接近绝对,就像在以色列人的基布兹中那样。该结论也得到了这一事实的支持:随着日本人侵占台湾,父母权威受到弱化,在婚后生活在男方家的安排中,未成年婚姻从大约 50%降到了 10%(Wolf, 1970)。

归因于早期日常接近的性禁忌现象,似乎也存在于其他社会中,尤其是像特罗布里恩人、加纳的塔伦西人以及蒂科皮亚人的奇闻逸事(Fox, 1980)所展示的那样。

相当有趣的是,在野生黑猩猩当中也发现了与之平行的后成规则(Pusey, 1980)。在坦桑尼亚的贡贝河国家公园,雌性黑猩猩会在完全进入发情周期时突然断绝与兄弟及最接近的雄性黑猩猩之间的联系。结果,性活动鲜有发生在同胞之间以及母子之间。另外,大多数或者全部的青少年雌性黑猩猩都转向了其他黑猩猩社群,有时还是永久性的,因为其在偶尔造访其他群体期间受到了陌生雄性黑猩猩更为强烈的吸引。一般而言,族内交配得以避免,似乎是性成熟期之前彼此熟悉的个体之间减少了性吸引力的结果。因为黑猩猩是在基因上最接近于人的物种,在这两个物种中都抑制乱伦的后成规则或许真的是同源的,换句话说,是基于从共同祖先继承而来的同一基因的指示。

由以色列及中国台湾人的资料所表明的、适用于兄弟—姐妹乱伦案例的民族志曲线,有一个简单而富有启示性的结构。因为 $v_{ij}(\xi)$ 似乎对 ξ 不敏感(尽管有这样的事实:可强迫年轻人做一些违背其个人意愿的事),这些转换率可被近似处理为正的实常数,并且适用于民族志曲线的方程(4-22)与(4-28)

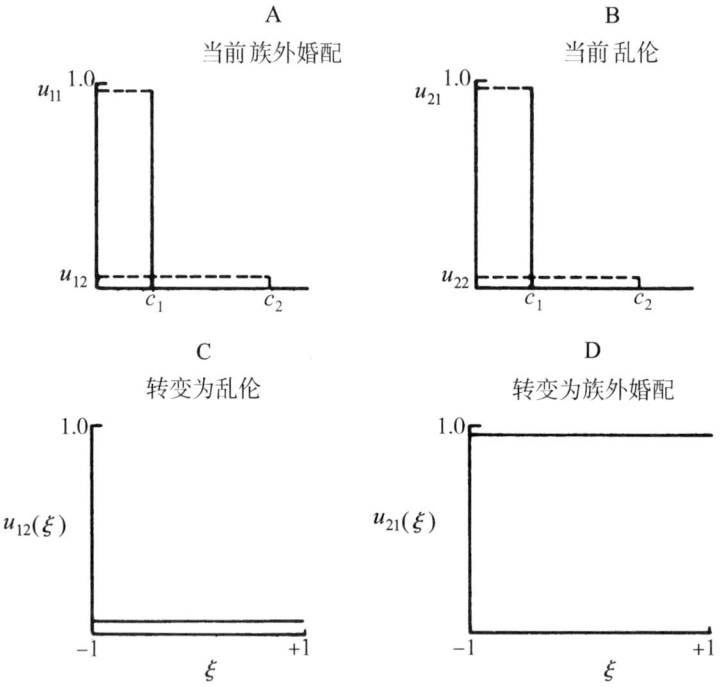

图 4.26 从兄弟—姐妹乱伦中推断出的后成规则。文化根 c_1 是乱伦回避,c_2 则是乱伦亲属关系。A:当前普遍避免乱伦的个体有一种继续这样做的强大的内在倾向。B:参与乱伦的个体有一种向族外婚配转变的强大的内在倾向。这些后成规则被认为极大地独立于受观察的其他人的行为,如同在 C 和 D 中平坦的 $u_{ij}(\xi)$ 曲线所指明的那样。

也可被精确地求解。此后成规则的图示见图 4.26。对于可应用到所有群体大小的离散-ξ 表现(方程 4-22),就族外婚配的个体数量 n_1 来说,这条民族志曲线就是二项式密度

$$P(n_1) = \binom{N}{n_1} \rho^{n_1}(1-\rho)^{N-n_1}, \quad n_1 = 0,1,2,\ldots,N \quad (4-49)$$

有着由同化函数设定的概率参数 ρ:

$$\rho \triangleq v_{21}/(v_{12} + v_{21}). \quad (4-50)$$

回想对于 $i \neq j, v_{ij} = r_i u_{ij}$,我们发现

$$\rho = (1 + \tau_2 u_{12}/\tau_1 u_{21})^{-1} = (1 + \mathscr{R}^{-1})^{-1}, \quad (4-51)$$

此处,在第二步上我们用到了方程(4-32)。

民族志分布(4-49)已经指出了 $N\rho$ 与变种 $N\rho(1-\rho)$;因此,如果**种群样本估计**在这两个时刻是可以得到的,那么,**用于个体后成规则的** v_{12} 与 v_{21} 相对值就能被推断出来。群体中的族外婚配者的最有可能的数目是 n_1^*,这样一来就有

$$(N+1)\rho - 1 < n_1^* \leqslant (N+1)\rho \quad (4-52)$$

(Feller, 1958:140)。在一个大小为 N 的群体中,转换率因而就是

$$v_{21} > Nv_{12} \quad (4-53)$$

泛文化的乱伦回避,对应于一个值 $n_1^* = N$,成为最有可能的状态,并且,$P(n_1)$ 的模式被定位在 $\xi = -1$。$P(n_1)$ 在 n_1^* 上的值对于 $N \gtrsim 25$ 粗略地正比于它的标准偏差的倒数:

$$P(n_1^*) \sim [2\pi N\rho(1-\rho)]^{-1/2}. \quad (4-54)$$

方程(4-54)表明了一条早些时候一般讨论过的基因—文化转译的重要组织原理,那就是:甚至是刚性的、高度选择性的后成规则,也与文化多样性相兼容。这一点反映在 $P(n_1^*)$ 的值上:甚至对于一个极端的 $\rho = 0.99$,一个有着 25 人规模的团体也有 $P(25) \sim 0.8$,而 75 人规模的团体之一达到了 $P(75) \sim 0.46$。在第一个案例中,20% 的受观察团体不会表现出泛文化的乱伦回避,而在第二个

案例中,半数以上将有某种程度的乱伦活动。由后成规则所决定的,正是横跨诸多社会并且纵贯个别社会历史的文化多样性的概率模式。

图4.27呈现了一系列基于方程(4-49)的民族志曲线。在这一图解中,我们让转变值独立于个体所拥有的文化根,换言之,设定 $\tau_1 = \tau_2$,$u_{12} = u_{22}$ 以及 $u_{21} = u_{11}$。族外婚配者的平均数目于是就由以下线性关系所给出

$$\bar{n}_1 = u_{21} N \qquad (4-55)$$

(图4.28)。当社会安排如此,以致私通几乎是一种既成事实的时候,对乱伦关系强烈的嫌恶就显示出这一特殊案例是对真实后成规则的实用近似。可能的是,对保持时间的一个较好的近似是 $0 < \tau_2 \ll 1 \ll \tau_1$,这样的话,一旦个体开始族外婚配,他们只是偶尔地重新评估这一倾向。更进一步说,一旦犯下一次乱伦

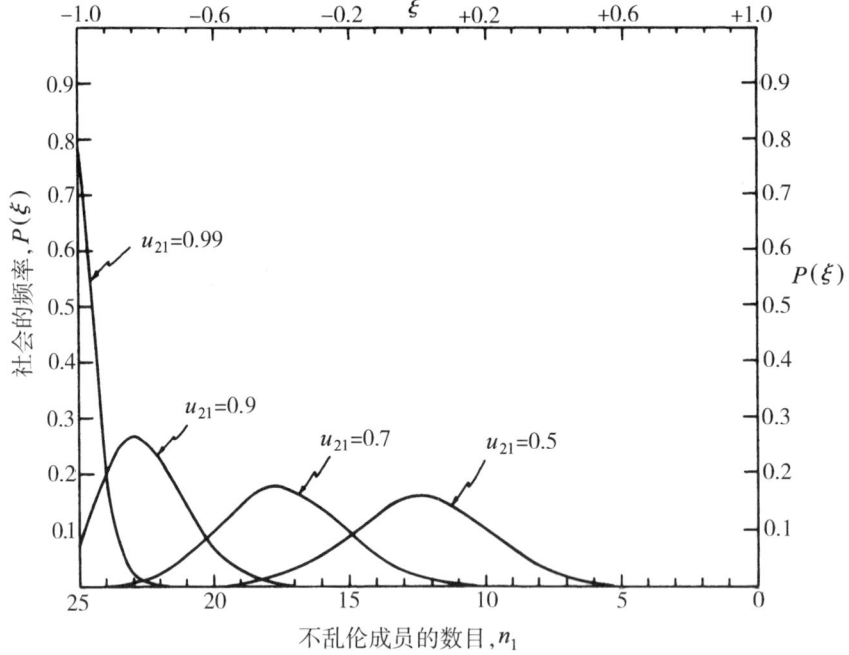

图4.27 从兄弟—姐妹乱伦模型推导出的民族志曲线。群体的大小是 $N = 25$。$P(\xi)$ 对于 $n_1 = 0, 1, \ldots, 25$ 是用方程(4-22)计算出来的。只有相应于这些 n_1 值的 ξ 值是可实现的。(引自 Lumsden and Wilson, 1980b)

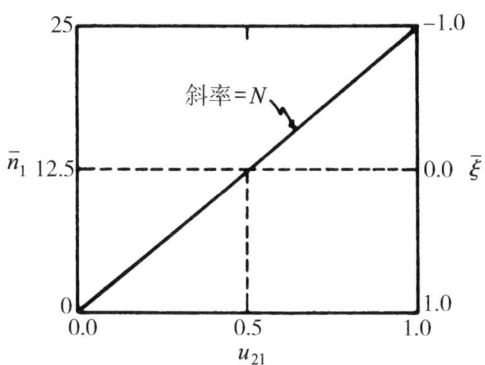

图 4.28 乱伦回避案例。随着同化概率 u_{21} 的变化,民族志曲线 $P(\xi)$ 平均值的位移。为成员数是 $N=25$ 的群体绘制(见方程 4-55)。

错误且该错误增加了从乱伦到族外婚配的转换率 $r_2 u_{21}$,这样的后成规则系统就会有所加速。在这一"满意限制"$r_2 \gg r_1$ 中,可由此得出

$$\rho \sim u_{21}/u_{21} = 1. \tag{4-56}$$

相应的民族志分布集中在 $\bar{n}_1 \sim N$ 附近。

在大 N 值限定 $N \geq 25$ 中,$P(\xi)$ 被连续-ξ 方程(4-28)所接近。通过直接积分求方程(4-28)的值,如果 $v_{12}=v_{21}$,

$$P(\xi) \sim \frac{N^{1/2}}{(2\pi)^{1/2}} e^{-N\xi^2/2}. \tag{4-57}$$

如果 v_{12} 与 v_{21} 不相等但差别不太大,那么民族志分布(4-49)再一次非常精确地接近于平均值 $\mu = N\rho$,方差 $\sigma^2 = N\rho(1-\rho)$ 的正常概率密度(见例如 Feller,1958:168;Hamburg,1977:206)。对于乱伦的情况,$v_{12} \ll v_{21}$,这样的话,v_{12} 与 v_{21} 在绝对值上将非常不同。民族志曲线远远朝向 $\xi = -1$ 倾斜,而运用正常密度的近似值将不太准确。* 转换方程(4-28)的精确解在 $v_{12} \neq v_{21}$ 的一般情况

---

* 按照流行的拇指规则,当 $N\rho \geq 5$ 与 $N(1-\rho) \geq 5$ 时,正常的近似作用效果良好(Hamburg,1977:206)。对于图 4.27 中 $u_{12}=0.1$ 与 $u_{21}=0.9$ 的情况,$N\rho=22.5$,但 $N(1-\rho)=2.5$,并且该条件未被满足。

下不受限于$|v_{21}-v_{12}|\ll 1$,并且给出民族志分布

$$P(\xi) = C(\beta - \phi\xi)^{N\Lambda-1} e^{N\beta\xi/\phi}. \quad (4-58)$$

就函数 $Q(\xi)$ 而言,

$$P(\xi) = C(N/2)^{N\Lambda-1} [Q(\xi)]^{N\Lambda-1} e^{N\beta\xi/\phi}. \quad (4-59)$$

量 C 是一个标准化常数,由以下方程给出

$$C^{-1} = \frac{e^{N\beta^2/\phi^2}}{|\phi|} \left[\frac{\phi^2}{N\beta}\right]^{N\Lambda}$$

$$\epsilon \left[\gamma\left(N\Lambda, N\beta \frac{(\beta-\phi)}{\phi^2}\right) - \gamma\left(N\Lambda, N\beta \frac{(\beta+\phi)}{\phi^2}\right) \right] \quad (4-60)$$

这样一来就有

$$\phi = v_{12} - v_{21}$$

$$\beta = v_{12} + v_{21}$$

$$\Lambda = \frac{\beta^2 - \phi^2}{\phi^2} \quad (4-61)$$

符号 ϵ 定义如下

$$\epsilon = \begin{cases} 1 & \text{如果} \quad v_{12} < v_{21} \\ -1 & \text{如果} \quad v_{12} > v_{21} \end{cases} \quad (4-62)$$

并且 $\gamma(\cdot,\cdot)$ 是第一种类的不完全的 Γ 函数(Abramowitz and Stegun, 1965: 260)。方程(4-58)的主要优点是,对于大的 N,简单的阈值条件(图 4.29)

$$N\Lambda - 1 = 0 \quad (4-63)$$

在方程(4-53)的若干百分率之内,对于必然使彻底的乱伦回避成为最可能的民族志状态的同化函数,可以给出一个估计值。

尽管很少得到精确的民族志数据,许多社会的逸事报道(Murdock, 1949; Berelson and Steiner, 1964; van den Berghe and Mesher, 1980)都暗示出:真正的曲线可能最接近于由 $u_{21} = 0.99$ 所导致的,而非图 4.27 中另外显示的那种情况。这就是从发育研究所揭示的乱伦回避强大的后成规则中有望得到的定性

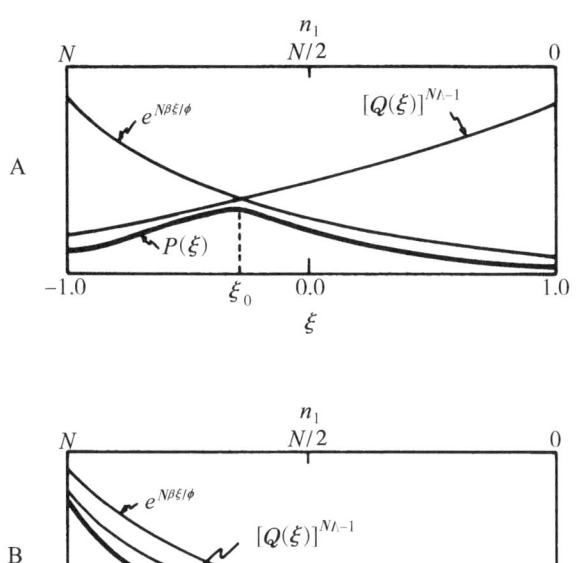

图 4.29　兄弟—姐妹乱伦民族志曲线的定性行为。$Q(\xi)$ 是在 $(-1,1)$ 上的单调增加,而 $e^{N\beta\xi/\phi}$ 是单调减少。对于 $N\Lambda-1>0$,有一个内部模式(A);当 $N\Lambda-1<0$,此模式是泛文化的乱伦回避(B)。这三条曲线的幅度清楚地描绘出了模式的位置。

结论(Shepher,1971),它也使泛文化的乱伦回避在多达 100 人左右规模的文化群体中成为最有可能发生的民族志状态。

虽然民族志数据支持作为第一近似的后成规则的 ξ-独立系统,但随着 ξ 的增加,更准确的模型却合并了上到 v_{12}、下到 v_{21} 的渐进的、单调的迁移过程。后成规则的相对灵活性显示出,适合于 $v_{ij}(\xi)$ 的一阶泰勒级数

$$v_{ij}(\xi) \sim v_{ij}(\xi^*) + (\xi - \xi^*)\mathrm{d}v_{ij}(\xi^*)/\mathrm{d}\xi \tag{4-64}$$

此处

$$-1 \leqslant \xi \leqslant 1, \quad \xi^* \in [-1,1],$$

是一个好的近似。这些后成规则是 ξ 的线性函数。关系(4-64)的离散变量模

拟因此就是

$$v_{21}(n_1) = v_{21}(0) + n_1 a_{21}$$

以及 $$v_{12}(n_1) = v_{12}(0) + (N-n_1) a_{12},$$ (4-65)

斜率参数为 a_{ij}。a_{ij} 的幅度相关于 $v_{ij}(0)$，以在 $n_1 = 0, 1, \ldots, N$ 范围上小的相对改变为条件：

$$a_{12}/[v_{12}(0) + v_{21}(0)] \ll 1$$

以及 $$a_{21}/[v_{12}(0) + v_{21}(0)] \ll 1.$$ (4-66)

在特殊的案例 $a_{12} = a_{21}$ 中，$v_{ij}(n_1)$ 中的变化速率相等而方向相反，一般的转译方程(4-22)有一个简明解。它是传染性的二项式密度(Coleman, 1964)：

$$P(n_1) = \binom{N}{n_1} \prod_{k=0}^{n_1-1}(\rho_0 + k\zeta) \prod_{k=0}^{N-n_1-1}(1 - \rho_0 + k\zeta) \bigg/ \prod_{k=0}^{N-1}(1 + k\zeta) \quad (4-67)$$

同时

$$\rho_0 \triangleq v_{21}(0)/[v_{12}(0) + v_{21}(0)] \quad (4-68)$$

$$\zeta \triangleq a_{12}/[v_{12}(0) + v_{21}(0)]. \quad (4-69)$$

对于乱伦，$\zeta \ll 1$，并且此 $P(n_1)$ 的行为本质上是有着先前处理过的二项式民族志分布的。

综上所述，由于其后成规则的稳固性以及文化选择的二元式天性，兄弟—姐妹乱伦为基因—文化放大问题提供了一个相对直接的入场许可。按照默多克(Murdock)(1949)从民族志数据中引证出来的如下梯度，有可能找到关于性偏好的另外的规则：

(1) 种族中心主义的影响，个人所属文化中亲近的非同胞成员最受偏爱，而非常异类的文化以及不同自然种族的成员最不受偏爱。

(2) 异族通婚的影响，偏爱度从非亲属到亲属呈下降趋势。

(3) 偏爱异性恋关系胜过同性恋关系的趋势。

(4) 年龄的影响，比男性高一辈或更老的女性较少受到男性偏爱，而处于相同年龄组或更年轻的女性则更受偏爱。

定量的发育研究与民族志研究之间的联系,有可能根据这些性偏好规则中的任何一种而获得,而这也将促使我们对基因—文化协同进化过程做出更多的检验与澄清。

雅诺马马人村庄的分裂

雅诺马马人,一个南美部落群体,我们选取导致其村庄分裂和移民的更为复杂的行为,来作为基因—文化放大的第二个例子。反应背后的个体行为的基础性后成规则还不清楚,尽管可以推断这些后成规则至少部分地导致了更基本形式的二元群体认知及纽带(见第3章)。受到这些数据的激励,我们采用一个中间的拟设:超过一个临界的村庄大小,侵略和冲突对于众多的村庄成员来说变得不能忍受,于是导致部分人口的移民。在该模型中,我们发现,与数据相一致的是,个体可能对其他人的去留决定变得非常敏感。然而,这一反应模式(换言之,同化函数)取决于群体的大小。所以后成规则是背景条件依赖的。同化函数被假定为是阶梯函数或是陡峭的对数形式,这样一来,家庭群体的去留决定可能要么被村庄的大小变更、要么被个体选择日复一日集合起来的变迁所改变。最终形成的民族志曲线是单峰的或多峰的,并且可从一种形式变成另一种,作为后成规则的参数相对较小的变迁的后果。该例子也显示了未来的发展心理学研究可能会如何规划,以便阐明文化人类学文献中描述的更微妙更复杂的群体行为方式。

委内瑞拉南部以及巴西邻近地区的大约15 000个雅诺马马人组成了可容纳40人到250人的村庄。按照沙尼翁(1976,1977)的描述,各个村庄的成员通过错综复杂的纽带与亲族礼仪紧密地联系起来,全体保持一种亲近的日常接触。雅诺马马人的侵略性格外强。他们频繁的战争几乎总是因女人而起,因为通过交易、劫掠与引诱获得多个妻子,是由对一夫多妻热衷的文化所激发的目标。当沙尼翁问及雅诺马马男人他们为什么要战斗的时候,他们的回答大致如下:"别问我这么愚蠢的问题!女人!女人!女人!这就是开战的原因!我们为女人而战!"这些主位报告是与沙尼翁做出的客位评估相匹配的。在地位、食物以及各种内政问题上,也有高级别的内部争执,经常关乎女人,但也会牵涉到男女两性。

因为雅诺马马人的人口在增长,区域在扩张,所以就有了村庄分裂增多的漫长历史(图4.30)。分裂是冲突与紧张积累的结果,这些冲突与紧张会随着人口规模的增长而不成比例地增加。当亲族纽带、婚姻安排以及头人的权威式微不再能够把这些村庄团结在一起时,一场争论就能触发一个家族的集体离去。当人口超过80—100人时,通常会达到这一临界水平。在一个不到80人

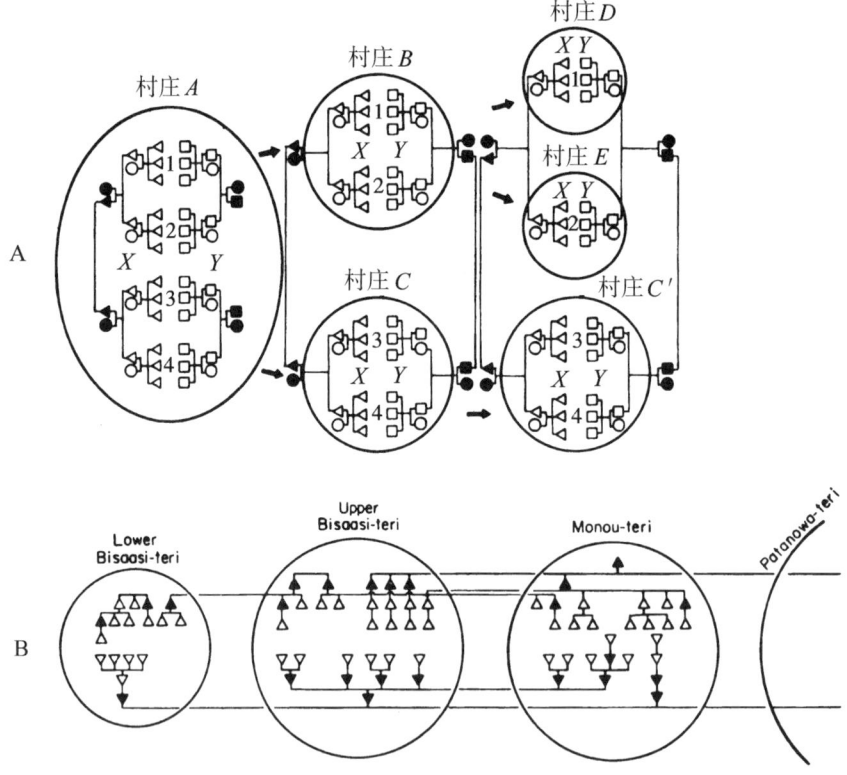

图4.30　委内瑞拉雅诺马马印第安人村庄的分裂模式。A,理想化的; B,观察到的。(依照 Chagnon, 1977)

的村庄里，分裂是罕见的，无论其内部的冲突水平如何。原因在于，一个村庄必须至少有 10 个体格健全的男人来负责袭击与防卫。在正常的年龄—性别分布下，只有在总人数为 40—60 的群体中，才能找出这样的成年男性小分队。所以，为了在分开时能够产生两个自给自足的村庄，一个村庄必须至少由 80 个成员所组成（图 4.31）。

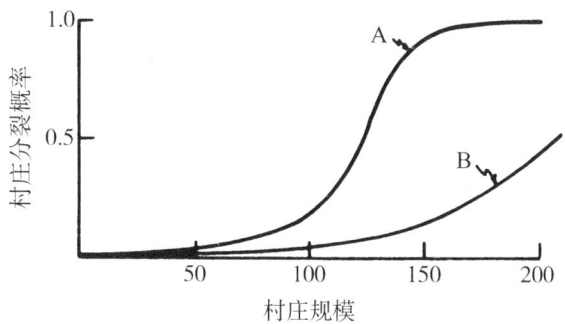

图 4.31　雅诺马马人村庄分裂概率的量化模型，基于沙尼翁（1976，1977）的记述。A，较低的外部战事压力以及较低的内部亲族水平；B，较高的外部战事压力以及较高的内部亲族水平。

在基因—文化理论看来，比较实际的做法是把雅诺马马人的这一行为处理成一个二元决断：在一起，或者分开。与这种二选一情况相关的同化函数会根据群体的大小而变化。当该村庄容纳大约 100 人或者更少的人时，从"离开"到"留下"的转换率总体上是高的，随着群体规模接近 200 人，相反的趋势会逐渐占据上风。沙尼翁指出，村庄会不断扩张直到达到一个明显的"临界质量"。当群体较小的时候，争执会很快平息，个体对孤立的冲突事件也会相对地没有反应。但一旦超越了特定的群体规模，小型对峙就会一触即发并呈星火燎原之势。

这些效应可被图 4.32 所示的阈值决断逻辑近似地反映出来。文化根 c_1 是"留下"的文化根，c_2 则是"离开"的文化根。决断规则 $u_{ij}(\xi)$ 对社会冲突的模式是有反应的，表现为卷入对峙并倾向于"离开"文化根 c_2 的个体的频率。这些个体既为 c_2 充当扩散中心，又为其他人从 c_1 到 c_2 的转变充当社会压力的聚焦点。对 ξ 的依赖展示了一种阈值效应:对于任何群体规模,都有一个 ξ_1,低于它,离去的压力就被大大忽视,高于它,则此压力高度有效。在更一般的情况下,新奇恐惧症(或维持现状)的可能性必定是被调和的。它出现在被用作第二阈值的 ξ_0 的近似值中,低于它,为了提升"去者"再一次变成"留者"的显著可能性,ξ 必定下降。

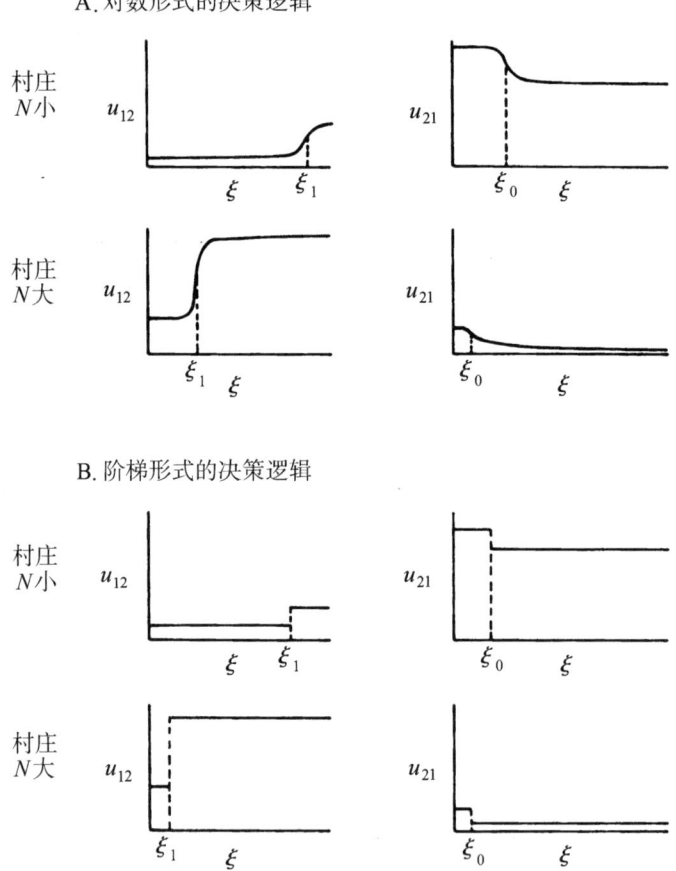

图 4.32 为雅诺马马人的决断规则 u_{ij} 假定的阈值结构。A,平滑的,对数类模型;B,阶梯函数模型。v_{ij} 的行为是类似的。

阈值的位置以及 $u_{ij}(\xi)$ 的值都是依赖 N 的,如图 4.32 所示。虽然真实的系统不会严格遵循在图 4.32 的 B 系列中呈现的阶梯函数近似,这一雅诺马马人模型却能被相当完整地分析。运用对数形式同化函数的平滑近似做出的模拟,如同图 4.20 中可饱和的趋势—观察者模型,揭示出甚至对于在 ξ_0、ξ_1 处的 $v_{ij}(\xi)$ 的中等斜率,也没有随着阶梯函数而损失多少精确度。让我们就此更详细地考虑阈值决断规则对固定民族志曲线的影响。

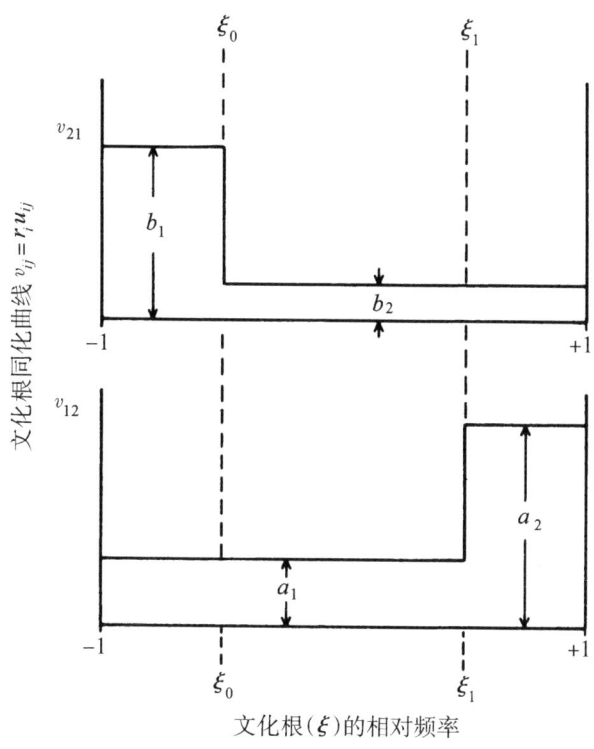

图 4.33　同化函数的阈值模型,此处 v_{ij} 是每单位时间内"离去"与"留下"文化根之间的转换概率。

图 4.33 标记出了对同化曲线的阶梯函数近似。在 ξ_0 以下,对村庄统一的拥护足以导致 v_{21} 值 b_1 的增加,一位主张分裂的成员将变成一位留守者。当主张一起留下的呼声减弱而 ξ 变得大于 ξ_0 的时候,v_{21} 的值会降到 b_2。当主张分裂的村民的比例增长到超过 ξ_1,甚至那些先前希望一起留下的人,都会令 v_{12} 的值猛增至 a_2,同化规则就将切换到另一套选择方案:分裂村庄。低于 ξ_1 时,v_{12} 的值是 a_1。由此可以设想,指导决断的后成规则包

含着两种语义触发机制。

由方程(4-27)

$$X(\xi) = (1-\xi)v_{12}(\xi) - (1+\xi)v_{21}(\xi)$$
$$= [v_{12}(\xi) - v_{21}(\xi)] - [v_{12}(\xi) + v_{21}(\xi)]\xi. \quad (4-70)$$

此方程有一条直线的形式

$$X = m\xi + b \quad (4-71)$$

有着依赖 ξ 的斜率

$$m = -[v_{12}(\xi) + v_{21}(\xi)] \quad (4-72)$$

以及依赖 ξ 的截距

$$b = v_{12}(\xi) - v_{21}(\xi). \quad (4-73)$$

既然 v_{12} 与 v_{21} 总是 ≥ 0，跟着就有 $m \leq 0$。结合从图 4.33 中读取的各种 $v_{12}(\xi)$ 与 $v_{21}(\xi)$ 的值，以及运用(4-71)到(4-73)诸方程，我们就获得了如下的清晰的方程来说明模型中的 $X(\xi)$：

$$\text{对于} -1 < \xi < \xi_0 : X(\xi) = (a_1 - b_1) - (a_1 + b_1)\xi$$
$$\text{对于} \xi_0 < \xi < \xi_1 : X(\xi) = (a_1 - b_2) - (a_1 + b_2)\xi \quad (4-74)$$
$$\text{对于} \xi_1 < \xi < 1 : X(\xi) = (a_2 - b_2) - (a_2 + b_2)\xi.$$

这是一个恰当的结果，因为 $X(\xi)$ 显示出在三个区域中分别产生了一个独特的负斜率直线区段。类似地，对于函数 $Q(\xi)$ 我们获得了下面的：

$$\text{对于} -1 < \xi < \xi_0 : Q(\xi) = \frac{2}{N}[(a_1 + b_1) - (a_1 - b_1)\xi]$$
$$\text{对于} \xi_0 < \xi < \xi_1 : Q(\xi) = \frac{2}{N}[(a_1 + b_2) - (a_1 - b_1)\xi] \quad (4-75)$$
$$\text{对于} \xi_1 < \xi < 1 : Q(\xi) = \frac{2}{N}[(a_2 + b_2) - (a_2 - b_2)\xi],$$

这又是一个直线区段的系统。这些区段的斜率为正、为零或为负，取决于 a_j 与 b_j 的值。

图 4.34 展示了增加着的后阈值同化值 a_2 与 b_1 对雅诺马马人群体民族志

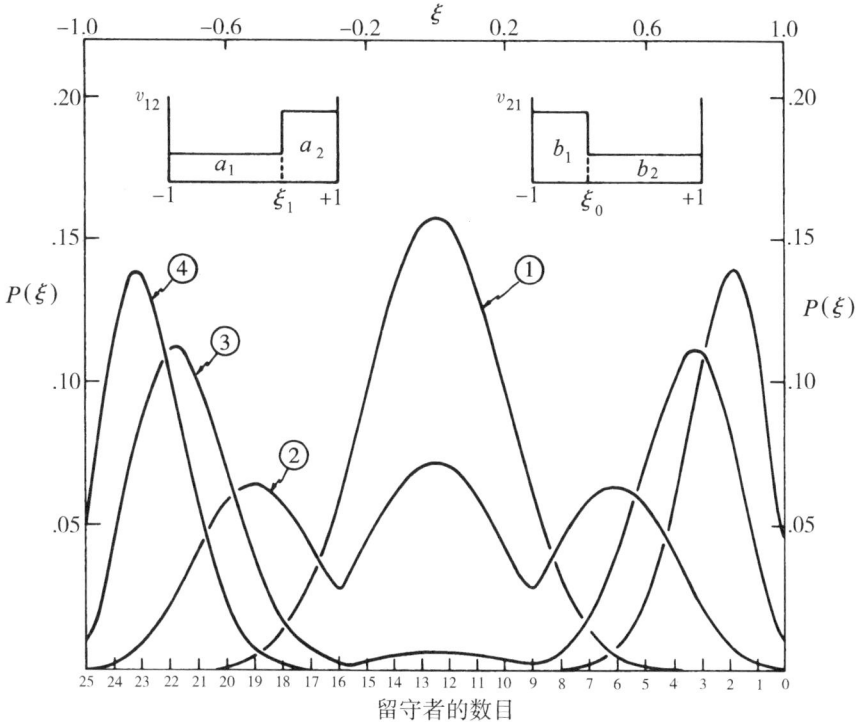

图 4.34 近似于雅诺马马人村庄分裂的阈值同化规则的民族志曲线(见图 4.33)。迫使文化根重新评估的社会事件之间的平均时间 τ_1 与 τ_2 统一于 c_i 的两种状态。这些曲线展示出,增加着的同化效应响应于超越图例所示的阈值 ξ_0 与 ξ_1 的 b_1 与 a_2。曲线 1 低于转换阈值,其余的则高于转换阈值。对于所有的 $P(\xi)$,$\xi_1 = -\xi_0 = 0.25$;$a_1 = b_2 = 0.1$。曲线 1:$a_2 = b_1 = 0.1$。曲线 2:$a_2 = b_1 = 0.3$。曲线 3:$a_2 = b_1 = 0.6$。曲线 4:$a_2 = b_1 = 0.99$。后成规则中微小的绝对改变的巨大影响是显而易见的。对于全部 4 种情况,群体的规模为 25 人,且方程(4-22)被直接使用。在这个序列中,转换阈值以上的 $P(\xi)$ 是三峰的,尽管对于 $a_2, b_1 \geqslant 0.6$ 来说,中心模式的值可以忽略。

曲线形状的影响,在此情况下,不存在偏爱一个文化根胜过其他文化根的前阈值。在此序列中,最令人感兴趣的现象是转换阈值的存在,在这个阈值上, $P(\xi)$ 从单峰分裂成了多峰。每当 $X(\xi)$ 获得了多个零,并在民族志分布中创造出一个或多个相应的横向峰值的时候,这种变化就会发生。这就是由图 4.35

与图 4.36 中显示的序列块所表明的情形。

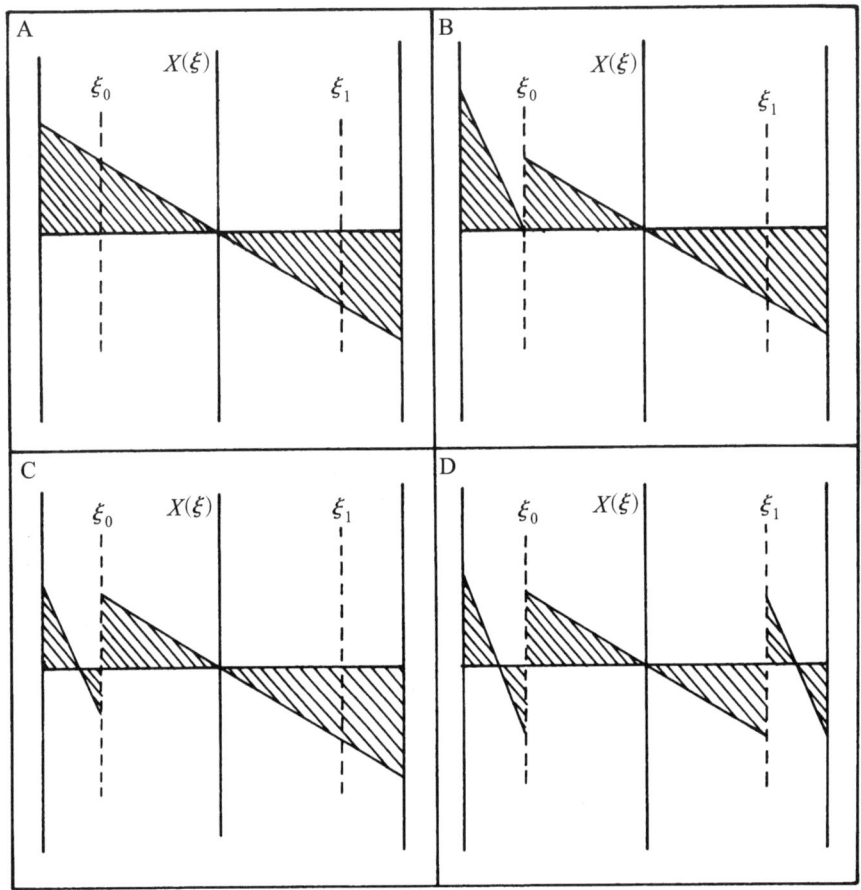

图 4.35 阈值以及渐增的后阈值对 $X(\xi)$ 的影响,响应于去/留主张的模式。A:阈值不存在,且 v_{ij} 不依赖于 ξ。所显示的参考状态为 $v_{12}=v_{21}$。$X(\xi)$ 关于 $\xi=0$ 不对称。B 与 C:$v_{21}(\xi)$ 中的阈值在 $\xi=\xi_0$ 且 $b_1>b_2$(回想图 4.33)。随着 b_1 增加,$X(\xi)$ 在 $(-1,\xi_0)$ 上的斜率越来越趋于负值,到最后,在 $b_1^*=a_1(1-\xi_0)/(1+\xi_0)$ 上,$X(\xi)$ 最终在 ξ_0 处(在 B 中)与 ξ-轴相交。对于 $b_1>b_1^*$,$X(\xi)$ 在 ξ-轴下方部分,在 $P(\xi)$ 中造成一个横向的峰值。(也见图 4.36。)D:与 B、C 相同,但在决断规则 $u_{12}(\xi)$ 与同化函数 $v_{12}(\xi)$ 中的 $\xi=\xi_1$ 处有一个阈值。

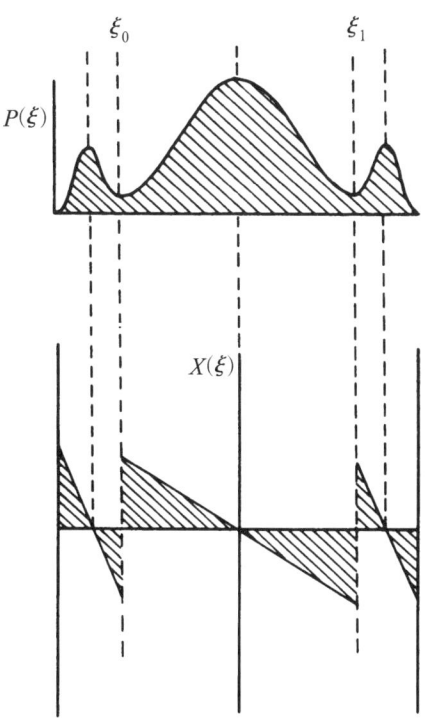

图 4.36　在 $X(\xi)$ 以及由 $P(\xi)$ 所定义的民族志曲线之上,应用于雅诺马马人村庄分裂的转换阈值的后果。

可以看到,甚至一个温和的阈值响应也能对民族志分布发挥巨大的作用。这一响应性本身就被假定为是由基因所疏导的;它可遵循一个刚性的表面规则,而不管社会的环境与历史因素如何,或者它可能在表面上相对灵活,借助于一种相对坚固的核心策略,使个体适应于特定的条件。在村庄分裂的现象中,雅诺马马人或许是在展示与群体规模、组成、复杂性有关的同化规则,它们总体看来是相当不灵活的。这些规则可能事实上是一般性的初级特征,如沙尼翁(1977)提出的那样。然而,从沙尼翁的数据来看,事情很清楚:关于村庄内部关系与外部战事的特殊细节的信息,在关于分裂的决策过程中被加以考虑。响应的模式因此可能经由严格的基因编程而从一个文化根类别变异为另一种;在一些例子当中,它还能在相同的文化根类别内从一种环境及历史改变到另一种。重点在于，再强调一次，甚至在硬性固定的响应曲线以及由基因疏导的倾向的统治之下，也可能存在着实质性的文化多样性。这一反直觉的结论是另一个理由，我们因此强调：只根据后成规则，文化多样性背后的机制就能够被充分而预测式地理解。在大多数情况下，它们尚有待于认知与行为发展的适当的经验研究所进一步澄清。

在分裂进程中，前阈值和后阈值的同化概率要受到伴随村庄规模变化的事件的影响（回想图 4.30）。在小村庄（$N<100$—150）中，"离去"的决定是不太可能的，那些离去的人也可能会很快转头回来。在大村庄（$N>200$—250）中，对峙的频度和持久性都会增加，而同化影响着转变；"离去"的决定会变得越来越可能，且更敏感于他人主张（$\xi_1 \to 0$）。处于"离去"态的村民也较少有可能转变他的决定。

对民族志曲线的这种规模依赖的影响，在图 4.37 中演绎出来。对于小村庄中的个体而言，函数 $X(\xi)$ 在 $(-1,+1)$ 的大部分范围上是负的，在 $\xi<0$ 处达到零。民族志曲线有一个接近 $\xi=-1$ 的单独峰值，在这一点上出现留下来的一致意见。在较大的村庄里，$X(\xi)$ 在 $(-1,+1)$ 的大部分范围上是正的，在 $\xi>0$ 处达到零。民族志曲线在离去的一致意见附近达到峰值（$\xi=+1$），而对处在这一状态中的村庄做重复采样的人类学家将会发现一个大量向右侧斜的 $P(\xi)$。图 4.38 运用由方程（4-22）与（4-28）计算出的曲线 $P(\xi)$，并结合特定值 ξ_0、ξ_1、a_1、a_2、b_1 与 b_2，使这些测定量化。虽然太过于简化，但双文化根马尔可夫决断近似中的基因—文化转译模型却也说明了村庄分裂进程的重大特征。

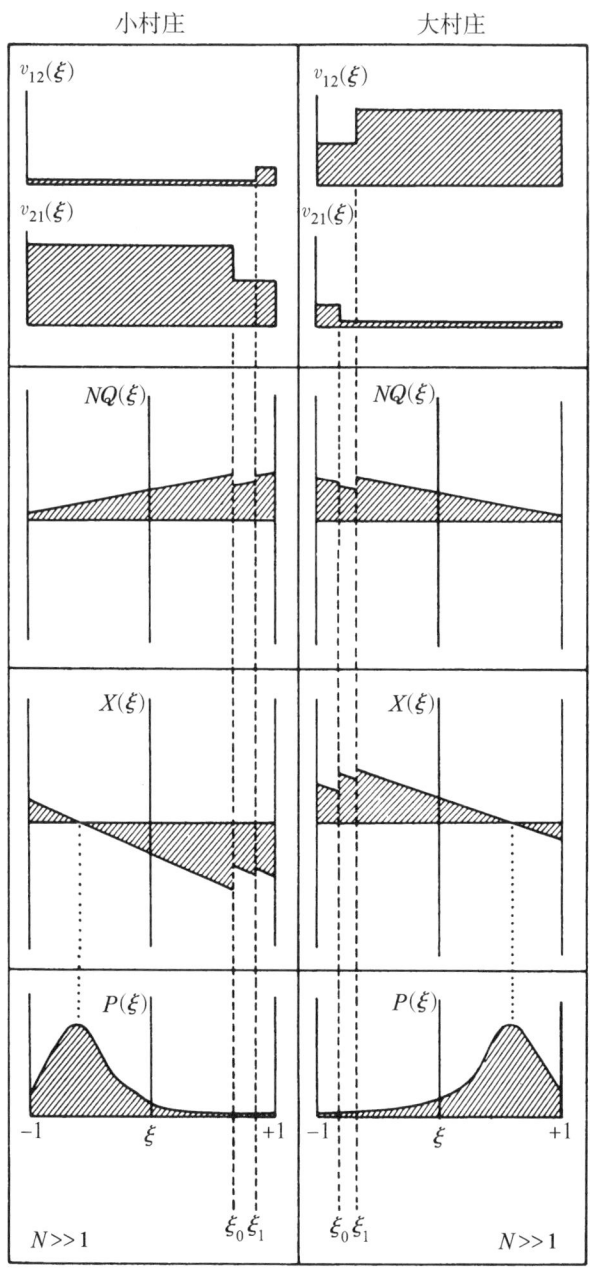

图 4.37　雅诺马马人村庄分裂的民族志曲线 $P(\xi)$ 的推演。$Q(\xi)$ 大约为 N^{-1}，且图形化为 $NQ(\xi)$ 以使其在标度 $X(\xi)$ 上可见。

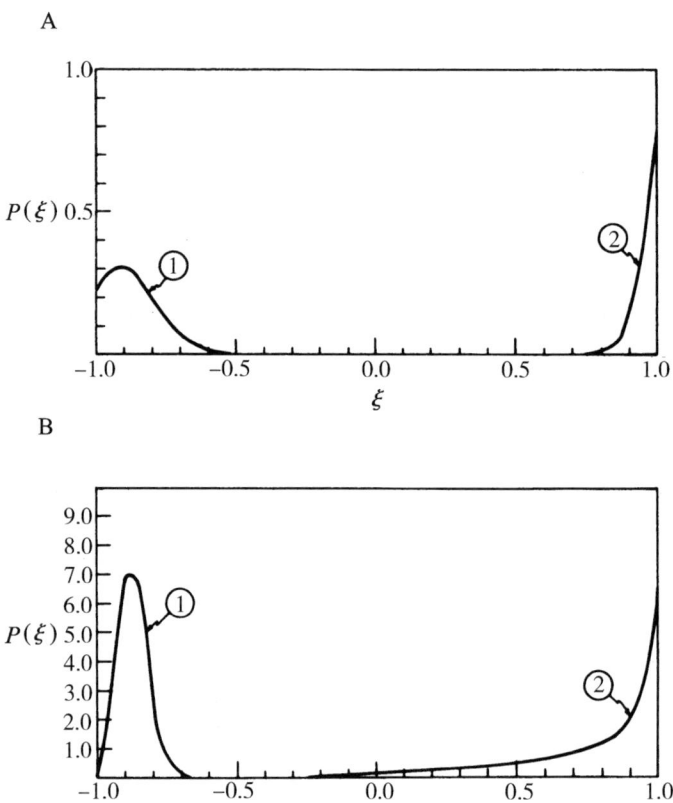

图 4.38　图 4.33 中雅诺马马人同化规则的民族志曲线。A，曲线 1：小-N 模式同化规则有效，根据图 4.33 中的取值 $\xi_1=0.9$、$a_1=0.05$、$a_2=0.1$、$\xi_0=-0.9$、$b_1=0.9$、$b_2=0.7$。曲线 2：大-N 模式同化规则，取值 $\xi_1=-0.85$、$a_1=0.8$、$a_2=0.95$、$\xi_0=-0.95$、$b_1=0.05$、$b_2=0.01$。为了便于对比，两种模式的计算都针对一个 25 人的村庄。$P(\xi)$ 由方程（4-22）推导出来，对此，只有 ξ 的值，也就是 $(N/2)(1-\xi)=$ 整数，才有意义。B，与 A 相同，除了一点：为了适用于实际规模为 100 人（曲线 1）及 150 人（曲线 2）的大群体，运用了福克尔—普朗克方程（4-28）来给出 $P(\xi)$ 的近似值。在 B 中，ξ 是一个连续变量且所有在 $(-1,1)$ 区间上的值都是有意义的。

女装时尚

在最后一个案例研究中,我们考虑一种周而复始的,因而从不会以乱伦回避及村庄分裂的方式收敛成稳态的民族志进化。我们动用数据来关注350年间女士服装的时尚。可以看到,诸如腰高与领低等特征在大幅地振荡,其中有些似乎还遵循着一个大约100年的周期。即使我们不知道款式偏爱背后的基本后成规则,它们想必也涉及直观上相互作用的两种竞争形式:引领新潮的女装设计师之间的竞争,以及女性之间赢得身份的竞争。另外,时尚以适合真实体形为中心价值而前后摇摆,诸如在实际位置附近变化的腰身线。在我们的转译模型中,我们给同化函数增加一个100年的时间周期。个体从一种款式到另一种款式的转换率不仅取决于其他人的选择,也取决于在100年周期里作为一个整体的社会的状况。以这些数据做成一个模型。虽然个体行为在此处是以过于简化的后成规则为基础的,我们相信借助于发展心理学未来的研究,更完善的关联性会被发现,我们也期待这里提出的时尚改变的转译模型能相应地得到改善。

在方言、辅助语言学手势、服装以及少数其他形式的社会行为中,人们在一个宽广但远非无限的文化根阵列中做出选择。社会成员们在任何一个时期里只采纳一个或相对少数的文化根,然后逐月、逐年或逐代地迁移到新的选择。这一现象已经在理查森(Richardson)与克罗伯(Kroeber)的女性正装研究中被详细地阐释(1940),他们就1605年以来欧洲及美洲的油画与时尚杂志展开测量。他们断言,主要的特征是在持续大约100年的时期之内前后摆动的。在每一个世纪里,举例来说,腰高从很高、接近胸线到很矮、紧靠臀部,然后又向上回到很高。相似的偏移也发生在衣服的长度与领低中(图4.39)。在这些波动中,看似存在一种理想的,然而被大为忽视的模式,它吸引着时尚:一条宽摆长裙,腰围尽可能地细且位于真实的解剖学位置,肩膀、手臂以及胸部上方大量裸露着。

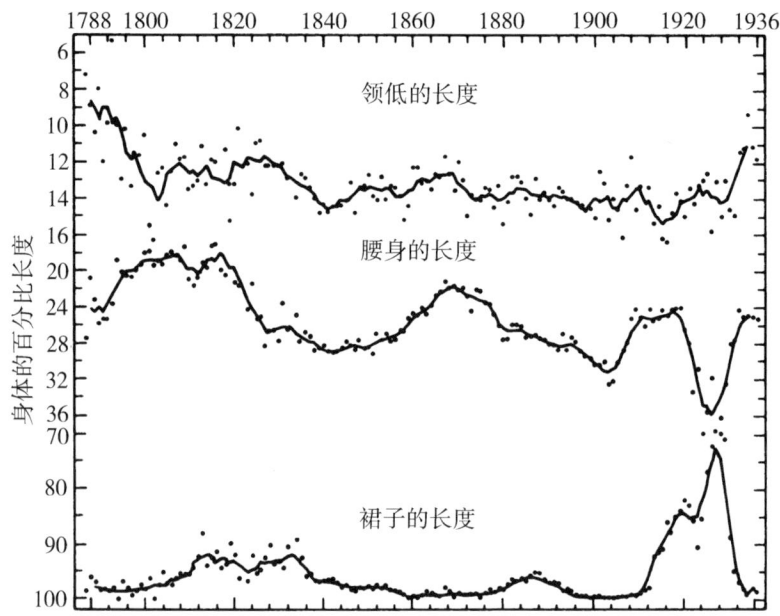

图 4.39 理查森—克罗伯关于 1788—1936 年期间欧美时尚女装若干维度的数据。数字为从嘴到脚画线的百分比。线条给出了连续 5 年度量的平均值，散点则为各年平均值。(修改自 Richardson and Kroeber, 1940)

时装数据长期演变中发生着不安定的片断，其间存在着更具挑战性的实验及风格上的整体变异。这些发展通常发生在社会及政治剧变期间，比如拿破仑时代与现代世界大战。但当服装款式在一个方向或另一个方向上进化得太远——譬如说，裙长太短或腰线太高的时候，它们也会发生。虽然风格的变动以"理想的"款式为中心，但它们并不会在其附近聚集成稳定状态。创新是被建造在系统之中的。女装设计师之间的竞争推动着实验的风潮，也不可避免地触发了对当代模式的偏离。

这些观察可被建造成一个初级的转译模型。在那里它们会阐明一个事实：最初被设想为稳态的民族志分布(4-22)与(4-28)，也可被应用于特定类型的时间依赖的历史进程。一个给定的风格要素或要素系列，可被任意地分成两个类别，例如对于腰高来说就是高与低两种。历史上的证据表明，在腰高的案例中,假如它们之间的分界线大概是以解剖学上自然的中腰水平做出的,就不存在对这些文化根中任意一种的天生偏爱。因为创新不断,不存在两种风格的相对频率 ξ,在它之上同化函数 $v_{21}(\xi)$ 与 $v_{12}(\xi)$ 的值保持固定。我们可进一步强调 $v_{ij}(\xi)$ 的特性:随着风格接近两个极端之一,即倾向非常高或非常低的腰线,风格选择中的转换率就会转而青睐相反的风格。

人类社会生物学的考虑提示出动机的驱动力:成年女性之间的身份竞争与女装设计师之间的生计竞争,两种竞争彼此强化。几个世纪以来,新颖的装饰品为女人提供了积极的身份象征。更进一步地,在时尚中引领自己的同伴,而不仅仅是鹤立鸡群、标新立异,才是目标之所在。成功的创新所标志出的威望,会有助于攫取信息、社会优势以及男性的关注。

女装设计师之间有着不同形式的竞争,竞争的结果既决定着他们的生计,也决定着他们的社会地位。他们的唯一策略就是文化根的创新与传播。大多数目标是要把时尚从已被接受的规范偏移开,要么通过加装饰,要么通过前卫的重新设计——像在最高档时装中表现出来的那样。大幅改动的出现是难以避免的,但当一项属性,比如腰高超过解剖学上的限制,或触犯裸露的禁忌以及其他群体规范,反弹就会发生。创新的再定向可能是突然的,也可能是渐进的,而它在文化信息流动又快又广的社会中将表现得最为出其不意。

在最初的研究中,理查森与克罗伯曾预见这一机制的关键要素,并引用了较早的先例,但对其的评价却是全然悲观的。评估、决断及交流所需的认知机制似乎与客观研究格格不入。个体与文化之间的鸿沟似乎也不可逾越。事实已不再如此。我们曾在前面的第 2 章和第 3 章中指出,认知心理学已变得足够经验主义而且精巧复杂,使人类判断与决断背后的潜在过程都可能被测量。更进一步说,我们发展出来的基因—文化转译模型也已表明,在人类的思想模式与文化模式之间,并不存在着正式的、原则上的壁垒。

因此,对似乎是人类行为初级特征的相关考虑,引出了一个预期:随着风格在改朝换代中相互取代,时尚的文化动力学将显现出现代模式的某些方面。为在当下模型中包含这一进程,我们来考虑两种风格的文化根 c_1 和 c_2。例如,c_1 可以是"低腰",c_2 是"高腰";由此,$v_{12}(\xi)$ 就是从低腰向高腰转换的同化函数,而 $v_{21}(\xi)$ 则是从高腰向低腰转换的函数。这是一种面向所有趋势观察者的二元决定——要么沿袭当下,要么采纳新的风格。

盛行的风格是时间依赖的,此时 $\xi = \xi(t)$、$v_{12} = v_{12}(\xi,t)$、$v_{21} = v_{21}(\xi,t)$ 都是时间函数。适宜于兄弟—姐妹乱伦与雅诺马马人村庄分裂的稳定的环境条件不再存在。我们第一次遇到有着永久动态属性的民族志曲线 $P(\xi)$。

理查森—克罗伯数据表明,无论如何,在人类决策与交流的时间尺度上,风格变化是缓慢的。它们的周期长度在 100 年这个数量级上。我们不是要解决全部的动力学问题,而是要引入一种在刚刚引述的条件下可能精确的**绝热近似**(adiabatic approximation)。在此近似中,$v_{ij}(\xi,t)$ 在时间中变动,但只是慢慢地变,而在各个时刻群体都处于或接近于适用当前 $v_{ij}(\xi,t)$ 的稳态 $P(\xi,t)$。决断与交流的相对速度使这一切成为可能,由此,作为整体的人群会迅速"放松"并将自身调整到主流的条件上来。当然,当放松并不迅速而 $v_{ij}(\xi,t)$ 在加速的时候——这在过去的革命年代与战争期间发生过,绝热近似就不再精确,而完整的动力学问题也就必须被解决。但对于理查森—克罗伯进程的初始模型,绝热性已经足够。

虽然绝热近似可被用在一般形式的 $v_{ij}(\xi,t)$ 上,为了符合基本的理查森—克罗伯模型,我们令同化函数的周期进程 $v_{ij} = v_{ij}(t) \in \boldsymbol{R}$ 的周期为 100 年(图 4.40A)。包含复杂的 ξ 依赖、次要意义以及随机性的模型的一般化是有可能的(见例如 Wang and Uhlenbeck, 1945),但它将需要仔细关注时间序列数据的统计学属性,正如关注声望竞争的特定机制那样。

在当前案例中,民族志曲线有着时间依赖的结构

$$P(n_1, t) = \binom{N}{n_1} \rho(t)^{n_1} [1 - \rho(t)]^{N-n_1} \qquad (4-76)$$

此处 $\rho(t)$ 是方程(4-50)对应的时间依赖性,也就是

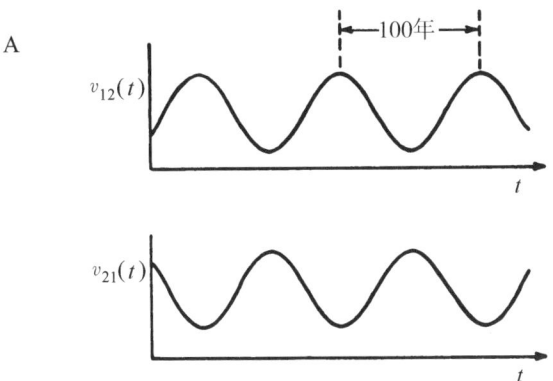

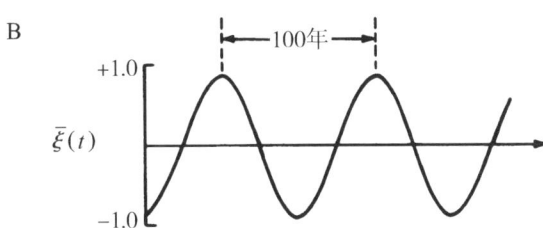

图 4.40 时尚变化的理查森—克罗伯模型基因—文化放大。A,个体同化规则;B,平均风格采用的动态。

$$\rho(t) = v_{21}(t)/[v_{12}(t) + v_{21}(t)] \quad (4-77a)$$

$$\sim u_{21}(t). \quad (4-77b)$$

当遵守了限定形式(4-55)背后的假设之时,第二步,即(4-77b)会给出$\rho(t)$的形式。在时间t上的平均风格的采用模式为

$$\bar{\xi}(t) = 1 - 2\rho(t) \quad (4-78a)$$

$$\sim 1 - 2u_{21}(t). \quad (4-78b)$$

量$\bar{\xi}(t)$是大致对应于理查森—克罗伯循环的理论结构。在最简单的案例(4-78b)中,$\bar{\xi}(t)$有一个100年的周期。这一$\bar{\xi}(t)$的行为在图 4.40B 中被勾勒出来,而民族志曲线的相应移动如图 4.41 所示。

转换概率$v_{ij}(t)$的动态在这里已经被建模为一个纯粹的现象学过程。我们

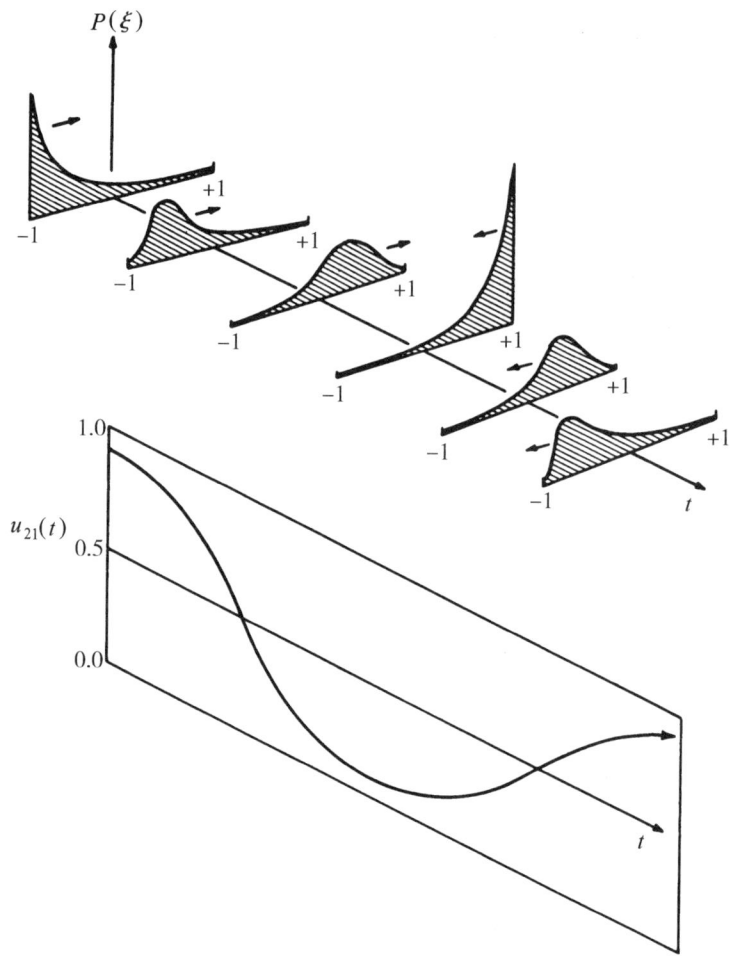

图 4.41 时尚变化的理查森—克罗伯进程的民族志循环。

将在第 6 章和第 7 章中探讨文化根—文化根竞争的动态学背后的基因—文化机制。

可以期望量化的风格竞争模式体系包括某些周期性的系统,同时为反映出实质性的理查森—克罗伯假说,我们的绝热放大已经聚焦于周期性。时尚数据会支撑关于周期性的这一猜想到何种程度,是与此相关但大部分独立的另一个问题。理查森与克罗伯的工作已经广受瞩目,然而他们最初公布的数据

(1940)却值得运用原调查者未能企及的现代技术再仔细检查一番。由此观点出发,我们注意到关于以世纪为数量级的循环的富于统计学意义的陈述,一般需要至少400年的连续数据支持(Box and Jenkins, 1970),而这大概是理查森与克罗伯使用数据的3倍。我们自己关于这些时尚动态相应周期图与能量谱的计算显示出的特征表明,循环大约有一个世纪长,但它们的统计学意义是可疑的。因此我们觉得,在收集到更多证据之前,经典的时尚循环仍然主要是假说性质的东西,而且也许最终会被证明是一个更复杂的,或许是混沌无序的时序过程的一个假象。

文化自身可能有生命吗?

我们把文化理解成了由先天后成规则疏导的、大量个人认知活动的乘积。通过在人的层面上描述后成规则,再经由统计力学的程序将其转译到社会层面,文化根市场上这只"看不见的手"已经变得可见了。基因—文化协同进化分析与很多社会科学家的有机论观念背道而驰,该观念将文化视为能生长、繁殖并令社会成员服从于其命令的实际上的独立实体。

正如哈里斯(1968, 1979)、哈奇(Hatch)(1973)与利夫(Leaf)(1979)的评论中强调的那样,这些年来,文化决定论被社会人类学家投下了许多意义的阴影。其极端的形式一股脑地摒弃了生物学的前馈。例如,按照怀特(White)的说法,"文化在智人的生物有机体上发挥了强大且具压倒性的影响,淹没了有机体之间的神经学、解剖学、感官、腺体、肌肉等等方面的差异,使它们变得没有意义"(1963:116)。由此,他宣称文化也拥有自己的生命:"在时代中顺流而下,它在每一代的新成员出生时拥抱他们,并将他们塑造成人类,以信念、行为模式、情操以及态度来装备他们。人类行为只是具有符号化能力的灵长目动物对称为文化的外部连续统做出的反应"(1949a:379)。结果是,文化必须自成一格,只有通过文化学(culturology)的自治学科才能够被理解,因为它"按照其自身规律变化发展,不以人的愿望或意志为转移。文化科学可以揭示文化进程的性质与方向,但不会把控制或指导其过程的权力交到人的手中"(1948:213)。

在过去10年间积累起来的关于认知后成性的证据(我们曾在第2章与第3章中分析过)否定了这种极端的理解。事实上文化是社会个体成员巨大数量的选择的乘积。在迄今为止服从于发育分析的认知与行为的每一个主要类别中,他们的决定都是受到限制和影响的。在这一章中我们展示了,即使是以相对优先的方式行事的微小倾向,也会被指数地放大成足够独特的文化模式。更进一步,并且对社会理论也相当重要的是,测量这种放大在技术上是切实可行的。基因—文化理论引出一个推论:本身作为文化的控制文化的规律必定存在,而它们能够由控制心灵的原理综合出来。来自生物学基础的个体认知的社会模式推演不只是一个逻辑问题,它似乎提供了获知此类原则背后的有机体机制的唯一方法。

文化规律以何种形式发挥作用?在前面几节里发展的基因—文化转译模型可以给出部分答案。研究显示,对文化模式的关键性测量,在于文化根的比例ξ,而方程(4-21)与(4-26)则是控制其概率的动力规律。这些规律还会产生出其他的方程,来定义ξ在特定文化中经历过的历史。例如,在民族志曲线$P(\xi,t)$围绕一个单一的模式突然达到峰值的历史时期,ξ从来不会远离它的平均值$\bar{\xi}(t)$,而$\bar{\xi}(t)$服从一个文化进化规律

$$\frac{\mathrm{d}}{\mathrm{d}t}\bar{\xi}(t) \sim X[\bar{\xi}(t)],$$

此处函数X由方程(4-27a)给出。当$P(\xi,t)$比较大,或者有多个尖锐的峰值,人们就可以要么诉诸完整的民族志曲线来连接直接从$P(\xi,t)$得出的时刻$\langle \xi^k \rangle, k=1,2,3,\ldots$的运动方程,要么诉诸$\xi$本身的随机运动律(见例如Mortensen,1969;Goel and Richter-Dyn,1974)。此外,在关注最简单的基因—文化转译模型的章节中,我们应该指出,正式的工具不限于大型非结构化的、仅包含两个文化根和一个单独的文化模式变量ξ的社会系统。虽然相对而言不是那么好理解,但还是可以有办法一次处理多个文化根并综合其结构与进程的

多样测量的覆盖律(背景知识见附录 4.3；Haken，1977；Nicolis and Prigogine，1977；Penrose，1979)。在通过后成规则连接基因及其背后的文化律的日益博大精深的基因—文化理论应用中,这些技术以及它们的背景假说需引起我们的进一步关注。

然而我们仍可以设想体制与风俗的可能浮现,它们如此强而有力,能够通过变态分层结构的反馈支配资源,因此甚至能在违反后成规则并降低遗传适合度的同时生长与繁殖。那么在这种情况下,我们确实可以说文化获得了自己的生命,完全独立于个体的关切之外。但事实不是这样,完全不是这样的；我们仅仅是回到了第 1 章的项圈原理。有可能表明:没有文化巨头能在如此不适宜的条件下无限地维持下去。认知的核心规则可能允许一种同化函数的改变,以应对新的文化环境,并产生出一系列新的个体发育概率(见图 3.3)。证据显示,这种灵活性是存在的,但相对于可以想见的生物学可能性尺度来说,也是非常有限的。如果违反了后成规则,可以预料它们会施加一股稳定的压力,直到文化被重新排列成更相宜的形式。只有通过改变后成规则或更基本的认知核心规则本身的遗传基础,先前适应不良的文化才有可能被无限期地保留。

最后,不该忘记的是,全体服从稳固的民族志分布的文化,在个体上却是不稳固的。单独的社会能够,也确实会随着被其成员同化的可替换文化根的比例而变迁。如图 4.42 所示,民族志曲线的形式不仅影响着个别社会中文化根选用模式发生的可能性,也会影响到其凭借 ξ 的覆盖律、在稳定或依赖时间分布的文化进化期间将遵循的轨迹概率。在图 4.42 中的 A 与 B 所示的单峰分布情况中,接近平均值的状态比远离平均值的状态更有可能发生,所以 ξ(文化根的比例)的期望值就被吸引到了最有可能发生的状态上。在双峰分布的案例中,还能得到一种两个峰值相邻出现的情况(图 4.42 中的 C 与 D)。一种中间状态($\xi=0$)充当了两个模式之间的壁垒。然而,各个系统的时间过程是随机的,因此实际的轨迹不是平滑的而是不规则的,允许在两个次级分布之间发生偶然的交叉。

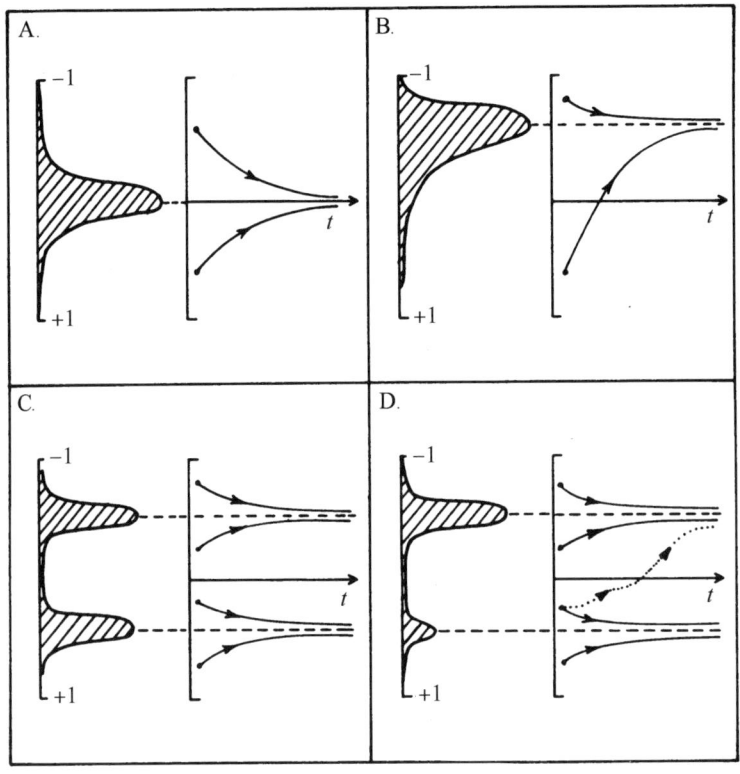

图 4.42　稳定民族志状态下 ξ 的平均值 $\bar{\xi}(t)$ 的动态。$P(\xi)$ 的模式代表着 $\bar{\xi}(t)$ 运动的局部吸引子。个别社会随机地变化,结果是它们不仅能逆整体潮流而行,在双峰时,还能在固定的次级分布之间跨越(D 中的虚线)。

小结

基因—文化转译是穿过个体发育后成规则到达社会模式形成的生物学前馈。借助统计学模型,人类社会化与文化适应的一般属性对转译的重构是有利的。在绝大多数社会中,文化都不只沿着核心家庭(某些工业化的西方社会中的"正常"情况),也沿着宽泛得多的亲属及代父母群体而系统地传递。这一条件保证了年轻人对大多数文化根的相对统一的接受。即使后期的信息交流在某种程度上是通过行会及其他同好群体来疏导的,在许多采用文化根的实例中,整体传递仍然发生得足够快速且足够均匀,足以被相对简单的扩散模型所精确地描述。社会科学家们在过去20年里研究过的多种文化根传播模式,可以从有关信息交流、模仿及评估的初级假设中推导出来。这些过程又转而被依照因果关系关联到后成规则以及个体发育的核心决断程序。

因此,基因—文化转译并非个体决断到社会模式化层面的唯一前馈。应用给定文化根的社会其他成员的比例,也经常连同额外的宏文化属性一起影响着个体将采纳此文化根的概率。我们搞清楚了同化函数 $v_{ij}(\xi)$ 中的这一关系,这里从使用文化根 i 到使用文化根 j 的转换率是一个 ξ 的函数,当无人拥有文化根 j 的时候,定义 $\xi=-1$,而当所有人都拥有 j 的时候,$\xi=+1$(见图4.13)。群体的影响被物化的效应增强了,通过物化,心灵把组织属性与群体规范处理为好像它们是独立存在的离散实体。这一精神操作简化了个体的决断过程,也把文化转换成一个变态分层结构,在其中,不同层面的组织互相反馈。同化函数,就像产生它们的后成规则一样,被认为是生物学特征。我们断断续续的信息指出,它们在行为类别之间变化极大,并且它们的效应会放大社会依赖模式中的差异(图4.17与图4.21,通过图4.24)。

为了建模基因—文化转译,我们探索了个体决策过程。在量化社会模式中的重要的决定性因素,是竞争的文化根之间的每单位时间转换概率。此概率可被精确地关联到文化根采纳的概率以及两个决断事件之间的等待时间上——以一种使其估算现实可行的方式。社会被设想为一个不断变化的系统,因此携带着可替换文化根的成员比例构成了一个概率密度分布。这一分布被称为民族志曲线;它给出了社会利用各种比例的竞争着的文化根的频率(例如,在0.4的社会中,0.5的成员利用 c_1,另外0.5的成员利用 c_2;在0.05的社会中,0.9的成员利用 c_1,其余0.1的成员利用 c_2;诸如此类,贯穿所有文化根频率;见图4.12)。随着文化进化过程中的比例变化,转换概率也在变化,与描述行为类别的同化函数相一致。我们为从同化函数到民族志曲线的转译提供了主方程,以及允许对文化根动态做出略失精确但有时更为方便的估算的福克尔—普朗克方程。同时应用的还有关于民族志稳定态的一般公式。

两个具有一般性意义的发现已从转译模型中浮现出来。第一个是,在后成规则中,即使是微小的差异(正如同化函数中所反映的那样)也会在最终的民族志模式中被放大。甚至在偏向竞争着的文化根的内在倾向中低至 0.02 的差异——可能低于行为发育的标准研究中可检测到的水平,都能够在民族志曲线的相应模式中产生 1.5 倍或者更大的差异。放大律已被推导出来,在内在倾向的幅度——被选来进行分析的 ξ 值——与民族志曲线中观察到的放大之间,提供了一种精确而简单的关系(见方程 4–42)。在各种各样的发育研究中倾向性已被测定之处,大多数数值都比在民族志数据中产生易检测到的效应所需的数值大一个数量级(表 4.1)。

第二个发现是第一个发现的必然结果:即使当潜在的后成规则与同化函数为基因命令所硬性限制,它们也能产生出较大范围的文化多样性(例如,见图 4.23)。这些先天参数中的微调,能在依赖的社会模式中创造出巨大的变迁。由于个体决断中连续不断的变动,还会有额外的变异由民族志分布的概率本性产生出来。

尽管关于后成规则的合适数据存在于某些发育研究中且可被用于建构大致的民族志曲线,但我们知道,还没有一个案例拥有个体发育与民族志两方面的充足信息,可以以此考察两个层面之间的完整关联。或许最为接近的途径是在兄弟—姐妹乱伦的相关研究中出现的。有可能作出一个同化函数的近似,其在发育研究的基础上可被认为是对社会背景条件相对不敏感的。我们推出了范围相对狭窄的民族志曲线,兄弟—姐妹乱伦的规律应位于其中。可得到的主要是奇闻逸事的民族志测量,似乎也应列入被预测的范围。被选来分析的另一个案例是雅诺马马印第安人村庄的分裂,这里的同化函数看起来接近于一种基于亲缘纽带与村内冲突之间张力的阶梯形式。第三个例子是女装的时尚性,它在大约 100 年的周期里上下波动。其反弹明显地来自通过创新及排他性实现的身份竞争与遵循自然身体形态的趋势之间的冲突。这三则案例记录表明了某些可在同化函数及其演绎出的民族志效应中发现的重大变化。它们也显示了那些需要借助量化理论将发展心理学与人类社会生物学同其他社会科学联系起来的数据的性质。

附录4.1 认知动力学与算法语言

为寻求一种能够自然而简明地表达认知的成分处理的形式化模型,很多人近来都把注意力集中在算法语言或**信息处理语言**(IPLs)上面。这些系统明确地涉及信息处理与符号操作(见 Newell and Simon, 1972; Schank and Colby, 1973; Norman and Rumelhart, 1975; Lindsay and Norman, 1977; Colby, 1978)。尽管主要被运用于心理学以及机器智能研究,它们也适用于认知人类学与人种语义学中的诸多应用(Abelson, 1973; Colby, 1973, 1978; Simon, 1979)。

当完整地写出来时,用 IPL 术语表达的假说—演绎式模型类似于为电子计算机编写的程序,而且它们有着相同的固有优势与局限。我们的观点是:由于正式的 IPL 表达在符号操作的理论中既精确又可嵌入,所以它们对于模型的组织,以及对于以跨文化视角澄清有关认知机制的其他模糊观念,可能是非常有益的。

认知的假说—演绎式模型也能用动力学的语言来表达。这种模型的目标,是抓住可被数字最好地描述的心灵属性。因此贯穿第4章,我们使用了控制马尔可夫过程动态的方程,以此预测在任意给定时间社会中有多少人使用一个特定的文化根。但 IPL 与运动途径的方程并不是不相连接的。当一个 IPL 模型的形式命题指定了后面跟着一个认知机制的每一步,运动方程会同时显示出正在起作用的机制。因而有一种内部关系(只是部分地被理解)存在于这两种对待心灵的基本方式之间。我们在这里希望通过运用一个来自民族志的特别案例来阐明这种深刻的联系。我们将在一个基于格雷格(Gregg)与西蒙定理(1967)的模型的背景条件中呈现它。

委内瑞拉的瓦劳印第安人是一个依赖独木舟运输和捕鱼的水上民族。在青春期及成年早期的一段漫长的时期里,瓦劳男性学习并完善着族人们曾为此载入史册的独木舟建造技术。但正如威尔伯特(Wilbert)(1976)所指出的,通过成为一名独木舟建造者所达到的成熟,并不是瓦劳男性社会化经历的终点。许多人都对"moyotu",或大师级船匠的地位心怀渴望,达到了这种地位,就可以在睡梦中获知独木舟手艺的神话并与独木舟之神建立沟通。为了这种神秘的交流,他们学习恰当的圣歌与仪式。作为仆人的造船者——萨满(shaman),在已经被树立起来的大师级船匠的指导下获得他的神秘体验。大师的角色相对被动;很少提供明显的指示,新入门者任凭自己去发现与体验神话世界背后的假设。吸入致幻的烟与物理隔离都有助于导致睡梦状态。新入门者获得被视为与神灵沟通的特殊的睡梦体验并报告给大师。由大师来做鉴定人。当新入门者达到了某个状态,此时在这位新入门者的心灵中假设的神话世界被建构起来,并且按照社会规范被正确地体验过,大师即宣布学徒期结束。新入门者于是进入大师级船匠的行列,他在该社会中的威望与权力也达到了新的高度。他自己的福利及其亲属的福利都会有显著的改善。"这正是瓦劳文化的天才之处,"威尔伯特评论道,"沿着非正式与非正规的渠道,通过提出新的目标,使每一次个人身份的改变都令人渴望,文化适应成功地激励着造船者的发展。"

在民族志的基础上,有可能为大师指导之下新入门者思想的逐渐建构编写出一个简单的 IPL 模型。它有如下的形式,以 M 为大师,I 为新入门者。

M1:做 M3;然后做 M4。

I1:如果当前假设 ∈ 梦,

则回应←"已经体验神话世界。"

否则回应←"尚未体验神话世界。"

M2:如果回应 = 正确的回应,

则增强←"大师说'是的。'"

否则增强←"大师说'不。'"

I2：如果增强＝"不,"

　　则当前假设←I5。

M3：经由睡梦状态令新入门者产生梦

　　（从梦的属性结构的每一对可能的输出中随机采样）（⇒产生的梦）

　　梦←可能的梦。

M4：如果正确的假设∈梦，

　　则正确的回应←"已经体验神话世界。"

　　否则正确的回应←"尚未体验神话世界。"

I5：产生假设（从可能的假设中随机采样）（⇒新的假设）

　　当前假设←新的假设。

M0：做 M1，做 I1，做 M2。

　　如果增强＝"是的,"

　　　　则新入门者的进步积分＝积分+1，

　　　　否则积分←0，

　　如果积分＝K＝全套的体验，

　　　　则停止，

　　　　否则做 I2，然后重复 M0。

瓦劳文化适应的这一模型,是对由格雷格与西蒙(1967)创建的概念——学习模型的直接适应,在这里以一种适合于当前例子的不太正式的模式写出来。它表明的是,如果以算法、符号——操作形式来表达,威尔伯特数据的认知模型可能会采取的形式。这种信息处理或算法解释是有意机械化的,非常适于在计算机上执行。格雷格与西蒙指出,这一发现模型遵守一个可被严格描绘到马尔可夫过程之上的运动方程。他们把假设或可能的假设从 1 到 $2N$ 编号,令 1 为正确的假设,2 为其在刺激因素(在我们的例子中即为梦)的属性结构上的补充。如果当前假设是 i,且新入门者做了正确的理解,他的认知系统就被说成是处于

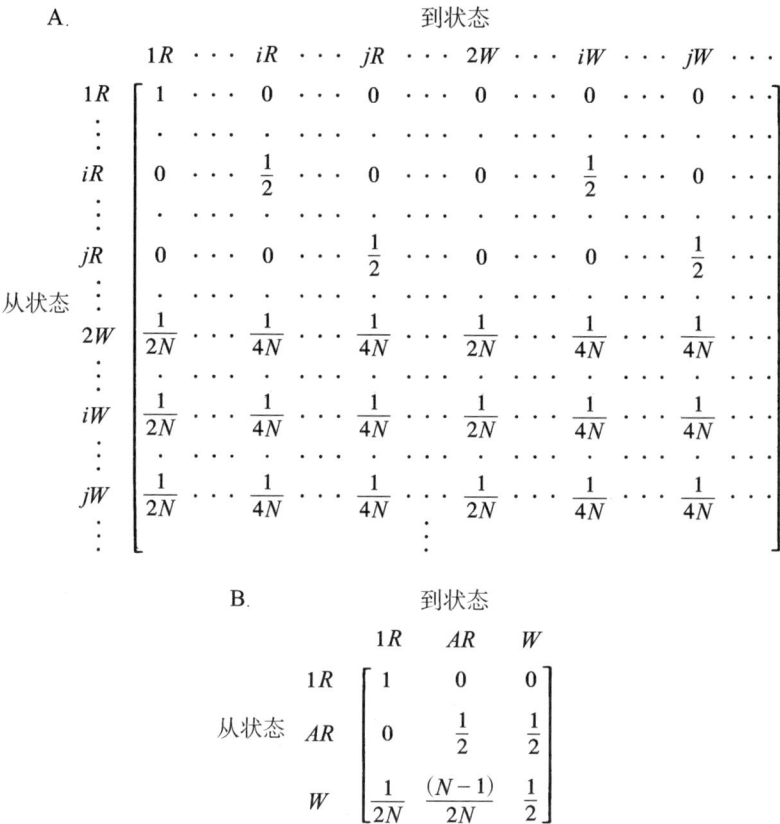

图 4.43 格雷格—西蒙概念—学习模型的转换概率。A, 完全的转换矩阵; B, 聚合的矩阵。

iR 状态。如果做出一个错误的回应,它就处于 iW 状态。有 $4N-2$ 个可能得到的状态,两个状态对应于任选的可能假设,除了最初的两个假设。于是,它们在马尔可夫过程中的转换概率矩阵就有着如图 4.43A 中所示的结构。进而,以 AR 作为聚集状态,这样新入门者如果处于 $iR, i \neq 1$,那么他也就处于 AR; W 为等价于 $iW, i = 2, \ldots, N$ 的聚集状态;以及 R 等价于 $1R$。这样就可以显示出:新入门者的认知动态等价于简单得多的、三态的、聚合的马尔可夫过程,如图 4.43B 中所示。

这些以及类似的结论展现了在学习及认知的 IPL 与运动方程途径之间丰富的关联性。我们在发展基因—文化理论时强调的后成规则是认知的机制,它最终产生出状态矩阵内部的转换概率;换言之,它们是为 IP 算法给出它们的特定结构的信息与符号操作策略的一部分。

附录 4.2　推导文化根的运动方程

用方程(4-24)把(4-21a)重写为

$$\partial_t P(N\nu_1, N\nu_2, t) = N(\nu_1 + \Delta\nu)v_{12}[N(\nu_1 + \Delta\nu), N(\nu_2 - \Delta\nu)]$$
$$\cdot P[N(\nu_1 + \Delta\nu), N(\nu_2 - \Delta\nu), t]$$
$$+ N(\nu_2 + \Delta\nu)v_{21}[N(\nu_1 - \Delta\nu), N(\nu_2 + \Delta\nu)]$$
$$\cdot P[N(\nu_1 - \Delta\nu), N(\nu_2 + \Delta\nu), t]$$
$$- N\{\nu_1 v_{12}[N\nu_1, N\nu_2] + \nu_2 v_{21}[N\nu_1, N\nu_2]\}$$
$$\cdot P[N\nu_1, N\nu_2, t]. \quad (4-A1)$$

定义 $P'(\nu_1, \nu_2, t) \triangleq P(N\nu_1, N\nu_2, t)$,且 $v_{jk}'(\nu_1, \nu_2) \triangleq v_{jk}(N\nu_1, N\nu_2)$,去掉上撇号,我们可将方程(4-A1)写成

$$\partial_t P(\nu_1, \nu_2, t) = N(\nu_1 + \Delta\nu)v_{12}(\nu_1 + \Delta\nu, \nu_2 - \Delta\nu)P(\nu_1 + \Delta\nu, \nu_2 - \Delta\nu, t)$$
$$+ N(\nu_2 + \Delta\nu)v_{21}(\nu_1 - \Delta\nu, \nu_2 + \Delta\nu)P(\nu_1 - \Delta\nu, \nu_2 + \Delta\nu, t)$$
$$- N[\nu_1 v_{12}(\nu_1, \nu_2) + \nu_2 v_{21}(\nu_1, \nu_2)]P(\nu_1, \nu_2, t). \quad (4-A2)$$

扩展右手边的(4-A2)到($\Delta\nu$)中的第二级,我们发现

$$\partial_t P(\nu_1, \nu_2, t) \sim$$
$$N\left[1 + \Delta\nu\left(\frac{\partial}{\partial\nu_1} - \frac{\partial}{\partial\nu_2}\right) + \frac{(\Delta\nu)^2}{2}\left(\frac{\partial^2}{\partial\nu_1^2} - \frac{2\partial^2}{\partial\nu_1\partial\nu_2} + \frac{\partial^2}{\partial\nu_2^2}\right)\right]$$
$$\cdot \nu_1 v_{12}(\nu_1, \nu_2)P(\nu_1, \nu_2, t)$$
$$+ N\left[1 - \Delta\nu\left(\frac{\partial}{\partial\nu_1} - \frac{\partial}{\partial\nu_2}\right) + \frac{(\Delta\nu)^2}{2}\left(\frac{\partial^2}{\partial\nu_1^2} - \frac{2\partial^2}{\partial\nu_1\partial\nu_2} + \frac{\partial^2}{\partial\nu_2^2}\right)\right]$$

$$\cdot \nu_2 v_{21}(\nu_1, \nu_2) P(\nu_1, \nu_2, t)$$

$$- N[\nu_1 v_{12}(\nu_1, \nu_2) + \nu_2 v_{21}(\nu_1, \nu_2)] P(\nu_1, \nu_2, t). \quad (4-A3)$$

但根据定义 $\Delta \nu = 1/N$,在(4-A3)并项之后,有

$$\partial_t P(\nu_1, \nu_2, t) \sim \left(\frac{\partial}{\partial \nu_1} - \frac{\partial}{\partial \nu_2} \right) [\nu_1 v_{12}(\nu_1, \nu_2) P(\nu_1, \nu_2, t)]$$

$$+ \left(\frac{-\partial}{\partial \nu_1} + \frac{\partial}{\partial \nu_2} \right) [\nu_2 v_{21}(\nu_1, \nu_2) P(\nu_1, \nu_2, t)]$$

$$+ \frac{1}{2N} \left(\frac{\partial}{\partial \nu_1} - \frac{\partial}{\partial \nu_2} \right)^2 [\nu_1 v_{12}(\nu_1, \nu_2) P(\nu_1, \nu_2, t)]$$

$$+ \frac{1}{2N} \left(\frac{-\partial}{\partial \nu_1} + \frac{\partial}{\partial \nu_2} \right)^2 [\nu_2 v_{21}(\nu_1, \nu_2) P(\nu_1, \nu_2, t)].$$

$$(4-A4)$$

在(4-A4)中并项得出

$$\partial_t P(\nu_1, \nu_2, t) \sim$$

$$\left(\frac{\partial}{\partial \nu_1} - \frac{\partial}{\partial \nu_2} \right) [\nu_1 v_{12}(\nu_1, \nu_2) - \nu_2 v_{21}(\nu_1, \nu_2)] P(\nu_1, \nu_2, t)$$

$$+ \frac{1}{2N} \left(\frac{\partial}{\partial \nu_1} - \frac{\partial}{\partial \nu_2} \right)^2 [\nu_1 v_{12}(\nu_1, \nu_2) + \nu_2 v_{21}(\nu_1, \nu_2)] P(\nu_1, \nu_2, t).$$

$$(4-A5)$$

变量 ξ 包含由 ν_1 与 ν_2 这两个文化根频率表达的全部信息,它的得出过程如下:

$$\xi = \nu_2 - \nu_1 \quad \text{以及} \quad \nu_1 + \nu_2 = 1 \quad (4-A6)$$

而

$$\nu_2 = \frac{1}{2}(1 + \xi) \quad \text{以及} \quad \nu_1 = \frac{1}{2}(1 - \xi). \quad (4-A7)$$

根据函数 $f = f(\nu_1, \nu_2) = f[\nu_1(\xi), \nu_2(\xi)]$ 的链式规则,

$$\frac{\partial f}{\partial \xi} = \frac{\partial f}{\partial \nu_1} \frac{\partial \nu_1}{\partial \xi} + \frac{\partial f}{\partial \nu_2} \frac{\partial \nu_2}{\partial \xi} = -\frac{1}{2} \frac{\partial f}{\partial \nu_1} + \frac{1}{2} \frac{\partial f}{\partial \nu_2}. \quad (4-A8)$$

从而

$$2\frac{\partial}{\partial \xi} = -\frac{\partial}{\partial v_1} + \frac{\partial}{\partial v_2}. \quad (4-A9)$$

在(4-A5)中使用方程(4-A7)到(4-A9),我们得到

$$\partial_t P(\xi,t) \sim -2\frac{\partial}{\partial \xi}\left[\frac{1}{2}(1-\xi)v_{12}(\xi) - \frac{1}{2}(1+\xi)v_{21}(\xi)\right]P(\xi,t)$$
$$+ \frac{2}{N}\frac{\partial^2}{\partial \xi^2}\left[\frac{1}{2}(1-\xi)v_{12}(\xi) + \frac{1}{2}(1+\xi)v_{21}(\xi)\right]P(\xi,t). \quad (4-A10)$$

从而我们得到近似的运动方程

$$\partial_t P(\xi,t) = -\frac{\partial}{\partial \xi}[X(\xi)P(\xi,t)] + \frac{1}{2}\frac{\partial^2}{\partial \xi^2}[Q(\xi)P(\xi,t)], \quad (4-A11)$$

此处

$$X(\xi) = (1-\xi)v_{12}(\xi) - (1+\xi)v_{21}(\xi) \quad (4-A12)$$

以及

$$Q(\xi) = \frac{2}{N}(1-\xi)v_{12}(\xi) + \frac{2}{N}(1+\xi)v_{21}(\xi). \quad (4-A13)$$

从诸如(4-A1)的主方程产生出偏微分方程,有时被称为克拉默斯—穆瓦亚尔技术。相关评论与进一步的讨论见 Haken(1975), Görtz(1976), Horsthemke and Brenig(1977), Nicolis and Prigogine(1977)。

附录 4.3 一个 M-文化根模型

假设 M 文化根,$c_1, \ldots, c_M$,对于每个社会成员都是可以得到的。当 $M>2$,放大方程可通过对这个双文化根案例的直接归纳推导出来。

被允许的转换有如下形式

$$(n_1, \ldots, n_j+1, \ldots, n_k-1, \ldots, n_M)$$
$$\rightleftharpoons (n_1, \ldots, n_j, \ldots, n_k, \ldots, n_M) \quad (4-A14)$$

对此,主方程为

$$\frac{d}{dt}P(n_1,\ldots,n_M,t) =$$

$$\sum_{\substack{j=1\\j\neq k}}^{M}\sum_{k=1}^{M}(n_j+1)v_{jk}(n_1,\ldots,n_j+1,\ldots,n_k-1,\ldots,n_M)$$

$$\cdot P(n_1,\ldots,n_j+1,\ldots,n_k-1,\ldots,n_M,t)$$

$$-\sum_{\substack{j=1\\j\neq k}}^{M}\sum_{k=1}^{M}n_j v_{jk}(n_1,\ldots,n_j,\ldots,n_k,\ldots,n_M)$$

$$\cdot P(n_1,\ldots,n_j,\ldots,n_k,\ldots,n_M,t). \qquad (4-A15)$$

定义文化根频率 $\nu_k = n_k/N, k=1, M$，对于 $0<\nu_k<1$，我们就得到福克尔—普朗克运动方程

$$\partial_t P(\boldsymbol{\nu},t) = -\sum_{j=1}^{M}\frac{\partial}{\partial \nu_j}[X_j(\boldsymbol{\nu})P(\boldsymbol{\nu},t)] + \frac{1}{2}\sum_{j=1}^{M}\sum_{k=1}^{M}\frac{\partial^2}{\partial \nu_j \partial \nu_k}[Q_{jk}(\boldsymbol{\nu})P(\boldsymbol{\nu},t)],$$

$$(4-A16)$$

此处

$$X_j(\boldsymbol{\nu}) = \sum_{\substack{k=1\\k\neq j}}^{M}[\nu_k v_{kj}(\boldsymbol{\nu}) - \nu_j v_{jk}(\boldsymbol{\nu})] \qquad (4-A17)$$

并且

$$Q_{jk}(\boldsymbol{\nu}) = \begin{cases} N^{-1}\sum_{\substack{k'=1\\k'\neq j}}^{N}[\nu_j v_{jk'}(\boldsymbol{\nu}) + \nu_{k'} v_{k'j}(\boldsymbol{\nu})] & \text{当 } j=k,\\ -N^{-1}[\nu_j v_{jk}(\boldsymbol{\nu}) + \nu_k v_{kj}(\boldsymbol{\nu})] & \text{当 } j\neq k. \end{cases} \qquad (4-A18)$$

对比于双文化根案例，没有容易的程序可得到稳定分布，除非 X_j 与 Q_{jk} 有着非常简单的属性。这一困难经常可以通过把这些文化根簇集成两套系列，然后再通过继续对双文化根案例进行分析来克服。

附录4.4 稳定解

从方程(4-26)，

$$\partial_t P(\xi,t) = -\frac{\partial}{\partial \xi}[X(\xi)P(\xi,t)] + \frac{1}{2}\frac{\partial^2}{\partial \xi^2}[Q(\xi)P(\xi,t)]$$

我们寻求 $P(\xi)$，因此

$$\partial_t P(\xi) = 0 = -\frac{\partial}{\partial \xi}[X(\xi)P(\xi)] + \frac{1}{2}\frac{\partial^2}{\partial \xi^2}[Q(\xi)P(\xi)] = \frac{\partial}{\partial \xi}J(\xi), \quad (4-A19)$$

$$(4-A20)$$

此处

$$J(\xi) \triangleq -X(\xi)P(\xi) + \frac{1}{2}\frac{\partial}{\partial \xi}[Q(\xi)P(\xi)] \quad (4-A21)$$

即所谓的概率波动。显然，当 $J(\xi)=$ 常数，$\partial_t P(\xi) = 0$。

这个常数的值是什么？我们知道，社会有固定的规模 N，所以使 N 变成任何不同数值的系统状态转换都是被禁止的。以 ξ 来说，这就意味着，ξ 在 -1 与 $+1$ 之间反弹。结果是没有一个概率密度 $P(\xi)$ 有机会进展到超过区间 $[-1,+1]$，而 $\xi = -1$ 与 $\xi = +1$ 就是随机过程 $\xi(t)$ 的反射边界。但是既然 $J(\xi=-1)$ 与 $J(\xi=+1)$ 简单地就是 $P(\xi)$ 在边界处的损失或增益，那么不管是什么进入了反射边界，一定会被反射回来，因此净流量 $J(\xi=-1)$ 与 $J(\xi=+1)$ 也必然为零。

然而，$J(\xi)$ 在 $[-1,+1]$ 区间上的任何地方的稳固状态中都是常数，而且可以断定的是，对于边界条件

$$\partial_t P(\xi) = 0 \text{ 当且仅当 } J(\xi) \equiv 0, \ -1 \leq \xi \leq 1 \quad (4-A22)$$

那么，根据方程 $(4-A21)$，即有

$$-X(\xi)P(\xi) + \frac{1}{2}\frac{d}{d\xi}[Q(\xi)P(\xi)] = 0, \quad (4-A23)$$

或

$$\left[-X(\xi) + \frac{1}{2}\frac{dQ}{d\xi}(\xi)\right]P(\xi) + \frac{1}{2}Q(\xi)\frac{dP}{d\xi}(\xi) = 0, \quad (4-A24)$$

或

$$\int_{P(-1)}^{P(\xi)} dP(\xi) = \int_{-1}^{\xi} 2\frac{X(\xi)}{Q(\xi)}d\xi - \int_{Q(-1)}^{Q(\xi)} \frac{dQ(\xi)}{Q(\xi)}, \quad (4-A25)$$

或

$$\ln P(\xi) = 2\int_{-1}^{\xi} \frac{X(\xi)}{Q(\xi)} \mathrm{d}\xi - \ln Q(\xi) + 常数, \qquad (4-A26)$$

它给出形式

$$P(\xi) = \frac{C}{Q(\xi)} \exp\left[2\int_{-1}^{\xi} \frac{X(\xi)}{Q(\xi)} \mathrm{d}\xi\right], \qquad (4-A27)$$

此处 C 是一个标准化常数。

第 5 章
基因—文化适应性地形

我们对基因—文化放大的处理，使一个事实变得清晰：当后成规则独立于周围文化或任何学习经验单独发挥作用的时候，基因与文化之间的交互作用尤其简单。我们已经仔细研究了相关证据，即几种重要的案例，包括兄弟—姐妹乱伦、颜色命名的模式以及母婴纽带，似乎非常接近于这种情况。此种后成规则以一种很少受其他文化根的存在或性质影响的方式指导行为程序的装配。此种规则的相对简单性，使其成为我们最初获得遗传进化与文化进化相结合的具体图像的自然起点。我们这项计划的目的，就是要公式化协同进化的图景，以数学的形式，合并两种变化模式的交互性。我们希望从导致特定类型或特定设计的后成规则盛行的进化机制相关图景中引出结论。

不论何时，只要可能，我们就会以与传统种群遗传学相平行的方式写出方程及其先前的论点，以此强调纯遗传进化与基因—文化协同进化之间相似与相异的两方面。我们将用这种方法展示：有可能从理论种群遗传学及生态学中整理出大量现存的概念，用来分析基因—文化协同进化的特定方面，特别是后成规则适应峰值的存在、环境异质性效应以及种群内部纯表型变种的角色。

对于有着不依赖选用模式的后成规则的社会种群，本章的前几节将给出一种直接的公式化模型。它是在第 4 章中发展出来的模型的一个简化版本，且适于应用到进化时间的尺度。它的后成规则被两个等位基因在一个单独的基因座上塑造出来，而种群跨越部分重叠的世代演替进行繁殖。既然清楚的是，单基因座模型对理论有益，但它们与真实的认知系统没有一点儿明显的关联，那我们就首先收集有关这一问题的证据。当前关于通过多基因及通过主基因实现的特征控制的发现表明,被适当应用的单基因座模型将会找到有用的应用。我们将在本章和接下来的一章里把我们对这一点的处理一分为二。在下一节,我们将一般性地考察种群遗传学的现状,而其中单独基因座上的突变可能对神经回路结构、大脑个体发育以及认知与行为的动力学产生的影响,则留待第 6 章做更细节化的处理。

既然我们的目标是要引出关于选择压力影响后成规则进化轨迹的结论,我们就从一种时间依赖的生态学以及恒定的选择压力开始入手。因此模型应充分简单地展现关于基因频率动态的适应性地形的存在;这一地形是由后成规则与适合度系数这两个要素共同创建的新型实体。它的主要优点是清晰,能够揭示出协同进化过程中选择压力与后成规则之间的紧密结合。

下面,我们回到在时间或空间中变迁的环境。通过既应用适合度集合论证,又应用霍尔丹—贾亚卡尔方法,我们获得了对异质性环境选择出来的后成规则类型的第一级分类。在最后一节中,我们要处理发育噪声与表型可变异性在协同进化中的角色问题,推论出:先前得到的主要结论保持不变,而后成规则中的变异在塑造进化轨迹方面扮演着一个具有潜在重要性的次要角色。

为了开始处理适应峰值问题,有益的做法是以赖特(Wright)(1932,1970)的方式,设想在地形表面部署的基因型局部阵列,并以海拔标示出它们的适应值。设想一个二维的网格,一个种群中所有可能的配子或二倍体重组体都绘制于其上。在其上伸展着的,是可由突变及附近种群的新等位基因迁入产生的所有可能的配子或重组体的表面。一种直接的、对适应性地形点对点的可视化是困难的——如果不是不可能的话,因为最终潜在的基因型多样性规模是一个天文数字。* 此外,对于 n 个多态性基因座,每一种组合及其适合度都将需要一个 $(n+1)$ 维的空间曲线图。但地形的粗略的几何概念经常被证明是有价值的。

---

* 单单 50 个二倍体基因座就可能产生 7×10^{23} 个二倍体组合,或相当于一克分子量的分子数量,而同时,1000 个二倍体基因座(实际上在许多种高级植物与动物身上都不止这个数)可能产生比可见宇宙中的原子还多的组合。

这是一个类比,允许一种对进化过程的快速的初步掌握,它也为种群遗传学理论中的限制情况导出了更精确的公式化,例如特纳(1970)与爱德华兹(Edwards)(1977)所做的评论。

这地形图中包含高遗传适合度的小山与高山,还有低遗传适合度的谷地。其中的突起经常聚集成山脉,代表着重要的适应类别,比如哺乳动物中的有蹄类、鸟中的雀类以及社会性昆虫的多等级形式。每一种群都在地形表面占据一小块地方。更严格地说,种群是由各种各样拥有这表面上的点所代表的基因型的个体所组成的。随着自然选择增加位于斜坡上边缘的基因型并消除位于斜坡下边缘的基因型,进化就此开展下去。进步的速率是等位基因相对频率及其基因型组合适合度的一个函数。例如,在二倍体的情况下,此处 p 与 q 是基因频率,$\overline{W}$ 是平均适合度,

$$\overline{W} = p^2 W_{AA} + 2pq W_{Aa} + q^2 W_{aa}, \tag{5-1}$$

而基因频率变化的速率为

$$\Delta p = \frac{pq}{2\overline{W}} \frac{\mathrm{d}\overline{W}}{\mathrm{d}p} \quad \text{每世代}。 \tag{5-2}$$

因此,定位于包含一个 a 等位基因的表面的点上的个体频率,就作为 a 的频率以及由 A 和 a 产生的二倍体基因型的平均适合度的一个函数而增加了。当大多数或全部个体都拥有占据着最靠近的适应峰值的基因型时,这样一个理想的进化中的种群可获得一个稳态。或者它可能不确定地落在位于鞍点或刀脊中间点的基因型附近,在这里每次偏离都更有可能滑下陡坡而不是继续爬上山顶。该种群也可能由于基因漂移或其他种群不良基因组合的迁入而偏离其向上的过程。这些事件中的任何一种,都可能有着足够的影响来把该种群带向另一个斜坡,使其开始向着另一个先前无法达到的适应峰值前进。

利用表面上的点代表整个种群的基因型频率,可产生一种更简明的适应性地形概念。这样,一个点 P_1 就是一个有着一套分别为 AA、Aa、aa 的特定频率的种群位置。该地形的海拔为 $\overline{W}$,即在方程(5-1)中定义的种群平均适合度。

种群倾向于以一种在平均适合度中获利的方式进化;也就是说,它们从 P_1 迁移到其他的频率组合,譬如拥有更高平均适合度的 P_2 和 P_3。这就是我们稍后将在这一章中运用到的、将理论扩展到基因—文化协同进化的可视化程序。

经典的种群遗传学模型,典型地会把适应性地形处理为好像它在穿过进化时间的过程中是静止的。但该地形被更准确地描绘成一片浓稠的糖浆海。穿过进化时间,山峰缓慢下沉,同时附近的山谷向上堆积成为山脊和小山。栖居的种群通过之字形轨迹移动着;大多数都在途中遇险并灭绝了。这表面的某些区域可能会变得更加具有流动性。明白地说,重大变化可能在一个单独的生命周期里频繁发生:森林火灾突发、猎物物种灭绝、饥荒加深、新捕食者入侵,但随后会迎来一场坚果丰收,如此等等。

进化轨迹很少能——如果曾经有过的话——直接引向全局最优化状态,即引向最高但始终遥远的山脉。可以设想有一只理想的蚂蚁——也许有着巨型大脑和钢铁下颚——但它在分配给它们或分配给地球上任何其他形式生命的剩余时间里,都不会为当代一万个蚁科物种所企及。可能想象出各种各样只是稍逊一筹的其他设计,但它们也代表了实际上无法达到的适应顶峰。出于这个原因,预言长程进化即使不是不可能,也是过于困难的,同时也证明了极值原理在进化生物学中的作用是有限的(Oster and Wilson, 1978)。

但适应性地形的概念却能够说明物种的短期历史,并有助于估计种群对其环境适应的准确度与精确度。例如,采集新鲜植物作为共生真菌生长基质的切叶蚁 *Atta sexdens* 群体,由有着头宽 2.2—2.4 毫米的工蚁组成。实验已经证明,按照能量效率的标准衡量,最优化的正是这一群体(属于头宽在 0.6—5.4 毫米范围内的整个蚁群)(Wilson, 1980b)。当设计出额外的短程行为进化的模型被建构出来,会发现这种切叶蚁群体处在理论最优群体(头宽 2.6—2.8 毫米)的 10% 以内。因此在其至关重要的觅食活动中,*Atta sexdens* 可以说既是最佳的又是接近最优化的;它被定位为极其接近一个局部的适应顶峰。

对适应的研究最有可能通过这样的小步伐来取得进步。就像扫描未知行星几平方千米表面的软着陆飞行器那样,最优性技术可应用于实验性的可追踪物种,以此提供对短期进化过程的密切观察。可以画出局部适应性地形图的草图,最终使得在更为坚实的经验基础上重构进化理论成为可能。

种群遗传学

种群遗传学,这一负责分析基因频率变化动态与适应性地形的学科,以孟德尔遗传学及分子遗传学的事实为基础,创造出了精致复杂的理论。但它与生物学的其他方面——特别是后成现象与行为,以及生态学(最为关注自然选择压力的领域)的研究——的关联仍然很弱。这种不一致,部分地是历史偶然性的结果。种群遗传学的许多实验研究用在了果蝇(*Drosophila*)的身上,它们的自然生态学格外难以研究,还有智人,其有着所有生物体中最复杂、最不可追踪的发育与生态关系。注意到种群遗传学分析中的某些困难,以及它们对基因—文化协同进化随后的未来研究所造成的限制,是很重要的。

将基础理论应用到真实的系统,障碍在于双位以上情况中基因座相互作用的潜在的巨大复杂性(Lewontin, 1974; Barker, 1979)。首先就是上位性(epistasis),即位于不同点位的等位基因效果中非叠加性的相互作用。在一些情况下,上位性在于一个点位上的等位基因被另一点位上的等位基因所完全遮蔽。然而,它也包括更微妙的现象,比如跨基因座的中等程度抑制以及这些基因座对一个普通表型的倍增促成。

当来自不止一个基因座的等位基因促成一个单独的性状,它们就被称为多基因(polygene),而该遗传就被说成是多基因的或多因子的。最广义定义的多因子遗传几乎是普适的;如果有的话,极少数的性状变异是完全处于单一基因座的控制之下的。受多基因影响的变异可能以三种方式的任意一种表达出来(Hartl, 1980)。它可被部署为离散的类别,诸如果蝇胸部刚毛的数量以及花的瓣数。或者这种变异能形成一个阈值:当特定环境中有足够数量的特定种类的多基因存在,性状就被表达;低于这个数量(在相同环境中),性状就不被表达。

人身上的例子包括糖尿病和精神分裂症。最后,在表达的可能通行模式中,多基因会影响大多数种类的解剖学特征、生理学过程以及行为的多组性状之间的连续变异。一些多基因会影响其他多基因的活动,因此也是上位性的。其他种类的多基因简单地有助于表型以一种额外的方式出现。

另一种主要形式的基因座间互动是连锁不平衡(linkage disequilibrium),一种当基因座位于相同染色体时发生的、偏离不同基因座等位基因的随机联合的现象。如果等位基因 a_1 与 b_2——代表两个基因座——主要是在一个染色体上被找到,而 a_2 与 b_1 主要是在第二个同源染色体上被找到,那么组合 a_1b_2 与 a_2b_1 就有可能在至少以后几代的配子当中,比仅凭随机可期望的出现得更为频繁。有时,这种连锁不平衡可简单归因于随机基因漂移或先前被隔离的物种与遗传学上相异的种群的混合。然而,更有趣的情况是等位基因的上位性互动。如果等位基因以一种能获得比它们单独拥有的适合度更高的适合度的方式彼此增强,它们就能获得一种稳定的连锁不平衡。在一个变动的环境中,或面临来自其他的、基因上相异的种群的反复入侵,连锁的等位基因就将显现为一个"超级基因",规定出一套表型,这套表型与相同基因座上的替代基因所规定的表型是不同的。如果超级基因的杂合体拥有比其各自的纯合体更高的适合度,这种不平衡甚至在一个稳态的、封闭的种群中也能稳定下来。像这样似乎已被其成员等位基因的共同适应所稳定化了的、有或没有杂合体优势的集合的例子,在田野调查中已经积累了可观的文献。它们包括:控制陆蜗牛的壳色与条纹的基因(Jones et al.,1977),以及某些果蝇的染色体倒置的成分等位基因(Dobzhansky,1970;Dobzhansky et al.,1977)。

连锁对微进化的影响可能是复杂的。理论研究指出,基因可通过搭乘效应被包括在平衡集合体之中,并且在多种条件下,复合基因的频率均衡可能会发生,一些出现在稳定的连锁不平衡中,其他的则出现在连锁平衡中(Maynard Smith and Haigh,1974)。

堪称基因座间互动的相反效应的是多效性(pleiotropy),即单独等位基因的多重表型效应。虽然适合度的一种成分有可能被给定的等位基因所增加，另一种意想不到的成分却有可能被减少。多效性效应经常抄解剖学、生理学以及行为学的近路（Futuyma，1979）。在挪威鼠中，软骨发育不全基因会引起胚胎发育早期软骨生长的整体异常，进而造成吸乳能力障碍、门齿阻塞以及肺循环不足。多效性效应也可能是上位性的。例如，su-pr 突变，既抑制果蝇的紫眼突变，也增强毛翅性状的表达，它还是要为刚毛过多生长负责的第三突变。

由于它们的非线性以及经常令人惊奇的效应，基因座间的互动与多效性妨碍着对几乎是最简单的生化性状的精确的遗传学分析。而种群遗传学与发展遗传学在今天正一日千里地解决着复杂解剖学及行为研究中定期会遇到的那种不太可追溯的问题。相对容易的是，对多效性控制中涉及的基因座数目做出一种数量级上的估算（Milkman，1979；Hartl，1980）。在对果蝇的多基因进行染色体绘图的过程中，已经取得了实质性的进展（Thoday，1979；Thompson，1979；Thompson and Kaiser，1979）。也已经在小鼠的迷宫学习、吗啡敏感以及支配行为等案例中做出了对多基因数目的粗略估计（Oliverio，1979）。在无法立即直接获得关于基因自身的明确信息的地方，一套用来估算性状遗传可能性的技术大集合已经发展出来。对于基因型、环境以及基因型—环境相互作用对表型变异的相关促成，这些技术都会给出相当接近的近似（Falconer，1960；Jinks，1979；Cloninger et al.，1979a, b；Hartl，1980；Karlin，1980a, b）。

一些作者仍然对从种群水平上分析多基因的前景表示悲观。如果人类基因组包含 10 万数量级的基因数[例如由麦库西克（McKusick）与拉德尔（Ruddle）所指出的，1977]，并且这些基因中的相当一部分影响着特定性状的变异，表型与适合度的可能序列量就会是一个天文数字，并且着眼于一个或两个基因座的种群遗传学的传统动力学方程也可能将不再起作用（Lewontin，1974）。然而，当前的研究表明，该问题也许并不像更单纯的算术练习所表明的那样几乎是令人望而生畏的。汤普森（Thompson）与索迪（Thoday）（1979）这样表达了问题的实质："几乎没有证据表明影响任意特定性状的多基因数目是格外巨大的。事实上,在那些基因数目已被详细研究的实例中,数量非常有限的基因座为绝大多数遗传变异做出了解释。"斯皮克特(Spickett)(1963)描述了三个能对黑腹果蝇(Drosophila melanogaster)腹侧刚毛数量的已知变异做出解释的多基因,由此举出了一个分析得更仔细的例子。在行为学领域,科瓦奇(1980)关于鹌鹑的颜色偏好的研究暗示了4—8个相互分离的遗传单位。

此外,在自然种群中被观察到的许多系统,并不在狭义的多基因的控制下以复合的基因座大致同等地促成表型的变异。取而代之的是,存在着单独的主基因(或"开关基因"),其作用在某种程度上有可能被修改因子所改变。在过去的10年里,果蝇身上的众多单基因座突变已经得到确认,它们能通过实际上每种可想象的细胞聚合、组织发生以及神经系统功能中单个步骤的改变来改变行为及信息的处理过程(Hall and Greenspan, 1979)。它们多种多样的效应触及大多数的感知形态,而其范围包括了从非常微小到重大以至致命的各级程度。某些效应甚至能改变特定形式的学习能力,包括 x 染色体记忆缺失——它能降低记忆水平,但对其他方面却没有明显的影响。

人类遗传中控制形式相对简单的例子包括:一个主基因影响着特定形式的空间能力(Ashton et al., 1979),以及一种赋予成年人以产生乳糖分解酵素并以此消化牛奶的能力的疑似显性常染色体基因。后一种性状的频率在人类种群之间显示出大量的差异,与日常饮食中对牛奶及奶制品的使用情况紧密相关(Kretchmer, 1972)。当涉及基因座全体时,它们的等位基因有时会通过倒位、易位或强大的上位性互动而稳定地连锁成分离的单元,由此可以通过基于少基因座系统的种群遗传学的更为初级的模型来进行处理(Dobzhansky, 1970)。

科学家已经对多种多样的蝴蝶、飞蛾、果蝇、开花植物以及其他生物物种进行了聚焦于主基因和基因组块的微进化研究。在自然条件下,观察到20%或更高比例的选择优势并不罕见(Ford, 1971)。在我们看来,没有理由怀疑,对于人类种群中的定向微进化,可在基因水平上得到类似的信息,比如中欧人群在过去700年间的短头畸形率增加(Bielicki and Welon, 1971)、赤道丛林俾格米人和类俾格米人在过去两万年间身高的缩短与皮肤色素的变浅(Hiernaux,1977),以及巴布亚人在尚不明确的时期里对疼痛的忍耐力和抵抗力的增加(Gajdusek,1970)。因为同等位基因电泳分离法、酶的完整化学描述以及其他分子技术的出现,这样的前景在人类遗传学的飞速进步中变得更加明朗。截至1977年,根据麦库西克与拉德尔的研究,1200个人类基因已经被确定,其中有210个被绘制到特定的染色体上。23对染色体的每一对上至少有一个基因已被定位。虽然大多数这样的基因主要影响的是解剖学及生化性状,但也有很多基因会改变行为。同样重要的是,最初的人类基因现在已经被分离出来并在化学上做了描述(Derynck et al., 1980)。

我们提出,关于大脑与行为微进化的遗传学基础的有效研究策略将集中在这样的案例上:在这些案例中,相对被较好定义的后成样式的变种被一个主基因控制,或至多由相对少量的多基因控制。迄今为止累积起来的证据指出,这些更简单的系统是常见的,也会在生化技术的辅助下越来越容易得到。在把基因—文化理论应用于这些系统的过程中出现的单基因座及少基因座模型,也是相对简单的,并将因此而使我们对生物体与基础理论这两个方面的理解得到快速的增长。

协同进化地形的存在

如果我们继续假定社会行为的遗传学分析是可行的,那么一种严格的协同进化理论就必须在一开始的时候提出两个基本的重要问题。存不存在一种在任何意义上都堪比纯粹遗传学地形的基因—文化适应性地形?如果存在的话,能不能将种群遗传学与生态学理论进行扩展,从而以一种增强协同进化策略分析的方式对基因—文化地形的特征展开描述?对于一个基因座的经典案例,我们已经能够肯定地回答这两个问题。对于具体的存活率、生殖率以及增加或至少是在各个相继世代中保持不变的后成规则,基因与文化根频率的函数是存在的。因此,对于把传统的种群遗传学理论扩展到一个新领域的基因—文化协同进化,可以写出相关的运动方程。

在我们即将考虑的理想化种群中,除了各自的生殖周期,世代之间在时间上还是有重叠的。这些世代以一种允许对基因频率做透明核算的方式,呈现出准离散的状态。参与该种群内基因—文化协同进化的一个生物体的生命周期,按以下的连续步骤向前演进:

(1) 合子形成,幼体成长、发育。

(2) 幼体经历一段文化适应时期。幼体继承而来的特定的后成规则在或大或小的程度上指导他们获得一份特定容量的文化图式。文化根创新的过程在持续的协同进化中扮演着一个关键角色。当一个文化根的频率是低的,少数个体的死亡或迁移就能导致它从种群中意外地消失,而文化多样性也会因此而下降。作为两种文化根无限维持的一个必要条件,我们设想这些成员都是创新者。结果是,文化根 c_1 与 c_2 不断地被重新发现,并因此总是能被幼小的成员所获得。

(3) 随着老年成员相继死去,年轻者存活下来,并以他们吸收了的文化根所设置的速率而繁殖。虽然这些等位基因塑造了认知的后成性,决定适合度的却是表达在实际行为中的文化根。对于这些生物体,文化已经成为适应性储备的一个至关重要的部分。这些年轻的成年体在基因与文化根方面随机地结成配偶。

(4) 年轻者的后代开始下一个生命周期。

在这些步骤中的每一个主要条件,都有可能被降低到一个实质性的程度,而不引发由更加硬性的初级版本推导出的定性结论中涉及的不良后果。

文化适应的模式符合已知的文化动物社会化规则(Bonner, 1980)以及大多数经济上相对原始的人类社会(Williams, 1972a, b)。就人类的情况而言,幼儿要接受群体中相当一部分家族内外成年成员的教导,所以在许多种文化根中都存在着一种教与学过程的相对同质性。此外,纵观人类历史,狩猎者—采集者群体(大多数基因—文化协同进化都发生于其中)也一直仅包含 15—75 个个体成员（Wobst，1974；Hage，1976；Buys and Larson，1979）。因此设定这样一种情况是现实的：在任意给定的世代之内，遍布社会的都是统一的文化适应实践。（对文化适应更充分的讨论见第 4 章。）

在最简单的情况下，两个等位基因(A,a)与两个文化根(c_1,c_2)的协同进化在种群的生命周期中被反复地追踪到：

合子。在时间 t 上有 N_t 个个体的种群中，合子之间的二倍体基因型的数量由哈迪—温伯格分布给出：

$$p_t^2 N_t + 2 p_t q_t N_t + q_t^2 N_t = N_t, \qquad (5-3)$$

此处，p_t 与 q_t 是两个等位基因 A 与 a 的频率，并且 $p_t + q_t = 1$。

文化适应。大多数原文化与优文化有可能落在图 5.1A 所示文化适应的两种极端策略之间的某处。对于人类，可替代性文化根的吸收及其在长期记忆中的保留，就涉及观察式学习与同情式学习（详细评论见 Rosenthal and Zimmerman，1978）的经验类别而言，结合日常的反省，已经被明确地论证。在文化适应期间由一个单独的文化根所占满的极端情况，也因此成为那些个体不随评价与决定的初始事件而转换文化根的实例中最令人感兴趣的一种。这一模式有望发生在由初级后成规则及从属的一套相对有选择性的、不灵活的二级后成规则塑造的思想类别中，比如那些控制恐惧和恐惧症的规则。它也有可能描述那些灵活的并且因此可以接纳多重文化根的后成规则，而在个体做出了初始决定时唤起对新事物的极端的恐惧感觉。这种情况似乎典型地反映了道德行为以及宗教意识形态的特定编码的激励作用，这是一种一旦安装在心灵之中就能变得极其持久的思想系统。

更进一步地，随着文化复杂度的增加，以及社会群体之内流通的文化根数量的相应增长，用于获取全套现存的文化根或甚至其中的一大部分的策略将不再有效，除非在服务于长期记忆的大脑系统中发生宏进化的重组。原因在于把一个文化根写入长期记忆所需的相对冗长的时间（每一个新知识块合并到旧知识块大约用时 10 秒；见第 3 章）。生物体只是没有时间来"知道每一件事"，

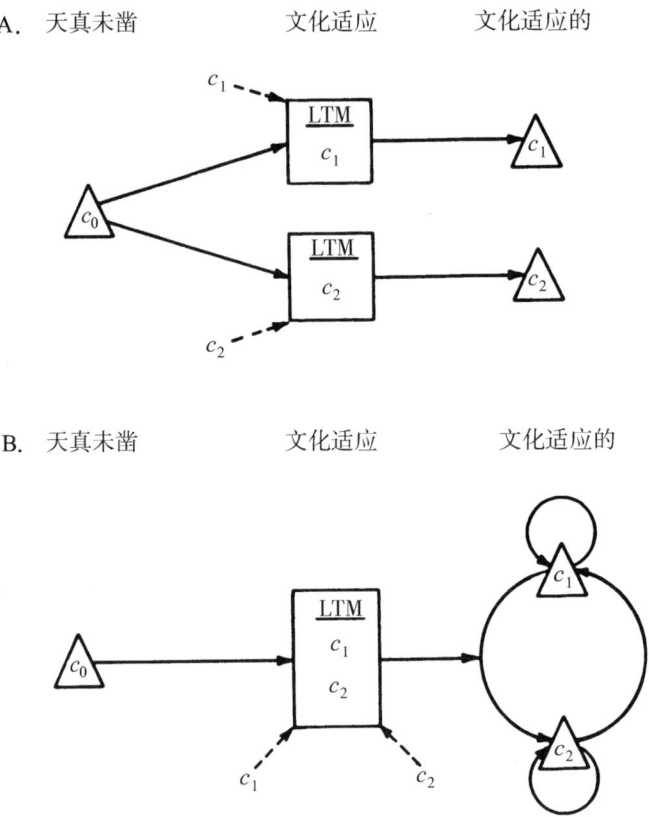

图 5.1　生命周期中完整的决策过程,其中涉及文化适应过程(从 c_0,或无文化根的状态开始),以及之后做出的保留相同的活跃文化根或转向其他选择的决定。A:每一类文化根中只有一个文化根被使用的文化适应。这样当一类文化根中的一个被学会,或在学习的备选方案中做出第一次选择之后,后成规则即关闭学习与选择的过程。B:更为现实的文化适应策略,学习多种文化根,伴随以连续的决策。LTM = 长期记忆(long term memory)。

也就必须让与他者一定的信息权利。但对于我们当前的目的而言,注意到对于文化根流通相对较少的原文化群体,以及万事通型文化适应依然管用的小型狩猎者—采集者队伍的优文化,全同化策略将再一次紧密相关,这就足够了。

在第 4 章中,对于文化的结构及改变,我们深入地讨论了决策的后成机制及其后果。在这一章,我们计划在细节上处理图 5.1A 中所展示的后成策略对于进化时间尺度上基因频率变化的后果。因此各个幼小者都依赖于单独的文化根。使个体倾向于 c_1 或 c_2 的后成规则是不灵活的;换句话说,在这一章里我们将把我们的注意力引向如同兄弟—姐妹乱伦案例中的那些 ξ 依赖的同化曲线。然后第 6 章将会引入一个统一的数学理论,其中基因与文化的相互作用是以比图 5.1B 中所示的协同进化过程远为一般化的模型为基础的。

正如前面的章节中所描述的,后成规则生成了给定文化根类别中多种文化根的获得与利用的概率分布。出于方便,这些分布将再一次被称为**使用偏向曲线**(或者,为了简短,就叫**偏向曲线**)。$u(c_k|G_iG_j)$ 这个量将是个体随着文化适应选择使用文化根 c_k 并依赖终生的概率(见图 5.2)。当背景条件是清楚的,符号 $u(c_k|G_iG_j)$ 将被简写成 u_k。

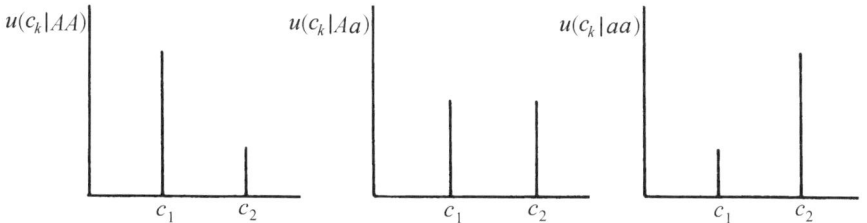

图 5.2　使用偏向曲线的一个例子,其中有两个文化根(c_1 与 c_2)以及两个等位基因(A 与 a)。曲线为发育期间后成规则作用的结果,其进而也处于等位基因的控制之下。

选择。适合度 $W_{ij}(c_k)$ 将代表常规的绝对选择性的数值,以 $2W_{ij}(c_k)$ 作为一个在整个前生殖时期 T 中使用了 c_k 的生物体所产生的配子的总数。

我们现在把用于基因型 ij 的一个**绝对适合度值向量**定义为

$$W_{ij} \triangleq [W_{ij}(c_1), W_{ij}(c_2)]. \tag{5-4}$$

类似地,基因型 ij 的**使用偏向向量**被定义为:

$$L_{ij} \triangleq [u(c_1|ij), u(c_2|ij)]. \tag{5-5}$$

W_{ij} 的分量简单地说就是常规的绝对选择性值,每个文化根都有一个。类似地,L_{ij} 的分量是偏向曲线的倾向值,它是从遗传学决定的后成规则中推导出来的。

以。代表向量之间的点乘操作。

等位基因 A 在一个世代的**基因—文化传递**之后的频率是

$$p_{t+1} = \frac{p_t^2 W_{AA} \circ L_{AA} + p_t q_t W_{Aa} \circ L_{Aa}}{p_t^2 W_{AA} \circ L_{AA} + 2 p_t q_t W_{Aa} \circ L_{Aa} + q_t^2 W_{aa} \circ L_{aa}}. \quad (5-6)$$

相对于正常的**遗传传递**情况下基因频率变化的方程，这一表达也许是有用的：

$$p_{t+1} = \frac{p_t^2 W_{AA} + p_t q_t W_{Aa}}{p_t^2 W_{AA} + 2 p_t q_t W_{Aa} + q_t^2 W_{aa}}. \quad (5-7)$$

类似地，依赖于基因—文化传递的种群生长为

$$N_{t+1} = N_t (p_t^2 W_{AA} \circ L_{AA} + 2 p_t q_t W_{Aa} \circ L_{Aa} + q_t^2 W_{aa} \circ L_{aa}), \quad (5-8)$$

对比依赖于常规遗传传递的种群生长：

$$N_{t+1} = N_t (p_t^2 W_{AA} + 2 p_t q_t W_{Aa} + q_t^2 W_{aa}). \quad (5-9)$$

因此，正常的适合度 W_{ij} 就被基因—文化适合度 $W_{ij} \circ L_{ij}$ 所取代。通过创造出"折叠成"单独以基因型为基础的地形，后成规则改变着遗传地形的形态（图 5.3）。

该地形现在可以更为清晰地描述出来。我们通过以下方程定义**种群平均基因—文化适合度**$\langle WL \rangle$：

$$\langle WL \rangle = p_t^2 W_{AA} \circ L_{AA} + 2 p_t q_t W_{Aa} \circ L_{Aa} + q_t^2 W_{aa} \circ L_{aa}. \quad (5-10)$$

方程（5-6）中所表达的基因频率动态在$\langle WL \rangle$表面上等同于这样一个动态

$$\Delta p = \frac{1}{2} p_t q_t \frac{d}{dp_t} \ln \langle WL \rangle, \quad (5-11)$$

此处 $\Delta p = p_{t+1} - p_t$ 是在一个世代中的频率改变。以实体在地形中向上移动的可预期方式，种群将会进化，以使其平均基因—文化适合度$\langle WL \rangle$最大化。它在地形表面的零斜率点上找到平衡，而关于单基因座轨迹的标准定理也就此适用了。

文化根的丰度也可被推导出来。设 $l_{ij}(c_k)$ 为一个新近适应某文化的幼年生物体活过前生殖时期 T 而成为可育成年体的概率。在成年阶段的时间 t 中 c_1 文化根的数量即为

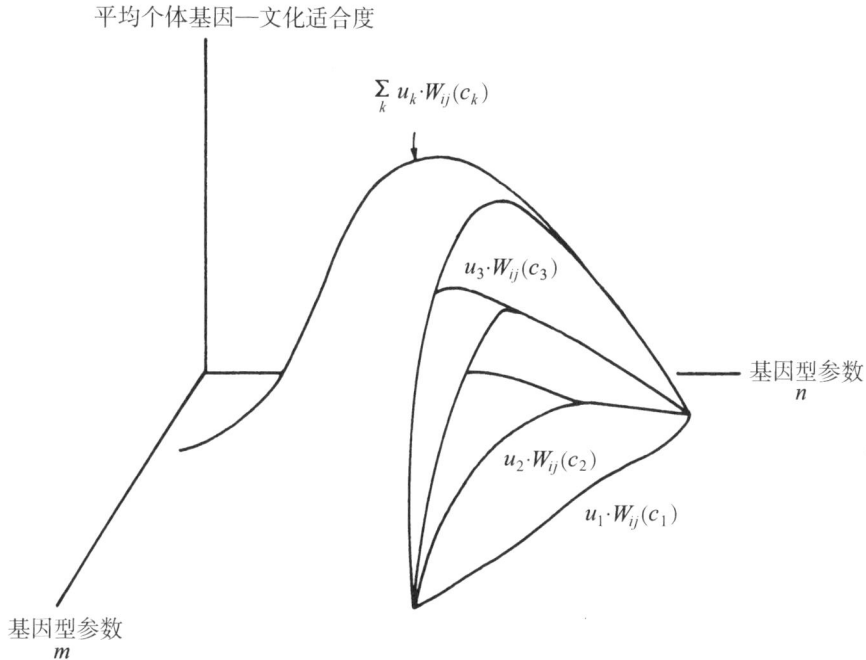

图 5.3 基因型 G_iG_j 及文化根系列 c_k 的个体基因—文化适合度地形。平均适合度是 $W_{ij}(c_k)$ 在文化根 c_k 之上的选择性值的线性组合。权重因子为后成规则值 $u_k \triangleq u(c_k|G_iG_j)$。在后成规则与适合度值都是潜在基因型的活动表达的情况下,将存在一些参数,包括这些后成规则本身,决定着一个具体的基因型在这个个体适合度地形上的位置。

$$n_{1,t} = l_{AA}(c_1)u(c_1|AA)p_t^2 N_t + l_{Aa}(c_1)u(c_1|Aa)2p_tq_tN_t$$
$$+ l_{aa}(c_1)u(c_1|aa)q_t^2 N_t. \tag{5-12}$$

c_2 文化根的数量可通过把各处的 c_1 换成 c_2 来得到。那么,文化根的频率就是

$$\nu_1 = n_1/(n_1+n_2) \quad 和 \quad \nu_2 = n_2/(n_1+n_2) \tag{5-13}$$

而文化组织的参数 ξ 由下式给出

$$\xi = \nu_2 - \nu_1. \tag{5-14}$$

很容易看到,如果基因—文化协同进化在统计学地形上支持一个全 AA 型种群,则该种群中正在发育的幼体将在 AA 偏向曲线上饱和,而成年体当中的文化根频率将会由 $l_{AA}(c_1)u_1$ 与 $l_{AA}(c_2)u_2$ 决定。类似地,一个全 aa 种群将在 aa

偏向曲线上饱和。如果通过杂合体优势或某种其他的特殊选择制度获得一个稳定的多态性,相关的文化根频率就是所有这三个基因型的一个函数,由方程(5-13)给出。

测定这一文化的民族志分布 $P(\xi)$ 此时是直截了当的。既然对于社会成员来说不存在重新评估其对文化根的初始选择的机会,那么他们就不能在 c_1 与 c_2 之间转换。选用模式被固定于方程(5-14)给出的 ξ 值,而 $P(\xi)$ 本身是以这个 ξ 为中心的狄拉克 δ 函数。由此,对于现有等级的后成规则,相应的民族志曲线很容易被计算出来。

这一基本模型把握到了个体遗传适合度在由其自身基因型和社会行为决定的情况下的基因—文化传递。一个更完整的模型将最终包含对广义适合度的全面测量,明确追踪个人行为对亲属适合度的影响;亲属适合度的增量经过亲缘度系数(兄弟姐妹是 $r=1/2$,第一级堂表亲是 $r=1/8$,等等)的折算,附加到个体基准水平的适合度上。在汉密尔顿(Hamilton)(1964)的初始公式中,亲缘度被设定为相加性的,并且可被最简明地表达如下:

$$w = 1 + \delta w + e,$$

此处,1 是基础参考等级,δw 是个体的贡献,e 是亲缘效应,w 则是总的适合度。更一般的公式化表述将允许自我与亲属之间,以及亲属与亲属之间的非线性效应,这种情形尤其可能存在于复杂的优文化系统之中;例如

$$w = 1 + f(e) + \delta w(e).$$

异质性环境

大多数情况下,在跨越 10 代或者更久的进化时间里,适应性地形很少是静止不变的。种群的环境在时间上不可避免地是异质性的。对其成员的生存与生殖至关重要的环境特质变动不居,经常还很剧烈。即使对于某个时期物理环境会保持大致不变,但生物环境,包括捕食者、寄生物、竞争者、共生者以及食物物种,都是肯定要变化的。在人类环境中,社会经济结构本身也可能发生剧变,

伴随着或者不伴随着生态学的改变(见图5.4)。

世代的长度影响着进化中的种群应对特定形式环境动荡的方式。如果在一次向上或向下翻转的过程中过去了许多个世代,该种群就将倾向于在遗传进化中追踪变化。如果许多环境条件的反转发生在单个世代之内,并且经过多个世代反复出现,那么该种群就有可能获得一种反映着动荡的统计学特征的中间的或甚至是多态的基因型。与此同时,它也许可以利用短期文化调整来遵循每一次扭曲与转折。但在这两种情况下,整体的基因—文化适合度皆取决于种群追踪环境的时期长度(图5.5)。对于拟暗果蝇(*Drosophila pseudoobscura*)来说,单单一个夏天的来临就是一种覆盖了几个世代的长期气候趋势,其染色体倒位的频率也会在可察觉到的微进化中发生变化。对于人类而言,相同的时期只是一次短暂的季节变迁,对基因或染色体类型频率的影响极小,或者干脆没有。

大多数动物物种的空间环境也是异质性的。当个体在它们的一生当中以频繁的间隔性从一个栖居地转移到另一个,或从一种食物类别转向另一种,环境的这一部分集合就被说成是细粒的。当生物体在相对长的时期里保持在一块地方或一贯地选择同一种食物,环境就被说成是粗粒的。这两种类别之间的分界线,取决于此物种的机动性及寿命。对人类来说是细粒的,对昆虫或者其他小型动物来说则经常是粗粒的(图5.6)。正如莱文斯(Levins)(1968)与其他种群生物学家展示的那样,各个环境的适合程度深刻地影响着适应于它的物种的纯遗传策略。粒度的概念很容易扩展为包括文化环境在内。例如,在一个细粒的环境中,个体经常在部落或原文化群体之间移动,以相对频繁的间隔性遭遇着不同的文化根。

基因—文化传递对异质性环境的塑造,可使用一项最初由莱文斯(1962,1968)所引入的优化技术来实现。他的适合度集合理论可以使我们很便利地从话题发展的主线上岔开,因为它是一套与进化生物学相关的强大而精制的优化方法中的一个要素(Maynard Smith, 1978; Oster and Wilson, 1978)。尽管有着关于适合度最大化规则选择的简单性与含混性,但莱文斯的技术生成了关于最适合异质性环境的表型的有趣而重要的预言。既然还不清楚哪种优化规则可能适用于多数现实的基因—文化模型,我们在本书其他地方的大多数情况下都依赖于基因频率变化的更为基础的方程。然而,以我们对基因—文化地形的观察为基础,我们觉得合适的做法是稍微预期一下形势,并阐明适合度最大化的讨论可扩展其上的基因—文化类型问题。在随后的发展中,我们将适应传统的适合度集合程序,其背景与界限已在别处处理过了(Levins, 1962, 1968; Strobeck, 1975; Maynard Smith, 1978)。涵盖许多类型的基因—文化系统的优化原理的揭示,将为比现已判明的更为详细的优化模型提供保证。

一个单个的表型变量 x 被用来以更简明的形式归纳后成规则的设计。在双文化根的情况下,用它代替 $u(c_1)$——相对于 c_2 而选择 c_1 的概率;因此 $u(c_2) = 1-x$。在这一最简单的情况下,对 x 的认识就提供了关注偏向曲线所需要的全部信息。

现在考虑一个在两个状态(E_1 与 E_2)之间轮替的环境。在 E_1 状态中,文化根 c_1 相比于它的替代者 c_2 来说是极为适应的,而在 E_2 状态中它却是有害的。如果基因—文化地形静止不变且环境保持在 E_1,某个种群对文化根 c_1 的完全承担将在地形上代表一座山峰,可以预计该种群将会向这座山峰攀爬。在一个全部由 E_2 组成的环境中,此高峰将位于 $x=0$ 处。不管怎样,设想有一个现世的 E_1 与 E_2 的演替,例如以这样的序列

$$\ldots E_1 E_1 E_1 E_2 E_1 E_2 E_2 E_1 E_2 E_1 E_1 \ldots$$

图 5.4 基因—文化协同进化中重要的环境动荡的例子。这些变异可能是生态学的或社会学的,且它们能占据广大不同的时间跨度。这里我们看到了中央卡拉哈里沙漠的卡得桑人的主要食用植物的季节性变化;印度维萨卡帕特南在一段 85 年的时期内的年降雨量;以及索罗金(Sorokin)对欧洲在一段 1400 年的时期内包括社会、政治、宗教剧变在内的重大社会动荡的评估。(修改自 Tanaka, 1976; Thomas, 1971; Sorokin, 1957)

第 5 章 基因—文化适应性地形 | 261

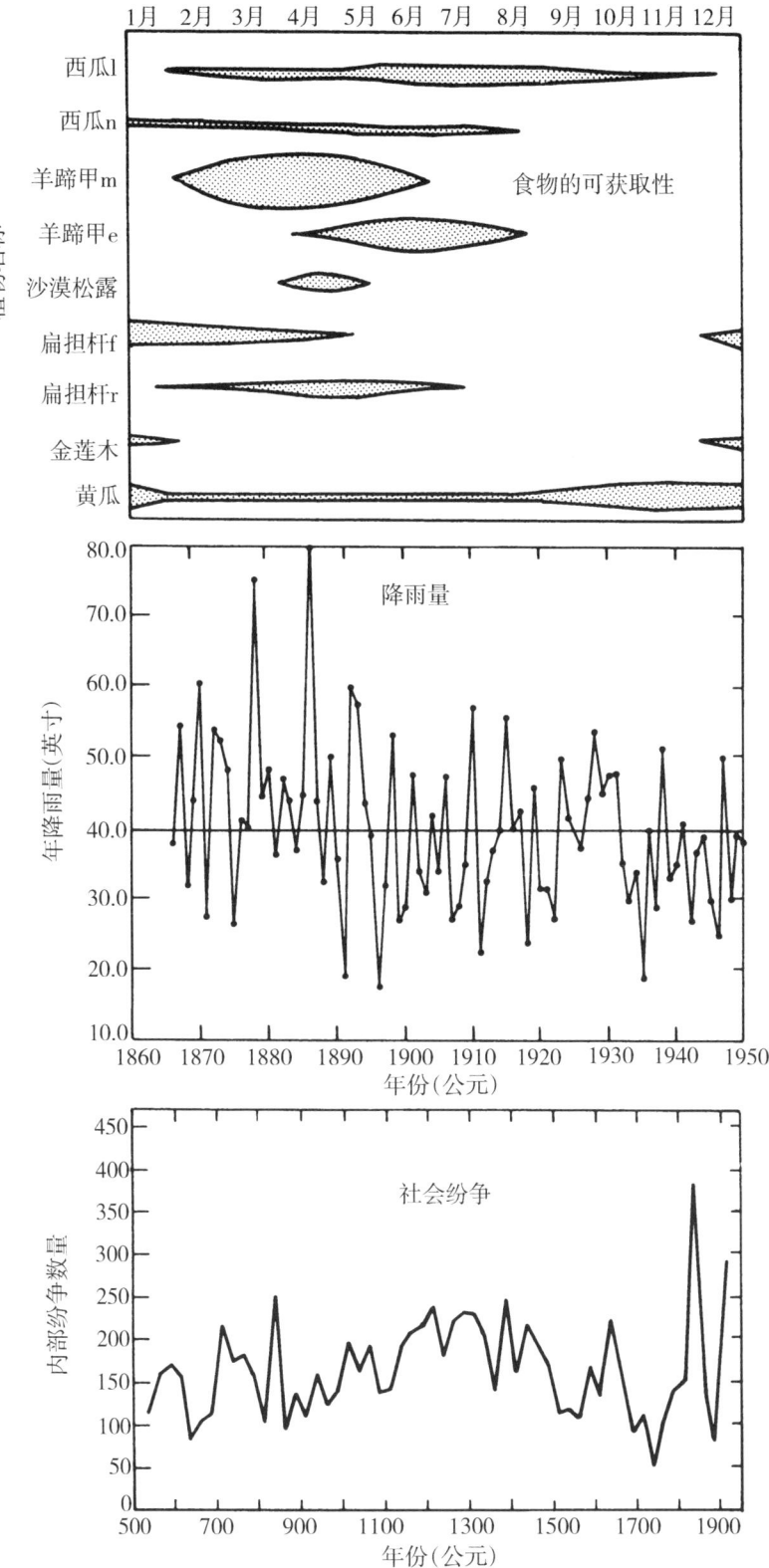

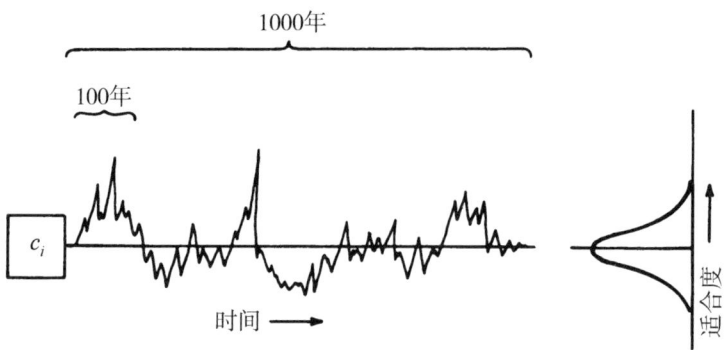

图 5.5 文化根(c_i)在动荡环境中的遗传适合度。适合度不是单个的值,而是展开为一个频率分布。

环境的变化,或者生物体在这两种状态的生态单元之间来来回回地迁移,都有可能导致动荡的产生。在这样的情况下,最优化的基因—文化"选择"是什么呢?

回头再说基础模型,我们现在定义一个在任何特定世代中具有表型 x 的基因型的期望适合度

$$W_t(x) = W_t(c_1)x + W_t(c_2)(1-x), \quad (5-15)$$

此处 $W_t(c_1)$ 为在世代 t 的前生殖时期 T 期间完全选用 c_1 的绝对选择值,$W_t(c_2)$ 则是完全选用 c_2 的值。因此 $W_t(x)$ 就是由纯 x 变种组成的种群中个体的平均适合度。重新整理方程(5-15),我们得到

$$W_t(x) = [W_t(c_1) - W_t(c_2)]x + W_t(c_2), \quad (5-16)$$

由此形成了一条斜率为 $[W_t(c_1) - W_t(c_2)]$ 的直线。如图 5.7 所示,当 $W_t(c_1) > W_t(c_2)$ 时斜率为正,在 E_1 环境中发生,而如果 $W_t(c_1) < W_t(c_2)$,斜率就是负的,在 E_2 环境中发生。两种可设想的情况分别在上下两幅图中给出:当两个文化根都赋予了一定量的遗传适合度,部分的文化根匹配就会发生,而在完全的文化根匹配中,每个文化根都分别会在其中一种环境下具有零适合度。

考察一下图 5.7 中右手边的线图。$\mathscr{L}$ 曲线在种群成员所属的适合度空间

图 5.6　根据物种的大小及机动性,判断异质性环境的粒度差异。对于人类家族而言,树是细粒环境的一部分,一个以频繁的间隔性被拜访与被离弃的实体。对于织叶蚁群而言,树是一个粗粒的生态单元,它们的大部分或全部生命都要在这里度过。工蚁把树叶视为树的细粒区域部分,但它们所寻找的介壳虫(为了收集含糖的排泄物)却也许永远居住在一片叶子之上,因此把这片叶子视为一个粗粒的生态单元。(原画作者是 Karen S. Ku)

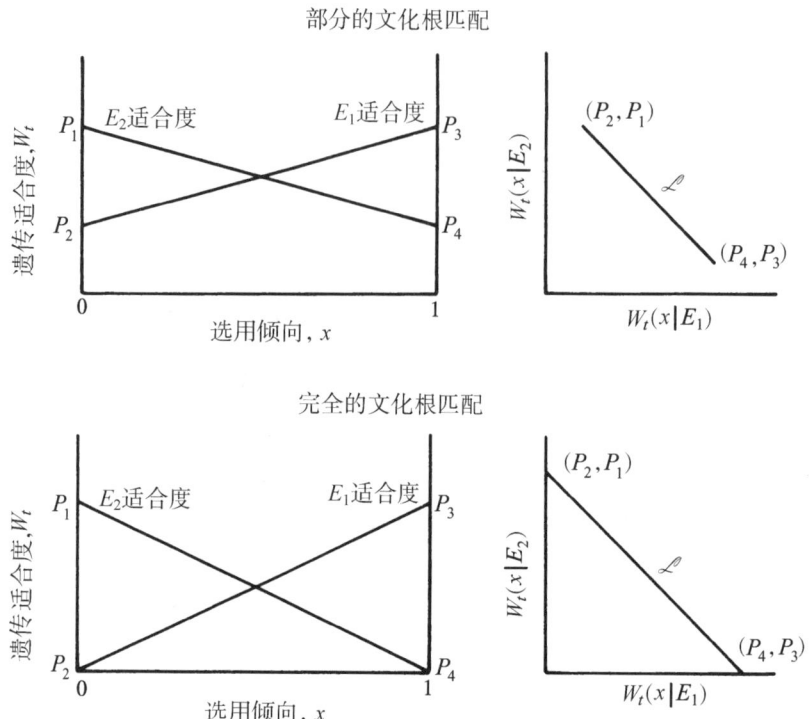

图 5.7 在两种环境中,偏向曲线的遗传适合度因倾向不同的文化根而产生差异。上面的两幅线图(局部的文化根匹配)显示:文化根 c_1 的携带者更适应于环境 E_1,但 c_2 的携带者也具备某种能力生存与繁殖(在环境 E_2 中的情况与此相反)。下面的两幅线图(完全的文化根匹配)显示:c_2 携带者在 E_1 中具有零适合度,而 c_1 携带者在 E_2 中具有零适合度。P_i 点表示当一个文化根总是胜过另一个而被选择($x=0,1$)时获得的适合度值。$\mathscr{L}$ 为种群的适合度空间。

中定义了一套可采用的基因座。对于每一个 x 都有一个坐标 $[W(x|E_1), W(x|E_2)]$,它是 $\mathscr{L}$ 上的一个点。令人感兴趣的问题是:$\mathscr{L}$ 上的哪个点或哪些点集合最适合于环境变化的模式?

答案可能在于,对一个异质性环境的最优适应,可通过两种一般策略之一来实现。第一步是诉诸单独最适应的表型,在基因—文化系统的案例中,它是参数为 x 的后成规则。第二步是部署一些混合在一起的后成规则。为了说明后一种情况,我们将假定两个可替换的规则(x_1 和 x_2)分别在频率为 ν 与 $(1-\nu)$ 的种群中表现出来。这两个状态可离散地由两种办法之一来维持:要么是平衡的、具有两个或更多等位基因的遗传多态性,要么依赖于发育路径中可由一个单独的等位基因或某种单态性的基因排列所编程的分岔(见图5.8)。第一种情况对应于正常的遗传多态性(Dobzhansky et al.,1977)。第二种情况可在例如社会性昆虫等级分化的程序之中找到(Oster and Wilson,1978;Brian,1979),并且可通过功能性类比而适用于人类社会内的重要角色分化。类似地,并且与多态性的潜在机制无关的是,该理论既适用于个体水平选择占优势的情况,又适用于群体选择在其中发挥主导作用的情况。在有些特殊环境中,特别是在高度组织化的社会以及具有特定类型结构的种群当中,群选择可能会变得重要,E. O. 威尔逊(1975)、奥斯特(Oster)与威尔逊(1978)以及 D. S. 威尔逊(D. S. Wilson)(1980)讨论过这样的环境。

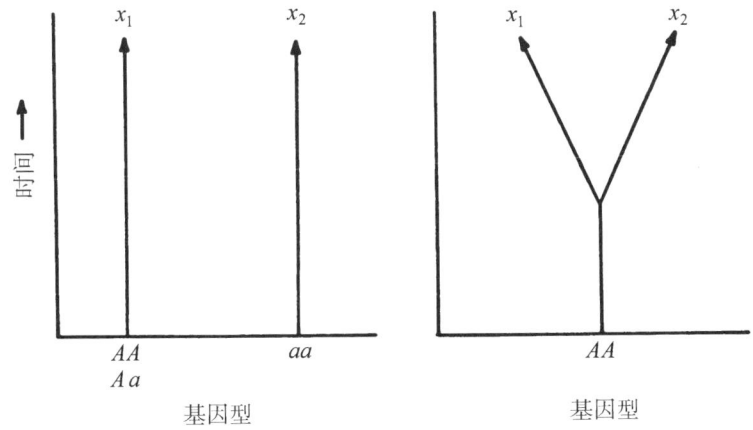

图5.8 种群内部使用偏向曲线的分化(以及产生它们的后成规则的组合)。左边,曲线反映不同的基因型;右边,曲线反映在发育中由环境触发的分岔,具有由单独基因型决定的发育反应的总模式。

平均适合度在环境 E_1 中为

$$F_1(\nu) = \nu W(x_1 | E_1) + (1-\nu) W(x_2 | E_1), \qquad (5-17)$$

而在环境 E_2 中为

$$F_2(\nu) = \nu W(x_1|E_2) + (1-\nu) W(x_2|E_2). \quad (5-18)$$

这些方程可被绘制成图 5.7 右的线图,让它们在坐标上展示出来

$$\mathscr{P} \triangleq [F_1(\nu), F_2(\nu)]$$
$$= \nu \cdot \{[W(x_1|E_1), W(x_1|E_2)] - [W(x_2|E_1), W(x_2|E_2)]\}$$
$$+ [W(x_2|E_1), W(x_2|E_2)], \quad (5-19)$$

由此构成一个向量,在 $\mathscr{L}$ 上的点 $[W(x_2|E_1), W(x_2|E_2)]$ 与点 $[W(x_1|E_1), W(x_1|E_2)]$ 之间经过一段正比于 ν 的距离。由此可见,有两种方式达到 $\mathscr{L}$ 上的任意点。种群(亦即整个繁殖种群、社会或后裔群)能够部署拥有匹配此点的 x-表型的单态。另一种情况是种群能够部署变种的混合态,这样一来,它们的 x 值就跨越了刚刚引用的单个 x 的单态值。例如,如果最优的单态是 0.5,那么 0.4 与 0.6 的变种就能被同样理想地部署。数量不限的其他值,都可被用来产生一个具有相同平均中间值的混合态。

随着偏向曲线适合度空间的确定,有可能更细致地思考不同的环境波动模式对基因—文化协同进化的影响。粗粒与细粒环境之间的区别,为此问题提供了入场许可。想象一个世代或更长时间量级的间隔性,一个狩猎者—采集者群体会从主栖居地迁出而进入另一个。例如,随着环境经过由较大的降雨量波动轮流导致的森林侵蚀与破坏的周期,该群体也许会从森林转移到草原然后再回来,或留在某个家园范围内。如果 W 是群体中个体的平均绝对适合度,n 个世代之后个体数量对初始数量的比率就是 W^n。如果 P 是花时间在第一个栖居地的世代的比例,此处适合度为 W_1,而 $(1-P)$ 是花时间在第二个栖居地的世代的比例,此处适合度为 W_2,那么对于纯遗传传递的情况

$$W^n = W_1^{nP} W_2^{n(1-P)},$$
$$W = W_1^P W_2^{(1-P)},$$

以及
$$W_1 = W^{1/P} W_2^{(P-1)/P}. \quad (5-20)$$

在基因—文化传递中的等效表达式为

$$W(x) = [W(x|E_1)]^P [W(x|E_2)]^{(1-P)}$$

以及
$$W(x|E_1) = W(x)^{1/P} [W(x|E_2)]^{(P-1)/P}. \quad (5-21)$$

换个角度看,假定这部分环境在狩猎者—采集者群体的自然选择体制中是细粒的;例如,在一个世代之内,或甚至在单独的一天之内,两种不同的食品会反复替换。经过一代又一代,或多或少会形成一种类似食品的稳定搭配。遗传适合度因此将会以世代之内遇到两种食品的比例情况为基础而形成。在遗传传递的传统案例中,适合度为算术平均值

$$W = PW_1 + (1-P)W_2$$

和
$$W_1 = \frac{1}{2}[W - (1-P)W_2], \quad (5-22)$$

而在基因—文化传递中的等效表达式为

$$W(x) = P[W(x|E_1)] + (1-P)[W(x|E_2)]$$

和
$$W(x|E_1) = \frac{1}{P}[W(x) - (1-P)W(x|E_2)]. \quad (5-23)$$

最优化问题中的目标是这些平均适合度功能的最大化。对于特定种群,问题的解在于最高平均适合度曲线(方程 5-21 与 5-23)与 $\mathscr{L}$ 的交点, $\mathscr{L}$ 就是种群的实际适合度集合(见方程 5-16 到 5-18 以及图 5.7)。在图 5.9 中,我们已经为粗粒环境的一般情况执行了这个操作。能够看到,最大平均适合度双曲线有可能在一个居中的位置触及真正的适合度空间。种群可以选择采纳单独的相对无选择性的偏向曲线,或者有选择性的偏向曲线的混合,后者的平均选用概率与无选择性曲线的选用概率相等。

图 5.10 描绘了细粒环境中的预期结果。此处的解与粗粒环境中的解极为不同。种群应在两种相对有选择性的偏向曲线中选择一种。取决于以细粒方式遭遇的微环境的分化程度,物种有可能进化出只做出一种单独反应的能力。这一极端结果对应于图 5.7 下部的标为"完全的文化根匹配"的情况。

接下来考虑特殊而具有潜在重要性的情况,其中可替换的文化根是协同适

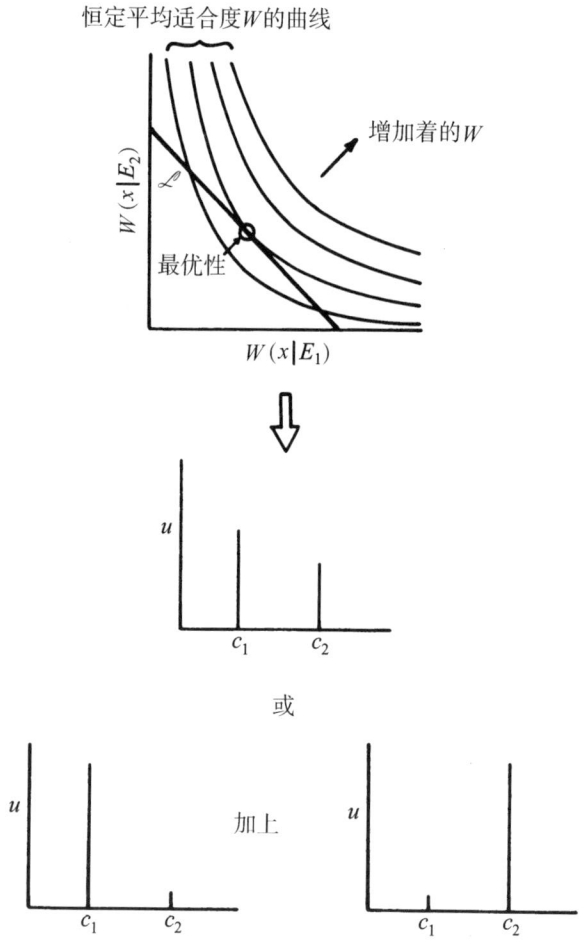

图 5.9　粗粒环境中基因选用倾向的最优化。种群应向着单独的相对无选择性的偏向曲线的方向进化，或向着特定曲线的混合的方向进化，这些特定曲线可产生等于无选择性曲线倾向值的平均值。

应的。这一表达意味着种群对单个文化根的吸收只带来了较少的适合度；社会的各个不同成员必定对这两种文化根都有响应。因此即使在单文化根类别的领域里也存在着劳动分工，比如生产不同的但却相关的切削工具来处理两种猎物，此处两种工具都是被需要的，但其被需要的程度根据猎物的可获取性而有所不同。图 5.11 中描绘了这一情形。不论环境波动是粗粒形式的还是细粒形式的，最优

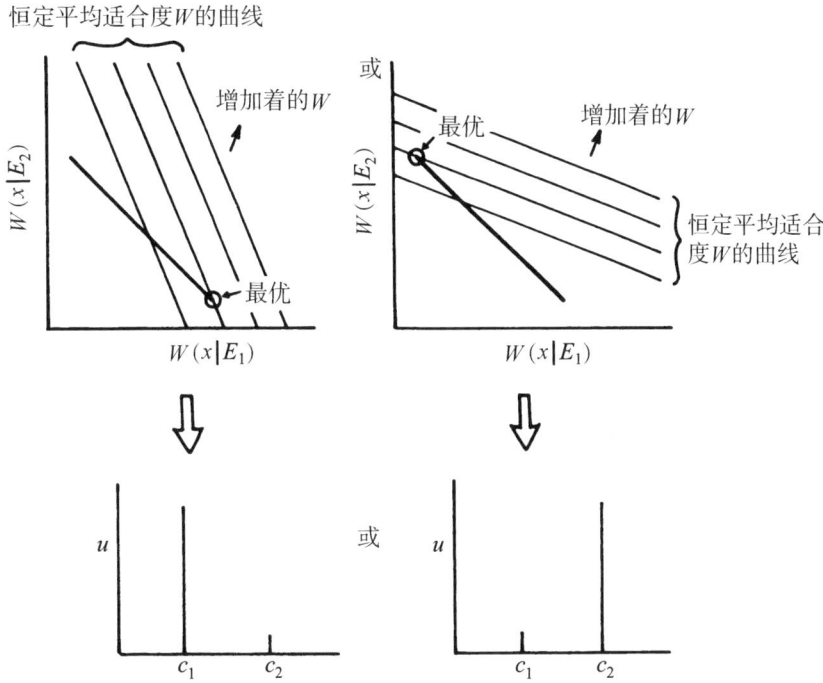

图 5.10　细粒环境中基因选用倾向的最优化。种群应向着单独的相对特定的偏向曲线方向进化。

的解都是相同的：一条单独的相对无选择性的偏向曲线。点 $\mathscr{P}$ 标出了复合的、有选择性的偏向曲线(方程 5-19)的位置，此点位于 $\mathscr{L}$ 之内，且不与无倾向性的变种相竞争。当 E_1 与 E_2 的适合度曲线在 x 轴上被分隔得足够远时，适合度曲线就变成了双叶形的，而不是像在图 5.11 右描绘的那种单叶形。种群平均适合度曲线(右手边的直线)斜率上的微小变迁，可能把最适度点突然地从一个叶片移到下一个叶片。因此，在这些特殊条件下，最适度倾向有可能由于环境中相对适度的变化而发生显著且不连续的变化。但只要 E_1 与 E_2 曲线之间的重叠至少扩展到它们各自的模式，最适度倾向在值上就仍然是居中的。

这些多样的定性结果总结在表 5.1 中。对于每个条目，使用偏向曲线的定量结构是通过运用刚刚推导出的方程来获得的。这些曲线从而也指明了种群中的文化根选用模式,因此 $P(\xi)$ 也像从前一样是固定的。

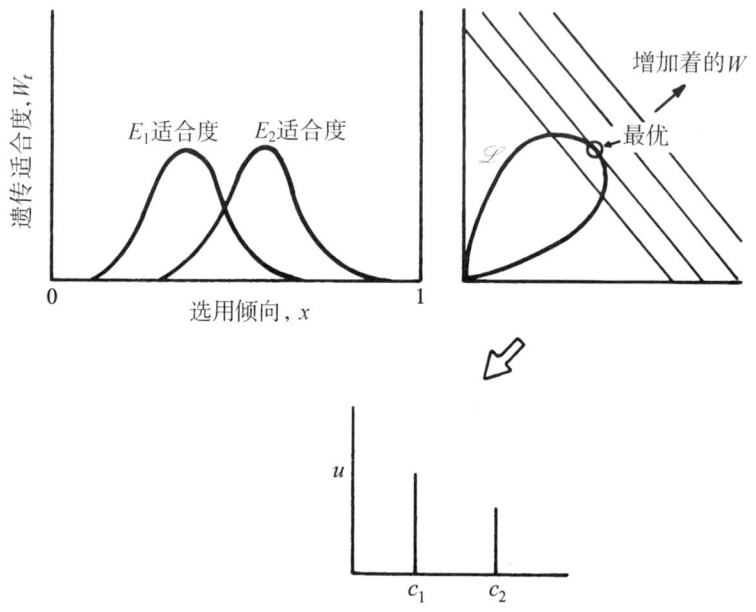

图 5.11　基因选用倾向在属于相同文化根类别的协同适应文化根特殊案例中的最优化。

表 5.1　异质性环境中社会的最优化偏向曲线。

环境	文化根的关系	
	不是协同适应的(基于文化根的劳动分工没有优势)	协同适应的(基于文化根的劳动分工有优势)
粗粒的:每一代或更低频率的粗略改变(例如,主要环境随时间而改变,或群体移往新的栖居地)	要么是一条相对无选择性的偏向曲线,要么是多条有选择性的偏向曲线	于低的生态位变异,一条相对无选择性的偏向曲线。于高的变异,多条有选择性的偏向曲线
细粒的:在一代之内改变很多次(例如,历经日周期或季周期的资源变化,或群体在环境的多个子分区中移动)	一条有选择性的偏向曲线	于低的生态位变异,一条相对无选择性的偏向曲线。于高的变异,一条相对有选择性的偏向曲线

只有了解了关于偏向规则与环境波动的后成性的更多细节，我们才可能使这一最优性模型进展得更远。然而，这些模型确实引出了下面这个相当一般性的遗传同化原理：对于此处考虑的后成规则类型，经过许多世代的个体们在一个生命阶段中遇到的环境越是一致，在此生命阶段中进化出来的学习规则就将越有选择性。如果一个特定年龄组的成员，一代又一代地大致在相同的比例及情况下遇到相同的刺激，那么按照定义，他们就是存在于一个细粒的环境之中。此物种将倾向于使这样的后成规则进化：这种后成规则可产生出就这个年龄组而言对于有限系列的刺激的专门反应。环境最可预测的群体，是由婴儿及儿童组成的群体，他们也拥有迄今发现的最丰富的有选择性的系列后成规则。此外同样正确的是，婴儿表现出的对其母亲的系列刺激与需要几乎是不变的，而母亲对婴儿的依恋却涉及一些迄今只在成年人身上发现的少数专门化的专有规则。这种对应似乎支持最优性讨论的主攻方向。不过既然低幼人群相对天真的、不复杂的行为使得他们成了后成规则探索中最容易的研究对象，这或许也是有所偏向的采样的结果。

对粗粒的或异质性的环境形成适应，需要有一个中间性的表型，这可通过部署无选择性的偏向曲线或专门化的变种的混合来获得。鉴于这一结果，我们能够领会到使可重入决定、抉择与评估的二级后成规则成为可能的进化步骤的重大意义。如图 5.1B 所示，一些个体能够保留多种可供替换的知识，并按照背景条件在它们之间做出选择。这样一种后成规则从效果上说是把多个"变种"组合进了同一个"表型"之中，而不同的变种根据情况被"释放"。我们因此可以假定，异质性环境的入侵，倾向于导致一种选择压力来促成图 5.1B 所示的更高级形式的认知机制。

历史的角色

基因—文化协同进化的轨迹受制于初始基因频率与适合度参数 W_{ij}。L_{ij}。但它也受到进化中的种群的具体历史的影响——特别是，环境实施选择的特征是温和的振荡还是猛烈的振荡,以及如果是猛烈的振荡,这些灾变是频繁的还是罕见的,是均匀间隔的还是集中发作的。一般规律的公式化阐释与具体历史的描述是互补的,而不是对立的。规律揭示了丰富表象背后的机制。结合历史数据,它们可用来预测历史模式的出现。同样重要的是,这些规律揭示了何种历史要素对于解释此模式来说是必需的。

我们将改装一种由霍尔丹(Haldane)与贾亚卡尔(Jayakar)(1963)提出来的方法,以此为基因—文化协同进化模型引入一定类型的历史模式。先不考虑单独的 $W_{ij} \circ L_{ij}$ 适合度值,来看数值在从一代到下一代直至 N 个世代中变化着的时间序列。在二对等位基因的情况下,数据以如下形式呈现:

$$
\begin{aligned}
&W_{AA,1} \circ L_{AA}, W_{AA,2} \circ L_{AA}, \ldots, W_{AA,N} \circ L_{AA} \\
&W_{Aa,1} \circ L_{Aa}, W_{Aa,2} \circ L_{Aa}, \ldots, W_{Aa,N} \circ L_{Aa} \\
&W_{aa,1} \circ L_{aa}, W_{aa,2} \circ L_{aa}, \ldots, W_{aa,N} \circ L_{aa}
\end{aligned}
\quad (5-24)
$$

此处 $1, 2, \ldots, N$ 为标定世代的下标。在 A 显性及 a 隐性的情况下,开头两行中的当前项可被标识为

$$
g_t = W_{AA,t} \circ L_{AA} = W_{Aa,t} \circ L_{Aa}. \quad (5-25)
$$

回到基因—文化协同进化中离散世代的动力学方程,此处 p 是 A 的频率,q 是 a 的频率,我们回想

$$
p_{t+1} = \frac{p_t^2 W_{AA,t} \circ L_{AA} + p_t q_t W_{Aa,t} \circ L_{Aa}}{p_t^2 W_{AA,t} \circ L_{AA} + 2 p_t q_t W_{Aa,t} \circ L_{Aa} + q_t^2 W_{aa,t} \circ L_{aa}}. \quad (5-26)
$$

将 g_t 代入此方程并重新整理,我们得到

$$
p_{t+1} = \frac{p_t^2 + p_t q_t}{p_t^2 + 2 p_t q_t + q_t^2 \dfrac{W_{aa,t} \circ L_{aa}}{g_t}}. \quad (5-27)
$$

此时定义函数 f_t 为

$$
f_t \triangleq W_{aa,t} \circ L_{aa}/g_t. \quad (5-28)
$$

这就是 aa 相对于 AA/Aa 的适合度。它允许我们以更紧凑的形式重写方程

(5-27)

$$p_{t+1} = \frac{p_t^2 + p_t q_t}{p_t^2 + 2p_t q_t + q_t^2 \cdot f_t}. \quad (5-29)$$

通过附录5.1中展示的程序，霍尔丹—贾亚卡尔的分析在这一修正的基因—文化形式上的应用，引出了一些大家都会感兴趣的结论。例如，从中能够看到，隐性的等位基因 a 不会在 N 世代的时间范围内消除，如果它的算术平均相对适合度 $\frac{1}{N}\sum_{t=1}^{N} f_t$ 超过1的话，根据定义，这也是 AA 与 Aa 基因型历经 N 世代中的每一代时的相对适合度。因而，对于一个由纯合隐性指令维持的后成规则，它的平均相对基因—文化适合度必须超过 AA 与 Aa。同样也成立的是：A 在 N 世代期间不会从种群中消失，只要与之竞争的隐性纯合体 aa 的**几何平均相对适合度**小于1的话，也就是说，只要

$$[f_{t1} f_{t2} \cdots f_{tN}]^{1/N} < 1. \quad (5-30)$$

当这两个结果被组合起来，很多条件就被提示出来，通过这些条件，多重偏向曲线甚至在面对最初似乎是补偿选择的情况下仍能得以维持。试想，aa 促成的文化根的携带者，在一代又一代的大多数时间里是更为适应的，但在偶发的灾变面前也更加脆弱。理论预言，多态性将最终出现。等位基因 a 将会凭借其杂合体的更高的算术平均适合度而得以维持，但它的传播也会为相同时间段内不常见的灾变所打断，如果这些事件把几何平均值压低到单位1以下的话。

接下来考虑不完全显性及杂合体优势的后果，Aa 以此产生出了一条赋予优势适合度的独特的使用偏向曲线（因而也是独特的后成规则）。基因—文化适合度的时间序列再一次由方程(5-24)给出。序列项可被 $W_{Aa,t} \circ L$ 分成各个世代而成为

$$f_{AA,1}, f_{AA,2}, \ldots, f_{AA,N}$$
$$1, 1, \ldots, 1$$
$$f_{aa,1}, f_{aa,2}, \ldots, f_{aa,N}. \quad (5-31)$$

通过附录 5.2 中展示的程序,已经得出了之后的结果。如果纯合体 AA 换算成杂合体的适合度有一个小于单位 1 的几何平均值,等位基因 a 就不会在 N 世代之内失去。相应地,如果纯合体 aa 换算成杂合体的适合度有一个小于 1 的几何平均值,等位基因 A 也不会在相同的 N 世代之内消失。

在杂合体优势的案例中已经获得了一个有点类似的结果,该案例是由费尔德曼与卡瓦利-斯福尔扎(1976)在一个有趣的发生两种状态("有技巧"与"无技巧")的二对等位基因模型中做出的,其概率取决于亲本的表型及后代的基因型。时间序列没有被运用,所以选择压力被假定为保持不变;还有就是,传递被限制在亲本与后代之间。在这些特别的情形之下,我们发现:当杂合体的有技巧亲本比纯合体的有技巧亲本养育更多的有技巧后代,就将形成一种稳定的遗传多态性,但前提是此技巧须提供实质性的遗传选择优势。例如,如果有教育技巧的父母把 80% 的 Aa 后代抚养成有技巧的类型,相比之下 AA 与 aa 后代为 70%,为获得稳定的遗传多态性,有技巧个体胜过无技巧者的选择性优势就必须超过 1/3。虽然维持多态性所需的选择水平有所提升,是此特别案例中特定的复杂传递形式的一个意外结果,但这一结论还是与经典的种群遗传学模型相符合。

我们提出的时间序列模型,结合具体历史来研究的话将走得更远。它们在多种模式的文化适应背景条件中揭示了常态期选择与灾变期选择的相互影响,其中包括原始社会中盛行的群伙模式(见 Williams, 1972a, b)。这一关系有可能在文字时代之前几百万年的基因—文化协同进化中就已存在。例如,李(Lee)(1976)在文中讨论了博茨瓦纳的桑人栖居区出现旱年的情况,据记载,46 年中有 11 年出现严重(年平均降雨总量的 55%—69%)的旱灾,有一年出现非常严重(低于年平均降雨总量的 55%)的旱灾。这样的事件戏剧性地影响着群伙的移动及其内部长期的社会关系。

从时间序列模型中得来的发现,也增强了早先从最优性分析中触及的一般性结论,即粗粒的环境可促进多态性和灵活的反应。如果偏向曲线所指向的那部分环境保持细粒状态足够久,制定这些规则的基因型将会倾向于纯合性,强烈促成这些偏向规则的纯合体基因型也将盛行。重大的环境变化,以大约每世代一次(或更少)的频率,将种群从这样的专门化中"救"了出来,并指引其回到遗传杂合性以及非均匀的后成规则。但如果粗粒的变化真的很少,以至于这些几何适合度只被不充分地改变,并且这些改变也是灾难性的,那么基因频率上的变迁将会来得太迟。一种被某后成规则强烈促成的反应 c_1,可能因环境的一次变迁而具有了危害性,需要替换成另一种反应 c_2。因为有规定强烈倾向第一反应的规则存在,或出于人们对已适应的文化种类固执的忠诚,改变的能力可能还是不够充分的。例如,可以证明,如果长期的部落主义确实是以指向排外恐惧及侵略行为的牢固的学习倾向为基础(Wilson,1978),它就会由于太过强烈而难以克服,甚至当可供选择的冲突解决方案既可行又必要(在核时代)时也是如此。专门化的、有倾向性的学习规则"公然违背常识",不是由于某种固有的反常,而是由于遗传历史中特有的往昔的轨迹。

表型变异的角色

至此所展示的模型设想的都是固定的偏向曲线;对于每一种基因型 G_iG_j 与文化根 c_k,都存在着文化根选用 $u(c_k|G_iG_j)$ 的单独的后成规则值。然而,更现实的是,期望在 u 值中有某种纯粹表型变异的存在,此情形如图 5.12 所示。几个重要的理论问题都因这个附加的条件而提出。可变的偏向曲线,在适合度上是否与有着相同 u 值的固定偏向曲线有所差异?变异本身是一个适应特征吗?或者它只是基因—文化传递中的简单噪声?而最终,这种变异的存在,是否改变了早先得出的关于基因—文化适应性地形的主要结论?可以期待,这些问题的答案将不仅有助于阐明表型变异的角色,也有助于阐明单基因座与多基因系统之间的区别。

需要指出,在可变的系统中,如同在固定的系统中一样,$u_1+u_2=1$。让我们定义 $P(u|ij)du$ 为一个二倍体基因型 G_iG_j 在前生殖时期有一个位于值 u 与

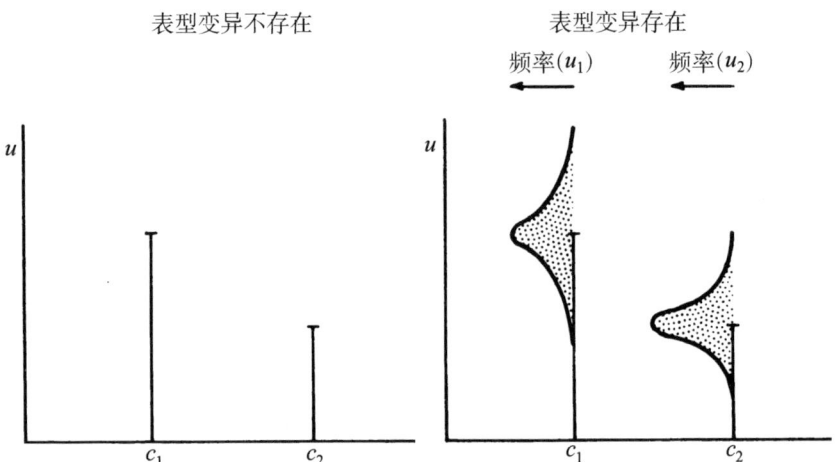

图 5.12 使用偏向曲线中表型变异的存在与不存在。右边的钟形曲线是选用概率 u 的频率分布；u_1 与 u_2 的平均值在两个图中都是一样的。

$(u+\mathrm{d}u)$ 之间的 $u(c_1)$ 值的概率。对 u 求积分，我们看到，对于

基因型 AA： $\quad p_t^2 N_t \int_0^1 u P(u \mid AA) \mathrm{d}u \quad$ 同化 c_1

$\quad\quad\quad\quad\quad\quad p_t^2 N_t \int_0^1 (1-u) P(u \mid AA) \mathrm{d}u \quad$ 同化 c_2

基因型 Aa： $\quad 2 p_t q_t N_t \int_0^1 u P(u \mid Aa) \mathrm{d}u \quad$ 同化 c_1

$\quad\quad\quad\quad\quad\quad 2 p_t q_t N_t \int_0^1 (1-u) P(u \mid Aa) \mathrm{d}u \quad$ 同化 c_2

基因型 aa： $\quad q_t^2 N_t \int_0^1 u P(u \mid aa) \mathrm{d}u \quad$ 同化 c_1

$\quad\quad\quad\quad\quad\quad q_t^2 N_t \int_0^1 (1-u) P(u \mid aa) \mathrm{d}u \quad$ 同化 c_2 $\quad\quad$ (5-32)

既然按照定义 $\int_0^1 u P(u \mid ij) \mathrm{d}u = \langle u \rangle_{ij}$ 是 u 在概率分布 $P(u \mid ij)$ 之下的平均值，我们可以改写方程(5-32)，以说明对于

基因型 AA： $\quad p_t^2 N_t \langle u \rangle_{AA} \quad$ 同化 c_1

$$p_t^2 N_t (1 - \langle u \rangle_{AA}) \qquad 同化\ c_2 \qquad (5-33)$$

如法炮制,也可为 Aa 与 aa 改写出与之相平行的表达式。由此可知,天真类型的定位,由 $\langle u \rangle_{ij}$ ——规范反应 $P(u|ij)$ 的平均值所单独控制,而与表型变种的任何其他统计学属性无关。特别是,变种并不扮演明确的角色。

追溯那些在由基因型和同化了的文化根所规定的生存生殖进度表中完成了文化适应的种群,我们得到了在二对等位基因情况中 A 的频率改变的速率:

$$\Delta p = \frac{pq}{2} \frac{d}{dp_t} \ln\langle \mathbf{WL} \rangle \qquad (5-34)$$

此处 $\langle \mathbf{WL} \rangle$ 是基因—文化地形的多维曲面,如之前(方程 5-10)那样定义,除了 $\langle u \rangle_{ij}$ 取代 $u(c_1|ij)$:

$$\langle \mathbf{WL} \rangle \triangleq p_t^2 \mathbf{W}_{AA} \circ \mathbf{L}_{AA} + 2p_t q_t \mathbf{W}_{Aa} \circ \mathbf{L}_{Aa} + q_t^2 \mathbf{W}_{aa} \circ \mathbf{L}_{aa}$$

$$\mathbf{L}_{ij} \triangleq (\langle u \rangle_{ij}, 1 - \langle u \rangle_{ij}). \qquad (5-35)$$

因此,对于学习偏向曲线中的变异,只有平均值,没有其他的统计属性能进入基因—文化协同进化地形。以不变的曲线为基础的一般性结论得以保留。

此结果有着进一步的有趣暗示。只要 u 的平均值是相同的(例如,概率分布是对称的),变异就能够以中性的方式漂移,从窄到宽,或从宽到窄(图 5.13)。甚至当变种本身处于基因的控制之下,也许就像活跃在其他行为过程中的基因多效性那样,无论怎样,可得出的结论仍然是:对后成规则的选择而言,作用于变种的效应仍将保持中性。这种宽容度能在理论上促进种群内偏向曲线的多样性,不只在家族之间,也在家族之内。在极端的情况下,它能导致多个行为角色的一种准多态性。

如果变异以这样一种方式漂移,要变得更宽的话,它将倾向于增强基因—文化协同进化。因为它将揭示任何存在着的新的、适应的、优越的 u 值,它们中的一个或多个也就能通过遗传同化而被吸收成为新的中心趋势(见图 5.14)。规定了使用倾向平均值的基因型被自然选择所改变,进而它们将倾向于伴随一种围绕着新平均值的新颖模式的变异。进一步也成立的是,无选择性的曲线

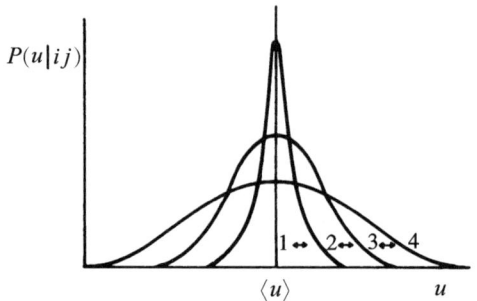

图 5.13 使用偏向曲线中的变异。只要平均值保持相同,数量在适应上就是中性的。结果是变异能够漂移,要么变宽,要么变窄。

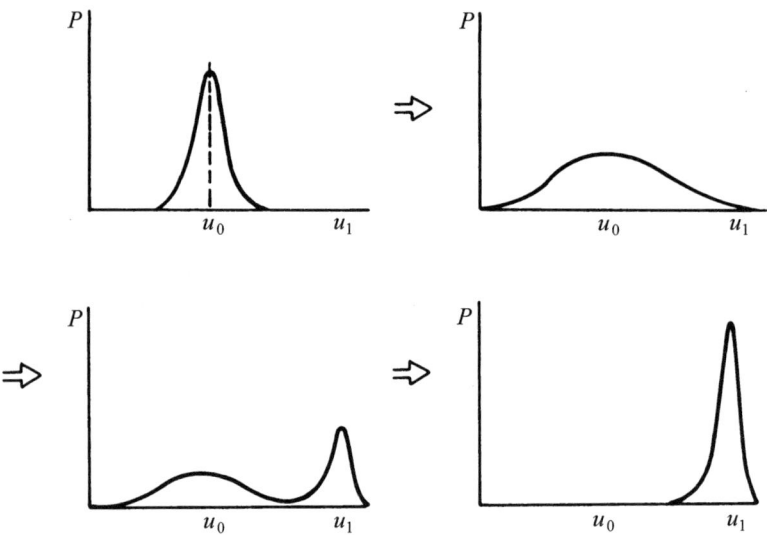

图 5.14 崭新而优越的平均值的遗传同化。使用偏向曲线中围绕着一个平均值 u_0 的基于基因但呈适应中性的变异的增宽,能导致"发现"并捕获一个新的、在适应上优越的平均值 u_1。

(其 $\langle u \rangle$ 值接近 0.5,也包括等于 0.5 的情形)在可能累积的变异数量上最不受限制,然而可与之相比但有更多选择性的曲线(其 $\langle u \rangle$ 值接近于 1 与 0)则将会是最受限制的(图 5.15)。为了理解为什么一定如此,可以考虑 $\langle u_1 \rangle = 1$、$\langle u_2 \rangle$

=0 的极端情况;在这里没有变异的可能。结果是:可以预料,规定无选择性偏向曲线的基因型更容易遭到替代。

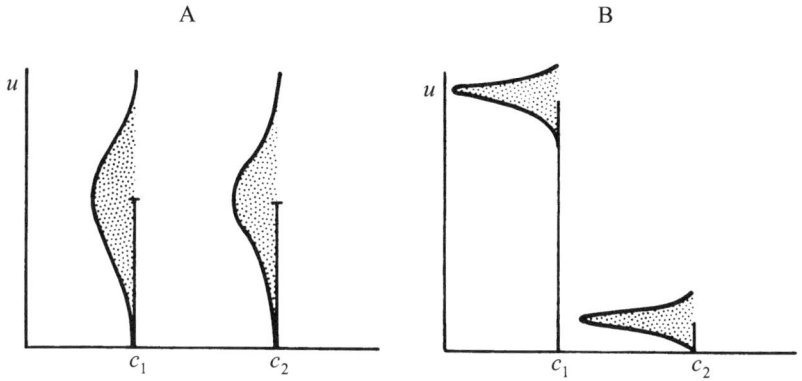

图 5.15　使用偏向曲线中的变异。可预料到其数量在后成过程相对无选择性时达到最大(A),然后随着它变得越来越定向化而减少(B)。

有可能的是,限制也将通过决定 u 的平均值的相同基因座,作用在 u 的变异之上。它们之上的等位基因将变得不再容易被替代并因此保存得更久。对于能够阻止变异变得不对称,从而沿着 u 的标度在一个方向或另一个方向上走得更远的基因座来说,相同的道理也是成立的。然而,这样的孤立,在第二级选择的基础上,可能是不稳定的。当所获得的 u 的平均值在完整的 0—1 标度上是最适应的,稳定性就实现了。在这一点上,正如我们论证过的那样,变异也可能会变成中性的。

小结

这一章发展了我们让遗传进化与文化进化彼此耦合的最初的具体模型。我们证实了简单类型的基因—文化协同进化中的适应性地形是存在的,并且可以对之做出一般性的动力学方程描述。我们用传统种群遗传学的语言来强调纯遗传进化与基因—文化协同进化之间的异同。通过这种方法,我们开始使用种群遗传学与进化的某些基础理论,也由此澄清了由环境异质性及表型变异对后成规则的进化造成的影响。

这样,基因—文化适合度的函数就是 $W_{ij} \circ L_{ij}$,此处 W_{ij} 为拥有一系列文化根 $c_1, c_2, \ldots, c_M$ 的二倍体基因型 $G_i G_j$ 的个体的遗传适合度向量,L_{ij} 则为后成规则向量。此处种群的平均基因—文化适合度表示为 $\langle WL \rangle$,在二对等位基因、离散世代的情况下,基因频率的改变率即为

$$\Delta p = \frac{1}{2} \frac{pq}{\langle WL \rangle} \frac{\mathrm{d}}{\mathrm{d}p} \langle WL \rangle.$$

在静态地形 $\langle WL \rangle$ 上,该种群将通过进化而使基因频率保持稳定(例如,在两个等位基因 A 与 a 的情况下为全 AA 或全 aa),而其成员将在由这个最终基因型分布所制定的偏向曲线上达到饱和。

然而,现实环境在空间与时间上都是异质性的。真实的地形可更精确地被描述成一片黏稠的海景,在其中,高峰会下沉为凹陷,而种群必须朝向更复杂的、在时间上对基因—文化适合度做积分的解来移动。当环境是粗粒的,也就是说,当改变以一代一次或更少的量级发生的时候,平均基因—文化适合度就是几何平均的。最大潜在适合度曲线是一个双曲线,在制定相对无选择性的使用偏向曲线的一点上触及真实的适合度空间(见图 5.9)。当环境是细粒的,在单个世代之内频繁变迁,平均基因—文化适合度就是算术平均的,并且最大潜在适合度曲线是一条直线,与现实适合度空间的一端或另一端相交。结果就是对相对专门的使用偏向曲线的基因指示(见图 5.10 及表 5.1)。这些模型引出一条一般性规则:历经多个世代、处于特定生命阶段的个体所遇到的环境越是均一,为此生命阶段进化出来的后成规则就越是专门化。此预测被这一事实所支持:在儿童早期以及其他遭遇者是均一且可预测的情形中,已经发现了最丰富的一系列有选择性的后成规则。然而,此相关性是基于一个可能有所偏向的采样,而且也不能认为这条规则已被最终确立。

为了把一种简单形式的历史合并进来,霍尔丹—贾亚卡尔分析已经被应用

到了这个模型之上。在所考察的一个案例中，两条使用偏向曲线相应地由 A- 与 aa 在一个二对等位基因系统中以绝对的主导权预先决定了，此处 aa 曲线有选择性地占有优势，一代又一代，但在偶发的灾变面前却更加不堪一击。如果 aa 的基因—文化适合度算术平均值高于 1，而几何平均值低于 1——这样的组合不是不可能的，这两个等位基因就将被维持为一种多态性的混合状态。因此，种群的特异性历史将会以一种仅凭经典分析不能够做出评估的方式影响着基因—文化协同进化。一种新的解释，可基于这样一种倾向性：在已有新近获得其风险的理性理解的情况下仍然要去获得并保留特定的破坏性文化根。

如果被遗传继承的使用偏向曲线的平均值处在适应最大值上，在此倾向性上的表型变异就对适合度没有影响。在偏向曲线中只有平均值，而没有其他的统计学属性会进入到基因—文化协同进化的地形之中。基于个体偏向曲线的更简单案例的一般性结论，也就因此得以保留。另外，基于单基因座模型的结论，可被扩展到产生连续变异的多基因继承的多个系统之中。由于表型变异的适应中性，变异可能以一种变得更宽或更窄的方式漂移，在种群内创造出更多或更少量的行为异质性。此变异将倾向于在等概率偏向曲线中最大程度地变宽，而在有着高选择性的曲线中最低程度地变宽。如果某种程度的选择性，而不是同期平均值变得更具适应性，表型变异上的增加就会导致这种新的、更具适应性的倾向被种群更早地获得。会有一种通过遗传同化合并此倾向（也因此变成一种新的后成规则）的趋势，接着会重新回到变异的有选择性的中性状态。

附录 5.1　环境的历史与显性/隐性等位基因的命运

霍尔丹—贾亚卡尔方法创造出一种"橡皮筋策略"，它说的是，基因频率每当降到足够低的水平时就会反弹回来。特定条件一旦满足，这些频率就不能被消除。我们按照拉夫加登（Roughgarden）（1979）的思路来展开。

基因频率规则为，有 $\bar{f} = p_t^2 + 2p_t q_t + q_t^2 f_t$，

$$p_{t+1} = (1/\bar{f})p_t \tag{5-A1}$$

以及

$$q_{t+1} = [(p_t + f_t q_t)/\bar{f}]q_t. \tag{5-A2}$$

设 $z_t \triangleq p_t/q_t$；那么

$$z_{t+1} = \frac{p_t/q_t}{f_t q_t + p_t}$$

$$= \frac{z_t(1+z_t)}{f_t(1+z_t) + z_t(1-f_t)}. \tag{5-A3}$$

因此

$$z_{t+1} = \frac{z_t(1+z_t)}{z_t + f_t}. \tag{5-A4}$$

我们接下来为 $\Delta z = z_{t+1} - z_t$ 发展一个方程：

$$\Delta z = z_{t+1} - z_t = \frac{z_t(z_t+1)}{z_t+f_t} - z_t = \frac{z_t(1+z_t) - z_t(z_t+f_t)}{z_t+f_t}$$

$$= \frac{z_t(1-f_t)}{(z_t+f_t)} = \frac{z_t(1-f_t) + f_t(1-f_t) - f_t(1-f_t)}{z_t+f_t}$$

$$= \frac{(1-f_t)(z_t+f_t)}{z_t+f_t} - \frac{f_t(1-f_t)}{z_t+f_t} = (1-f_t) - \frac{f_t(1-f_t)}{z_t+f_t}$$

$$= (1-f_t)\left[1 - \frac{f_t}{z_t+f_t}\right] = (1-f_t)\frac{z_t}{z_t+f_t}.$$

所以

$$\Delta z_t = (1-f_t)\frac{z_t}{z_t+f_t}. \tag{5-A5}$$

如果 a 不能被消去，那么一旦它变得足够稀少，它就必定要增加。但 a 稀少意味着 q_t 是小的，这表明 $z_t p_t / q_t$ 是大的。

因而，我们要求 z_t 减少，当它变得足够大的时候。对于非常大的 z_t，方程 (5-A5) 的 Δz_t 简化为

$$\Delta z_t \sim 1 - f_t \quad (a \text{ 稀少}). \tag{5-A6}$$

因此 $\Delta z<0$,如果此世代当中的所需条件是 $f_t>1$。对于历经 N 世代的持续的净恢复,它需要

$$\sum_{t=1}^{N} \Delta z_t \sim \sum_{t=1}^{N} (1-f_t) = N - \sum_{t=1}^{N} f_t < 0, \tag{5-A7}$$

得到

$$\frac{1}{N} \sum_{t=1}^{N} f_t > 1, \tag{5-A8}$$

此为计算的平均结果。

对于 A,策略稍有不同。为了使 A 不被消除,它必须在足够稀少时反弹。此时 A 变得稀少意味着 $p \ll 1$,从而也就是 $z_t = p_t/q_t \ll 1$。为发展出所需的公式,一旦 A 足够稀少,就必须使 A 的频率**增加**。我们构建商数

$$\frac{z_{t+1}}{z_t} = \frac{1}{z_t} \frac{z_t(1+z_t)}{z_t+f_t} = \frac{z_t+1}{z_t+f_t} = \frac{1+z_t}{z_t+f_t+z_tf_t-z_tf_t}$$

$$= \frac{1+z_t}{f_t(1+z_t)+z_t(1-f_t)} = \frac{1}{f_t + \frac{z_t(1-f_t)}{(1+z_t)}}$$

$$= \frac{1}{f_t\left\{1 + \frac{[z_t(1-f_t)]}{[f_t(1+z_t)]}\right\}}. \tag{5-A9}$$

当 A 是稀少的,z_t 接近于零,(5-A9)就变成了

$$\frac{z_{t+1}}{z_t} \sim \frac{1}{f_t} \quad (A \text{ 稀少}). \tag{5-A10}$$

现在我们通过相乘将 N 世代积累起来:

$$\frac{z_{N+1}}{z_1} = \frac{z_{N+1}}{z_N} \cdot \frac{z_N}{z_{N-1}} \cdot \frac{z_{N-1}}{z_{N-2}} \cdot \frac{z_{N-2}}{z_{N-3}} \cdots \frac{z_2}{z_1}$$

$$\sim \frac{1}{f_N} \cdot \frac{1}{f_{N-1}} \cdot \frac{1}{f_{N-2}} \cdots \frac{1}{f_1}.$$

为了让 A 在 N 世代中增加,必要的条件是

$$\frac{z_{N+1}}{z_1} > 1. \qquad (5-A11)$$

因此 $(f_1 f_2 \ldots f_N)^{-1} > 1$,这意味着

$$f_1 f_2 \ldots f_N < 1 \qquad (5-A12)$$

或同等地

$$(f_1 f_2 \ldots f_N)^{1/N} < 1. \qquad (5-A13)$$

即是说,几何平均值必须小于 1。

附录 5.2　环境的历史与杂合体优势等位基因的命运

如附录 5.1 中那样处理,我们可进而得到动态

$$z_{t+1} = \frac{f_t^A z_t + 1}{z_t + f_t^a} z_t. \qquad (5-A14)$$

为了简便,此处 $f_t^A \triangleq f_{AA,t}$ 而 $f_t^a \triangleq f_{aa,t}$。

为探索 a 等位基因的反弹,我们形成商数 z_{t+1}/z_t,并将方程(5-A14)重新整理为

$$\frac{z_{t+1}}{z_t} = f_t^A + \frac{1 - f_t^A f_t^a}{z_t + f_t^a}. \qquad (5-A15)$$

对于 a 稀少,$z_t \to \infty$ 且方程(5-A15)的右手边简化为

$$\frac{z_{t+1}}{z_t} \sim f_t^A \quad (a \text{ 稀少}). \qquad (5-A16)$$

这也能直接从方程(5-A14)中看到。因此

$$\frac{z_{N+1}}{z_1} = \frac{z_{N+1}}{z_N} \cdot \frac{z_N}{z_{N-1}} \cdots \frac{z_2}{z_1} \sim f_N^A \cdot f_{N-1}^A \cdots f_1^A. \qquad (5-A17)$$

如果 $z_{N+1}/z_1 < 1$,a 等位基因将反弹,得到几何平均条件

$$f_1^A f_2^A \ldots f_N^A < 1 \qquad (5-A18)$$

以及

$$(f_1^A f_2^A \ldots f_N^A)^{1/N} < 1. \qquad (5-A19)$$

对于 A 持久,所需条件是类似的。对于 A 稀少,则有 $z_t \ll 1$,而将此限制引入方程(5-A14)则得到

$$\frac{z_{t+1}}{z_t} \sim \frac{1}{f_t^u} \qquad (A \text{ 稀少}) \qquad (5-A20)$$

并且因此

$$\frac{z_{N+1}}{z_1} \sim (f_1^u f_2^u \ldots f_N^u)^{-1}. \qquad (5-A21)$$

为了让 A 在此历史期间反弹,$z_{N+1}/z_1 > 1$ 是必需的。我们立即得到几何的平均条件

$$f_1^u f_2^u \ldots f_N^u < 1 \qquad (5-A22)$$

以及

$$(f_1^u f_2^u \ldots f_N^u)^{1/N} < 1. \qquad (5-A23)$$

第 6 章
协同进化的回路

经常有人说,心灵与文化只能在整体论的意义上被理解。我们相信这是对的,但只是在生理学时间工作而无视进化时间的科学家们对此却不大认同。心灵与文化的结构被最有效地理解为发展的过程,由基因所背书,其频率是社会行为与来自环境的选择压力长时间互动的产物。因此,要完全地理解文化,不只要感知组成它的丰富细节,还要跟上协同进化回路中的每一步——从生理学时间与文化进化,到进化时间与遗传进化,周而复始。

随着我们在先前的章节中开始追溯此回路,我们继而探讨了从个体发育中后成规则形式的基因限制,到规则向上转译成社会模式的方式。接着我们考察了相反的过程,即自然选择对学习到的社会行为的影响——随着它通过基因从文化转变回后成规则。在初步的研究中我们处理了非常简单的文化,它们基于不依赖选用的后成规则,以及后成规则——信息的认知处理——与系统中起作用的选择压力之间高度简化的连接。因此我们确立了基因—文化适应性地形的存在,并确定了异质性环境中简单协同进化的非常一般性的特征。

现在是尝试一种更为综合的公式化的时候了。我们希望把使用源于文化组织的信息的后成规则合并进来,更完全地把协同进化模型建立在学习、评估与决策的过程之上。换句话说,我们要把基因—文化转译模型置于进化时间之中,并研究能实质性地改变文化根和相关基因的频率的进化机制。

关键在于对后成性的深度分析上,这需要结合认知机理并走得更远,以此确定可遗传的认知设计单位,其在自然选择之下的命运决定着后成规则。我们在下面三节中展开这一分析,首先进行发展神经遗传学和心理遗传学方面的讨论,进而考察作为基因与文化根之间相互影响的终极生物学剧场的长期记忆的节点—连接结构。有了这一基因互动的新观点,我们准备好了对所需的数学模型进行公式化处理,并分析协同进化的机制以及塑造了协同进化轨迹的原动力。

后成性

已经变得清楚的是,一般性微进化研究的未来在于对发育的基因分析的再聚焦。对于表型大多从 DNA 模板移除的人类社会行为来说,情况尤其是这样。我们可以走得更远,认为对于基因剖析最可追溯的特征,不是被完成的产品本身(亲属族群、领地性、高攀结亲),而是它们背后的后成规则。一旦这些规则被描述出来,借助于先前章节中运用的几种技术,它们就能被向前追溯到成人行为,然后被转译成社会模式。该规则越是有选择性和灵活可变,它就越可能在初步阶段产生清晰的结果。看似最有前途的行为类型的例子,包括颜色命名、乱伦回避、婴儿的抱法、恐惧症以及面部表情。不仅能够轻易地、比过去深刻得多地研究此类行为的后成过程,也可通过已在人类遗传学中常规应用的方法来发现并描述影响这些行为的突变以及潜在的神经生物学。

基因指示的放大,一般会在神经系统的形成中发生。哺乳动物大脑与感觉系统的大部分是通过细胞群的分化波动来发育的。相邻区域有着各自不同的起源,并在细胞结构上相互区别(M. Jacobson, 1978a,b)。在大鼠与小鼠的新生大脑皮层的发育中,细胞起源于来自排列腔室的生殖上皮的波动,然后迁移穿过细胞的上部区域到达其最终的目的地。最终集合成 6 个膜层,最先迁入的细胞形成最里层,最后迁入的则变成最外层。指导这一复杂舞蹈的控制者是未知的,但它们创造了一套定位规则并响应着远不如最终模式本身复杂的梯度。正如布洛克及同事们(1977)所述:"看起来最有可能的是……迁移中的细胞被基因编程为(以未知的方式)向着适宜的化学环境移动,沿着一个化学梯度或梯度系列,可扩散或与中途经过的细胞合二为一。此现象也许与白细胞或细菌中的趋化性现象没有太大分别。"当细胞原基接近其他类型的神经或肌肉组织,它们就以特定的方式,通过改变树突以及更接近的细胞组分的生长与分化来做出响应(Wessells, 1977; Patterson, 1979)。原则上,大量的反应可由相对少数的几种要素相互作用产生出来,它们各自都只有一系列有限的决定能力(Hillman, 1979; Szentágothai, 1979)。

脊椎动物大脑中基因与神经元之间的关系,与其说是同形的,不如说是同胚的(Changeux and Danchin, 1976; Bullock et al., 1977; M. Jacobson, 1978a; Cowan, 1979)。一个基因或一组基因不会明确指定个体的神经元。基因更愿意开创神经元的生长与迁移的程序,以及神经元互动的一般性规则,正是这些导致了大脑的个体发生学。例如,要指导脊椎动物的神经板成为钥匙孔形状,只有两种驱动力是必要而充分的:板细胞顶表面有所差别并且被编程好了的收缩,以及覆盖在脊索上的板细胞向着中线的移动(A. G. Jacobson, 1978)。每个神经元都受到多基因制定的特定规则的影响,同时每个把指令传达到神经系统的基因也影响着细胞的组装过程。

这一种基本的关系,在对神经系统造成改变的突变的本质中清楚地反映出来。例如,白体化哺乳动物(它们是一种单一隐性等位基因的纯合体)颞视网膜细胞会伸出它们的轴突,跨越视神经交叉到达大脑的相反一边,而相比之下正常个体的细胞仍然留在相同的一边。在突变品种的鼠 BALB/cJ 身上,海马趾苔状纤维形成了一个**内锥体**的突触场,而不是正常情况下的**下锥体**场(M. Jacobson, 1978a)。如图 6.1 所示,颗粒与浦肯野细胞群,在由未成熟细胞死亡、神经元错位以及突触信息错乱导致的摇晃鼠、迂回鼠与醉酒鼠突变中都有选择性地受到了影响(Rakic, 1975a, b, 1979; Caviness and Rakic, 1978)。在门克斯病(发生在人体的一种遗传性的小脑异常)的案例中,浦肯野细胞发育出多个树突,而不是正常的单个树突(Purpura et al., 1976; Williams et al., 1978)。因此对于一个单独的等位基因来说,要在神经解剖学结构与行为两方面造成重大的改变,是很容易实现的。这种基因控制下的改变能够同时扩散并

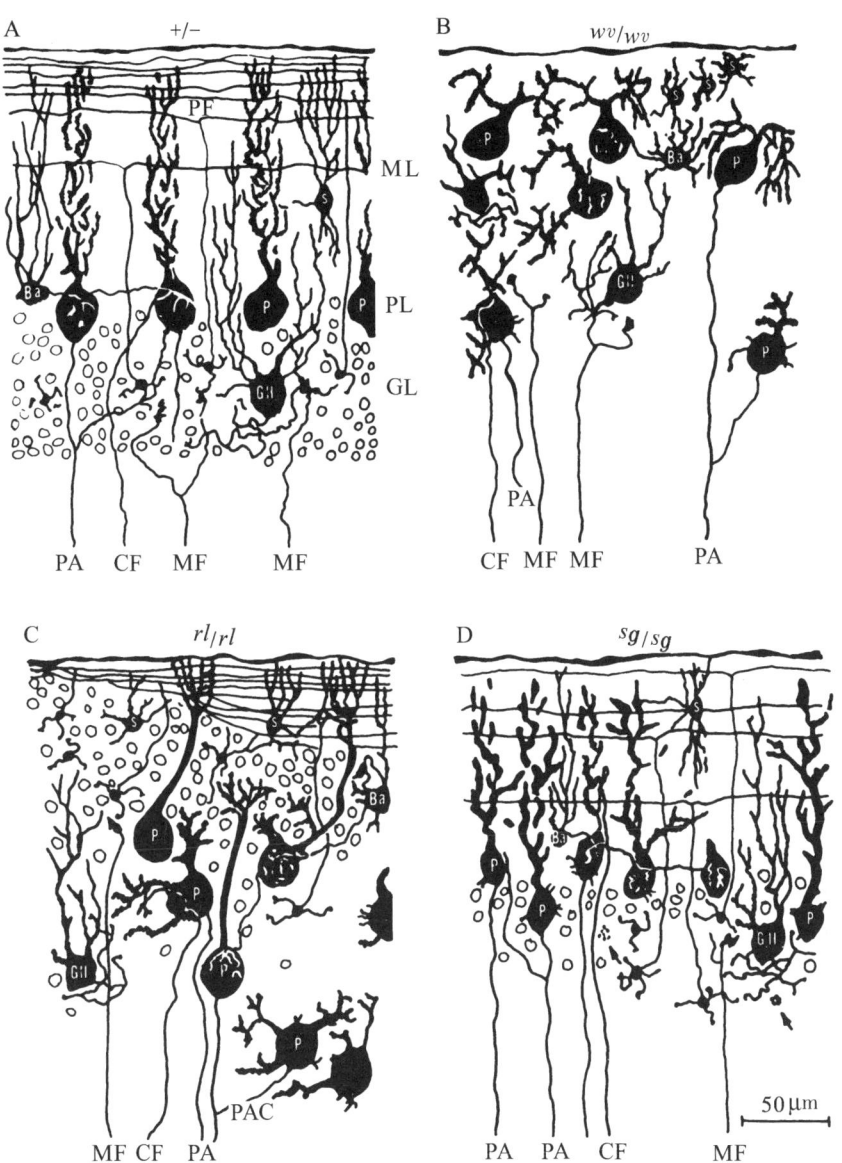

图 6.1 由一个单独基因座上的突变引起的小鼠小脑中定性的基因重排列。作为结果的行为模式是以此特征诊断的。A,正常鼠;B,纯合体的迂回鼠;C,纯合体的摇晃鼠;D,纯合体的醉酒鼠。Ba——篮状细胞;CF——攀缘纤维;G——颗粒细胞;GII——高尔基 II 型细胞;MF——苔藓纤维;P——浦肯野细胞;PA——浦肯野细胞轴突;PF——平行纤维;S——星形细胞。(修改自 Rakic,1979)

且极度特化。例如,果蝇中的 sev 突变扰乱了这种昆虫的整个复眼,但这一结果却是通过从各个小眼中精确地消除掉相同的感光细胞(R_7)来实现的(Hall and Greenspan, 1979)。

发展中的神经系统在很多方面就像是一个半独立的生物种群在行事。神经元被超额地制造出来,并且它们之间也存在着"自然选择",任由大多数位置不正或未被关联的细胞灭绝(Changeux and Danchin, 1976; M. Jacobson, 1978a; Cowan, 1979)。当在实验上提供更多的靶标组织,过剩的细胞就能生存下去。因此这一锄草过程的关键不在于生长要素的先天性功能不良,而在于其突触外环境的属性。发生于染色体重组、体细胞突变或正常的发育统计噪声的特种神经元变异,伴随着细胞死亡导致的产量缩减。以另一种方式来看,选择过程构成了大脑疏导作用的一部分。

传统观点认为,疏导作用创造了脊椎动物由大量而随机关联的神经网组成的、具有超出基因能力的良好结构的大脑,此观点如今已经不再被接受。脊椎动物的大脑以超结构的专门性为基础,这是"安静的神经科学革命"的一部分(Szentágothai and Arbib, 1974; Rakic, 1975a, b; Schmitt et al., 1976; Schmitt and Worden, 1979)。脊椎动物的大脑皮层、丘脑、顶盖、网状结构、小脑、视网膜、嗅球的神经集合,现在被认为组成了细胞的理解模块或阵列,由在生物体之中及之间重复出现的模式所组织起来(Rakic, 1975a, 1979; Shepherd, 1974; Cowan, 1979; Szentágothai, 1979)。后成过程在神经元的形态、定位及关联等方面实现了一种从前没有料想到的精确度,此观点得到了同基因无脊椎动物的解剖学研究的支持。可视为彼此相同的神经元之间的关联模式,在生物体之间,以及在同一生物体的两侧之间表现出显著的稳定性(Levinthal et al., 1975; Goodman, 1978)。这一神经模板可延伸至树突分枝的第二级(Macagno et al., 1973),并至少会伴随着轴突的初始过程同时发生(Cowan, 1979)。在组织培养液中繁殖的大鼠的海马神经细胞,会不断地发育它们的特征形态(Banker and Cowan, 1977)。神经关联同样是特化的,但包括细胞寻址的多重策略。在蝇类的视神经节中，小眼与细层壳之间的连接是一一对应的（Strausfeld，1976；Braitenberg，1977）。在脊椎动物的脑干中，某些星形细胞会通过其树突树典型的填满空间的大开花来与其他神经元建立联系（Ramón-Moliner and Nauta，1966）。

在神经系统中引出精确度及模式形成的严格规则与基因机制，目前仍然未知，但来自其他发育模型的证据是有所启发的。这些案例强调了这样的事实：大脑以及心灵本身的胚胎生成是一个自 RNA 而外的开放系统。此外，如我们将在下一节中看到的，在组织形成与行为之间的这一过程中，并不存在基本的间断。学习可被定义为主要发生在子宫之外的后成过程。而如形态发生一样，大多数的学习可被理解为一个疏导设备，一种引导物种成员经过多组刺激，达到大致相同的有关食物、配偶及环境其他方面的稳定态的指导过程（Bateson，1976）。

果蝇的身体是由许多部件组装起来的，各个部件都产生于囊胚中的一个原始细胞群。各个细胞群作为一个局部域都有所分化（Benzer，1973；García-Bellido，1975）。类似地，蝴蝶与蛾翅膀的颜色模式，由每一个翅膀细胞所独立决定并产生于有关特定基因座的色素沉积。尼奇豪特（Nijhout）（1978）与其他研究者展示了，在"理解地形"（一种梯度系统，其在形态发生场中各点上的值构成对如何理解位置信息的一种测量）中相对小的变动，如何能够产生出模式上的惊人改变。单一的等位基因替换以及对发育中的翅膀的较小破坏，都能在整个模式中导致重大的改变。

基因精确控制形态发生的模型系统，在果蝇身上就是小盾鬃控制。隐性伴性突变 scute（sc）小盾片上的刚毛数从 4 减少到 1 或 2。伦德尔（Rendel）（1967，1979）曾表明，野生类型的纯合蝇（++）、杂合蝇（+sc）以及 scute 纯合蝇（scsc）的频率分布，可由一个在基因型之间有着不同的刚毛制造能力，并根据一个连续的、关于各个基因型平均值的正常分布而变化的模型来解释。制造刚毛的能力在++与+sc 类蝇中是非常相似的，但在 scsc 个体中却实质性地比较低，产生出某种被观察到的+对 sc 的支配关系。伦德尔设计了刚毛数在携带 sc

的谱系中变动的选择实验，发现是少数基因改变了 scute 蝇的刚毛数。这些纯合的个体被证明是在平均值提升到 3.5 时被引导到四刚毛状态的。通过对 scute 蝇的选择，野生类型家族的刚毛数最终被提升到 4 以上，这也进一步展示出在更高的平均值上 sc+蝇比＋＋蝇平均要少长 1.5 根刚毛。通过对更多组修改基因的选择，伦德尔表明 scute 基因型可被引导为二刚毛型的。里凯利（Richelle）与吉桑（Ghysen）(1979)将刚毛制造能力的概念扩展成了一种实际可扩散的、促生刚毛的物质——刚毛素的分布模型。任何细胞，只要接收到的刚毛素的浓度超过一定的阈值，就会对产生一根刚毛具有决定权。对刚毛制造物质的合成，也就表现为细胞在包含位置记号的虚拟磁盘中对它们全有或全无的反应。一簇涉及制造刚毛素的细胞将产生出此物质的一个峰值，由此一个单细胞才会被确定成为一个刚毛制造者。甚至多细胞的中等精度的、概率式的位置信息读取（遵从相对简单的规则），也能导致个别刚毛的高度精确定位。在位置读取所涉及的参数中的相对简单的改动，精确地再现了野生类型和突变谱系果蝇的刚毛模式（Ghysen and Richelle, 1979）。

果蝇的实验室种群以及少数其他种类生物的遗传学实验已经显示出，当发育中的生物体置身于极端环境的压力之下时，其基因组合仍在发挥作用，使最终的产物在受引导的特征上接近于种群的常态。用于引导作用的后成规则，只对来自环境的特定信号产生定性的反应。选择或内交造成的种群遗传多样性减少，会伴随着单个生物体内遗传多样性的减少——换句话说，伴随着纯合性在更多数量的基因座上出现。更广泛的纯合性，会使更多数量的个体偏离在贫化之前曾经盛行的规范，从而时常引起受影响特征的变异增加。遗传多样性本身用到的有可能促进引导作用的方法还没有得到证明，但一些作者相信，更多数量的基因产生了更多数量的反馈机制，比如速率依赖型反应与生长速率补偿，它们都能够更为精确地控制及调整发育（例如 Thompson and Thoday, 1979）。当这些机制由于其基因蓝图的简化而变得粗糙或被消除掉，表型的变异就开始增加，不适应的个体产生出来，自然选择加剧，基因组合也被重新装配成要把个体引导回常态。这大概就是大脑结构与社会行为的后成规则中的特化性被塑造出来的方式,也就是这些规则处于多因素遗传的典型控制之下的原因。

遗传同化与如下方式的引导作用及发育体内稳态有关。有时,起控制作用的多基因足够松懈,允许出现表型常规之外的较大偏离。另一种情况是,环境中的一次异常的改变,可能唤起反常的发育反应——甚至是在刚性的引导系统中。因为最终形态在表面上与突变相类似,它们被称为拟表型。在最早的(现在已成为经典的)现象分析中,沃丁顿(1953)通过把蛹暴露于高温这个简单的步骤,获得了翅膀上缺少横脉的果蝇。当显现出横脉缺乏的个体随后被选择用来进行更多的繁殖时,最倾向于允许异常发育的基因就会自动地受到选择的偏爱。经过一段时间,甚至在正常的环境中,异常的表型也会开始在许多个体身上显现。因此,甚至无须经过高温处理,沃丁顿也能够分离出一族一致失去横脉的果蝇。此特征已经被遗传同化了。

由此可知,对于性状的多重因素的基因控制,是基因—文化协同进化机遇难得的一个表演舞台。通过文化实验以及对新环境的持续探索,原文化的物种有可能检验制定行为后成规则的基因的潜力,并产生等同于行为拟表型的新反应。当这些反应赋予了选择优势,个体所拥有的基因就倾向于迁移进入一种新的频率分布,制定出将发育引导向新反应的后成规则。对于相对少数的基因来说,有可能塑造出重要的大脑结构及心理生物学反应的显著特征,因为大多数发展涉及作为与整体模式相一致的群体的细胞的生长与分化。这样的基因迁移因此可能是快速的。

心灵的个体发生学

在第2章与第3章中,我们描述了认知活动的关键性操作,即感知、信息处理(包括短期记忆与长期记忆)、评估以及意图。现在我们将更仔细地考察作为长期记忆的那一组认知处理及信息存储,并表明其属性如何通过自然选择而发挥指导遗传进化的作用。

由塔尔温(Tulving)(1972)对情景记忆与语义记忆所做的区分入手,将是有帮助的。情景记忆回想具体事件,它会关注特定的人物、物体以及行动,让这些东西通过一种时间序列重新进入有意识的思想当中。语义记忆回想相关概念形式的意义,它们是多种物体与事件,或是对它们进行抽象化、符号化的代替品。清晰的语义记忆形成于情景事件,且几乎不可避免地唤起对其自身的某种回忆。但人类心灵也有一种强大的趋势,要将情景记忆概括为概念及更高层次的实体单位,随后构成长期语义记忆中的"节点"或参考点。这些概念不一定必须是词语。尽管许多概念为词语所表示,但也有例外。

节点几乎总是与其他节点相联,以致回忆一个节点就会牵扯出其他。连接可以有各种类型:操作型的,例如物体与行动关联起来;归因型的,比如颜色或迅速等特定属性与一个物体或行动联系起来;指示型的,让人想起一个词语或某个其他符号;以及情感型的,唤起典型地"难以言表"的感觉。节点的特定网络形成了图式、更宽泛的观念、行动计划以及准则,这些东西,大脑在产生几乎所有形式的行为时都要经常调用。它们就是人类赖以组织新信息并做出决定的意义结构(见 Lindsay and Norman, 1977, Wickelgren, 1979a,b 所做的评论;以及 Kosslyn, 1980 关于视觉表象特殊属性的思考)。

在一项早期的、有影响的研究中,奎利恩(Quillian)(1967)提出了一种长期记忆(LTM)的"扩散激活"理论。他的最初意图是要设计一种基于大脑模型的高级计算机搜索技术,但随后柯林斯(Collins)与奎利恩(1969)、柯林斯与洛夫特斯(Loftus)(1975)以及其他人把这项基础技术转变为一套更为明晰的心理学理论。本质上,大脑被认为是通过构造一种生长着的相关概念网络来进行学习的,并由长期记忆中创建的特定连接来进行语义学指导。当新的情景事件与概念被添加进来,这个网络会对它们进行处理,方式是,展开广泛搜索,尝试寻找它们与先前已经建立起来的节点的关联。所以,一种新品种的水果将会很快地被分好类——按照其物理属性、可食用性、遇到它时的情形,如此等等,最终不仅将它与其他种类的水果关联起来,也与情感感觉、对从前类似的发现的回忆、饮食习惯的记忆等等各种储备关联起来。

多种个体网络模型的具体细节都受到了质疑,但基础概念却看似与增长着的大量实验证据相一致。此外,我们的感觉是,体现在集论及特征比较模型(见 Loftus and Loftus, 1976 的评论)中的主要的竞争假说,与节点—连接结构的概念是互补的,而不是排斥的。

出于基因—文化协同进化理论的考虑,节点—连接结构可被定义为文化根借以居于长期记忆之中的形式。更准确地说,如有必要,特定的文化根能够为附录 1.1 中提出的集论程序所限定,而多组节点与节点连线映射其上。一个文化根,或更确切地说是其所关联的记忆节点的相关值,可由奥斯古德(Osgood)及其助手们(1957)的语义分化技术以及由语言学分析来客观地测量。如图 6.2 所示,受试者被要求按照每一组品质的标度定位词语或物体,比如粗糙的与平滑的、美的与丑的。此列表可再被扩充,直到它实际上包罗了受访者心灵中所有可想象到的重要关联。

长期记忆作为语义网络活动的这一特性描述,符合对行为与精神过程其他几个方面的主流解释。物理活动被认为是受到运动编程或"感觉运动图式"的指导(Lindsay and Norman, 1977)。各种行为表现,比如进食与行走,都依照着有组织化的系列动作图式,在此过程中,通过感觉系统接收到的信息一步一步地与适当的运动动作协调起来。在很多动物行为中,此图式都是严格地与生俱来的,并已于形态发生及学习缺席期间在大脑内形成。如果我们在宽泛意义上规定认知就是动物大脑对信息的处理,则有理由赞同格里芬(1976)的观点:甚至是像这样的硬连线网络,也能够构成一种认知基质,并被关联到与人类意识相似的更具反思性的活动上。在由动物和人类做出的操作性学习的案例中,动物和人会在探索与玩耍的过程中表现出样式更为宽泛的行动,而感觉运动图式就会从中被刻画出来(Fagen, 1981)。受到奖励的行事顺序,会被关联到目标节点并在需要时重复。在孩子身上,在发育的感觉运动阶段之后,会继之以一段"做之前先想"的时期,在此期间感觉运动图式能够在精神上被激活而使精

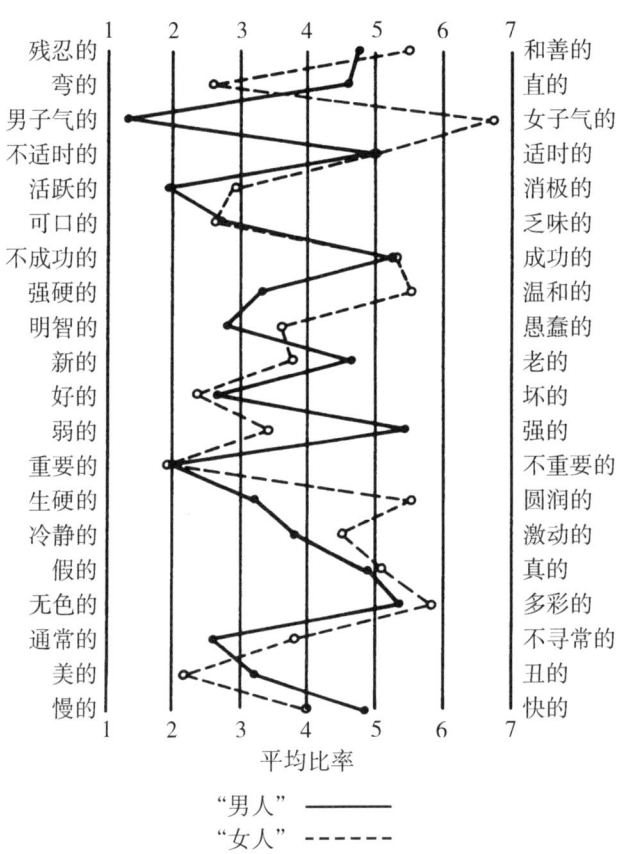

图 6.2 语义分化技术。受试者被要求在每一组主观品质的主观标度之上定位词语或物体,从而可以对特定文化根的记忆关联做出评估。这个例子对比了"男人"与"女人"的观念。(修改自 Lindzey et al.,1975;基于 Jenkins et al.,1958)

神实验成为可能。在后续的发育中,抽象化、逻辑以及精神假设检验等更为高级的技艺又会陆续被添加进来(Piaget,1952)。

当生物体被预先设置为将要形成特定的语义网络而不会形成其他的语义网络,其结果就是"定向认知",其中也包括在用来描述外显行为早期研究成果的意义上的有准备的学习(Seligman,1972a,b;Shettleworth,1972)。在第 2 章与第 3 章中,我们曾看到多种有准备的学习在人类身上发生并构成后成规则中的重要元素。当一种内在倾向扩展为词语在短语和句子形成中相关联的方式,其结果就是深层语法，一种不可否认为人类所独有的属性（Slobin，1971；Chomsky，1972）——但也是我们知之甚少的一种属性。

还有更加微妙的精神现象可被理解为情景与语义网络的运用。当我们尝试回忆一件遥远的往事时，要记起全部的细节是很难的或者是不可能的。有意识的心灵于是诉诸再创造（Loftus and Loftus，1976）：它先锁定少数清楚记得的事实，然后在记忆中搜寻其他可行的节点来完成一幅令人满意的图式。一旦完成，这个再造的图式就会成为长期记忆的一个更为持久的特征，而真正的事实则难以从这些被召来填补空隙的细节中被区分出来。

问题的解决必须要有一种遍布节点—连接结构的相关类型的激发作用，以及新的节点及连接的发现（Newell and Simon，1972；Simon，1979）。新鲜的概念会通过用于解决那些阻止搜索轻易进入心灵问题空间的难题的精神操作来获得。最近的关于问题解决的研究表明，专门的技能在很大程度上以对事实的记忆为基础，就像通常的观察告诉我们的那样。然而，专家也拥有储备丰富的更高水平的图式，充当对各个部分的知识储备的快速向导。例如，物理学家与工程师的自然直觉，或许很大一部分在于一种快速而有效地操纵许多相关事实组成的信息块的能力（Larkin et al.，1980）。有充分的理由相信，适当的长期记忆与问题解决研究，将最终揭示被松散地贴上天才、判断力、想象力及创造力标签的深度认知的过程。我们可以期望对博尔丁（Boulding）（1978）的判断做一个提炼："生物进化与社会进化之间的重大差别在于，前人类生物占据生态位并扩张到填满它们，而人类作为一种生态位扩张者，也同时在创造着它将要扩张进去的生态位。"

认知与遗传适合度

在这一对大脑后成性的简单考察中，我们追溯了从基因到长期记忆的认知活动的个体发生学。实际上在生物学因果性前进中的每一步，都处在某一群专家的积极研究之下，其间的关系也变得越来越清晰。当从后成规则到文化模式的转译被添加进来(第4章),使基因、心灵与文化之间的全部关联可视化就成为可能。

在图6.3中,我们把基因—文化回路的步骤分成了生物组织的四个基本层次。前两个层次(分子的、细胞的),在传统生物学眼光看来,成就于解剖学与生理学的后成性。更高的层次(有机体的),通过对认知与行为后成规则的基础性考察来理解。最高的层次是种群的层次,也就是社会与文化的层次,可通过对基因—文化转译的分析来做量化处理。最终,种群结构与生长的模式通过自然选择作用于基因频率。

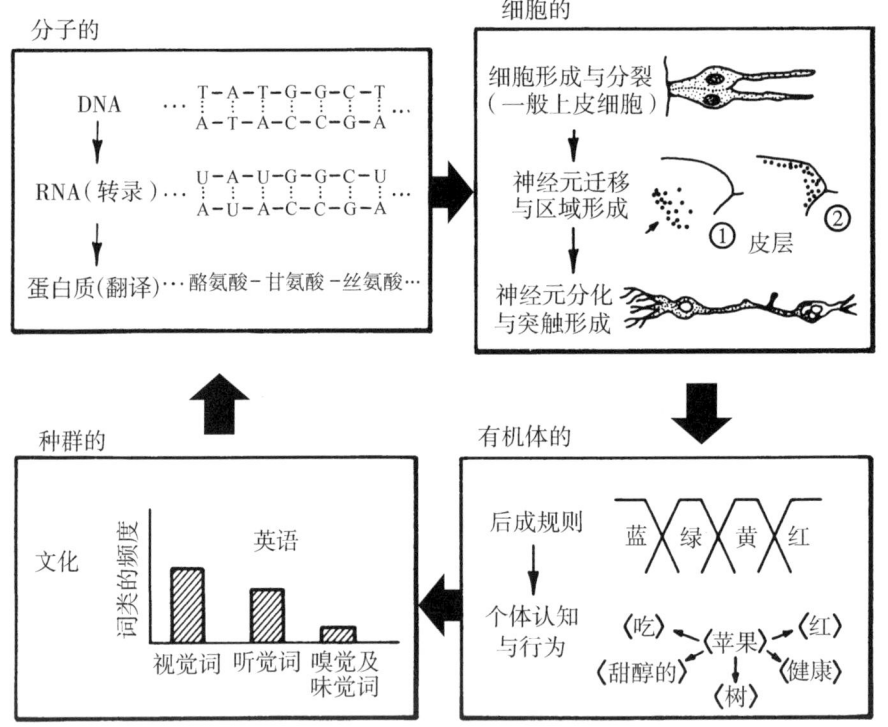

图6.3 基因—文化协同进化全因果回路,展示了生物组织在四个主要层次上的步骤的汇总。分子的、细胞的以及有机体的步骤构成了后成性;有机体与种群层次之间的转变构成了基因—文化转译;而种群现象通过自然选择作用于基因频率。

就在这涉及自然选择过程的最后一步中,我们的理论遇到了它的最大挑战。问题的症结在于自然选择对文化进行操作的方式。就像我们在第 1 章中引述的那样,不可否认,一些文化根提供了优越于其他的遗传适合度。但这是如何做到的?特别是,我们需要知道认知本身在调节文化根适合度的过程中扮演的角色。直到我们有了答案,才能稳妥地运用种群遗传学模型来研究从文化到基因的反馈。我们需要描述从文化根到由文化根系列赋予的遗传适合度的转变过程:

$$c_1, c_2, \ldots, c_M \longmapsto W(c_1, c_2, \ldots, c_M).$$

因为在长期记忆中文化根之间彼此相互作用,所以这一图式并不是微不足道的。

从最近的认知心理学发现中,我们可以开始研究这一关系的一般形式,进而提供更具现实性的初级遗传模型。关键因素在于大脑对意义的操作。当一个文化根被同化,它并不只是作为一个孤立的元素存储于长期记忆中,在那里等待召唤与使用,就像卡片夹中的卡片一样。它变成了一个与其他节点相联的节点,因此也成了更大的意义结构的一部分。可以用"冷的"与"热的"对节点关联做一个重要的区分。完全的冷关联是纯粹信息式的,把一个节点与响应某种物理特质、运动或特定关系的另一节点联系起来。热关联则刺激着情感的感觉。此类关联的形成涉及脑边缘区域内的回路,而与皮层区域的其他关联也遍布大脑回报系统的纤维之间(Routtenberg,1978)。大多数节点,也就是大多数的文化根,拥有这两种类型的复合式关联,而其对有意识的心灵的重入程度,取决于概念被唤起的背景条件。因此,一位坐在博物馆中的分类学家,研究老虎(*Panthera tigris*)的诸多生物学特征并把它与其他猫类物种联系起来,形成一种正式的更高分类:猫科。这一实践不会唤起太多的情感。但当此人夜里独自经过一片泰国丛林,他的内心会充满附近有老虎出没的恐惧感。至少在这一刻,他的心灵不会再努力去继续他的猫科分类。

因此,这些节点被看作按情形召集的组块、图式以及计划的要素。有些图式是高度抽象的,其他的则是感觉运动的,并与物理行为的编程或此类行为的精神概念有关。一部分长期记忆是文化根的认知表现,也可能同形地定位其上。一个加工品就是一种能以精确、不变的方式使用的文化根。一把锤子将按照一个简单的运动计划或感觉运动图式来锤东西。但它也是一个具有物理属性的物体,允许我们通过概念回忆把它与其他种类的锤子、大锤及相关工具联系起来。它还可能变成其他隐喻概念的一部分——神的锤子、约翰·亨利(John Henry)的锤子的徒劳、锤子与铁砧之间的粗糙构造。最后,文化根可能是一个纯粹的心智品,一种整个以符号或想象中的生物及物体为基础的全精神性构造。我们把锤子本身作为物理的文化根来使用,就像在考古学分析中那样,或者我们可以把它置于构成其他主要类别的文化根的特定行为、故事及隐喻之中。

文化根的认知特性,允许对文化与遗传适合度之间的关系做出公式化的表达。适合度很明显不是一个躺在工具室里的加工品,也不是长期记忆深处的心智品循环。它是外显行为、肌肉收缩以及身体部分运动的一个函数。人类心灵的介入在学习与外显行为之间加进了大量新的命令与处理程序。它在搜寻可替换图式与新方法的同时整合经验来达到它的目的。心灵从经验与不间断的意识活动中积累行为的选项,在此期间旧的经验被重温,新的经验被想象,二者都以其有效关联被评价。知识结构像化学聚合物一样生长,随着每一次新经验而添加节点与连线,并去掉其他的——停止使用直至其在记忆的空间里逐渐消逝(见图6.4)。

心智活动与外向行为是以记忆,亦即节点与连线的情景与语义网络为基础的。这些网络基于对经验的响应,以后成规则组织起来的形式建立起来。这一引导作用部分地是感觉筛查的结果,它使感知被限制在大量轰击身体的物理刺激序列狭窄的一段上。它也可部分地归因于这样一种倾向性:长期记忆中的一些特定的节点会与其他关联于边缘系统及大脑回报系统的节点形成连接,但这

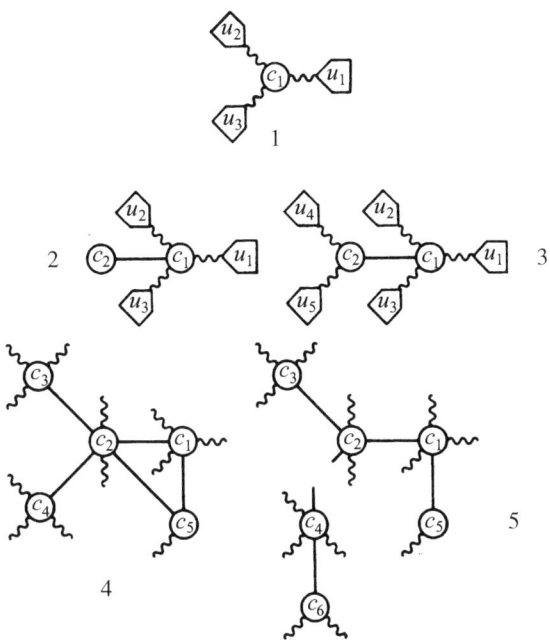

图 6.4 心灵的发育,表现为长期记忆中语义学网络的一种类似聚合物的生长过程。以 c_i 表示的节点中有很多形成了文化根的核心刺激关联。以 u_i 表示的其他节点组成了关联到文化根的情感关联或热语义节点,且在评估行为中得到使用。节点—连接结构可通过节点的逐渐堆积而建立起来,如同序列 1—4 中所表明的这样。它们也有可能被记忆链的断裂,以及如图 5 所示的分离分量导致的新连线的形成所改变。

一连接的形成存在着差异性,因此这些节点更有可能变得正向增强或负向增强。因此,母婴纽带形成于母婴之间最初接触时实际上是自动产生的正面关联,而蛇、高处及其他引起恐惧的典型物体,几乎有同样的可能性形成负面关联。最后,正如第 3 章中所描述的那样,引导作用部分地形成于引出风险评估及其他决策形式的代数规则的特殊限制。在语义网络形成过程中存在着的引导作用,导致了社会成员,甚至是属于不同文化的人们的精神活动在形式上的一种实质性的收敛。概念的形成与评估中的特质明显地将一个人与另一个人区别开来。但后成规则还是牢固得足以在精神活动及所有个体的行为中产生大量的重叠,以及一种可用来标志人性的足够强大的收敛性(见 Wilson,1978)。

文化可被启发性地定义为在这种新意义上定义的共享文化根总体的认知与行为结果。物化与符号化被视为用来创造及整理文化根的一些装置,为的是更为有效地处理、储存与回忆。语言则是方法,文化根由此被标识出来并被快速地并置起来,用以装配和沟通远为复杂的知识结构,比如叙述、传授以及艺术。语言进一步服务于**意义**在人与人之间、长期记忆与长期记忆之间的快速而有效的传递。在后成规则的影响之下,以此种方式被共享的文化根将倾向于拥有相似的核心意义,并唤起相似的行为。

长期记忆的诸多组成要素,可被看作形成了一个层级结构。节点与紧密关联的节点集合构成了组块或图式,图式的集合又可与长期记忆的其他部分划清界限。所有由文化引起而储存在个体记忆中的节点与连线,构成了他所接受到的那部分文化。出于分析的目的,有用的做法是把长期记忆中的任何一套节点与连线,从一个单独的节点到组块再到易受文化调节的长期记忆的全部内容,都表示为**知识结构**。知识结构的环节可被定位到文化根之上,并且在许多情况下与它们是同构的。给出可用来推断知识结构形成的规则,我们就能够从它们最简单的形式开始,恰如遗传学家从最基本的二对等位基因遗传开始,然后逐渐扩展它们的尺寸及复杂度。

图 6.5 给出了将文化连接到遗传适合度的完整序列。个体通过暴露在社会其他成员的文化根中而实现文化适应。在后成规则的影响下,此信息被合并入长期记忆,而所产生的知识结构就成为学习中的个体的文化根。其他后成规则影响他的回忆、评估与决策。随之产生的行为活动就决定了他的遗传适合度。我们由此可提出具有特定知识结构的特有生物体的适合度函数 $W(K)$,此函数的各个环节可依次经由社会化追溯回文化根,而且在许多情况下可以认为它们是同一回事。

在决定遗传适合度的过程中,多种选择压力都会检验发自心灵的行为活

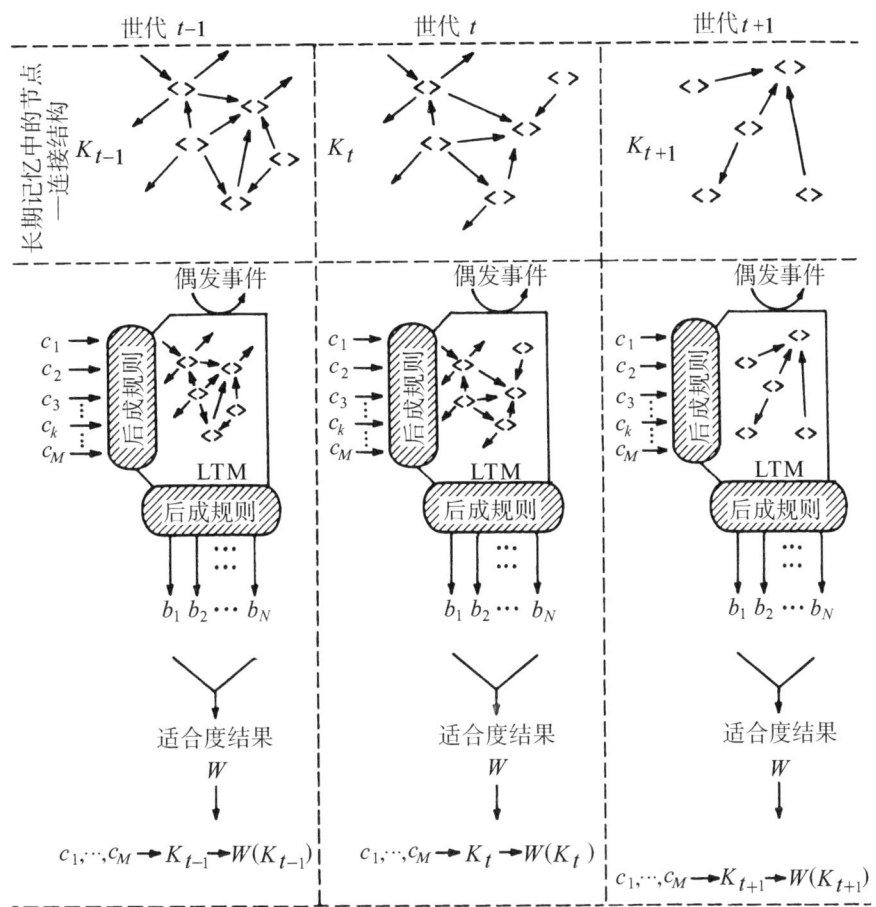

图 6.5 关联文化与遗传适合度的完整序列。文化根($c_1,\ldots,c_M$)以类似聚合物的知识结构(K)的形式在长期记忆中被编码,并随后被转译为行为活动;这两个过程都受后成规则的指导。行为活动($b_1,\ldots,b_N$)决定着遗传适合度。

动。选择,通过影响有所差异的死亡率与生殖力,不仅检验行为活动,也检验长期记忆的知识结构、由知识结构构成的文化根以及引导了所有这些要素形成的后成规则。

知识结构本身,在理论上可作为大脑内部硬连线的过程而被遗传。像这样的纯遗传传递,发生在很多低等动物身上。但在智人这里,最多只有很少的行为属于这种情况,而这些行为在本质上也几乎全是反射式的、自动发作的。几乎所有的人类行为都在某种程度上以学习得来的知识结构为基础。被遗传的是长期记忆的存储容量与处理能力,以及后成规则。这些都是心灵最直接地服从于遗传进化的生理属性,而它们也适当地被当作自然选择模型的主焦点。

在基因—文化理论内部,此类模型可被赋予数学的形式。因此关于机制的观念可被处理得更为精确,否则就会是模糊的,而我们也能以最大的清晰度表述出把我们的假定与关于现实系统的论断连接起来的推理链条。此外,我们能够提出现实的基因—文化协同进化模型必须满足的最小标准。它们首先包括对一个完整回路的感知,此回路经过后成规则与认知从基因到达宏文化,然后经过行为的适合度效应回到基因,如此循环起来。其次,它们包含了有关认知与行为机制的假定。后成规则的存在意味着心灵是一个塑造其自身生长的活跃的实体,而不是印象的被动容器。文化根并不会像把谷粒装进瓮中那样进入长期记忆。知识结构由**相互作用的**节点组成,这些节点中的许多或大多数都响应于文化根。第三个现实条件是认识到基因制造了后成规则,使其在环境的边界条件下指导着知识结构的装配以及最终指导着整个心灵的装配。结果是,认知与行为的规定者不能被确定为"百分之 x 的基因"与"百分之 y 的文化"。真正的因果关系是完全后成的,在任何朴素的加法意义上都是不可分解的。

另外,个体会感知到群体属性,而形成一种从宏文化到认知的反馈。我们看到,个体会对其所在的社会的体制施行具象化处理,而具象化学习规则的产物也为思考的代数学涂上了颜色。可被协同进化模型所预测的现象,比基因频率的变化模式还要多;它们也像在民族志分布中表述的那样,是文化的历史。

基因—文化理论因此远远超出了关于"文化容量"进化的传统观念。它指明了要理解人类当中的优文化或其他动物当中的原文化所需的关键步骤:

后成规则的进化研究。它提供了开启此程序所需的部分数据,并从多种学科中装配出必要的数学技术。有了这些工具,我们就能够开始重新勾勒出最终引向文化的生物进化路线。

在现今时代,关于人类从这一有利位置出发的进化历程,我们几乎一无所知。现实中既缺乏充分的数据基础,又缺乏足以包罗人类心灵的有力的进化假说,这阻碍了进展。结果是我们迫切需要一种能够处理部分或全部基因—文化回路的精确模型。我们在前一章讨论过的进化模型,以及为其他作者所探讨的类似的不完全模型(马上将评论到),只是刚刚开始填补这项空白。我们的信念是:这一主题的进一步进展,需要用到按上面列出的标准所设计出来的模型。

在这一章中我们会发展并探索这样的一族模型。我们把注意力放在个体适合度而不是群体适合度上,因为它既是更易处理的,又明显是在引出灵长目世系优文化的至少最初几步中占据主导的层次。此模型揭示着新颖而复杂的选择机制的运作,尽管经过我们的简化处理,依然证明了其在数学上是有挑战性的。然而它仍然能达成对协同进化回路的一种完整的描绘,并揭示出其中某些独特的现象。

协同进化的先前研究

在引入数学公式之前,我们可能会发现,考察一下先前关于基因与文化协同进化的研究是很有用的。很多生物学家与社会科学家写过关于这一主题的东西,尤其是在过去这10年间。表6.1汇总并简要评价了他们的贡献。这份列表并不是详尽无遗的,但我们相信它是已开展的形式多样的研究的一个代表,也包括了时至今日最重要的实质性进展。

有四项研究的努力已接近与我们自己的基因—文化协同进化观念相关的问题。埃姆林(S. T. Emlen)(1976, 1980)认为,即使行为模式在传递中是纯

表 6.1 关于遗传进化与文化进化之间关系的先前工作一览

参考	探讨的问题	方法	主要成果	评论
Dahlberg (1947)	形成阶级成员的基因倾向	有着个体层面选择的种群遗传学的简单基座模型。未明确考虑认知、社会互动、基因—文化协同进化	在一个稳态社会中，一个促进成功的基因将在相对少的世代之内集中于上层的社会经济阶级	一个有趣而极大简化的探索，尚未被进一步探索，虽然类似恩斯泰（关于 IQ）被赫恩斯泰因（Herrnstein）(1971) 直觉地发展过
Campbell (1965)	尤其与社会组织有关的文化进化论的定向驱动力	通过与社会进化类比的微进化论论证	社会系统中的变异与选择过程同遗传进化中的过程相平行	预见后未有自然选择理论对人类文化的适应
J. M. Emlen (1967)	对人类社会行为的基因贡献	受进化论证；假定自然选择的角色但并不包含明确的模型。未思认知与文化根转移的模式	自然选择影响着哪些行为被进化，哪些行为被正强化，从而决定着最可能由文化传递的那些形式的社会行为	预示了后有关学习规则与文化传递的发现
Alexander (1971, 1979a,b)	社会学习与文化能力的适应性；达尔文主义与社会理论的"调和"	来自社会生物学与进化论的一般论证，强调亲缘选择与任人惟亲的行为	支持"人类个体，像其他生物体一样，进化出了一种根据生殖利益最大化的能力（未必有意识地）理解其最大化的一般假说	预示了但没有明确表达出一种基因—文化协同进化理论
Wilson (1975, 1978)	对于人类社会行为的基因贡献	来自个体选择与进化论及社会生物学的微进化论证。未明确考虑认知和文化根转变的模式	定向学习作为基因产品而进化，并引导文化的进化。从脑边缘系统中遗传的控制派生出的伦理价值	预示但没有发展出当前的基因—文化理论

(续表)

参考	探讨的问题	方法	主要成果	评论
S. T. Emlen (1976, 1980)	在塑造适应性行为过程中基因与文化适应的相似性	来自动物与人类两种行为生态学与社会生物学的一般论证基因与文化协同进化的贡献。未采用基因适应的特种模型	响应特定环境,遗传进化与文化进化将产生即使不完全相同也是相似的社会模式。因此生态与社会生物学可被建立子传递模式而被研究	见正文
Durham (1976, 1978, 1979)	人类生物学与文化的协同进化	假设进化及宏进化论证。未明确考虑基因频率,认为与社会互动	文化特征按照与自然选择相同的标准被保留。嗜睡可通过文化适应而被引入到时间—能量预算	见正文
Feldman and Cavalli-Sforza (1976, 1977, 1979)	基因—文化协同进化;基因与纯粹表型变异"复杂现象遗传"的一般现象	单基因座,单文化根模型,变异分析。考虑认知,后成规则的教育;未考虑与社会互动	通过重复传递中的杂合体优势演绎举出复杂性基因频率多态性维持条件。多态性对学习过程的参数的依赖性。振荡及复杂稳定基因频率平衡的存在	见正文(第5章与第6章)
Boyd and Richerson (1976); Richerson and Boyd (1978)	基因—文化协同进化。文化能力以及基因对文化的约束强度的进化	静态最优化理论。协同进化被视化为基因与文化之间的博弈。未明确考虑认知,后成规则与社会互动	列举出在多种合适度函数的影响下,种群表型多态性进化出基因最适应度,文化最适应度或中间状态的环境	见正文
Rice et al.(1978); Cloninger et al. (1979a,b)	影响一个特征从父母传递到后代的基因与文化因素;用以区分两组因素作用的技术	修正多因子遗传。详细考虑跨世代信息转移的家族内路径,后成规则与社会认知	用来测量父母与子女之间,兄弟姐妹之间以及亲族成员文化传递的新生儿有关文化传递的数学技术公式化	非进化论的;未考虑自然选择

（续表）

参考	探讨的问题	方法	主要成果	评论
Karlin (1979a—d; 1980a,b)	被基因与文化根共同控制的表型的动力学	离散世代中的多因素遗传学模型,既包括对个体选择的考虑,也包括对性选择的考虑。在基因型之间与表型之间的通常为线性的相关性表型方程。通常在父母与后代之间的跨世代交流,未明确考虑认知,后成规则与社会模式	扩展多因素遗传模型为同时考多个基因型,表型及文化特征。"同量表型"的理念。模型强调了表型与基因型的相互关系	
Thomas (1971); Jochim (1976); Winterhalder (1977); Binford (1978); Hames (1979); Reidhead (1979, 1980); Smith (1979, 1981); Keene (1981)	作为对环境的适应的个体行为与文化根选用	最优化觅食理论;线性编程;来自行为生态学的最优化与满足概念。以民族志数据检验的模型。强调净能量收益最大化。在某些案例中暗示基因一文化协进化,但未明确公式化	在特定环境中,人类心灵予有着高生殖价值(或它产高产方面的等价物)的文化根行为更大的实用性	见行为生态学的讨论(第3章与第5章)
Pulliam and Dunford (1979)	尤其与人类行为有关的学习策略的进化	来自社会生物学与学习理论的一般讨论。用数值评估非社会觅食问题	自然选择以适应性活动正强化,非适应性活动负强化的方式设计学习行为	

（续表）

参考	探讨的问题	方法	主要成果	评论
Bonner (1980)	动物中的文化进化	对来自动物学文献的数据的比较分析	这一初步的综合以进化视角展示出动物原文化惊人的普遍性与多样性	
Fagen (1981)	玩耍与创新能力的进化	种群遗传学模型，其中由等位基因代表具有或高或低创新能力的表型。文化根通过模仿来传播	第一个关于创新的基因基础的系统理论。结论包括：社会学习拖延创新者等位基因的传播，因为非创新者能够从由创新者的创新基因型引入的文化价值中获利。需要临界创新速率来维持创新者等位基因频率；创新事件与新文化根的传播使等位基因频率处于振荡之中	玩耍与创新是基因文化协同进化的一个重要元素，且有可能在有性的扩展者模型中发挥更高级的作用

文化的，它们也有可能在生物学意义上是适应性的，因此难以从以部分或纯遗传的方式传递的模式中区分出来。种群生物学的相同原理也可适用于这两者；"生态社会生物学"的理论（其将社会模式解释为对环境的适应）按此观点可得到贯彻，而无须立即提及行为发育中基因约束的角色。

德拉姆（Durham）（1976，1978，1979）曾展开类似的讨论：纯粹的文化可以是，而且通常也被期望为是达尔文式的。"简单说来，我的假设是生物进化与文化进化中有选择性的保留，一般都促成着增加或至少不减少人类个体在其自然和社会环境中生存繁衍的能力的那些属性。这种观点的优势在于，既解释了人类生物学及文化如何可能在相同的意义上是适应性的……也解释了它们如何可能在人类属性的进化中互相作用"（1979：54）。对德拉姆来说，协同进化意味着基因与文化同行为之间的连接，以及基因与文化对行为潜在的独立贡献，而不是在由交互改变彼此的两个系统的生物学家们所使用的意义上的协同进化（见例如 Janzen，1980）。因此，生物学与文化可能以此结合起来的机制，在他的分析中没有贯彻下去。

在一系列独具匠心的模型中，博伊德与里彻森不仅在严格意义上考察了协同进化的后果，还把基因与文化可视化为两个系统——它们涉及一种为了控制行为表型而进行的博弈（Boyd and Richerson，1976；Richerson and Boyd，1978）。他们正确地认识到，最大化文化适合度（即文化根的最快速传递）的表型有可能与最大化遗传适合度（基因的最快速传递）的表型并不相同。结果为了形成受种群偏爱的稳态行为，基因与文化之间是存在"斗争"的。在这一过程中，基因渐渐占据上风，因为"文化能力"是处于基因的控制之下的，也就因此会被调节，以使遗传适合度最优化。当表型可由基因单独地产生，文化传递的行为就将只有在可导致一种基因最适度的时候才被允许。博伊德—里彻森模型属于对基因—文化"博弈"的稳态解析，且几乎完全没有来自遗传学、神经生物学以及心理学的内容。此模型因此不提供用于测量与关联现象的方法，也不能用在对人类社会行为的直接分析中。尽管如此，博弈论与最优化技术在人类行为进化的研究中是有潜力结出丰硕果实的。如果可以确认基因—文化传递的特定选用是进化稳态策略并能描述出这种进化稳态策略的特性——进化稳态策略是一种被临界比例的进化中的种群所采纳的适应性,其后该种群立即可得的任何平行适应都难以与之匹敌——则情况更是如此,得出丰硕成果的潜力会尤为巨大(Maynard Smith, 1974, 1976; Dawkins, 1980)。

费尔德曼与卡瓦利-斯福尔扎(1976)研究了一个明确的协同进化模型,连同他们对"复杂传递",或基因及纯粹表型变异的复合式遗传的更加一般的分析(另见 Feldman and Cavalli-Sforza, 1977, 1979)。他们的模型规定了一个单独的文化根——"有技巧"(skilled)——它可从无技巧状态中得到。获得技巧的能力取决于后代的基因型以及父母有无技巧的状态。当杂合体能够比纯合体更轻易地学会技巧,一个平衡的多态性就有可能存在于二对等位基因的情况下,但此技巧须提供强度适中的选择优势。我们在第 5 章中讨论过这一结果,并联系到适应异质性环境的一般性问题。费尔德曼与卡瓦利-斯福尔扎的模型是在正确方向上迈进的另一步。然而,因为该模型基本上是特设性的(换句话说,对它的提出及运用都独立于有关潜在机制的假定),到目前为止它还只是弱启发式的。此外,我们相信有很多特征对于理解基因—文化协同进化是重要的,比如认知信息处理、文化根之间的选择、后成规则以及个体对文化模式中趋势表现的敏感性,对于这些特征,该模型还缺乏明确的处理方式。

建模协同进化回路

在我们自己研究的早期,我们意识到,想要有效地把握协同进化,就必须把整个因果回路作为实际上的完整过程来追溯,从个体生物的基因组到作为一个整体的社会文化样式,反之亦然。原因在于,文化型社会是变态分层的,而不是一个纯粹的层级结构;个体成员在后成性指导下的行为创造出文化模式,而模式也影响着行为,最终影响着基因本身背后的频率。因此,为了有效地建模这一过程,有必要识别并连锁引入完全围绕基因—文化回路小步骤的全套现象:

基因频率、后成规则、社会化、认知、文化模式，以及对社会上其余人的选用模式的敏感度。我们发现要完成这一任务是困难的，但并非无法处理。

在接下来的一族模型中，我们将从现存的关于认知以及对人类社会选用样式敏感性的信息来对基因和文化的相互作用加以描述。相互作用被扩展到进化时间，以此不仅观察文化模式中的改变，也观察基因全体与后成规则中的改变。完整的生命周期也被包含在内，在此周期中，一个大的、随机交配的种群中产生的后代既借助其同辈也借助其长辈来实现社会化。可互换的文化根通过探索、玩耍及观察而被学习与评估。随后，它们可在前生殖时期被用于对某种资源的聚集，根据环境情况的不同，这种资源可被很宽泛地定义，要么是指食物和其他有限资源，要么是指领地占有和其他控制模式——资源能够凭借此类控制模式以一种畅通无阻的方式被聚集。在后成规则的影响下，个体在两个文化根之间做选择。在后成规则中的偏向程度、对同辈及父辈选用敏感性的数量，以及资源以此转化为遗传适合度的功能上，基因的变异是被允许的。

许多现象（包括一些先前没有被发现的现象）都能通过我们的模型调查得以揭示。在白板态中，文化根选择不存在先天偏向，该状态被证实是不稳定的，容易被大范围偏向着的后成规则中的任何一个替换掉。发生这种替换的时间尺度已被计算出来。对选用模式的敏感度，增加了后成偏向的进化速率，也因此促进了文化根使用的遗传同化。这一催化效应有可能促进了与基因—文化协同进化的起始有关的人类大脑尺寸的快速进化式增长。文化减缓了遗传进化的速率，但对于基因追踪诸多文化根的改变而言，协同进化仍然发生得足够快。以该模型的结果为基础，我们为这一类型的系统提出了一个"千年规则"：促成更成功的文化根特征的后成规则的等位基因，能够在短至50个世代，或在人类历史中以1000年为量级的时间里大量替换掉与之竞争的等位基因。

最终，协同进化被揭示出是以一种新形态的频率依赖选择为基础的。在特定条件下，特别是当遗传适合度在一定量的资源被开采之后呈现下降的时候，选择要么导致稳定的基因多态性，要么导致基因频率的混沌涨落。在后一种体制中，协同进化的历史将既是不可预测的，在明确定义的意义上也是任意复杂的。基因不会移向一个最优化的基因型。我们认为这一现象能够增强遗传多样性、劳动分工以及高度优文化生物体中的个体性。

模型生命周期

此模型的核心即在评估基因—文化适应性地形（第 5 章）时引入的生命周期，但现在我们要更详细地介绍个体认知及其响应社会环境的方面。其细节在图 6.6 中有所总结。出于分析便利的考虑，我们以两种方式定义了人类的生命周期。首先，为了利用种群遗传学的决定论方程，要求种群是大的并且是随机婚配的。第二，世代是准离散的，这意味着成人存活得足够长久以对青少年进行文化适应培养，但可在下一代生育期到来之前死去。这些特征并不是对人类状况的严重偏离，而且它们允许对生命周期有一种更简单也更抽象的描述，该描述可被运用到对于人类与原文化物种种群双方的初始研究当中。

民族志曲线根据个体基因型及其父母的文化状况在各个世代中做调整。构成文化模式的曲线是针对双文化根的案例计算出来的，亦即，针对着二元选择及二元分类的经典人类学案例。由各个个体做出的文化根选择，以及社会其他成员的选用模式，决定着个体探索环境的有效性。这种有效性也随之决定着个体的遗传适合度。社会成员之间的遗传适合度变异，被转译为后续世代中基因频率的改变。在分析的这一阶段，没有必要在个体适合度与内含适合度之间做出区分，因而群选择与亲缘选择的特殊效应可被忽略。

后代由此在一个朝向生命周期尽头的离散的生殖期中产生出来。他们继而将两个文化根（c_1 与 c_2）全都吸收到他们的长期记忆中。他们知识结构的严格形式，在相当大的程度上是由成人拥有的知识结构及成人对后代进行文化适应培养的方式来决定的。青少年也会记录下关于有多少成人使用两种文化根之一的印象。在探索与玩耍的时候，他们仍会通过上课、竞赛、实践以及会话等

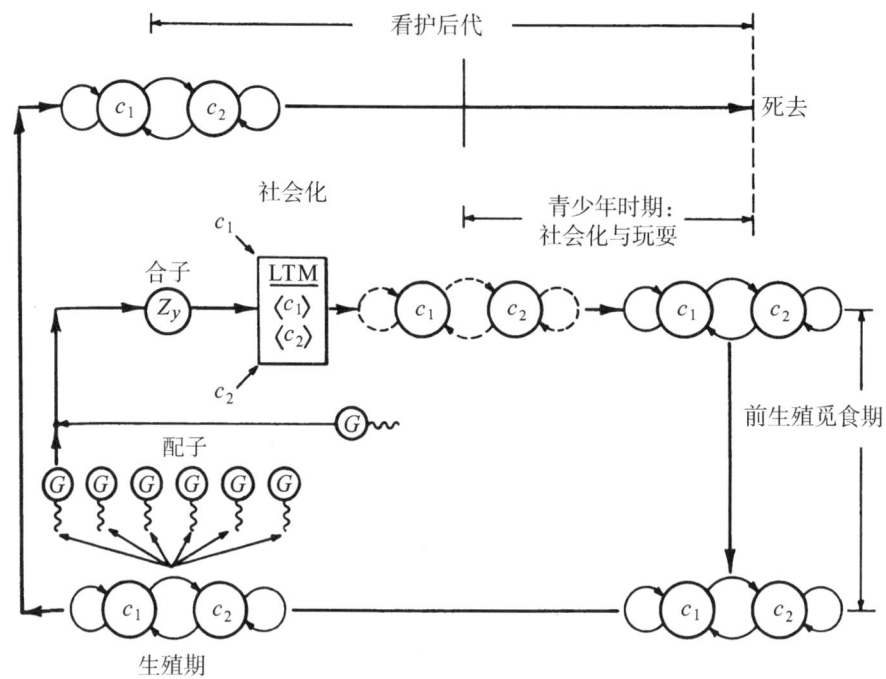

图 6.6 用来研究协同进化过程的理想化生命周期。

手段来进一步评估文化根。学习可能是直接的,在此情况下青少年有监护或无监护地运用着文化根,或者它在形式上可能是纯粹观察式的,存在于个体观看他人活动时所发生的无回报式学习(相关评论见 Alcock, 1969; Hinde, 1970; Bateson, 1976)。在探索与玩耍的过程中,青少年也会观察彼此,以增加他们对文化根的用途及价值的感知。在此后的生命中,这一信息将被反复地拿出来参考,以辅助做出关于文化根使用的重大决定。

因此,社会化、模仿以及探索与玩耍的结果,就是获得有两种容量的知识结构。首先,它容纳相应于文化根本身的图式;其次,它容纳把环境划分为需要文化根 c_1 或需要文化根 c_2 这两种情况的信息。出于简化考虑,我们假定这一分级穷尽了全部的可能事件。

为了评估竞争着的文化根,青少年在精神上把他们的选用与多种偶发事件

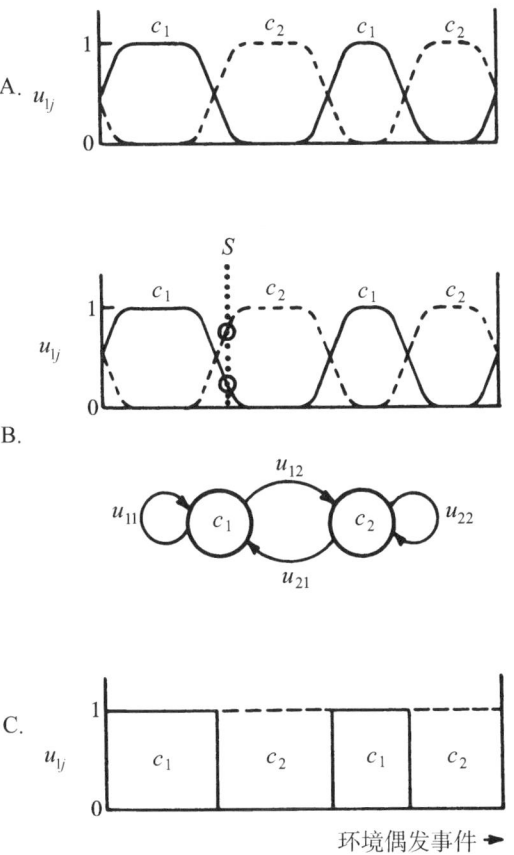

图 6.7 问题解决中的认知匹配。在社会化与玩耍期间,学习中的个体把不同的环境偶发事件分类为相重叠的多套文化根选用。此图中的曲线给出了可能性 u_{1j}:一个先前使用文化根 c_1 的个体,将把任何特定的环境偶发事件 S 分类为是恰当地满足于 c_j 的,这里 $j=$ 1,2。图 A 表示文化根元胞。图 B 表明个体受到特定环境偶发事件 S 的影响,以及随后在决定两个竞争文化根之间的选择概率导致转变概率中的角色。垂直的虚线切元胞 c_1 于 u_{11},切元胞 c_2 于 u_{12}。图 C 中显示了一个"完美的"(也是高度不可能的)决定系统中全不相连的诸类别。

(比如捕猎的猎物、建造的居所或遭遇的敌人)连接起来。事件的分类由相互阐释的系列组成,如图 6.7A 中所见,个体以此把文化根与环境偶发事件匹配起来。因为这些系列是重叠的,个体做出的决定就是概率论的而非决定论的

(图 6.7B)。可想而知,一个有着无限认知资源的生物体本可以完美地区分此类事件(图 6.7C)。然而,所有活着的生物体,包括人,用来做出决定的能力与时间都是有限的。

在第 3 章中,我们调查了人类大脑使用模糊逻辑原理从进化上响应了这一局限框架的证据,其表现为对多套重叠事件的分类惯例。模糊逻辑直接转译为有限文化根转变概率的存在,"有限文化根转变概率"是我们之前在基因—文化协同进化模型中用到的基础条件。若要举一个具体的例子,想象一下一个在两种钩子之间做选择的波利尼西亚渔夫。他离开礁石的位置以及当时的水域条件,关系到最有可能捕到的鱼的种类。他的判断则以自己和村中其他人对以前捕鱼的海洋环境的梯度变化的记忆为基础。从一套极端条件到另一套,钩子种类之一的有用性在提高,同时另一种的有用性在降低。对于渔场的许多部分,这样的选择永远不可能是绝对有把握的。结果渔夫选择第一种钩子就有了一个特定的概率,而选择第二种钩子有另一个概率。

知识结构的发展及其后来的评估受到后成规则的限制。其他后成规则塑造了父母与同辈之间将文化根使用模式结合到最终决策概率的方式(见第 2 章与第 3 章)。作为一个整体的社会中的基因改变,随之影响了得以计算最终概率的策略。

前一代成年人在文化适应期的末期死去,而他们的后代则进入前生殖期。在此期间,群体成员们使用文化根来采集随后将变成配子的资源。这些简单的说明意在对更大的以及可能更复杂的其他类现象做一个速记。采集一份资源,或者意味着如字面所示以一种直接的方式累积食物,或者另指取得一份更为丰厚的后续收获——通过建立领地,在等级制中获得地位、形成经济与政治同盟或其他办法。把资源变成配子,意味着为形成下一代的合子作贡献;因此其被部署的数量取决于环境开发期间个体的成功。文化根的选择,既决定了开发策略,也决定了生殖成功。

每个觅食回合都开始于涉及文化根的新决定,诸如要使用的钩子、要组织的觅食团队的种类、抵御险恶天气的方法,如此等等,多种多样。在决定的基础上,个体使用在给定类别中选定的文化根来采集资源,并在整个过程中遵循固定的速率。新过程开始的时刻在时间中按指数分布,这是一个在第 4 章中规定与解释过的条件(见图 4.8)。觅食环境保持不变,个体以此对它进行分类的方式(图 6.7B)因此也总是保持相同。在这种特殊的条件下,决策概率为常数,而对基因—文化转译的马尔可夫近似则是准确的。

出于生殖意图的资源积累,在前生殖阶段末期停了下来。在下个阶段,资源按照固定的生育力规则转化为配子,并散发到随机交配的系统之中。在利益被来自负责社会化、物化和决策的认知处理器的构造、维持和使用的成本打了折扣之后,生育力规则符合从收获的资源中产生的利益。由于可替换的文化根选用而产生的生育力变异,是种群中基因型之间绝对适合度变异的唯一原因。将模型扩展到包括新生期、青少年期与生殖期的死亡率影响是容易的,但考虑到清晰性,我们在这里不把这些额外的参数包括在内。

相关后成规则的特征,以及相应的转变概率 $u_{ij}(\xi)$,由一个有两个等位基因 A 与 a 的单独主基因所控制(图 6.8)。相应的处理器可以在操作精度、复杂度、构造与维持成本以及每次计算的使用成本上有所不同。我们预料更高的精确度将一般地需要更复杂也更昂贵的处理器,结果是在大脑进化期间可行的系统设计中出现权衡的考虑。

基因规定后成规则,后成规则进而塑造决定行为,与此同时,文化根也决定着回报。模型中的这一关系被设置了充分的限制性:使用 c_1 的、基因型为 AA 的个体,与使用相同文化根的基因型为 Aa 和 aa 的个体一样严格地行事。虽然有可能包括多效性效应在内,我们却限制了基因对后成规则的作用。在这个简化版本中,模型揭示了文化作为表型与环境之间接口的关键角色。它也强调了影响个体内部神经生物学亚系统的基因变化的基本性质。

随着青少年期的终结与成年前生殖期的开始,成体行为的民族志曲线便成形了。我们选择了前生殖时期充分漫长到民族志曲线在其时间跨度的大部分

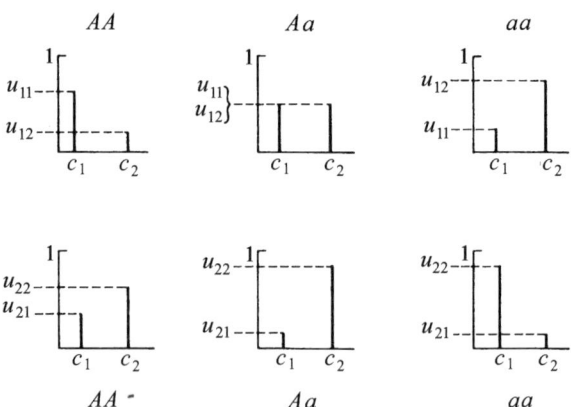

图 6.8　后成规则的基因控制。在正在发展的初级协同进化模型中,转变概率 u_{ij} 及转变速率 v_{ij} 都由有两个等位基因 A 与 a 的单独主基因规定(图中显示的 u_{ij} 值是说明性的)。

处于稳定态的情况。此条件要求前生殖期包含许多个决断点,文化根可在其上进行转换,就像人类生命历史中的情况那样。各个世代因此不仅由一个特定的基因频率分布所描述,也由一个稳态的民族志曲线所描述,该民族志曲线指定着文化根选用具体模式的频率分布。

在第 4 章中,我们曾展示民族志曲线在后成规则中是有基础的。文化根的个体选择中的转变速率 v_{ij} 提供着从基因到文化的转译。在当前的模型中,民族志曲线与基因频率曲线在一个协同进化的系统中组合起来。特定基因频率产生个体后成规则的特定分布。随后关于文化根选用的决定不仅产生民族志曲线,也固定群体成员的生殖成功。基因频率改变,后成规则与民族志曲线的分布也随之改变。但后成规则以部分地源自当代以及前代民族志曲线的信息为能源。生殖成功中的变异引起跨越世代的基因频率的一次改变,该改变又会反过来引起民族志曲线中的一次迁移。

模型将允许对协同进化进行精确的详细说明。可以为种群的基因频率 p_t,以及为符合作为整体的社会选用文化根的期望频率的变量 v_t 写出运动方程。这两套方程形成一个耦合系统,这里

$$p_t = 基因、文化根的函数 \qquad (6-1a)$$

$$v_t = 基因、文化根的函数 \qquad (6-1b)$$

并且我们可以看出,它们受到一个新颖且明显有效的选择机制的驱动。

多重文化根与创新

文化根的认知学定义,为双文化根模型中增强的现实性提供方法。我们刚刚展示了有可能对双文化根最简单、最严格的概念建立一个实质性的模型,其中两种形态必被实际运用的任何标准判定为不同,且没有再添加文化根的创新发生。虽然对于现实世界的某些情形这是一个有用的近似,但该模型实际上并不是那么有约束性。基因—文化理论包括涉及多文化根的问题(例如,回想附录4.3,并参看我们在第7章中关于文化根生物地理学的讨论)。在这一节,我们强调说明现有模型如何适用于多文化根的情况。

向三个或更多文化根的情况做最简单的扩展,阵列可被簇集成两个系列,或者由一个相对于其他所有文化根都非常独特的文化根组成,或者由极力区分彼此的两个文化根亚种群组成(见附录3.1)。实际上,两个亚种群的成员有可能是极为相似的,或者在一个或更多共享的、可想象的属性方面完全相同。这些属性组成了一个**核心**或**特征簇**,以此文化根能够被分选及分析。如果事实如此,那么 c_1 与 c_2 就变成了这样两个符号:用来表示由这些可能受到偏爱的核心特征构成的两个不同的群集,而后成规则决定着 c_1-试探与 c_2-试探将被利用的频率。我们所能得到的数据(见第3章)指示出,人类很多行之有效的评估试探法就是以这种方式起作用的。

试想一种后成规则会增加对一种启发式研究的使用,在这种研究中,一种特定的特征核心受到了正面的评价。那么,如果这些特征与生殖成功相关,相对于使更任意的或缩减生殖的文化根受到偏爱的后成规则,这种后成规则就有可能占据进化上的优势。许多文化根可被包含在内,只要它们各自都可按照研究 c_1 与 c_2 被评价。进化竞争的激烈程度将随着这两套核心特征之间重叠的增加而减轻,也将随着优越的规则接近于"最优化核心"而增强。

创新也可以用类似的办法来处理。既然特定文化根的数量在模型的这一扩展当中是任意的,文化根种群就可能膨胀或收缩。在文化根改变的动力学中,任何变异或缓慢变化着的文化根属性都起到一个能够吸引后成规则的标识符的作用。一个个体在这样的情形下积聚的净回报,会随着可得到的文化根而发生变化。在接下来的一节中应用到的最简单的案例规定着文化根翻转,如果该案例出现的话,会在期望回报中产生一个可忽略的改变。通过引入把 c_1-研究与 c_2-研究的回报结构做成时间函数的现象学方程,该模型就可被扩展到依赖创新的回报上来。

我们在二元分类的民族学中提出这些优化,并不是为了固步自封地预先否定在未来的第二代基因—文化协同进化模型中可能会出现的对创新过程的更好的分析。很显然需要这样一种改进,而在费根(Fagen)(1981)对玩耍与创新的理论化研究中已经提供了一块踏脚石。但我们更希望强调与理论种群遗传学中的二对等位基因平行发挥作用的双"文化根"模型的力量与灵活性。同样值得注意的是,文化根的分类本身就是一种重要形式的调查,因为它能够清楚地表明知识结构形成过程中内在的认知过程。

基因—文化转译

在从后成规则推导出民族志曲线的过程中,我们继续使用第 4 章中引入的记号。u_{km} 是文化根 k 与 m 之间的转变概率,v_{km} 是转变速率,或每单位时间的概率。上角标 ij 表示基因型 G_iG_j。对于一个使用文化根 c_k 的 G_iG_j 个体,给定两次决定之间的平均时间为 τ_k^{ij},对于 $k \neq m$,我们有关系式 $u_{km}^{ij} = \tau_k^{ij} v_{km}^{ij}$。$u_{km}^{ij}$ 与 v_{km}^{ij} 可被父母与子女两代的文化模式所影响。以多种等价的方式表示这一依赖将是方便的:第一种,通过变量 n_1,使用文化根 c_1 的个体总数;第二种,通过频率 $v_1 = n_1/N_t$,此处 N_t 为当前世代中的个体总数;第三种,通过序参数 $\xi = 1 - 2n_1/N_t = 1 - 2v_1$(回想第 4 章);以及最后一种,通过变量 n_1^{ij},它是此文化的基

因型 G_iG_j 亚群中的 c_1-使用者数量。此后我们将把 ν_1 写作 ν。因此出于建模的意图

$$u_{km}^{ij}(n_1) = u_{km}^{ij}(\nu) = u_{km}^{ij}(\xi) = u_{km}^{ij}(n_1^{AA}, n_1^{Aa}, n_1^{aa}) \quad (6-2)$$

并且对于 v_{km}^{ij} 也是类似的。我们会依语境的需要可互换地使用这一记号。

既然两个世代的文化影响着后成规则,关系 $u_{km}^{ij} = u_{km}^{ij}(\xi_t, \xi_{t-1})$ 一直保持到青少年玩耍期的末尾。在整个前生殖期及生殖期中,ξ_{t-1} 扮演着参数的角色。我们暂时默认地保留它,把 $u_{km}^{ij}(\xi_t, \xi_{t-1})$ 写成 $u_{km}^{ij}(\xi_t)$ 或 $u_{km}^{ij}(\xi)$。类似的陈述也适用于方程(6-2)中显示的其他惯例。

此模型中的基因—文化放大过程,比第 4 章分析的文化群体中的情况更为复杂,因为有三种基因型在,系统不再是同质性的。该种群由在其决定规则上有区别但仍相互作用的生物体所组成。用于这样一个种群的自然的民族志曲线为

$$\mathscr{G}(n_1^{AA}, n_1^{Aa}, n_1^{aa}, t) = \text{在时间 } t \text{ 上,}$$

n_1^{AA} 个基因型 AA 在使用文化根 c_1 的概率,

等等。 $\quad (6-3)$

$\mathscr{G}(t)$ 是坐标 $(n_1^{AA}, n_1^{Aa}, n_1^{aa})$ 的三维态空间上的一个概率函数,此处,$0 \leq n_1^{AA} \leq N^{AA}$,$0 \leq n_1^{Aa} \leq N^{Aa}$,$0 \leq n_1^{aa} \leq N^{aa}$(见图 6.9A)。在世代 t 中

$$N^{AA} = p_t^2 N_t, \qquad N^{Aa} = 2p_t q_t N_t, \qquad N^{aa} = q_t^2 N_t. \quad (6-4)$$

观察的时间尺度是充分精致的,在任何小的间隔 dt 之内,充其量只有一个个体能够转换文化根。那么,仅有的被允许的转变就是状态向量 $(n_1^{AA}, n_1^{Aa}, n_1^{aa})$ 与 $(n_1^{AA'}, n_1^{Aa'}, n_1^{aa'})$ 之间的那些,这样的话

$$n_1' = \sum_{(ij)} (n_1^{ij})' = \sum_{(ij)} n_1^{ij} \pm 1 = n_1 \pm 1, \quad (6-5)$$

换言之,这样的转变发生在最接近的邻居之间(图 6.9B)。使用在第 4 章中发展出的论点,我们可以轻易地发现,$\mathscr{G}(t)$ 服从运动方程

$$\frac{d}{dt} \mathscr{G}(n_1^{AA}, n_1^{Aa}, n_1^{aa}, t) =$$

$$-[n_1^{AA}v_{12}^{AA}(n_1^{AA},n_1^{Aa},n_1^{aa}) + n_1^{Aa}v_{12}^{Aa}(n_1^{AA},n_1^{Aa},n_1^{aa}) + n_1^{aa}v_{12}^{aa}(n_1^{AA},n_1^{Aa},n_1^{aa})$$

$$+ n_2^{AA}v_{21}^{AA}(n_1^{AA},n_1^{Aa},n_1^{aa}) + n_2^{Aa}v_{21}^{Aa}(n_1^{AA},n_1^{Aa},n_1^{aa})$$

$$+ n_2^{aa}v_{21}^{aa}(n_1^{AA},n_1^{Aa},n_1^{aa})]\mathcal{G}(n_1^{AA},n_1^{Aa},n_1^{aa},t)$$

$$+ (n_2^{AA}+1)v_{21}^{AA}(n_1^{AA}-1,n_1^{Aa},n_1^{aa})\mathcal{G}(n_1^{AA}-1,n_1^{Aa},n_1^{aa},t)$$

$$+ (n_2^{Aa}+1)v_{21}^{Aa}(n_1^{AA},n_1^{Aa}-1,n_1^{aa})\mathcal{G}(n_1^{AA},n_1^{Aa}-1,n_1^{aa},t)$$

$$+ (n_2^{aa}+1)v_{21}^{aa}(n_1^{AA},n_1^{Aa},n_1^{aa}-1)\mathcal{G}(n_1^{AA},n_1^{Aa},n_1^{aa}-1,t)$$

$$+ (n_1^{AA}+1)v_{12}^{AA}(n_1^{AA}+1,n_1^{Aa},n_1^{aa})\mathcal{G}(n_1^{AA}+1,n_1^{Aa},n_1^{aa},t)$$

$$+ (n_1^{Aa}+1)v_{12}^{Aa}(n_1^{AA},n_1^{Aa}+1,n_1^{aa})\mathcal{G}(n_1^{AA},n_1^{Aa}+1,n_1^{aa},t)$$

$$+ (n_1^{aa}+1)v_{12}^{aa}(n_1^{AA},n_1^{Aa},n_1^{aa}+1)\mathcal{G}(n_1^{AA},n_1^{Aa},n_1^{aa}+1,t) \quad (6-6)$$

对于 $0<n_1^{AA}<N^{AA}$, $0<n_1^{Aa}<N^{Aa}$, $0<n_1^{aa}<N^{aa}$, 也有关于边界状态的类似方程。

依照假定,前生殖间隔的持续时间 T 是充分长的,民族志曲线对于几乎是一个可忽略的小部分的 T 处于稳定态。从图 6.9 来看,很显然每一个状态 $(n_1^{AA},n_1^{Aa},n_1^{aa})$ 都通过至少一个像链环一样首尾结合起来的被允许的转变路径而被连接到每一个其他状态 $(n_1^{AA'},n_1^{Aa'},n_1^{aa'})$ 上。既然额外来说 $v_{km}^{ij}(\xi)$ 与 $v_{mk}^{ij}(\xi), k\neq m$,两者都是非零的,我们推断方程(6-6)的一个稳定状态 $\mathcal{G}(n_1^{AA}, n_1^{Aa}, n_1^{aa})$ 是存在的,独一无二的,也为系统的每一个初始民族志分布构成单独的吸引子(Schnakenberg, 1976)。

对于稳态民族志分布 $\mathcal{G}(n_1^{AA}, n_1^{Aa}, n_1^{aa})$,运动方程(6-6)在原则上可被精确地解出来。必要的技术在诸如施纳肯贝格(Schnakenberg)(1976)与哈肯(Haken)(1977)的标准来源中有所讨论。然而,最终的公式并不简明,而且一般需要计算机的辅助。在这项初始的研究中,我们需要一个方法来给出方程(6-6)的简明的、轻易可掌握的、解析的解,即使某种精确性会有损失。$\mathcal{G}(n_1^{AA}, n_1^{Aa}, n_1^{aa})$ 的关键属性由此对紧接着的研究开放。在稳定状态存在性证明的基础上,一种近似将适用于并不太小也并不接近于使民族志曲线从单峰变迁为多峰的转变阈值的文化群体。在这些情形之下,$\mathcal{G}(n_1^{AA}, n_1^{Aa}, n_1^{aa})$ 将会是

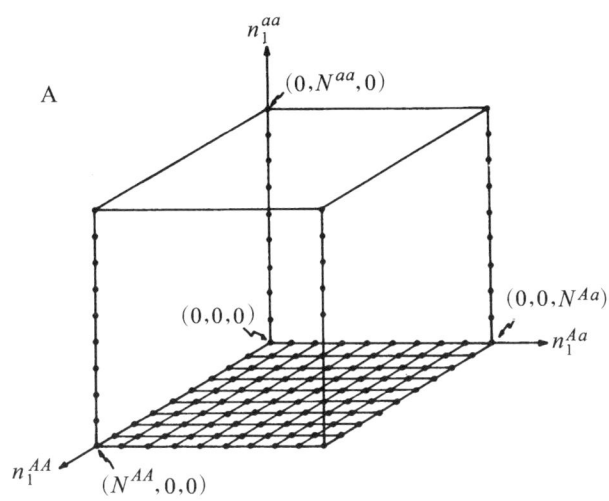

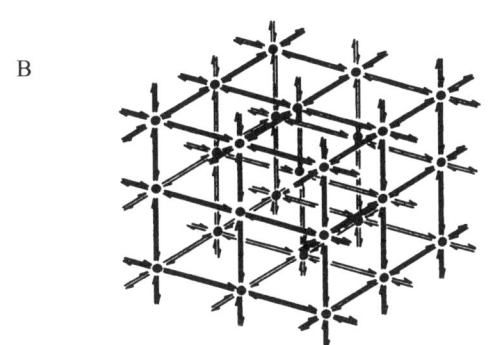

图 6.9　一个种群的民族志状态空间,该种群由三个影响文化根间选择的后成规则的基因型(AA, Aa, aa)组成。各个维度,就是具有一个拥有文化根 c_1 的特定基因型的个体数量 n_1^{AA}、n_1^{Aa} 或 n_1^{aa}。该数量的范围可从 0 到 N^{ij},即种群中个体 $G_i G_j$ 的总数。A,代表一个完全的状态空间;B,一部分状态空间之内的可能转变。种群在任意小的时间间隔 dt 当中至多能从它的初始位置迁移到一个邻近的位置。

单峰的并且峰很陡直,而贯穿整个前生殖期的选用模式变量 ξ、n_1 以及 ν 只是轻微偏离它们最常见的值。此外,分布的平均情况将会处于非常接近此模式的状态,而我们有这些关系

$$\nu \sim \bar{\nu}, \qquad \xi \sim \bar{\xi}, \qquad n_1 \sim \bar{n}_1, \qquad (6-7)$$

以此类推,其中的上划线表示平均值。(6-6)的稳态解随之可通过在同化函

数中用 $\bar{\xi}$ 替换掉 ξ 来实现近似。文化被处理为一组重新排列的生物体,从彼此相互作用到与独立的、**平均的文化秩序场**相互作用。平均场技术对于相关的系统是一种强大的近似(见例如 Reif, 1965:430—435)。我们会自洽地使用它;我们要展示出,$\bar{\xi}$、$\bar{\nu}$ 或 $\bar{n}_1$ 的值不是作为一个额外的未知数被添加到理论之中,而是可以直接计算的。此外,此方法论在特殊情况下是严格的,以乱伦为例,发生该行为时群体成员都是独立的决策者,且后成规则也相应独立于当前的 ξ 值。

于是,基础分布就是

$$\mathscr{P}_k^{ij}(t|\bar{\nu}) = \text{假定平均文化秩序为}\bar{\nu}\text{,一个基因型为}G_iG_j\text{的生物体在时间}t\text{上正在使用文化根}c_k\text{的概率。} \quad (6-8)$$

对于 $\mathscr{P}_k^{ij}(t|\bar{\nu})$,方程为

$$\frac{d}{dt}\mathscr{P}_1^{ij}(t|\bar{\nu}) = -v_{12}^{ij}(\bar{\nu})\mathscr{P}_1^{ij}(t|\bar{\nu}) + v_{21}^{ij}(\bar{\nu})\mathscr{P}_2^{ij}(t|\bar{\nu})$$

$$\frac{d}{dt}\mathscr{P}_2^{ij}(t|\bar{\nu}) = v_{12}^{ij}(\bar{\nu})\mathscr{P}_1^{ij}(t|\bar{\nu}) - v_{21}^{ij}(\bar{\nu})\mathscr{P}_2^{ij}(t|\bar{\nu}) \quad (6-9)$$

它们有稳态解

$$\mathscr{P}_1^{ij}(\bar{\nu}) = v_{21}^{ij}(\bar{\nu})/v^{ij}(\bar{\nu})$$

$$\mathscr{P}_2^{ij}(\bar{\nu}) = v_{12}^{ij}(\bar{\nu})/v^{ij}(\bar{\nu}) \quad (6-10)$$

此处

$$v^{ij}(\bar{\nu}) \triangleq v_{12}^{ij}(\bar{\nu}) + v_{21}^{ij}(\bar{\nu}). \quad (6-11)$$

向这一稳定状态的接近,相对于做出决定的速率,在时间尺度上是指数式地快速的:

$$\mathscr{P}^{ij}(t) = \mathscr{P}^{ij}(t_0)\exp[\mathscr{V}^{ij}(t-t_0)] \quad (6-12)$$

此处 $\mathscr{P}^{ij}(t)$ 为向量 $[\mathscr{P}_1^{ij}(t|\bar{\nu}), \mathscr{P}_2^{ij}(t|\bar{\nu})]$,并且

$$\exp[\mathscr{V}^{ij}(t-t_0)] = \frac{1}{v^{ij}(\bar{\nu})}\begin{bmatrix} v_{21}^{ij}(\bar{\nu}) & v_{12}^{ij}(\bar{\nu}) \\ v_{21}^{ij}(\bar{\nu}) & v_{12}^{ij}(\bar{\nu}) \end{bmatrix} + \frac{\exp[-v^{ij}(\bar{\nu})(t-t_0)]}{v^{ij}(\bar{\nu})}$$

$$\begin{bmatrix} v_{12}^{ij}(\bar{\nu}) & -v_{12}^{ij}(\bar{\nu}) \\ -v_{21}^{ij}(\bar{\nu}) & v_{21}^{ij}(\bar{\nu}) \end{bmatrix}. \tag{6-13}$$

因此在诸多涉及文化根转换的决定点之后,第二项相对于第一项将是可以忽略的,而 $\mathscr{P}^{ij}(t)$ 也将接近稳定状态(6-10)。

既然群体成员被彼此去耦合(虽然仍然对平均选用场敏感),我们可以写出

$$\mathscr{G}(n_1^{AA}, n_1^{Aa}, n_1^{aa}) \sim \mathscr{G}(n_1^{AA})\mathscr{G}(n_1^{Aa})\mathscr{G}(n_1^{aa}), \tag{6-14}$$

即三个独立的、单变量的民族志分布的乘积。进而,$\mathscr{G}(n_1^{ij})$ 也能用 $\mathscr{P}_k^{ij}(\bar{\nu})$ 的方式来表达。既然 $\mathscr{P}_k^{ij}(\bar{\nu})$ 是所选个体为 G_iG_j 基因型时观察到一个 c_k-使用者的概率,而 $\mathscr{G}(n_1^{ij})$ 是基因型 G_iG_j 亚群精确包含 n_1^{ij} 个此类 c_1-使用者的概率,$\mathscr{G}(n_1^{ij})$ 必为二项式分布

$$\mathscr{G}(n_1^{ij}) = \binom{N^{ij}}{n_1^{ij}} [\mathscr{P}_1^{ij}(\bar{\nu})]^{n_1^{ij}} [1 - \mathscr{P}_1^{ij}(\bar{\nu})]^{(N^{ij} - n_1^{ij})}. \tag{6-15}$$

对于各个 $N^{ij} \geq 25$,二项式由高斯函数所充分近似,从而

$$\mathscr{G}(n_1^{AA}, n_1^{Aa}, n_1^{aa}) \sim \prod_{(ij)} [2\pi N^{ij}\mathscr{P}_1^{ij}(1-\mathscr{P}_1^{ij})]^{-1/2}$$
$$\cdot \exp[(n_1^{ij} - N^{ij}\mathscr{P}_1^{ij})^2 / 2N^{ij}\mathscr{P}_1^{ij}(1-\mathscr{P}_1^{ij})]. \tag{6-16}$$

自洽性需要

$$\bar{n}_1 = \sum_{n_1^{AA}, n_1^{Aa}, n_1^{aa}} n_1 \mathscr{G}(n_1^{AA}, n_1^{Aa}, n_1^{aa} | \bar{\nu}). \tag{6-17}$$

但 $n_1 = n_1^{AA} + n_1^{Aa} + n_1^{aa}$,结果是

$$\bar{n}_1 = \sum_{n_1^{AA}, n_1^{Aa}, n_1^{aa}} (n_1^{AA} + n_1^{Aa} + n_1^{aa}) \mathscr{G}(n_1^{AA}, n_1^{Aa}, n_1^{aa} | \bar{\nu})$$
$$= \sum_{n_1^{AA}} n_1^{AA} \mathscr{G}(n_1^{AA} | \bar{\nu}) + \sum_{n_1^{Aa}} n_1^{Aa} \mathscr{G}(n_1^{Aa} | \bar{\nu})$$
$$+ \sum_{n_1^{aa}} n_1^{aa} \mathscr{G}(n_1^{aa} | \bar{\nu}). \tag{6-18}$$

在方程(6-17)与(6-18)中明确指明了$\mathscr{G}$对平均频率$\bar{\nu}$有条件的依赖,而不像此前方程中那样是隐含的。通过(6-15),(6-18)中三个加和式的每一个都是有着超过N^{ij}个个体的概率参数$\mathscr{P}_1^{ij}(\bar{\nu})$的二项式分布均值。因此

$$\sum_{n_1^{ij}} n_1^{ij} \mathscr{G}(n_1^{ij}) = N^{ij}\mathscr{P}_1^{ij}(\bar{\nu}). \quad (6-19)$$

而我们也获得了对于$\bar{n}_1$的隐含方程:

$$\bar{n}_1 = N^{AA}v_{21}^{AA}(\bar{\nu})/v^{AA}(\bar{\nu}) + N^{Aa}v_{21}^{Aa}(\bar{\nu})/v^{Aa}(\bar{\nu}) + N^{aa}v_{21}^{aa}(\bar{\nu})/v^{aa}(\bar{\nu}).$$
$$(6-20)$$

以平均选用频率$\bar{\nu}=\bar{n}_1/N_t$的方式来表达这一关系,我们发现,在世代t中

$$\bar{\nu} = \frac{p_t^2 v_{21}^{AA}(\bar{\nu})}{v_{12}^{AA}(\bar{\nu}) + v_{21}^{AA}(\bar{\nu})} + \frac{2p_t q_t v_{21}^{Aa}(\bar{\nu})}{v_{12}^{Aa}(\bar{\nu}) + v_{21}^{Aa}(\bar{\nu})} + \frac{q_t^2 v_{21}^{aa}(\bar{\nu})}{v_{12}^{aa}(\bar{\nu}) + v_{21}^{aa}(\bar{\nu})}. \quad (6-21)$$

方程(6-21)为c_1的文化模式的**协同进化方程**。我们注意到其结构的三个重要的方面。第一,它明确地依赖基因频率。第二,方程(6-21)为$\bar{\nu}$的**隐含方程**,且一般来说将是非线性的。对于$\bar{\nu}$它将不会正常地产生解析解。第三,(6-21)包含对先前世代的$\bar{\nu}$的依赖。因此遗传进化与文化进化两者的历史在模型中都是重要的。

方程(6-21)完成了我们在平均场近似中的文化动力学公式。决定基因频率动态的第一步,是对前生殖期所采集的资源的计算。

回报结构

社会成员的生殖成功是他们在前生殖期T收获到的资源量的一个函数。回到波利尼西亚渔夫的案例,在围绕及越过礁石的多个选择地点,使用两种钩子中较合适的那一种,将比使用较不合适的钩子收获更多的鱼,而最终即获得更高的生殖潜力。以同样的方式,土地占有的一种特殊编码,或一种形式的劳动性别分工,或一种亲属间的交换系统,都将在前生殖期比它的替换方案带来更多的资源。

一个使用着文化根 c_k 的任意基因型 G_iG_j 的个体,以每单位时间 J_k 个单位的速率获得资源。然而,这一数量不是净收获产量,因为在各个决定点上评估选用情况所需的认知过程也是需要脑组织、时间及能量的。计算装置首先必须在神经元中建造;它在能量(或资源)单位中的维护需求可称为负担成本 L^{ij}。无论何时,当运用此装置在一个决定点上将个体从选用状态 $k=1,2$ 变成选用状态 $m=1,2$,就必需一份在能量(或资源)单位中的成本,可名为**转变成本** C^{ij}。

对于包含许多个决定点的前生殖期,所采集的净期望资源可由渐进表达式(Howard,1971a,b)

$$R_k^{ij}(T) = g^{ij}T + °R_k^{ij}, \qquad k=1,2 \tag{6-22a}$$

给出,这里 g^{ij} 是期望增益或基因型 G_iG_j 个体每单位时间收获的净资源。按照半-马尔可夫回报过程的一般理论,我们发现,对于我们的系统

$$g^{ij} = \sum_{k=1}^{2} \mathscr{P}_k^{ij}[(J_k - L^{ij}) + (\tau^{ij})^{-1} \sum_{m=1}^{2} u_{km}^{ij} C^{ij}]. \tag{6-22b}$$

量 $°R_k^{ij}$ 是常数,它包含初始条件的效应,特别是在前生殖期所使用的第一个文化根。我们将立刻求出 $°R_k^{ij}$ 的值。对于模型中假定的 T 的大值,有 $g^{ij}T \gg °R_k^{ij}$,而把方程(6-22)简化为不依赖于 k 的表达式

$$R^{ij}(T) = g^{ij}T \tag{6-23}$$

也是准确的。

通过选取 $\tau_1^{ij} = \tau_2^{ij} = \tau^{ij}$,我们没有损失多少一般性,这等于是说,相继决定之间的平均时间对于 c_1-使用者与 c_2-使用者都是相同的。我们由此可以估算前生殖期总的转换成本为 $C^{ij}T/\tau$,这里 τ 被视为不依赖于基因型。我们也把负担成本想象为资源单位中的真实成本,由此使用净通量

$$J_1 - L^{ij}, \qquad J_2 - L^{ij} \tag{6-24a}$$

而非毛通量

$$J_1, \qquad J_2 \tag{6-24b}$$

以得出回报方程

$$R^{ij}(T) = \langle J_{净} \rangle^{ij} T + C^{ij} T/\tau$$

$$= (J_1 - L^{ij})\mathscr{P}_1^{ij} T + (J_2 - L^{ij})\mathscr{P}_2^{ij} T + C^{ij} T/\tau$$

$$\triangleq R_{毛}^{ij} - L^{ij} T + C^{ij} T/\tau. \qquad (6-25)$$

尖角括号代表覆盖频率 $\mathscr{P}_1^{ij}$ 与 $\mathscr{P}_2^{ij}$ 的平均值。

对于短暂的前生殖期，渐进公式(6-22)是不准确的，我们必须使用精确解

$$\begin{bmatrix} R_1^{ij}(T) \\ R_2^{ij}(T) \end{bmatrix} = \frac{T}{v^{ij}(\bar{\nu})} \begin{bmatrix} q_1^{ij} v_{21}^{ij}(\bar{\nu}) + q_2^{ij} v_{12}^{ij}(\bar{\nu}) \\ q_1^{ij} v_{21}^{ij}(\bar{\nu}) + q_2^{ij} v_{12}^{ij}(\bar{\nu}) \end{bmatrix}$$

$$+ \frac{1}{[v^{ij}(\bar{\nu})]^2} \begin{bmatrix} (q_1^{ij} - q_2^{ij}) v_{12}^{ij}(\bar{\nu}) \\ (q_2^{ij} - q_1^{ij}) v_{21}^{ij}(\bar{\nu}) \end{bmatrix}$$

$$+ \frac{\exp[-v^{ij}(\bar{\nu}) T]}{[v^{ij}(\bar{\nu})]^2} \begin{bmatrix} (q_2^{ij} - q_1^{ij}) v_{12}^{ij}(\bar{\nu}) \\ (q_1^{ij} - q_2^{ij}) v_{21}^{ij}(\bar{\nu}) \end{bmatrix} \qquad (6-26)$$

这里 q_k^{ij} 为速率

$$(J_k - L^{ij}) + (\tau^{ij})^{-1} \sum_{m=1,2} u_{km}^{ij} C^{ij}. \qquad (6-27)$$

方程(6-26)得自平衡方程

$$\frac{dR_k^{ij}(t)}{dt} = q_k^{ij} + \sum_{m=1}^{N} a_{km}^{ij} R_m^{ij}(t) \qquad (6-28)$$

$$a_{km}^{ij} = \begin{cases} v_{km}^{ij}, & k \neq m \\ -\sum_{m' \neq k} v_{km'}^{ij}, & k = m \end{cases} \qquad (6-29)$$

其对于回报过程，从方程(6-9)中获得(Howard，1960，第8章)。

(6-26)的右边的第二项由常数 $°R_k^{ij}$ 所组成。第一项是线性生长项，而第三项是对应于民族志曲线向稳态接近的指数衰减项。我们注意到其衰退的时间尺度正比于 $[v^{ij}(\bar{\nu})]^{-1}$，并且得出结论：渐进公式(6-22)适合用于模型生命周期漫长的前生殖期。

生育力地图

设 F^{ij} 为生育力地图,将净回报 $R^{ij}(T)$ 带入生殖期产生的配子中：

$$F^{ij}: R^{ij}(T) \longmapsto F^{ij}[R^{ij}(T)], \qquad (6-30)$$

这样一来由各个基因型 G_iG_j 产出的配子数目就是 $2F^{ij}[R^{ij}(T)]$。配子的联合是随机的,配子的存活也不依赖于所携带的基因。另外,所产生后代的数量线性地正比于产出的配子数量。如果以更现实的话来表达最后这种关系,我们可以说,产出的配子数量直接与产生孩子的两性结合数量成正比。有越来越多来自人类研究的证据表明,对文化根的"正确的"选择,在运用那些文化根的人们的观念中导致着社会与经济的成功,终将产生更多诸如此类的交配以及由此而来的更高的生殖率,至少在经济上更原始的社会中是这样的(见例如 Alexander et al., 1979; Chagnon, 1979; Irons, 1979)。

设 p_{t+1} 为等位基因 A 在随后形成的合子中的频率。那么

$$p_{t+1} = (F^{AA}p_t^2 + F^{Aa}p_tq_t)F^{-1} \qquad (6-31)$$

以及

$$N_{t+1} = N_tF \qquad (6-32)$$

这里

$$F \triangleq F^{AA}p_t^2 + 2F^{Aa}p_tq_t + F^{aa}q_t^2. \qquad (6-33)$$

尽管方程(6-31)到(6-33)有着在传统种群遗传学看来似曾相识的一般形式,但我们注意到 F^{ij} 不是随意的常数。相反,它们是回报结构 $R^{ij}(T)$ 的函数。通过这些量,F^{ij} 依赖于后成规则。后成规则转而对文化根的选用模式敏感,而这一行为把种群成员的生殖成功连接到他们的文化之上。对方程(6-21)的审视揭示出,额外的特征描述着这一错综复杂的选择机制的特性。平均选用模式 $\bar{v}$ 依赖于基因频率。但回报 $R^{ij}(T)$ 部分地是由 $(J_1-L^{ij})\mathcal{P}_1(\bar{v})+(J_2-L^{ij})\mathcal{P}_2(\bar{v})$ 给出的项 $\langle J_{净}\rangle^{ij}$ 所构成的。因此回报结构与生育力也对基因频率有所依赖,频率依赖选择正在运作之中。我们得到协同进化过程的一个重要的新特征:如果基因频率轨迹能够在频率依赖选择中稳定在内点 $0<p_t<1$

之上或其周围,即存在这种可能性:物化学习规则或允许个体追溯宏文化模式的其他进程的后果之一,就是认知系统背后潜藏的遗传多样性的维持。稍后我们将注意到稳定化可能得以发生的一些方式。

这种非常有趣的频率依赖形式看上去并不像是一个平均场近似的心智品。严格的后成规则依赖于宏文化变量 n_1:

$$v_{km}^{ij} = v_{km}^{ij}(n_1). \tag{6-34}$$

这里

$$n_1 = n_1^{AA} + n_1^{Aa} + n_1^{aa}. \tag{6-35}$$

尽管量 n_1^{AA}、n_1^{Aa} 与 n_1^{aa} 看起来相当不可通约,但是让我们注意,它们能够以完全等价的形式被写为

$$n_1^{ij} = \nu^{ij} N^{ij}, \tag{6-36}$$

这里 ν^{ij} 清楚地就是频率变量 n_1^{ij}/N^{ij}。然而

$$n_1^{AA} = \nu^{AA} p_t^2 N_t, \tag{6-37}$$

如此等等,这揭示出 v_{km}^{ij} 对基因频率明显的依赖。用语言描述的话,这一结果是在提醒我们,在此种群中 n_1^{AA} 是两个关键变量的一个函数,这两个关键变量即:**个体** AA 使用 c_1 的倾向,以及 AA 的现有总的**数量**。后者是基因频率的一个显函数,所以给定(6-34)的话,频率依赖选择是不可避免的。

一般协同进化方程

给定了方程(6-21)与(6-31),我们准备写下总结这一模型中基因频率及文化根频率动态的协同进化方程。生命周期中有两个阶段可自然地列出协同进化方程。第一个阶段是新世代 $t+1$ 的开始。此时被追溯的基因位于合子之中,还必须接受文化适应的培养,同时文化根在世代 t 中为后生殖期的父母所独有。设 ν_{t+1}^{p} 代表描述父母世代的 c_1 选用频率,来自(6-21)与(6-31)的协同进化方程即为

$$\nu_{t+1}^{P} = p_t^2 v_{21}^{AA}(\nu_{t+1}^{p},\nu_{t}^{p})/[v_{12}^{AA}(\nu_{t+1}^{p},\nu_{t}^{p}) + v_{21}^{AA}(\nu_{t+1}^{p},\nu_{t}^{p})]$$

$$+ 2p_t q_t v_{21}^{Aa}(\nu_{t+1}^p, \nu_t^p) / [v_{12}^{Aa}(\nu_{t+1}^p, \nu_t^p) + v_{21}^{Aa}(\nu_{t+1}^p, \nu_t^p)]$$

$$+ q_t^2 v_{21}^{aa}(\nu_{t+1}^p, \nu_t^p) / [v_{12}^{aa}(\nu_{t+1}^p, \nu_t^p) + v_{21}^{aa}(\nu_{t+1}^p, \nu_t^p)]$$

$$p_{t+1} = F^{-1}[p_t^2 F^{AA}(\nu_{t+1}^p, \nu_t^p) + p_t q_t F^{Aa}(\nu_{t+1}^p, \nu_t^p)]. \tag{6-38}$$

第二个自然阶段是前生殖时期。父母随着这一时期的开始而死去，所以基因与文化根都被限定在一个单独的世代。平均选用频率是 $\bar{\nu}_{t+1}$，由方程(6-21)决定。既然没有死亡率，描述前生殖期成年人的基因频率就与(6-31)的合子基因频率相同。然后规定以 p 指代前生殖阶段，我们有

$$\bar{\nu}_{t+1} = p_{t+1}^2 v_{21}^{AA}(\bar{\nu}_{t+1}, \bar{\nu}_t) / [v_{12}^{AA}(\bar{\nu}_{t+1}, \bar{\nu}_t) + v_{21}^{AA}(\bar{\nu}_{t+1}, \bar{\nu}_t)]$$

$$+ 2p_{t+1} q_{t+1} v_{21}^{Aa}(\bar{\nu}_{t+1}, \bar{\nu}_t) / [v_{12}^{Aa}(\bar{\nu}_{t+1}, \bar{\nu}_t) + v_{21}^{Aa}(\bar{\nu}_{t+1}, \bar{\nu}_t)]$$

$$+ q_{t+1}^2 v_{21}^{aa}(\bar{\nu}_{t+1}, \bar{\nu}_t) / [v_{12}^{aa}(\bar{\nu}_{t+1}, \bar{\nu}_t) + v_{21}^{aa}(\bar{\nu}_{t+1}, \bar{\nu}_t)]$$

$$p_{t+1} = F^{-1}[p_t^2 F^{AA}(\bar{\nu}_t, \bar{\nu}_{t-1}) + p_t q_t F^{Aa}(\bar{\nu}_t, \bar{\nu}_{t-1})], \tag{6-39}$$

而 $\bar{\nu}_t$ 由方程(6-21)所决定。系统(6-38)既方便又多少比(6-39)更简明，而下面要讨论的结果也涉及合子阶段。

参数的指定

为了对一般的协同进化方程进行具体的应用，有必要指定它们的参数。从无数的可能性中，我们选取了以来自发展心理学与社会心理学现存信息为基础，看起来具有现实性的例子。而从多种看似现实的备选方案中，我们选择了那些最简单且最可追溯的。

后成规则。指数式的同化函数被使用，基于它们发生在某类行为发展中的证据(见第 4 章)。同化函数以一种调和一定数量的历史与传统传播的方式被进一步改变。该公式严格把握住社会化期间观察同龄人群与观察老一辈的趋势之间潜在的权衡：

$$u_{21}^{AA} = u_{21,0}^{AA} \exp\{-\alpha_{21}^{AA}[\beta_{21}^{AA}\xi_t + (1 - \beta_{21}^{AA})\xi_t^p]\}$$

$$u_{12}^{AA} = u_{12,0}^{AA} \exp\{+\alpha_{12}^{AA}[\beta_{12}^{AA}\xi_t + (1-\beta_{12}^{AA})\xi_t^p]\} \qquad (6-40)$$

这里 $0 \leq \beta_{km}^{AA} \leq 1$，且对于基因型 Aa 与 aa 是类似的。同龄人的选用模式是 ξ_t，以 ξ_t^p 代表父母一辈的模式。参数 α_{km}^{ij} 指定对文化根选用模式 ξ_t 与 ξ_t^p 的敏感度；当它为零时，个体就忽视这些模式。

如同我们在此使用过的平均场近似，限制同化函数的条件为民族志曲线是单峰而尖锐的。为了保证这些属性，我们把 α_{km}^{ij} 的值限定为 $0 \leq \alpha_{km}^{ij} \leq 0.2$。对第 4 章中所计算的民族志曲线的考察指出，在此参数范围中，单峰与尖锐的标准是容易满足的。α_{km}^{ij} 这样小的值意味着生物体微弱地耦合，在这种情形下，把文化近似理解为一组彼此独立的个体在静态社会制度下的相互作用就是中肯的。我们高度保守的策略因此为我们探索在 α_{km}^{ij} 很大而生物体强烈相互作用的参数空间中的那些区域揭开了序幕。对于同化函数的某些选择，给定与第 4 章中运用的那些方法相类似的详细的平衡方法，对完整的主方程 (6-6) 严格求解是可行的。然而，该问题缺少一个针对此类互动系统的一般性回报理论；那么，为了用现存的方法估算 $R^{ij}(T)$，我们的小 α、弱互动的限制，此时似乎就是一个有待实行的实用步骤。

结果，后成规则 (6-39) 做了比给人的第一印象更多的事情。α_{km}^{ij} 的小值或对弱互动的规定暗示出，**任何** $u_{km}^{ij}(\xi)$ 或 $v_{km}^{ij}(\xi)$ 都只是微弱地依赖于 ξ。因此它们之中的每一个都能通过第一阶泰勒展开得到近似，这是选用参数的一个线性的、单调递增或递减的函数。方程 (6-40) 受制于这些条件，并且因此当 α_{km}^{ij} 很小的时候在所有同化函数中是有代表性的。我们保留了形态 (6-40) 而不是线性函数，因为它们以一种简明的方式建模了残余的、非线性项的保持。

同化函数可被线性化这一事实也导致隐含方程 (6-21) 对 $\bar{\nu}$ 的一个近似的解析解。让我们写下

$$E^{ij}(\bar{\nu}) \triangleq v_{21}^{ij}/[v_{12}^{ij} + v_{21}^{ij}] \qquad (6-41)$$

并在 $\bar{\nu} = 0$ 周围扩展为：

$$E^{ij}(\bar{\nu}) \sim E^{ij}(0) + \frac{dE^{ij}}{d\bar{\nu}}(0)\bar{\nu} + 可忽略的更高阶项。 \quad (6-42)$$

定义 $e^{ij} \triangleq E^{ij}(0)$ 以及 $e_1^{ij} \triangleq dE^{ij}(0)/d\bar{\nu}$。那么

$$\bar{\nu} = p_t^2(e^{AA} + e_1^{AA}\bar{\nu}) + 2p_t q_t(e^{Aa} + e_1^{Aa}\bar{\nu})$$
$$+ q_t^2(e^{aa} + e_1^{aa}\bar{\nu})。$$

因此

$$\bar{\nu} - \bar{\nu}(e_1^{AA}p_t^2 + e_1^{Aa}2p_t q_t + e_1^{aa}q_t^2) = p_t^2 e^{AA} + 2p_t q_t e^{Aa} + q_t^2 e^{aa}$$

以及

$$\bar{\nu} = \frac{\langle e \rangle^G}{1 - \langle e_1 \rangle^G} \quad (6-43)$$

此处 $\langle \cdot \rangle^G$ 代表基因频率的平均值。

对于成员之间互动较弱时的平均 c_1 文化根选用,我们现在有了一个严格的公式。试验性工作显示出,在 $\alpha_{km}^{ij} \leq 0.2$ 的情况下,方程(6-43)在对严格方程(6-21)求解的数个百分点之内是精确的,计算可以通过数值上使用牛顿—拉弗森方法,或者以图形方式截取曲线来实现。因此方程(6-43)在追溯历经成百上千个世代的基因—文化轨迹,并且需要对 $\bar{\nu}$ 有快捷有效的算法的模拟中是实用的。

方程(6-40)中的参数 β_{km}^{ij} 指定着个体注意力的焦点。当 $\beta_{km}^{ij} = 1.0$,注意力全部指向同辈;当 $\beta_{km}^{ij} = 0$,则全部指向父母,并将父母在玩耍期所持选用模式的影响储存在长期记忆中。对于 $\beta_{km}^{ij} < 1.0$,世代之间不仅有文化根的传递,还有关于文化根选用模式的信息传递。出于简化需要,我们把所有 β_{km}^{ij} 取为对于基因型 $G_i G_j$ 与转变 km 尽皆相等。类似地,我们选取了 $\alpha_{km}^{ij} = \alpha$。

我们的模拟显示,对于 $0 \leq \alpha \leq 0.2$,β 在整个 $[0,1]$ 区间上的变异对整体过程与进化速率没有多少实质性的影响。因此,除非明确指定,接下来的图表都属于 $\beta = 1$ 的情况。

表型成本。有必要提供一种对于认知成本的衡量。让我们定义一个无成本的白板态如下：

$u_{12,0}^{ij} = u_{21,0}^{ij} = 0.5$ 　　对 c_1 与 c_2 完全无差别；随机选择，无进一步处理，亦无成本

$\alpha_{12}^{ij} = \alpha_{21}^{ij} = 0$ 　　无能力感知或利用选用模式，亦无成本

$\beta_{12}^{ij} = \beta_{21}^{ij} = 1$ 　　对父母的选用无关注，亦无成本

这样，任何基因型都能由一个六元素 $(u_{12,0}^{ij}, u_{21,0}^{ij}, \alpha_{12}^{ij}, \alpha_{21}^{ij}, \beta_{12}^{ij}, \beta_{21}^{ij})$ 的向量来描述，而白板态则为 $(0.5, 0.5, 0, 0, 1, 1)$。就认知处理者而言，我们把负担成本 L^{ij} 与转变成本 C^{ij} 视为它们与白板向量间距离 d 的单调递增函数。具体为

$$L^{ij} = e^{\gamma^{ij} d} - 1$$

与

$$C^{ij} = e^{\delta^{ij} d} - 1. \tag{6-44}$$

在后续对进化中的优文化状态稀有性的原因问题的处理中（第 7 章），我们将讨论这些成本增加函数的某些含义。通过试错法，可发现值 $\gamma^{ij} = 1$ 与 $\delta^{ij} = 0.1$ 给出了超出我们希望探索的后成规则范围的现实行为。它们导致回报率 1% 到 10% 的量级上每时间单位的负担成本及转变成本。在灵长目范围内，这些负荷近似等于生物体按照大脑与身体的重量比给总能量预算带来的消耗的规模。对于每一个世代，$\tau = 0.1$ 且 $T = 10$ 时间单位。

资源收益。文化根 c_1 被选为 c_1 与 c_2 中更有效的。除非另有注明，后面的图展示的都是 $J_1 = 1$ 且 $J_2 = 0.2$ 时种群的进化行为，这样 c_1 的效率就是 c_2 的 5 倍。

生育力函数。在一些实验之后，我们确定了一种随着收获更多的资源而生育力规模收益递减的基础关系：

$$F^{ij} = F_{\max}^{ij} [1 - \exp(-b^{ij} R^{ij})]. \tag{6-45}$$

此函数建模了由于其他生物局限的存在，生育力必定终究随更高的资源收益

R^{ij} 而趋平的直觉观念。特别是,我们期望对资源的处理会由于传送、储存及处理中越来越多的困难而放缓(也可见 Oster and Wilson,1978)。既然认为只有后成规则是按基因型来区分的,则 F_{max}^{ij} 被设定为对所有基因型都相等。b^{ij} 也被赋予 0.1 的值,使社会成员达不到生育力曲线渐进的、"饱和的"部分。

从模型中得出的结论

以一种能产生明显的基因频率与文化模式的模型的形式,我们展示出:有可能在完整的协同进化回路中捕捉到全部的关键步骤。甚至先于参数的指定,该公式表明基因—文化协同进化中的自然选择是**频率依赖**的。方程(6-21)与(6-38)表示这一关键性的依赖关系:文化根的变化率是为后成规则作担保的基因的频率的一个函数,而这些频率的变化率也进而是文化根比例的一个函数。选择的形式是独一无二的。它也产生了一些显著的现象,这些现象可以借助严格指定形式的模型来加以探索。在接下来的小节中,我们将解释这些效应的最重要之处。

纯粹白板态是一种不可能的状态。在所有考察过的情况中,由于在基因上受到偏置的后成规则的影响,当一种竞争的关系被给出,定向的认知全都取代了不定向的认知——亦即所谓的纯粹白板态(见图 6.10 到图 6.13)。这一结果证实了在第 1 章中独立推导的论证:即使只有相对中度的文化根创新率,一个白板物种也将几乎总是最终离弃其纯文化传递的策略,而回到某种形式的基因—文化传递。

对选用模式的敏感性会增加遗传同化的速率。图 6.10C 中速率曲线的斜率上升意味着,当个体对社会其他成员所做的选择更为敏感,替换掉劣势后成规则的进化就会加速。相同的效应在图 6.11C 与图 6.12C 中增强的替换率上有所显现,其中包含选用敏感度($\alpha=0.2$)。这些速率高于图 6.11B 与图 6.12B 中产生于除了缺少选用敏感度($\alpha=0$)之外同样条件下的曲线速率。

此关系可以用不同的方式表述为:遗传同化通常受到对于选用模式的敏感

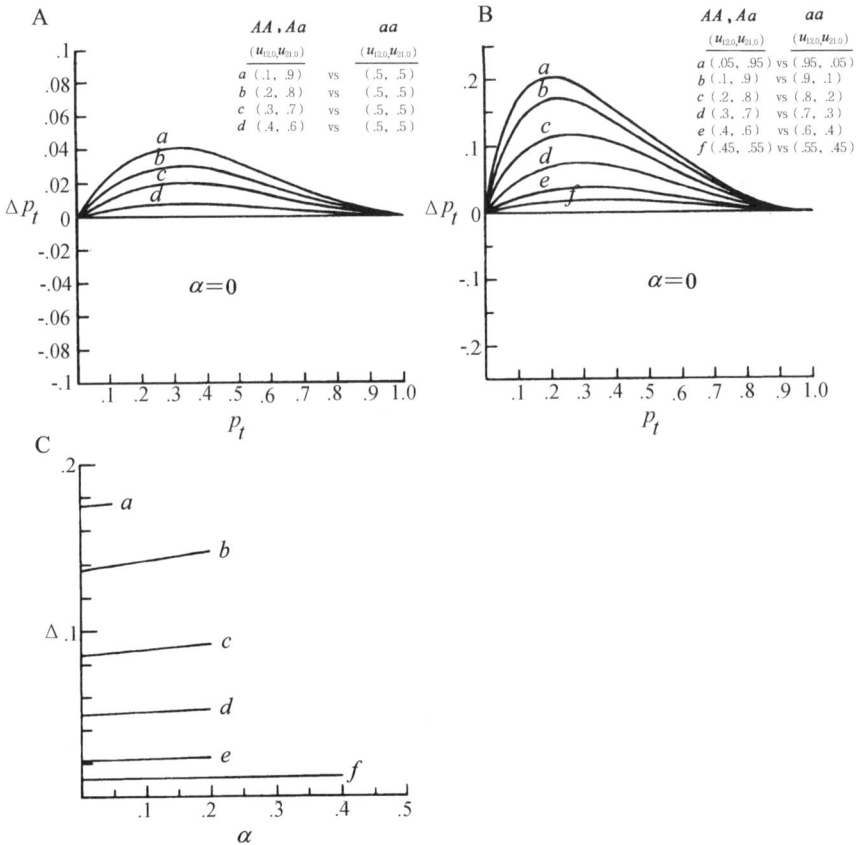

图 6.10 拥有不同后成规则的生物体之间的进化竞争。曲线显示一个世代中如果初始基因频率为 p_t 时可期待的变化 Δp_t。因此 $p_{t+1} = p_t + \Delta p_t$,且整束可能的轨迹线都可从这些图中读取。为偏向于 c_1 的后成规则编码的等位基因是显性的。图 A 中的曲线 a 到 d 表示白板生物体与有着不同程度的定向认知的生物体之间的竞争。图 B 中的曲线 a 到 f 表示被偏置于 c_1 的生物体与被偏置于 c_2 的生物体之间的竞争。此案例建模了一种新的、更有效的文化根(c_1)突然出现在适应文化根 c_2 的种群中的情况。图 C 表示在有代表性的点 $p_t = 0.1$ 上 α 的非零值的效应。因此当 $p_t = 0.1$,Δ 就是 Δp_t。图 B 中所探讨的就是进化竞争。$0 < \alpha < 0.2$ 的影响是轻微的。

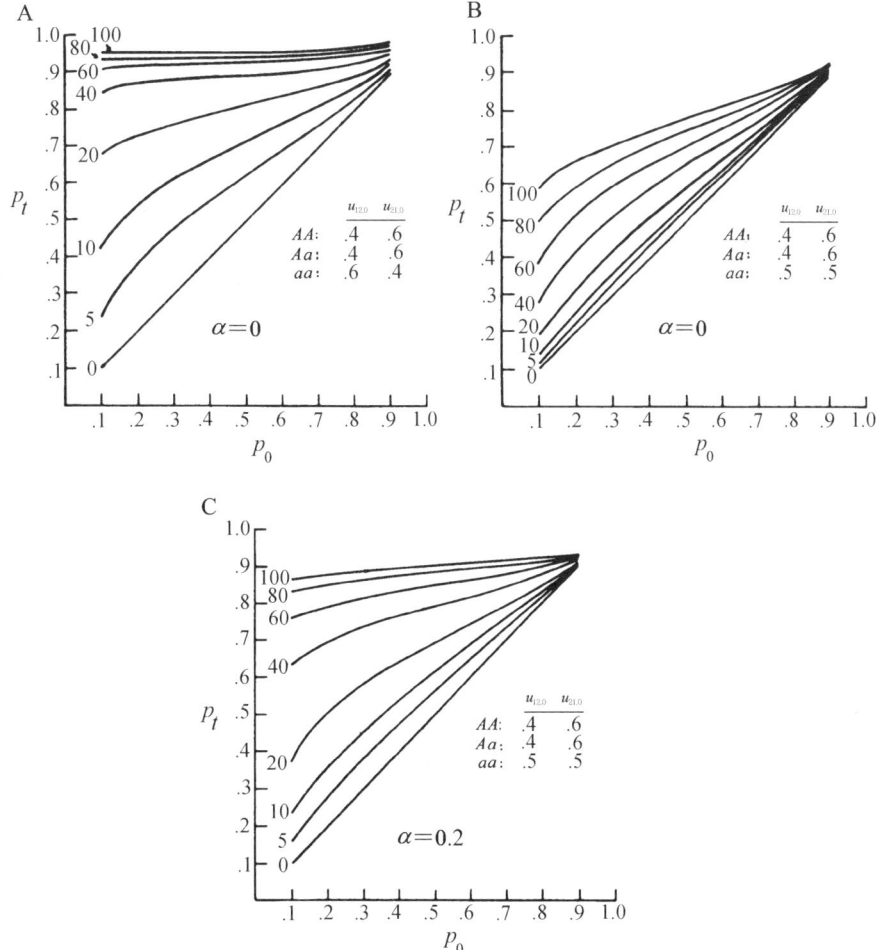

图 6.11 劣势后成规则由纯合隐性基因型(aa)所制定的遗传进化。在图 A 中,它的规则是($u_{12,0}^{aa}=0.6, u_{21,0}^{aa}=0.4$),一套有代表性的转移概率,使发展朝着更为无效的文化根 c_2 的方向偏置。起始频率为 p_0,以对角线来表示。伴随进化的是从对角线继续向上抬升并读取出在世代 5 直到世代 100 轨迹线上的点。通过追溯不同的轨迹,我们能够获得不同进化阶段的时间过程的定性图画。图 B 与 C 表现针对特殊的白板态案例($u_{12,0}^{aa}=u_{21,0}^{aa}=0.5$)的相同曲线族。在图 B 中,个体对于其他人的文化根选择不敏感($\alpha=0$);在图 C 中,他们拥有中等的意识度($\alpha=0.2$)。

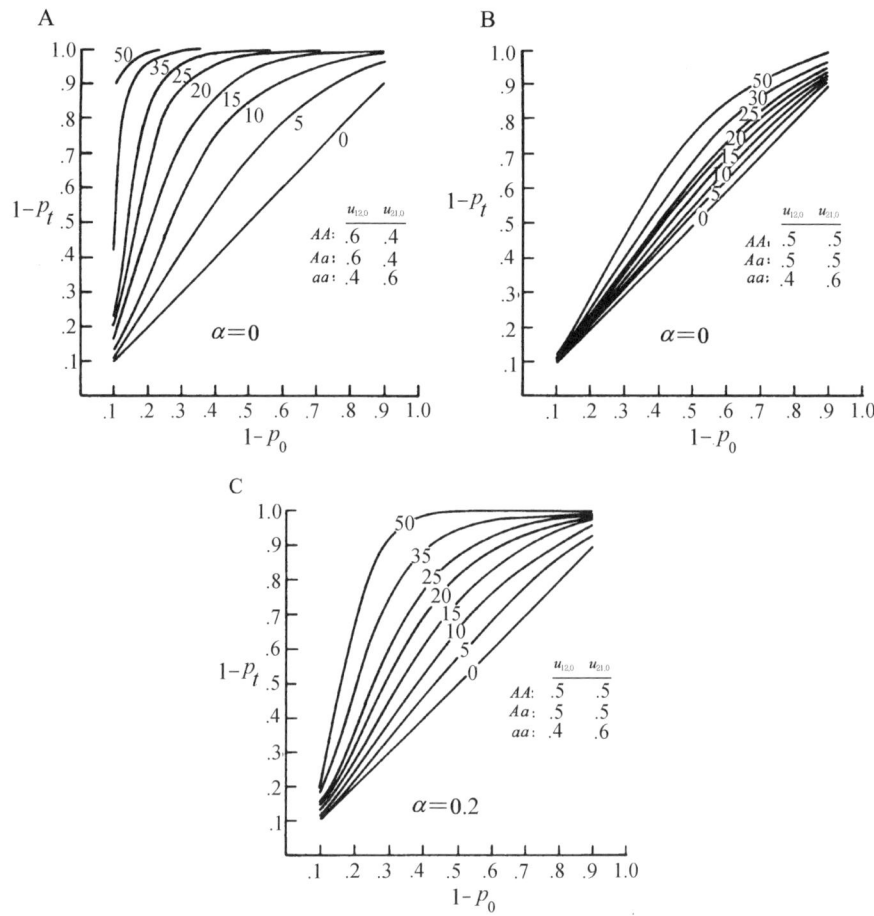

图6.12 劣势后成规则由显性等位基因(A)决定的遗传进化。规则同图6.11。

性的催促。试想两种文化根被一个物种初次采用。一种文化根提供了比另一种更高的适合度,但因为尚没有偏向规则存在于物种成员的认知中,最初在它们之间并没有清晰的偏向性。新基因型迟早会通过突变或迁移出现,并指导倾向于更有效率的文化根的认知;相应的等位基因此时就与陈旧的白板等位基因展开竞争。在个体对其社会其他成员的选用模式已经有所敏感的物种中,替换的速率也在增加。换言之,受青睐的文化根继续进行着更快的基因同化。

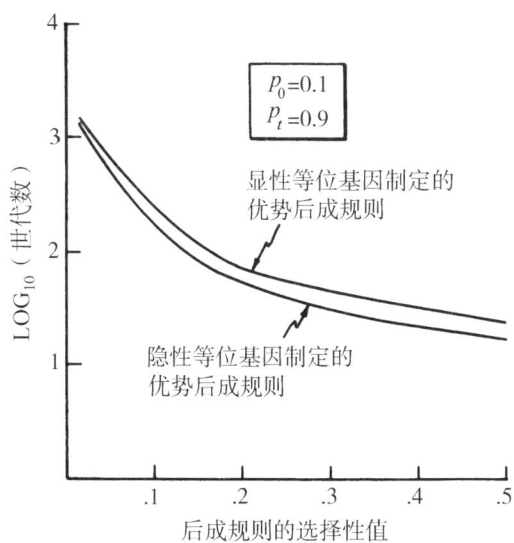

图 6.13 在不同的选择压力之下以及在后成规则分别由显性与隐性等位基因所制定之处,部分等位基因替换(对于受青睐的等位基因,从 $p_0 = 0.1$ 到 $p_t = 0.9$)所需的进化时间。选择性值被定义为 $1 - F^{sup}/F^{inf}$,此处 F^{sup} 是优势后成规则的配子产量,F^{inf} 则是劣势后成规则的产量。

  选用敏感度与遗传同化之间的催化关系,事实上可能是互惠的。如果可受青睐的文化根在有着更高选用敏感度的基因型当中扩散得更快,那么那些基因型本身也将受到二级选择的青睐,而敏感度也将倾向于增加。在第 1 章中我们描述了人类物种中基因—文化协同进化的自身催化特性,其导致大脑尺寸的一种异常快速的进化式增长。有可能的是:选用敏感度的机制在这一独一无二的情境中扮演了一个关键的角色。人类凭借物化及符号化的处理过程,对围绕他们的宏文化模式是极其敏感的,这允许一种更为快速的处理、储存以及信息的评估,包括关于社会行为的感知。因此,自身催化有可能通过以下两个因素之间的互相强化而继续发生下去:对社会环境的估计——这为物化所增强,以及对一套不断扩展着的文化根系列的遗传同化——这扩展并提高了使用工具与操纵社会的技能。

文化减缓遗传进化速率。在选用敏感度与物化加速协同进化整体进程的同时,文化传递本身也倾向于在协同进化的进程**内**减缓遗传进化。例如,比较从图 6.10 直到图 6.12 中 A(白板)与 B(偏置基因型)的基因变化速率。在每个案例中,此速率在白板基因型所在之处都是更慢的,因为那些具有白板基因型的个体会坚持更多地分享受到青睐的文化根。那些采纳 c_1 而拒绝 c_2 的(在我们的模型中有一半会这样做),至少会像具有其他基因型的采纳 c_1 的个体一样成功。当基因型不是白板基因而是在使学习偏离 c_1,它们就会更快地被向着 c_1 的方向偏置学习的基因型替换掉。

然而,白板基因型的抵抗只是文化传递减缓不利基因型的替换速率这一一般原理的极端案例。**任何**获得更大成功的文化根的倾向,换句话说,任何大于零的 u_{21} 值,都将减缓规定基因低于 $u_{21} = 0$ 时可达到的程度的替换速率。当 $u_{21} = 0$ 且 $u_{12} = 1$,我们就有了文化根纯遗传传递的极端案例,类似低等动物的本能行为。规定 u_{12} 的基因型的替换速率是最有可能的,其他所有情形都相同,而基因频率改变的轨迹则可由传统的种群遗传学方程来描述。同样正确的是:只要不如有利基因型的决定那样严格,它们的增长就将减缓,因为即使只占小百分比的个体倾向于采用不太成功的文化根,也将减少选择性优势的盈余。

在协同进化进程期间,基因频率上的改变仍然可能是快的。虽然基因—文化传递把基因频率改变的速率减缓到在纯遗传传递中所能达到的程度以下,该速率可能仍然比直觉预计的要高得多。在某些情况下,遗传进化可以进行得像文化进化一样快速。

从图 6.10 直到图 6.13 中的曲线考察是对这一原理非常好的阐释。即使当内在偏向与人类发展研究中展现的偏向性(见表 4.1)相比是温和的,基因频率改变的速率也可能高到足以在少至 10 个世代,或者在 200—300 年之内达成一次等位基因的部分替换。因此在一些社会中,遗传进化能够在一段相对没有什么文化根创新和改变的时期里发生。

我们认为对于能够高效利用新文化根的种群,存在一种粗略的 50 代规则。

特别是对于人类,这就换算成了**千年规则**:在这样长的一段时间里,实质性的遗传进化可能因文化传递的后成规则而发生,产生出诸如文化根偏好的遗传同化和偏向特定决策试探法的同化这样的效应。这只是数量级上的估算。只有在极端条件下,一个等位基因才能在少至100年或200年的时间里完全地或几乎完全地被替换;但此替换也能够在宽泛条件下的1000年中发生。

千年规则是一个迷人的结论。在人类400万年历史的超过99%的时间里,人们都生活在文化进化的进展相对缓慢的狩猎者—采集者群体中。快速的文化根创新在少数种群中开始出现,仅仅是大约3万年以前的事,而即使这样,主要文化根类型的翻转有时也需要上千年的时间。类似的文化保守主义,延续好几个世纪甚至上千年,在少数狩猎者—采集者社会以及原始经济的农牧业社会中一直持续到了现代。此外,我们必须记住,快速创新的文化根的任何变异属性都会提供稳定的核心特征,它们可在认知期间被认出并用以选择特定的反应。这些机会历经几十倍甚至几百倍的时间跨度存在了很久,该时间长度足以让基因来追溯文化,并将后成规则偏置为偏爱最成功的形式的文化传递行为。

这并不是说史前时代文化传递行为的每一个细微差别都以非常专门的后成规则的形式为基因所增强。协同进化的速率也依赖于后成规则背后基因变异的数量。选择性进而受到环境异质性程度的影响,要么促进混合规则,要么促进更一般的单独规则。但我们模型的结果确实指出:对于实质性的协同进化,以及实际上每种文化行为中某种程度后成规则的建立,时间是绰绰有余的。

为了提供一幅关于此遗传同化程度更为清晰的图画,需要一种基因追踪理论,这种理论要比第5章提供的理论更为细致。以下诸原理有可能就包括在内。在通常所需的千年之内,当仅有相对少数充分定义的文化根或文化根核心有可能存在,就像在乱伦回避、个人依恋、亲缘识别与领土界定及防御这一类有限的、清晰的选择案例中那样,追踪将最为密切,后成规则也将最具选择性。当环境在空间与时间上最近乎于始终均一,至少对于引起兴趣的文化根所遇到的偶发事件来说,相同的趋势将被增强。相比之下,当文化根很多、不能清楚地区分或者拥有非常相似或一致的选择值时,基因追踪将最不被促进。这样的文化根有可能在比 1000 年短得多的间隔上翻转,而因此关于它们的细节也将更少为基因所同化。存在于一个主要行为类别内部的某些文化根,对于追踪有可能太过于短暂,而同时其他文化根则是基础的,其特征核心也足够稳定而可被追溯,创造着具有多变选择性的后成规则集合。因此,女装的特定特征在大多数西方社会有过快速的变化(见第 4 章)——但变化的并不是穿衣服这件事本身,或服装主要的合身特征,或在有关部落成员关系及部落身份的交往中对时尚的利用,这一事实有可能是意义重大的。

随着基因追踪机会的改进,认知有可能会得到进化,并通过被提高的对核心特征的认知力,进一步锐化文化根的清晰度。这一改进,能够使知识结构形成过程中的较高级的编程更容易实现,从而实现物化。这种后成规则的**自我强化**,有可能创造出原型知识结构,充当在荣格心理分析理论中被认识到的"原型"的基础。如果在这一推论中有什么实质性的东西,那就是,原型可能是更复杂的知识结构,倾向于在宽泛类型的不同环境中发展并在梦境与神话中重复出现。

基因—文化协同进化能促进遗传多样性。如方程(6-21)与(6-38)表明的结论,协同进化中系统内的选择是频率依赖的。对于 α 的值以及迄今为止所使用的生育力规则,频率依赖的效应是平淡无奇的。但当一个人开始接受认知、劳动分工以及经济交换中文化根—文化根关联的影响,导致被维持的多态性的、有着全新性质的新现象就会出现。这一条件拓宽了可想象的环境类型,在这些环境下,中等基因频率可能被稳定下来,从而维持种群内更为大量的遗传多样性。

考虑一下在图 6.14 中展示的生育力规则。随着越来越多的资源被获取,遗传适合度不会无限制地单调上升。取而代之的是有一个极限 R_{max},超出它的话适合度就开始下降。如果这种抑制相对较弱,使个体向着更为成功的文化根方向偏置的等位基因将继续起作用,最终固定下来。如果抑制作用

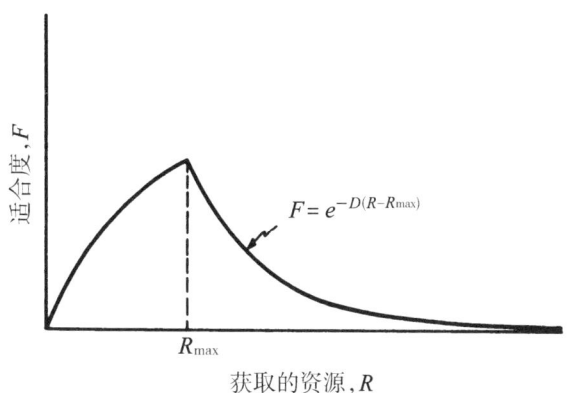

图 6.14 基因—文化协同进化的抑制模型。获取的资源超出一定的量(R_{max})时,由于来自社会或环境的抑制影响,遗传适合度 F 就开始下降。

足够强大,竞争的等位基因将稳定在一种中间频率上。而如果它变得更加强大,基因频率就会进入一种大幅振荡的混沌状态。这三种后果如图 6.15 到 6.18 所示。

适合度抑制是人类社会中的一种普遍现象。在卡拉哈里的昆桑人狩猎者—采集者群体中,提升个人地位或积累物质利益的过度尝试,会遭致奚落与敌意。结果是维持了一个接近平等主义的社会(Lee, 1969; John Pfeiffer, 私人通信)。然而,当昆桑人群体在其他部落的更大的社区附近定居时,他们会更加公开地表现自私自利及占有欲(Patricia Draper, 私人通信)。至少有一些其他的狩猎者—采集者民族,例如澳大利亚的蒂维,似乎能容忍更高水平的经济或社会成功。

在经济更复杂的社会中,劳动的专门化与分工引起了另外一种抑制效应。物资与服务的生产过剩导致激烈的竞争、不稳定的市场以及专门生产者绝对利益的最终减少。运输、储存及加工中上涨的成本,也可扮演一个起抑制作用的角色。很明显,在较低的生产水平下,不管成本函数为何,一个阈值水平 R_{max} 都必定存在,超出它,利益中的绝对回报就开始下跌。结果不会仅仅是一种经济与社会角色的传播,如初级经济学理论所预期的那样,而是一种为分别承担

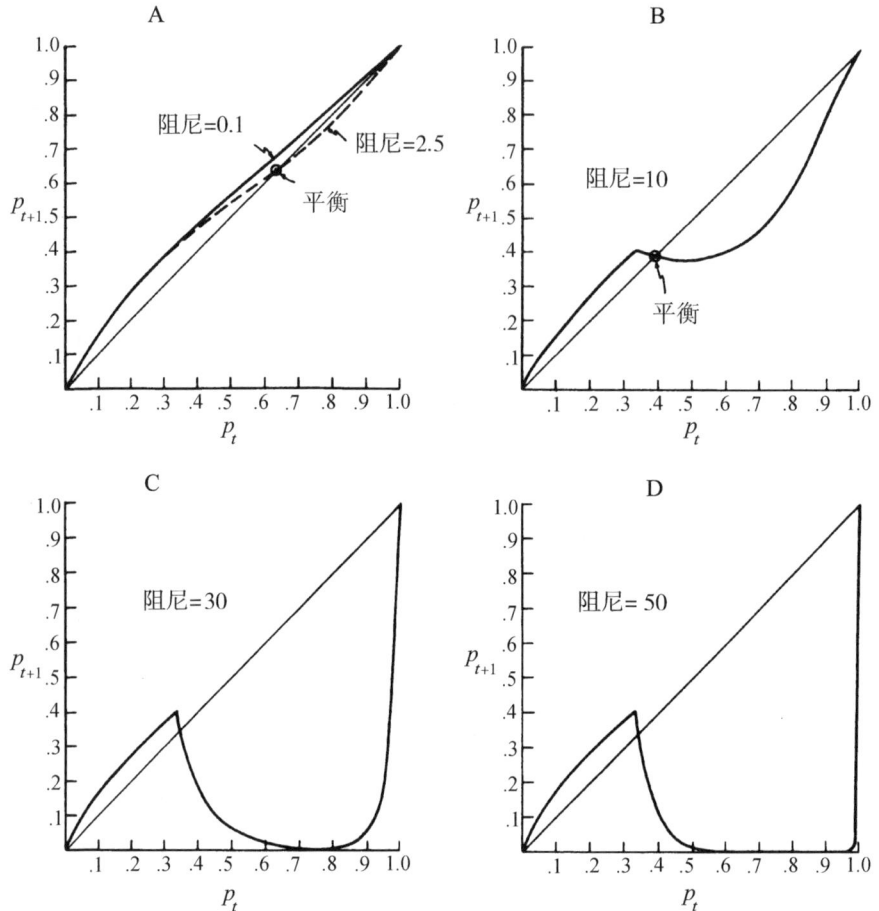

图 6.15 基因—文化协同进化抑制模型中的基因频率变化。斜线(细线)代表从一个世代到下一个世代未发生基因改变的条件。另外的曲线(粗线)代表不同程度的抑制引起的改变量:斜线之上,基因频率升高;斜线之下,基因频率降低。A 与 B:在低抑制下(阻尼常数 $D=0.1$),使个体向着更为成功的文化根方向偏置的等位基因持续运转到最终固定,但在多少偏高水平的抑制下(阻尼常数 $D=2.5$ 以及 10),其与可替换的等位基因达成稳定的平衡。在还要更高水平的抑制下(C 与 D),基因频率进入混沌状态(见图 6.16 到 6.18)。在此图以及后面的图中,进化竞争会在一个显性等位基因 A 与一个隐性等位基因 a 之间发生。当等位基因 A 出现,内在偏向取值为 $u_{12,0}^{AA}=u_{12,0}^{Aa}=0.2$ 与 $u_{21,0}^{AA}=u_{21,0}^{Aa}=0.8$。然而,在纯合状态 aa 下,这些偏向变为 $u_{12,0}^{aa}=0.8$ 与 $u_{21,0}^{aa}=0.2$。在所有的基因型中,物化参数为 $\alpha=0.2$,而注意结构参数为 $\beta=1.0$。

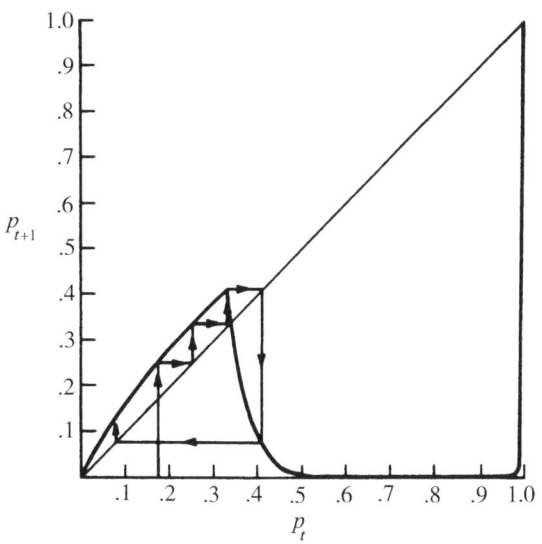

图 6.16　高水平抑制下基因频率变化的李—约克轨迹线。模型中存在一段周期为 3 的循环,随后进入混沌。见 Li and Yorke, 1975; May, 1976。在这样的条件下,基因和文化根的频率轨迹线的结构都是极其复杂的。对于每一个整数 $i = 1, 2, 3, \ldots$,都有一个 A 的初始频率 p_0,使得基因频率在时间上是周期性的,周期为 i。另外,还有一种不可计数的初始基因频率,使进化轨迹线无规律地游荡。这种游荡的行为可以从统计学上定量处理(见图 6.18)。

各个角色的能力提供担保的遗传基础的多样化。

　　这一结果并不意味着要把类似人类社会形态的社会划分成多个遗传等级。异族通婚规则以及大多数社会中一定量的社会经济迁移与职业变动的机会,会阻止这种极端现象的出现(Wilson, 1975)。实际上,甚至是地球上最强大、最精致且存在了超过 2000 年的印度种姓体系,即使不是全部地,也主要是由文化传统来维持的;不同种姓的成员之间在血型及其他可衡量的解剖学、心理学特征上仅有细微的差别。这样一种抑制—多样性假说确实表明存在着一种更高水平的遗传多样性,这种遗传多样性与某些基因—文化系统中很多主要的社会和经济角色的后成规则有关。它也暗示着群体成员之间在行为的遗传基础上

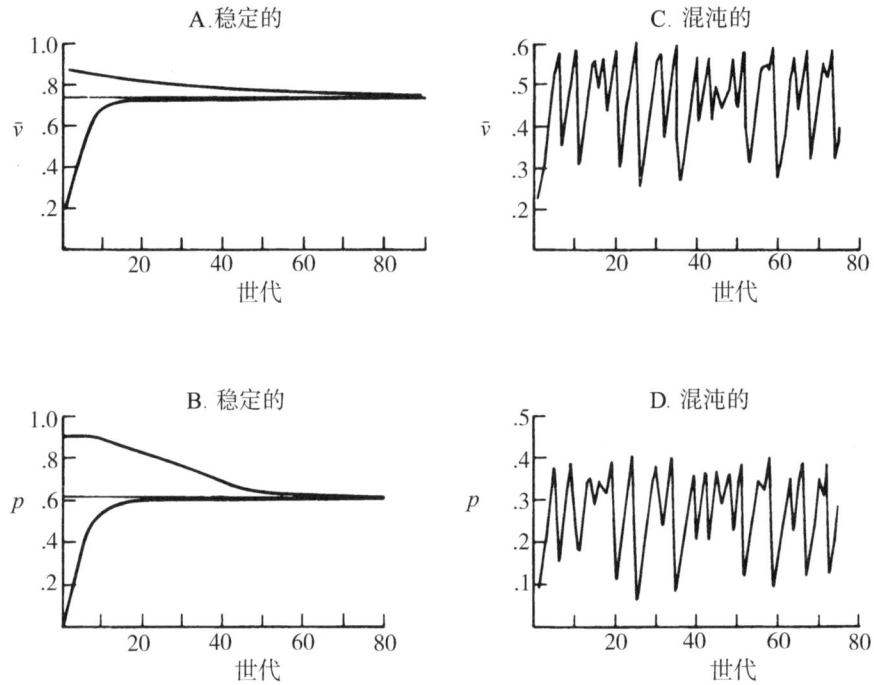

图6.17 基因—文化协同进化的抑制模型中基因频率及文化根选用频率的变化。A与B：在较低水平的阻尼下(图中为 $D=2.5$)，轨迹线接近稳态多态性。C与D：在较高水平的阻尼下(图中为 $D=50$)，轨迹线呈现混沌的状态。

有一种高度的个体性。人类是否已经跨越了其基因—文化协同进化中的这样一个阈值，仍然有待于寻找答案。

协同进化模型的意义

即使有着严格的形式，我们所运用的协同进化模型还是引出了几条引起一般兴趣的原理。如果此千年规则以及抑制—多样性效应尤其适用于人类，它们就指出了一种与生物学及社会科学普遍接受的进化过程极为不同的进化过程。传统的观点是：意义重大的遗传进化需要数千年的时间，并且在3万年以前或更早的时候就在人类种群中基本停滞了，此后文化进化就作为实际上唯一的代

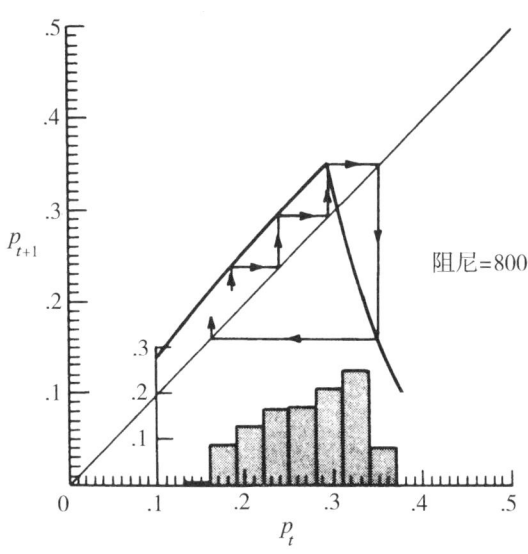

图 6.18　抑制模型的混沌状态中的基因频率的统计分布。尽管个体的基因频率轨迹是飘忽不定的,它们却展示出良好的统计学属性。此处,灰色阴影的柱状图给出一条进化轨迹线逐一经过[0.1, 0.4]区间上 0.3 单位宽的 10 个间隔的频率。在此模型中,使用方程(6-43)以给出文化选用参数 ν 的一种快速进化,使频率被追踪达 5000 个世代。此柱状图采样了这些条件下全部初始基因频率所接近的稳态分布(Li and Yorke, 1975)。类似的行为也可为 ν 获得。一条李—约克轨迹线被添加到迭代曲线 $p_{t+1}(p_t)$ 之上。

理者接管了一切变化。但协同进化模型却展示出:认知特征实质性的遗传进化可以发生在仅仅 1000 年之内,也非常有可能一路挺进到了现代。传统观点也将认知能力以及感知与运动技巧方面的遗传变异看作噪声,即围绕物种标准随机振荡的结果。在种群与多种病理突变的积累效应之间,这样的变异已经被基因流增强了。但此协同进化模型却揭示出:部分的变异可能起源于一种奇怪的多样化效应,此效应转而来自将行为转换为遗传适合度的过程中不断减少的规模收益。如果此效应存在,人类的遗传个体性就是使作为整体的社会能够更有效运转的适应的一部分。

在一系列清晰的协同进化模型的辅助下,诸如此类的原理都能被探索与检验。我们运用过的特定版本曾被选来证明此类研究有能力追踪完整的协同进化回路。一旦获得关于回路中各个步骤特性的充分的经验信息，比如同化函数与生育力地图，基因—文化协同进化的现实模拟就将贡献出一种更为丰富、基础也更为坚实的人类生物学理论。

小结

在这一章中，我们将完整的协同进化回路合并到正式的理论之中，以设想基因、心灵与文化中同时发生的进化改变。解释开始于神经系统中的后成论原理。其中最重要的原理中有一条可概括为：突变的出现，改变的不是单个神经元，而是影响整群神经元的细胞形态的场梯度及属性。实现精确的神经元形成、定位与连通，只需相对少数的此类发育规则。虽然这些规则处于多基因的控制之下，单个新等位基因的引入也能在大脑结构与行为的具体特征上引起重大的改进。

人类大脑中模式形成的精密规则仍然是未知的，但其中的某些一般性特征可以从对其他生物后成性的研究中推测出来。在某些情况下，细胞的复杂形态与模式似乎依赖于诱导物质的扩散。这些模式是为基因的相互作用所引导的。当这种引导的限制性不强，或者当极端环境事件频繁发生，以致足以产生显著不同于种群标准的诸多表型的时候，基因的同化是最快的。由此可知，性状的多基因控制是基因—文化协同进化难得的用武之地。通过文化实验以及连续的新环境探索，物种更有可能检验出制定认知发育后成规则的基因潜力，并产生新的成果。当最终发生的行为也带来了选择优势，基因就倾向于迁移到不同的频率分布，以此制定倾向于这些新反应的后成规则。

神经元与认知的发育是两个紧密相联的过程，从早期胚胎到完全成熟期是连续不断的。学习可看作子宫内外的认知后成行为。近来的长期记忆研究极好地阐明了形成心理图式的认知结构组装过程，关乎心灵回忆信息、评估新的偶发事件、解决问题以及指导肌肉活动。我们利用这一新概念联系文化根与精神活动,并通过这个方法评估其作为学习与理性的后果的遗传适合度(见图 6.5 的概述)。

我们随即构建了一个模型,它包括围绕着整个协同进化回路的主要步骤。规定一个生命周期,后代在此期间通过其同辈及其父母辈的帮助实现社会化。年轻人通过探索与观察来学习并评估社会中所有的文化根。在未来的某一天,他们使用这一信息储备来开发环境(见图 6.6)。特别地,个体们学习并且随后在由两个等位基因所制定的后成规则影响下的两个文化根之间做出选择。在后成规则的偏向程度、对同伴及父母选用的敏感度以及使环境开发期间储存的资源转化为遗传适合度的功能等方面,变异是被允许的。

在这一类协同进化中的基因改变的时间刻度,连同多种有趣的效应(其中某些之前未被想到过),通过对这一模型的调查,也都被揭示出来了。白板态当中不存在文化根选择上的先天偏向,它被显示为是不稳定的,很容易被任何一个实质上无限范围的偏向后成规则替换掉。对选用模式的敏感性,以后成偏向的方式增加着进化的速率,并因而增强着文化根选用的遗传同化。这一催化效应,有可能为关乎基因—文化协同进化开启的人类大脑尺寸的快速进化增加作出了贡献。文化减缓遗传进化的速率,但协同进化的发生对于基因来说仍然快到足以追踪诸多形态的文化进化。我们以一种千年规则总结了我们的推论:后成规则青睐更成功的文化根的等位基因,能够在短至 50 代,或以人类历史中的 1000 年为数量级的时间里大量替换掉竞争中的等位基因。因此有可能的是:实质性的遗传进化曾发生在有历史记载的时代里,甚至今天仍在继续。

最后,基因—文化协同进化似乎是以频率依赖的选择为基础的。在特定条件下,特别是当遗传适合度在获取了一定量的资源之后开始下降的时候,选择就会导致稳定的基因多态性或基因频率的混沌振荡等诸如此类的中间进化状态。这一现象或许增强了遗传多样性、劳动分工以及人类之间的个体性。

第 7 章
心灵的生物地理学

可以在生物地理学理论及方法的辅助下对文化做出全新的分析。我们可以把人类心灵想象成一座岛,文化根像生物物种一样迁居其上,并偶尔在此进化出新的形态("创新"),或逐渐灭绝。虽然这个类比不可避免地是粗略的,但它也可引出关于文化规模及多样性的意想不到的洞见。

试想,岛越大,亦即长期记忆的能力越强大,节点—连接结构的灭绝率就越低,而最终达到平衡态的活跃文化根的数量也就越多。岛越远,亦即个体生物与周围文化的隔绝越严重,文化根进入长期记忆的迁移率就越低,达到平衡态的文化根的数量也就越少。虽然一种稳态的文化多样性在某些情形下可能变得极为巨大,该水平也仍将低于社会所能获得的文化根的总储量。在文化社会的案例中,这一水平将稳定在远低于基因池极限的位置上。心灵在它乐于接受的文化根数量上是有限制的。此外,被认为是各个文化根类别中独特的候选者的文化根之间也存在着竞争,所获评价最高者消灭其竞争者。多种文化根的特定代表们经常连接在一起成为强大的整体,以此阻止新文化根对长期记忆的殖民,因而不仅稳定着个体文化份额的规模,也稳定着其中的组成结构。当这些封闭的群落最终为强大的新入侵者所破,例如在转型或复兴期间,个体的文化份额会进入快速变化的时期,要么就此衰落下去,要么就此兴旺发达。

作为一个整体的社会就像是一个群岛。各个小岛就是其成员各自独立的心灵,在它们之间,本土的文化根交换频率远远超过使用相邻社会的思维元素。为便于分析,我们将社会—群岛单元处理为一座单独的大岛。在这个特殊的意义上,民族志也就成为群岛的生物地理学。

为了将这些生物地理学类比转换成人类行为的真实现象,有必要把认知与社会互动的实际过程作为控制文化根迁入与灭绝的独立变量合并进来。在接下来的几节中,我们首先以岛屿生物地理学的话语重述民族志的相关方面,然后在此新语境中重审决定文化根辨别及选择的认知过程。在结尾处,我们尝试将此方法与第 1 章中提出的重要问题联系起来,以此回答为什么人类层面的优文化在生命史上是如此稀罕,并追问是否人类物种所选取的进化路线对于任何生物而言都是唯一开放的一条。

作为群岛生物群的文化

基础的岛屿生物地理学模型,最初是用来研究生物物种接纳文化根的问题的,见图 7.1。真正的岛屿与文化都是动态的、进化着的系统,很少处于一种严格的稳定状态之下。然而同样成立的是,在生态学的时间尺度上,很多岛屿上的物种总量的变化也相对缓慢。类似地,文化可能会经历伴随文化根翻转的大革新时代,但文化的**整体**多样性与复杂度会发生戏剧性扩展的情景是很少有的。因此平衡或稳态的岛屿生物地理学理论,对于民族志的这一新分支来说是一个极好的起点。

文化根在其中累积的那个空间就是社会成员的心灵,相当于岛屿生物地理学最初理论中的群岛(见 MacArthur and Wilson, 1967)。群岛—社会可被处理为一个岛状的群体,换句话说,就好像它是一个单独的空间,开放给竞争中的文化根来占领。文化根创新度很高的社会,或者与诸多周边社会有着密切接触的社会(要么利用地理邻近的优势,要么利用更有效的沟通渠道),将以相对较高的速率来接受新颖的文化根。然而,可以预计,这一**迁入率**最终会随着被采纳文化根的数量的增加而下降,因为留待采纳的数量必定收缩至这样一个水平:周边文化池中只有少数可能没有太多价值的文化根仍能被吸收。在缺少进一步信息的情况下,我们将此速率表现为已吸收文化根数量 c 的单调递减函数。如图 7.1 所示,相对于与周边社会密切接触的社会,相对孤立的社会有着较低的迁入曲线。

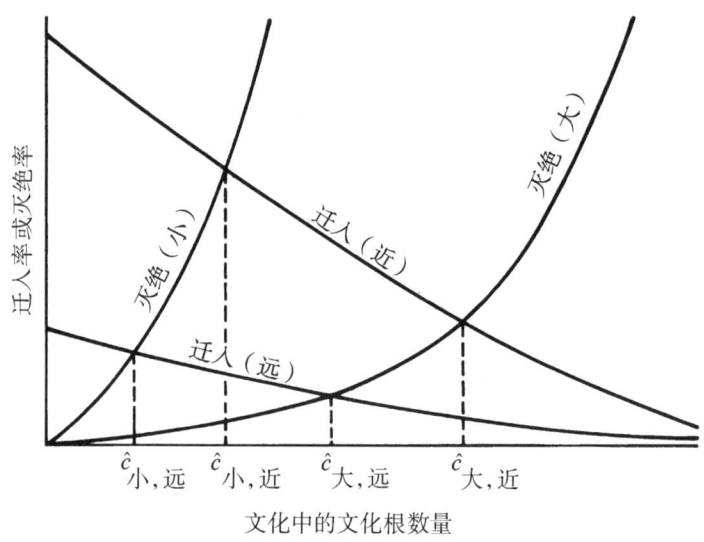

图 7.1 适用于整个社会拥有的文化根数量的岛屿生物地理学模型。在从小而封闭的社会进入到大而与相邻社会有密切接触的社会的过程中,平衡态的预期数量 $ĉ$ 会增加。

文化根的**灭绝率**即为文化根被社会全部丢弃或至少从其活跃的储备中撤走的速率。在相互比较的社会之间,当所有其他方面都相等(亦即在加速交流或增强学习动机的社会组织过程中没有实质性的差异),可预计大种群将更为长久地保留文化根,因为当有很多人而不是只有少数人的时候,社会的每一个成员都丢弃特定文化根的概率是比较小的。因此大型社会的灭绝曲线比小型社会的要低。另一方面,预计灭绝率不会受到此社会与其他社会间的隔绝程度的强烈影响。

文化多样性是由在文化根的数量不增也不减的时期该社会拥有活跃文化根的数量来定义的,当灭绝率等于迁入率时,文化多样性就达到了一种稳定态。值得注意的是,平衡只存在于文化根的**数量**上。特定的文化根可能会快速地连续替换其他文化根,然而是以这样一种模式替换:使灭绝率与迁入率持平,并且因此不去改变社会花时间获得的活跃文化根的固定数量。

在生物的生物地理学中，发现了对于社会科学有着潜在重要性的三种关系。首先是**区域效应**，简单说就是一个给定群体（比如鸟类或开花植物）的物种数量会随着该物种所占据的空间的增加而增加。除了与大陆有着不同程度隔绝的岛屿，不同大小的岛屿之间的关系为

$$s = bA^z \tag{7-1}$$

此处 s 为特定岛上的物种数量，A 为岛的面积，而 b 与 z 是合适的常数，其有所不同于从一种生物到另一种，像从鸟到开花植物。指数 z 变化最小；在大多数种类的生物中，它落于 0.2 与 0.4 之间（MacArthur and Wilson, 1967）。普雷斯顿（Preston）(1962) 曾指出，如果包含不同数目的生物体的各个物种的相对数量是对数正态分布的，并且如果存在某种个体数量阈值，低于此值物种就会灭绝，则 $z = 0.263$，这是一个理论值，它落在田野调查所获得的估算值范围的较低的那一端。

第二个可能与文化进化相关的生物学现象是**距离效应**：岛之间，或同等规模的群岛之间，处于平衡态的物种数量会随隔离度的增加而减少。第三个是**翻转原理**：在建立平衡期间，物种的数量增长越快，处在平衡态或接近平衡态的翻转率就越高，换句话说，失去与获得的数量也越高。在特殊情况下，迁入曲线与灭绝曲线形成直线（它们在图 7.1 中显示为凹线），平衡态的翻转率为

$$r = \hat{s}/\tau \tag{7-2}$$

此处 r 为翻转率，依照方便选定时间单位，$\hat{s}$ 为岛上物种的平衡态数量，而 τ 为从 $s = 0$ 达到平衡态所需的时间（MacArthur and Wilson, 1967）。

这些物种生物地理学的基本原理，可应用在文化丰度进化的方面，只是达不到初级模型中设计的那种严格形式。实际上，甚至在生物学系统中，基础模型也只在有限的条件下是相关的，并且有时必须以复杂方式加以改进以适合其他具体条件（相关评论见 Pielou, 1979）。在文化进化的情况下，改进肯定是更有深度的。因为改进的效果将揭示出创造与维持社会复杂性的机制，所以还是值得我们一试。

在对迁入过程的描述上,必须做一个重要的改动。文化根的迁入率不能被看作在很大程度上独立于种群规模,这一点与物种不一样。得到人类地理学经验证据支撑的互动引力模型(Haggett,1972；Stephan,1979)是这样表述的：两个地点之间的社会互动是其种群规模乘积的直接函数,也是其间距离的反函数。因此,可预计迁入曲线不仅会随着接近度上升(如图7.1所示),也会随着增长的种群规模而上升(其同样会由于创新率的提高而促成文化根迁入的提升)。

在人类研究中,区分以单独文化内的文化根数量衡量的多样性与以占据岛或其他圈定陆地区域的文化根数量衡量的更高水平的多样性,是很重要的。在第一种情况下,社会是岛,文化根是物种；在第二种情况下,陆地区块就是岛,而文化是物种。特雷尔(Terrell)是将生物地理学平衡理论应用于民族志的第一人,他在对所罗门诸岛语言所做分析中采用的是第二种方法(Terrell,1974,1977)。在特定的岛屿上发现的语言数量,通过下面这个线性函数,与岛的地块关联起来：

$$y = 0.0052x + 0.7812. \tag{7-3}$$

此关系暗示：当新区域变得可用,迁入者们就会直接占领它们,形成新的部落单元,并最终进化出有区别的语言。因为没有共存实体的翻转,基础的平衡模型不适用于这个例子。另一方面,特雷尔也指出,平衡模型可用来描述不同村庄所共享的词语的数量变化。随着此类同源词数量的增加,共享词语的损失("灭绝")率也会增加,而同时词语借用率会下降,直到这两个过程之间达成一种平衡。

另一种主要的民族志衡量(针对的是个体社会内文化根的多样性)据我们所知还没有以明确的生物地理学理论相关方式被研究过。无论如何,卡内罗(Carneiro)(1967)提供了有用的数据,将特定社会组织化特征的数量与构成社会的个体数量联系起来。他只考虑组织化特征的有或无,比如手工艺的专门化、核心家庭、税收、服务专门化、牧师的层级以及奴隶制,技术以及意识形态的性质则被忽略。在卡内罗列出的 100 个社会当中,复杂度范围涵盖狩猎者—采集者群体到大型部落,特征的数量增加了大约 $0.6\,N^{0.6}$,此处 N 为种群的规模(见图 7.2)。

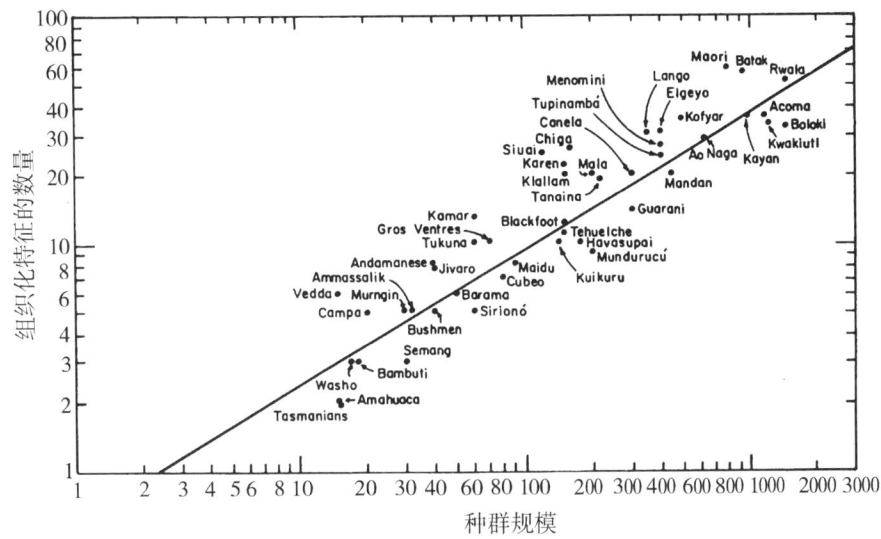

图 7.2　社会中文化的组织化特征数量与种群规模的关系。(修改自 Carneiro,1967)

物种—区域曲线与文化多样性曲线之间的对比是直接的,因为记入物种—区域估算的岛屿面积一般被处理为栖居物种种群大小的线性函数近似。我们不清楚可将种群规模与图 7.2 中列出的文化群体所占区域的大小联系起来的数据。最简单的假说仍是均一种群密度假说。在此假设之下特征的数量与 $A^{0.6}$ 成正比。面积指数 0.6 正好超出多种生物的区域—物种曲线所占据的 0.2—0.4 范围。然而,人类种群并不总是那么方便地分布着。以种群密度 ρ 标识的变异性至少描述着围绕种群中心组织起来的更复杂的社会特性。把 ρ 与离开种群中心的距离 d 联系起来的典型模式是负指数的形式

$$\rho = \rho_0 e^{-ad}, \qquad a \sim 1 \qquad (7-4)$$

而幂律为

$$\rho = \rho_0 d^{-a}, \qquad 2 \leqslant a \leqslant 20 \qquad (7-5)$$

(Haggett，1972)。文化多样性与地理区域的关联，在这些情形中比在单纯的岛屿生物地理学中更为复杂。例如，给定一个单独的种群中心及密度函数，方程(7-4)，种群规模 N 通过以下表达式与面积 $A = \pi d^2$ 关联起来：

$$N = 2\pi\rho_0[1 - (1 + \pi^{-1/2}A^{1/2})\exp(-\pi^{-1/2}A^{1/2})]. \qquad (7-6)$$

对于小的中心，N 随 A^1 而变化，且 $A^{0.6}$ 带来文化的多样性；但对于大的 A，N 饱和为 $2\pi\rho_0$，而文化多样性实际上变得与面积无关。区域的多样性指数 z 因此就是可变的，且有 $0 \leq z \leq 0.6$。空间模式对真正文化群体的岛屿生物地理学指数特性的精确影响，比如图 7.2 中显示的那些，仍然尚未被探索。

另一方面，物种组群与文化根组群的集结规则有着明显的差异。最重要的是组织化特征之间存在着比物种之间发生的更为强烈的相互依赖。随着各个组织化特征被添加进来，其他特征也要被添加进来的倾向就变得更有可能受到青睐，甚至会成为一种需要。这样的互惠共生也发生在殖民化的物种之间，但少见多了，而且单独这种情形就可能解释区域—物种曲线较低的 z 值。随着人类社会规模的增加，需要有新的组织化特征来继续群体的有序运行。一旦被引入，它们的灭绝率就更低了，而它们的持续时间相应延长，正如岛屿栖居地面积的增加会降低生活于其中的生物物种的灭绝率、延长它们的持续时间，并提升岛上整体平衡的物种多样性。但除此之外，更高的组织化特征并不必然排斥更低的组织化特征。与相互作用的生物物种不同，它们倾向于以一种分层的、补充的方式添加到行为的储备之上，甚至促进对仍可增强交流的其他文化根的采用。结果，组织化特征的数量，可能还要算上其他种类的文化根的数量，就会被预期将随着种群规模的增加而快速上升，且比生物物种的情况上升得更快。

卡内罗引述了北美大平原印第安人社会结构中等级增长细节的一个有启发性的例子。在一年的大多数时间里，人群分裂成独立的群体，各个群体都在拥有有限权威的酋长统治之下松散地组织起来。在一年一度的夏季野牛大捕猎期间，10 个或更多的群体聚集到一起，形成几千人的临时集体，也采纳一种更为复杂的组织形式。各群体的酋长们自发组成一个委员会,并选出一位最高酋长。男人的社群被发动起来行使专门的功能;一个突出的例子就是临时警卫队,他们在狩猎、行军到新驻地以及太阳舞蹈期间负责维持秩序。

基础的生物地理学模型所预言的距离效应,据我们所知,还没有被民族志学者系统地考虑过。然而,这一理念在琼斯(1977)对灭绝于19世纪中叶的塔斯马尼亚原住民文化所做的分析中直觉式地表达了出来。虽然有关这些特殊民族的信息很少且不易判断其真伪,琼斯仍指出,相比于澳大利亚原住民与大多数其他的狩猎者—采集者,他们在文化上是衰弱的。他们显然不使用骨针、回力镖或掷矛器。虽然能够轻易捕到鱼,但塔斯马尼亚人却没有以此为食。而且,该文化拥有极少的——如果有的话——涉及大型人群的仪式。琼斯认为,在与澳大利亚大陆长期隔绝的时期中,塔斯马尼亚人轻易地失去了这些多样的适应性。以生物地理学模型的视角来看,这相当于是说文化根的灭绝率与别处同等规模的种群保持相同,但由于替代性文化根迁入率的减少,文化根总数下降到了一个新的、更低的平衡水平。这种理解无疑是试探性的。至少有一位人类学家(Horton,1979)辩驳了琼斯的解释。他认为该文化并不像19世纪早期的主要是奇闻逸事的描述中所说的那样衰弱。甚至某些缩减还有可能是对塔斯马尼亚环境的特殊适应,而非随机损失的结果。

不管塔斯马尼亚人的特别案例最终会被怎样解决,如果探究岛屿生物地理学模型更大的背景,距离效应与随机文化衰弱化都是富有潜力的假说。由卡内罗以及对恰当选定的社会(尤其是那些正经历成长与重要组织变动的社会)的历史研究汇集起来的这种区域—特征数据分析可进一步巩固这些假说。

最后,可以对生物地理学理论做一些有益的调整处理,使之关注新引进的文化根的存活率问题。大多数当代社会都遭受着与当下主流一决高下的新文化根的轰炸。知道一种新近引入、最初只被一人采纳的文化根将持续并至少扩散给社会其余某部分人的概率,将会是很有用的。文化根在人群中至少会被某一人使用多久?打造文化根的"人口统计学"概念的模型,能够为此类问题提供答案。

让我们想象一个社会，由 N 个人组成，相当于有 N 个接收器，分别能够接收或失去一个给定的文化根。假设最初只有一个人拥有活跃形态的文化根。在某个时间间隔之内——譬如说，一天或一年——此文化根可传播至第二个人，或第三个，或包含 N 个成员的整个人群之中。在新个体获得该文化根的相同时期，其他人由于死亡、忘却或有意识的选择而失去它。对该文化根的吸收，可被看作处于后成规则的控制之下，是这些规则决定着它的获取率与拒斥率。在更小的程度上，文化根的拥有情况是处于遗传适合度的直接控制下的，这影响到个体是在更早些时候还是在更晚些时候死去。岛屿生物地理学的既有结论称，在这样的情形下，可能存在着种群的临界规模，越过临界点，一个文化根灭绝所需的时间就变得非常长。一旦超过这个阈值，数量充足的、以个体心灵形式出现的"物种保护区"，就将以一种足以使文化根在可观的时间里确保其对心灵的最小占有率的速率来进行交流。图 7.3 以生物有机体为例展示了这一现象。由此模型揭示出的"飙升"现象进一步表明，一个社会拥有的文化根数量，会随着社会规模的增加而陡然增加。似乎可能的是，在多种文化根中，z 的值甚至会比在组织化特征中观察到的还要高（图 7.2）。

对文化根的存活及多样性特性更为精确的描述，必定有待于使存活模型与现实的同化函数相匹配。在这项事业中，基因—文化理论将得到信息散布和疾病传播的形式模型的极大援助，这种形式模型极其复杂，现正由数理社会学和流行病学进行研究（Coleman, 1964; Bartholomew, 1973; Bailey, 1975; Hamblin et al., 1979，提供对这些领域的导论式探讨）。实际上，这两门学科的文献中有大量内容都可为岛屿生物地理学提供强有力的实际应用。

文化根填装

通过对文化根迁入、灭绝以及存活时间的描绘，我们能够让生物地理学模型再前进一步，来考察文化根填装的情况。文化的多样性取决于能够并入心灵

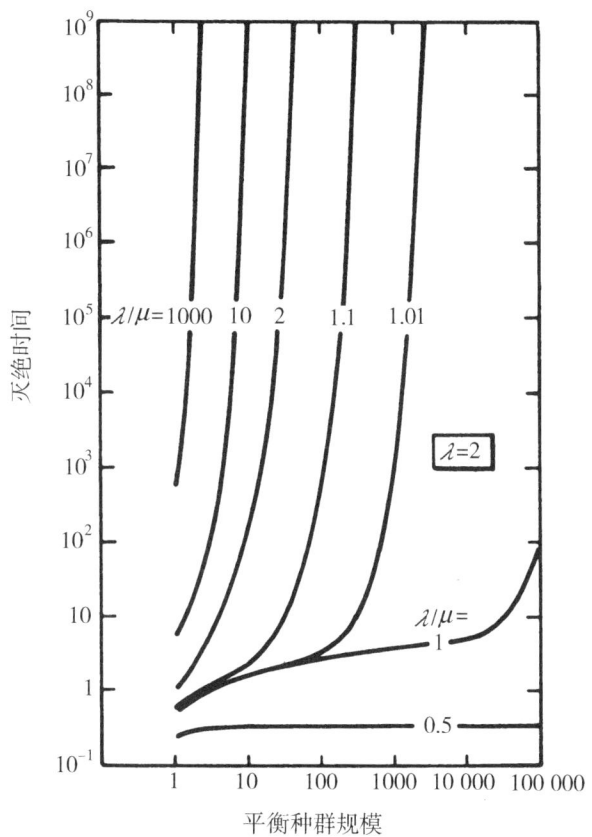

图 7.3 给定出生率 λ、死亡率 μ 以及种群规模的函数,生物学种群的平均存活时间,此案例中 $\lambda = 2/$年,类似的长期存活时间阈值对于文化根或许也是存在的。(修改自 MacArthur and Wilson,1967)

的文化根的数量。在低等或中等的多样性水平上,新文化根应该会被轻易添加进来,因为已经被吸收的文化根的数量越少,新颖的文化根就越容易得到确认,而它们受到已经存在的文化根的排斥的可能性就越小。在较高的多样性水平上,混淆与竞争冲突的可能性会更大,尤其是在相同类别的文化根之间。我们可以想象,到了一定程度时,文化根就完全塞满了。到那时,文化多样性将会达到动态平衡:每有一个新的文化根被添加进来,就有一个旧的被丢弃掉。

该条件的特性可被更严格地描述如下。让 $c_1, \ldots, c_M$ 组成一个有 M 个文化根的系统。假设有一个文化根 c_{M+1} 最初频率为零,而 δc_{M+1} 是一个事件,比如一次突然把频率从零提高到小而有限水平的创新或引进。如果 δc_{M+1} 会终结于零,或者 c_{M+1} 会替换掉其他某个文化根,我们就说这个系统是被完全塞满了。如果除此之外 δc_{M+1} 总是会终结而不会有其他文化根被消除,我们则说此系统对于 c_{M+1} 的侵入是封闭的。另一方面,如果 δc_{M+1} 保持非零,尤其是如果它的数值还在增长,系统就被说成是部分填满的,且对于 c_{M+1} 的侵入也是开放的。

回想一下,文化根可被分为三个类别。加工品,比如工具、寓所与衣服,可从一代传给下一代。它们将影响行为,即使在可想象的极端情况下,它们并不伴随着指令。行为,包括会话、工具的使用以及其他形式的可传递活动,构成了文化根的第二个主要类别。最后,心智品(Huxley,1958)被很有用地区分为第三个类别,即使它们在其变异范围的一端不易察觉地混合进了行为里面。

心智品在文化根的填装中扮演了一个特别强大的角色。它们差不多就是心灵的纯粹创造物,空想、幻想以及神话,与现实没有多少关联,却呈现出自身强劲的生命力,并能从一代传给下一代。心智品是物化最惊人的产物,这个过程也是人类心灵的一个诊断特征。虽然远远不是具体的实体,但心智品还是在各个社会的生活中占据着中心位置。它们经常通过将其意义分化到若干个层面来发挥多重功能。威尔伯特(1979)提供了一个异常清晰的例子:哈布里(Haburi)传奇,瓦劳印第安人的一个神话。虽然表面上解释了这个民族这群人的起源与生态,但这个传说却以三种不同的角色渗透在文化当中:

> 对瓦劳孩子来说,哈布里传奇是一个充满着冒险、妖怪追逐的生动情节、挫败与胜利的故事。对一般的成人来说,正相反,该神话的情节经过解释了陆上资源的分布以及相应的开采手段。对于部落的长老来说,该神话则传达了深深的宗教含义,实际上建立了人类与诸神之间的联系。

像哈布里传奇这样的构造,可扩展至实际上数量无限的可能被创造出来的文化根。但是当然只有有限的集合才有可能被装配到文化中去。

文化的潜在生长不仅取决于活跃的文化根,即那些已被接受的、当下正在使用的文化根,也取决于那些被置于消极状态之下的文化根(意味着它们已被记忆或至少是已被记录)。文化丰度进化的重大分水岭是读写能力的获得。可被前文字社会保存的消极文化根的数量,受限于未使用的加工品的耐久性以及口头传统的记忆(回想第3章中讨论的10J规则),而在文字社会中理论上几乎没有这种限制。随着消极文化根储备在印刷品记录中以及在胶片与磁带上的增多,文化根进入到活跃文化的迁入率也不可避免地提高了。信息被重新获取并再次合成,被遗忘的作者再次流行并被重新理解,老理论随新事实的增加而重获新生。结果是达成一种高级得多的文化根平衡;我们就说文化的丰度被极大提高了。例如,加利福尼亚的印第安人部落生产出3000—6000种加工品,而第二次世界大战中全副武装的美国军队在卡萨布兰卡卸下了500 000种加工品(Steward, 1955)。消极文化根对积极文化根的比率也会极大增加,社会总的积极文化根对其个体成员拥有的文化根的比率也同样会增加。

根据马沙克(Marshack)(1979)的研究,最原始类型的读写活动开始于遥远的旧石器时代,并在大约32 000年前获得相对完善的发展。它采取的形式是在装饰品、骨头和陶土块、石头以及岩洞的墙壁上刻划记号。这些刻划以重复的主题编排成带有描述性的类别,比如弯曲条纹、鱼形图像与平行线。这些模式显然传递了记录与消息。其记号丰富性的增加,连同欧洲与非洲加工品数量及风格设计的实质性增加一道,与欧洲具象岩洞艺术的创意不谋而合(Isaac, 1972; Trinkhaus and Howells, 1979)。化石记录表明:就在那同一时期里,人类种群正在扩张,而智人正在取代尼安德特人。符号与具象艺术可能在那时就已被用来表示成员资格、身份与地位,以及用于不同群体之间的交流活动(Gamble, 1980)。

是什么设置了填装的限制？我们特别感兴趣的是构成现存文化的活跃文化根。很明显，当文化根的个别类别成为经济专门化的目标时，它们会被极大地扩展。毛利语可辨别20种用于斧头的绿石头，因纽特人能辨别100种海豹，某些亚马孙—奥里诺科美洲印第安人能辨别1000种植物，而阿拉伯人能辨别骆驼的6000种属性。同样清楚的是，存在一种对于个人或社会拥有的活跃文化规模的整体限制。随着特定的技术、艺术形式以及制度的凸现，其他的种类就会退出实践领域并最终从记忆中消失(Price, 1975)。我们提出了三种限制过程及其运转方式，每个过程的幅度都是人类大脑的先天属性：(1)对文化根的等价刺激信号的区分与归类，(2)长期记忆的容量与回忆，(3)由各个文化根给出的多重线索的评估。对这些精神过程的考察，一定是迈向描述填装过程以及由认知与行为原理预测文化多样性的终极目标的第一步。

区分与归类。文化根表现为中枢神经系统中由一系列复杂的过滤及联想所感知与评估的刺激结构(回想图3.4)。存在着某种概率，在交流期间相同的刺激会被社会的不同成员做出不同的分类。这种交流系统的特点可用$P(c_m|s)$来描述，即被传递的、具有一种信号属性结构s的文化根将被感知到它的人赋予类别c_m的值。此系统可按照一系列可能的替代性方案设计出来，比如在图7.4中描述的那样。在一个极端上，我们能想象出剃刀般锋利的传递：各个刺激或刺激的组合准确无误地传达着对其旨在做出诊断的文化根的等同性。第二个，也是更现实的替代性方案，是在近来对认知的实验研究中认识到的模糊逻辑(Rosch, 1975; Rosch and Lloyd, 1978; Brown, 1978)：心灵评估刺激，然后以最接近它的文化根原型为基础做出决定，以中等的概率在边界区域做出一次选择。我们画出的重叠曲线也符合由谢泼德(Shepard) (1958a, b)以及格蒂与同事们(1979)举出的证据：信号之间的混淆度是刺激之间距离的单调递减函数。格蒂与同事们给出对于其实验制备最有可能成立的如下关系：

$$x_{ij} = e^{-aD_{ij}}, \tag{7-7}$$

此处 x_{ij} 是两个刺激之间混淆的频率,D_{ij} 是刺激间距(取决于所使用的多维度缩放比例技术),a 则是合适的"敏感度"或辨别因子。

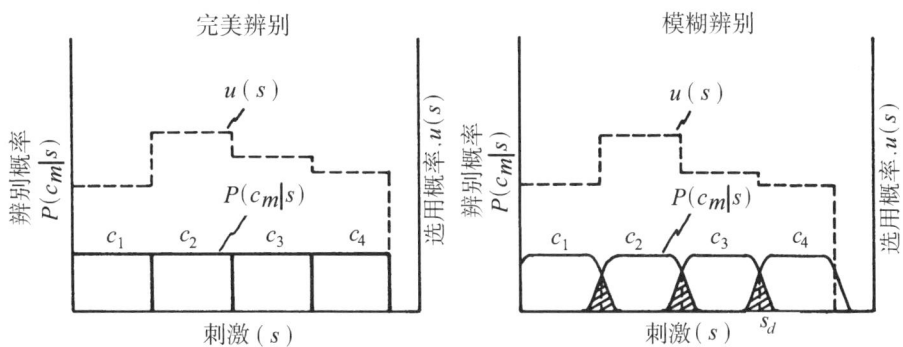

图 7.4　一个能对文化根进行分类的认知系统的替换设计方案。左图代表连续阵列的可能性中的一个极端;文化根(c_m)通过多组刺激被完美辨别。在右图中,细胞之间的模糊度存在于一个重叠的区域中。在这个模糊逻辑案例中此区域为钟形,有一个中点 s_d。标识为 $u(s)$ 的使用偏向曲线叠加起来,以如下方式把辨别的量度与基因—文化理论其余的部分连接起来:一个文化根一旦已经被确认,无论正确与否,它就有一定的被同化的概率。

在进化期间,感觉系统与大脑获得了某种中等程度的辨别力。正如我们在第 2 章与第 3 章中展示的那样,这些辨识水平在文化根的感觉模态及类别之间变化极大。有趣的问题在于:这些水平代表着进化的最优化吗？如果是这样,什么是最优化的决定因素？问题可更精确地表述如下:如果必须认出 M 个文化根(比如说,M 种颜色或 M 种食用植物),能够使负担着发展及时间—能量成本的遗传适合度实现最大化的认知函数 $P(c_m|s)$ 会有怎样的形态？

为了说明设计特征的相互作用,我们建模以 s_d 为中心的重叠区域(见图 7.4)的钟形函数,即所谓的高斯形式:

$$f(s) = e^{-(s-s_d)^2/\sigma^2}. \tag{7-8}$$

更为合理的是,设想当信号更加模糊时,个体适合度的成本将会更高;换句话说,模糊度成本与 σ^α 成正比,此处 $\alpha>0$。但对于减少模糊度所需的补充认知装置的生理发育与维护,也需要一种更高的成本。这第二种成本可被看作与某个 σ 的负幂成正比,例如 $\sigma^{-\beta}$,此处 $\beta>0$。

让 B_0 代表有着完美文化根辨别力的信息处理系统的毛适合度收益增值;因此 $\sigma=0$。然后在有限的模糊度上这一表现降级为 $B_0-a\sigma^\alpha$。发育与维护成本也必须包括在内,产生一种净适合度贡献

$$B_{净} = B_0 - C(\sigma), \quad (7-9)$$

此处 $C(\sigma)$ 为成本函数 $a\sigma^\alpha+b\sigma^{-\beta}$。成本等式中的两项分别产生上升与下降的曲线,如图 7.5 所示。

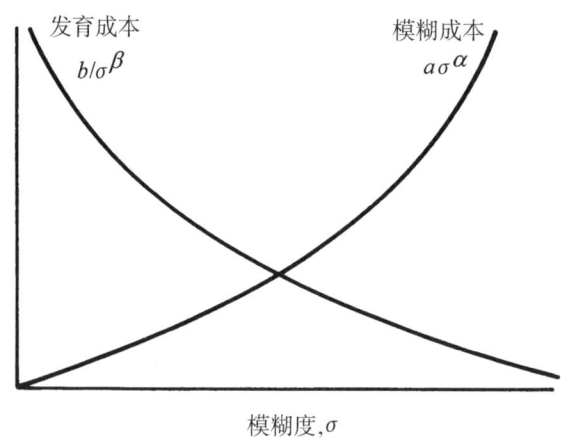

图 7.5 文化根传递的进化中的最优模糊度问题的一个模型。随着模糊度在认知系统进化过程中的增加,生物体的成本也随模糊度引起的负面效果而提高,但它们也会因为容忍模糊度的神经感觉装置的生理开支较低而下降。

最优化的 $B_{净}$ 值由此需要成本函数的最小值。这个为系统定义最优模糊度或文化根元胞重叠度 σ_0 的量,发生在如下情况

$$\sigma_0 = (b\beta/a\alpha)^{1/(\alpha+\beta)}. \quad (7-10)$$

预计自然选择将把感觉与处理系统移至这一水平。如果 σ^* 是发育成本等于适合度成本时的模糊度,那么

$$\sigma^* = (b/a)^{1/(\alpha+\beta)} \quad (7-11)$$

并且

$$\sigma_0 > \sigma^* \quad 如果 \quad \alpha < \beta$$
$$\sigma_0 = \sigma^* \quad 如果 \quad \alpha = \beta \quad \quad (7-12)$$
$$\sigma_0 < \sigma^* \quad 如果 \quad \alpha > \beta.$$

这第一初等阐释的弱点在于假定最优重叠独立于文化根元胞宽度 d。这等于是在说，相同数量的重叠，对于窄元胞（很多文化根）与对于宽元胞（很少文化根）一样都是最优化的。但重叠部分对元胞宽度的比率，必定在接近其上限处变得至关重要。即使重叠部分非常小，如果元胞宽度同样很小，模糊度仍然会高到无法容忍。结果是，对于许多可想象的文化根种类，令人感兴趣的参数就是重叠对宽度的比率。为清楚起见，可思考一个简单的模型：文化根类别有着宽度 d 与重叠 l 的矩形元胞，如图 7.6 所示。可用来说明问题的一个合适的成本模型即为

$$C(l) = al/d + b/l. \quad \quad (7-13)$$

在由 d 代表的填装密度上，最优重叠距离 l_0 就是 $(bd/a)^{1/2}$，而最小成本为

$$C_{\min} = C(l_0) = 2(ab/d)^{1/2}. \quad \quad (7-14)$$

在这样的公式中，一个特别让人感兴趣的结论是 $C_{\min}$ 依赖于 d。因此，如果对于系统存在着一个最大的可容许的 $C_{\min}$ 值，那么也就存在着一个相应的 d 值，并因此存在着一个可被填装进认知系统的文化根数量最大值。超过这一复杂度限制的文化进化，就因此必定依赖于群体成员采用分工式学习才能实现。

人类认知的一个重要特征是对于不同种类的刺激，可获得的分类的数量极为不同。例如，亮度与响度被感知为一个连续统，并且不经常成为符号及词语的对象，而色彩与音调则通过更接近离散式的分类而被感知，并成为一个很大的词汇表的众多条目。此外，音调辨别也构成人类大部分交流系统的基础。我们认为，如果自然选择塑造了人类认知，这是一个已有大量证据的命题（见第 1 章—第 3 章），它也会把辨别力调整到多种刺激分类中的最优情况。同时，这些最优化模糊度为可填装进个体长期记忆的活跃文化根数量施加了限制。结果

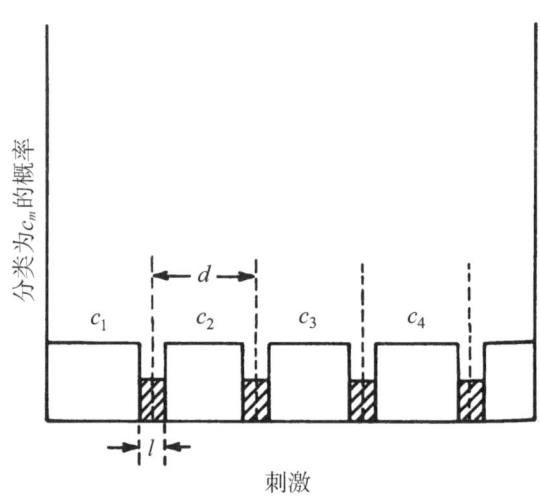

图 7.6 一个矩形的文化根类别系统,此处文化根元胞 c_1—c_4 的宽度为 d,重叠部分为 l。

是它们也几乎肯定约束了文化的进化。

长期记忆的容量与回忆。同样重大的变异发生在涉及学习能力的多种感觉模态之间。味道与气味的记忆相比视听刺激要迟钝得多,但能保持的时间却较长。某些类别的刺激通常被制作成隐喻的符号,其他的则顶多发挥一种简单的指示性功能。例如,数字以及以视听形式表达的其他信号,可轻易与辅助记忆的复杂组合合为一体。在这方面它们与抵制记忆簇集的旋律及气味形成对比。

信息处理的这些属性中的每一个,以其独特的人类参数,深刻影响着可保留于长期记忆并在以后添加于活跃文化的文化根的数量。在神经生物学及心理学发展的这一早期阶段,关于引出认知系统异质性状态的进化历史,所能做的只有推测。变异反映出后成规则的存在,我们推测其已为在社会行为中作用于其最终结果的自然选择所塑造。重要的一点是,人类心灵之奇特不应被看作简单给定的,而更应说是在许多世代中经社会系统的相对适应检验过的进化的产物。

评估。文化根迁入与丢弃的速率，取决于由它们的等价刺激物引起的情感与语义回报的强度。但即使最简单的文化根的强化也是一个复杂的现象，涉及多重的感觉模态以及置于多种相关刺激之上的价值差异。可以回想一下，文化根是彼此连接的节点通过类似于聚合物的生长过程建构在长期记忆中的。一个单独的节点被建立，比如"狗"的概念，一个由相关节点构成的网络就围绕它生长起来。连接是通过经验与学习来创建的。运用语义分化技术的学习揭示了某些相联的节点纯粹是外延性的。例如，中心词为"狗"，相联节点可能包括"哺乳动物"、"毛很多"以及"跑得还算快"。其他节点则召来情感的感受，就其可用词语表达的情况而言可能包括"非常友好"以及"讨人喜欢"。与一个概念相关联的知识结构就像变形虫一样在语义的地形上伸展。取决于个体的经历，它可能保持小体形或长得很大。它可扩展成一片广大的特化区域（"有食肉型动物的牙齿"、"雄性尿液中的领地信息素"），以此构成专门的技能，或者它也有可能被恐犬症那样的深度嫌恶捕捉到，从而扭曲或驱逐许多其他可能的关联。知识结构也可能因长期记忆中连接的消失而被侵蚀或破坏成碎片。

虽然知识结构的成长强烈依赖于个体的经历，它在起源上却不是随机经验式的；不是所有的连接都能同样轻松地建立起来。说后成规则存在，就等于是在说特定的节点对要比其他节点对容易连接得多。人类更倾向于基于模态的色彩感觉，而不是基于定位在模式之间的波长来学习颜色词汇表。他们也更有可能发展出中性或厌恶的兄弟—姐妹乱伦感受，如同对于蛇的恐惧症，以及陌生人与领地之间的敌意关联，如此种种。其结果就是，知识结构的一般形式倾向于跨文化的汇聚。

根据认知过程中的这些特性，可以提出一些重要的问题。把知识结构想象成受到规则约束的聚合物，就像服从物理化学规律而形成的分子聚合体那样，对于发展一种更有活力的学习理论有着潜在的助益。有些事情若是知道了，可能会有重要意义，例如，一条中性或轻度负重的概念之链的最大长度，以及这些概念在长期记忆中的存活时间。或者**拓扑学**在知识结构的成长中所扮演的角色:连接形成的是直链、圆环还是边界紧密交错的多边形,有什么要紧的吗?

通过检查聚合化模式对文化根评估的反馈,此类质问可被扩展到进化时间之中。已被充分证实的是,一个外延型的文化根的增强,换言之,它与情感节点的连接,可能通过连接到第二个、被正向增强了的外延型文化根而从中性的或消极的变为积极的(Brown and Herrnstein,1975;Lindzey et al.,1975)。原则上,跨越数个世代的连续连接,能够通过改变后成规则,从基因上同化这种中性或消极的次级增强,并将之转变为正向的主级增强。

为什么优文化如此稀少?

在生物体的生物地理学中,一个有深度的问题在于特异物种的频度及存在之原因。在 40 亿年的生命史中,非常少的进化创新需要极其复杂的中间步骤,且只发生了一次,然而获得这种进化创新的生物体却取得了如此巨大的成功,以至于它们也使环境发生了重大变化。爬行动物祖先的覆有羊膜的卵是一个常用的例子。它使得脊椎动物在其生命周期里可以离水而生,并因此成为最早的实际占据了各个陆地生境的大型动物。第二个不太常用的例子是切叶蚁在新鲜切下的植物叶片上培养共生真菌。此种形态的农业的发明,使这种昆虫成了新大陆热带食草动物中的优势者。在过去的 3 亿年中生活过的无数昆虫物种当中,这种事似乎只发生在一个物种的身上,即顶切叶蚁属(*Acromyrmex*)与阿塔切叶蚁属(*Atta*)的祖先。第三个也是真正基本的例子就是真核细胞的起源,从绿藻到人,所有比较高级的生物,全都体现着它的特征。这一复杂的单元显然是由原始的原核细胞进入寄主原核细胞而形成线粒体、叶绿体与纤毛的共生性结合所创造的。生命无一例外地以细菌、蓝—绿藻以及其他单细胞原核体的形式存在了超过 20 亿年。最初的真核细胞推出了新的系统发生线,在能够拓殖到海陆空每块地方的大型多细胞生物身上达到顶峰。

在地质学上最近的一项独一无二的进化产品就是优文化以及维持它所需的相对巨大的大脑。在达致优文化的过程中,人类第一个开始进行基因—优文化的协同进化。它发明了物化、符号化以及语言,并且放大了自我反思直到它能够审视历史与计划遥远的未来。通过优文化,人类确实改变了有机体进化的形式。尝试回答我们在本书开头提出的问题的时刻到了,即为什么人类在这个有着无与伦比的重要性的方面是独一无二的。通过简单对比进化的其他独特事件,可以合理地假定,优文化是通过要么不可能的、要么不稳定的或短命的中间步骤来达成的。然而这一解释导致了一个悖论。如果人类在人口统计学上的成功可被看作一种标志,那么物化学习规则,连同其文化表现,就传达出巨大的适应性优势。那么,为什么其他大型物种——枪乌贼、广翅鲨、鱼、爬行动物、鸟类以及非人类哺乳动物——没有重现这种朝向优文化的进化?

可以提出几个与我们的宏进化知识相兼容的假说来解决这个悖论。其一就是,动物的高认知,包括前人类祖先,都只在少数非常罕见的环境生态位中具有优势。从这个观点来看,机遇的稀缺性为认知进化的前进施加了一个瓶颈,将其限制在特定的生态学特化生命形态之上。然而,这一解释与众多在神经心理学上最为高级的非人类哺乳动物拥有异常多样的生态学适应性相抵触。列出下面这份清单就足以说明问题:黑猩猩(热带森林与稀树草原:地面觅食,杂食动物),长臂猿(热带林冠:树生,食草动物),象(热带森林与稀树草原:陆生,食草动物,体形巨大),狼(寒冷森林:陆生,食肉动物),齿鲸(海洋:食肉动物)。

引用这一证据并非要否定一套特别的、有利于人类杰出认知能力起源的预适应性的存在,一个特殊的生态位的渗透可形成其中的一部分。根据盛行的"狩猎假说"(相关评论见 Pfeiffer, 1969; Wilson, 1975),祖先人(*Homo*)在所有早先的动物中独树一帜,即在于其拥有如下适应性的组合:双足行走、自由且能够更充分地用来制造工具的手、高智能起点(至少堪比现代黑猩猩的水平),以及在可猎获非洲稀树草原大型有蹄类哺乳动物的条件下的部分食肉性。因为早期人也是相对矮小,弱不禁风,在工具使用与合作的、密切配合的行为上需要大笔的额外投入,这就进而导致大脑容量的快速增长,以及最终的优文化大突破。然而,这一假说(如果是正确的)仅仅确认了最终把一个物种引向优文化的解剖学预适应性、生态学条件,以及历史情形的奇异组合。事实依然是:一种缺少优文化的必要条件的相对高级的认知形态,在栖息地种类极其多样化的动物物种身上反复出现;而问题也留给了我们,即为什么复杂的大脑一旦获得,却并不能更频繁地进化出胜任优文化的大脑。

对于这种情况的稀缺性,第二种可能的解释基于这样的观察:原人物种,包括能人(*H. habilis*)与直立人(*H. erectus*),都有着异常多样化的食谱。有没有可能是在生态学上泛化的物种都需要更大的大脑,而人类仅仅是这一规则的极端?回答似乎是:不。200种现存的非人类灵长目物种,在它们的生态学特化的程度与种类上都展示出极大的多样性(Napier and Napier, 1967, 1970; Eisenberg et al., 1972; Hill, 1972)。在无论是小型脑的类型,比如狐猴及其他原猴类,还是大型脑的类型,比如类人猿,变异都是同样的大。后者中算得上数的有在生态学上特化的红毛猩猩(*Pongo pygmaeus*)以及在生态学上非常泛化的黑猩猩(*Pan troglodytes*)。看起来,在特化程度与以种群密度、地理范围广度来衡量的生态学成就之间,跨物种的关联性即使有,也是极少的。即使关联性确实存在,它自身也不可能大到足以解释优文化能力奇特的系统发生学分布。

缺乏清晰明确的生态学关联性,似乎就该探索作用于最高水平认知和优文化之上的更为内在的约束。像其他宏进化的步伐一样,优文化的起源类似于跨越一个激活阈值。通向阈值的步伐变得越来越不可能,也越来越短命,但一旦跨过阈值,进化就将加速前进。进步是迅速而确定的。这一想象并非纯属虚构。人类大脑的进化事实上是地质史所记载的所有复杂器官当中最快的。基因—优文化协同进化开始于人的水平被达到之时。其外在表现为一种自催化反应,反应中所创生的产物进一步加快着反应过程本身。

怎样的内在特征有可能在实现突破之前逐步加强对神经进化的抵制呢?无疑这就是以比如能量与时间的因素来衡量的优文化大脑的成本;这一成本随着系统能力的提高而增加,在缺乏利益补偿时成为一项沉重的负担。这样一种随着行为的灵活性增加而提高的成本,或许初看上去不太可能。情况一定是这样的：精确到足以维持高水平选择性的认知图式，在产生与维护方面成本高昂。一个生物体也许可以简单地通过去掉这一过滤机制并成为泛化种来增进其遗传适合度，但现实的情况恰好相反。剥夺了自动导向功能的生物体不可能盲目地选择。它不可能是一块白板。它必须在诸多关键时刻中的每一个时刻做出正确的选择，这是一种只有凭借一整套新的认知机制，包括记忆、评估与决策的神经回路，甚至还包括抽象概念的形成，才有可能获得的能力。

利用嗅觉行为的多种适应现象出色地表明了两种策略之间的区别。许多昆虫都自动地对特定的性引诱剂、警报物质以及其他信息素的气味有反应。这一特异性所需的生理学条件是极少的。雄性家蚕蛾（*Bombyx mori*）只对化学的蚕蛾性诱醇，尤其是蚕蛾性诱醇的四种几何异构体之一（*trans*-10-*cis*-12-hexadecadienol），这种由雌性家蚕蛾散发出的信息素产生性反应。这种筛选完全是外围式的。雄性使用其两根羽毛般的触角上各自包含的一万根特殊传感毛来捕捉分子。每一根毛都通过一或两个受体细胞接受神经的支配，这种受体细胞向内导向主要触角神经并最终经过连接着的神经细胞到达大脑中枢（Schneider，1969）。当我们把注意力转向哺乳动物的嗅觉行为，例如家猫标记领地，我们遇到一种全新水平的、针对背景条件的认知组织。猫不只对其他猫的信息素有反应。它们学着在其对手的标示中认出个别气味的混合，也根据这气味的消散程度来判断其他动物的所在。然后它们运用这一信息来决定自己的行动模式（Leyhausen，1965）。

猫获得嗅觉辨别力更强的敏感性以及本质上每一种其他类别的行为，其代价为不少于 4 个数量级的神经元数量增加，从昆虫的 10^5 个到猫的 10^9 个或更多。人类大脑，可能是用于物化因而也是用于优文化的最小设备，甚至还要更大更复杂，容纳着由 10^{15} 个突触连接起来的大约 10^{11} 个神经元（Crick，1979）。大脑的大约 20% 用在作为优文化主要渠道的会话与语言上（Jerison，1975）。这一比例构成广泛分散的皮层区域，皮层必须在大多数交流事件与有意识的思想过程中迅速、精确而连续地协调运作。在胎儿发育期间，大脑增加神经元的速率是每分钟数十万个。在这一生长过程以及其后的成体产品的维护过程中，出错的可能性是极大的。不足为奇的是，神经学家与精神病学家们编了一份长长的目录，收录着由遗传以及环境引起的各种病理综合征。正如凯蒂（Kety）（1979）说过的那样："令人惊奇的是，大多数人的大脑会有效而不停地发挥作用超过 60 年。"

运用灵活的后成规则获得高度的选择性，须承担其他成本。以记忆为基础的判断需要漫长的学习期。在社会物种中还有亲代投资的需要。两种形式的奉献都减少了当前的生殖率，因为父母必须花费本可以生育幼儿的时间来抚养幼儿。这损失必须以寿命的增加或更高的幼体存活率来作为补偿。

如图 7.7 所示，我们假定大脑在遗传适合度上的成本会作为行为可塑性的一个单调函数而提高。在现有的表述中，后成规则的灵活性被定义为该规则同样良好地处理各种各样的偶发事件的能力。换言之，它会对图式、决定选项、行为程序以及认知直观推断的数量与复杂度做出衡量，系统可将其应用于不同的情况，同时维持着一贯高水平的"正确选择"。接近"极小"的值表示最小的灵活性，且意味着物种由遗传决定只能选择一种特定的文化根。越接近于"极大"，反应就越灵活。因为偶发事件必须为认知机制所评估，从而需要神经元、时间以及能量的投资，所以可以预计反应的成本会随其灵活性的增加而增加——亦即，使遇到的偶发事件越来越多的那种精确度上的增加。

另一方面，增加的灵活性的利益不可能在所有情况下都是单调的。如果它们是，那么各个行为类别都将倾向于要么进化出完全的灵活性，要么进化出完全的特定性，就如图 7.7A 与 B 所示。虽然大多数无脊椎动物物种的行为储备进化是由 B 模式主导的，导致严格的"本能的"反应，某些类别在灵活性上却是中等的。这些包括大多数地点的选择与记忆、觅食途径以及（在社会性昆虫的案例中）母巢的气味。在脊椎动物中，尤其是人类，无论是在社会学习还是在非社会学习中，中等程度的灵活性都是司空见惯的。因此我们能够合理地假定图 7.7C 与 D 中所示类型的非单调利益函数的存在。这些函数的形状

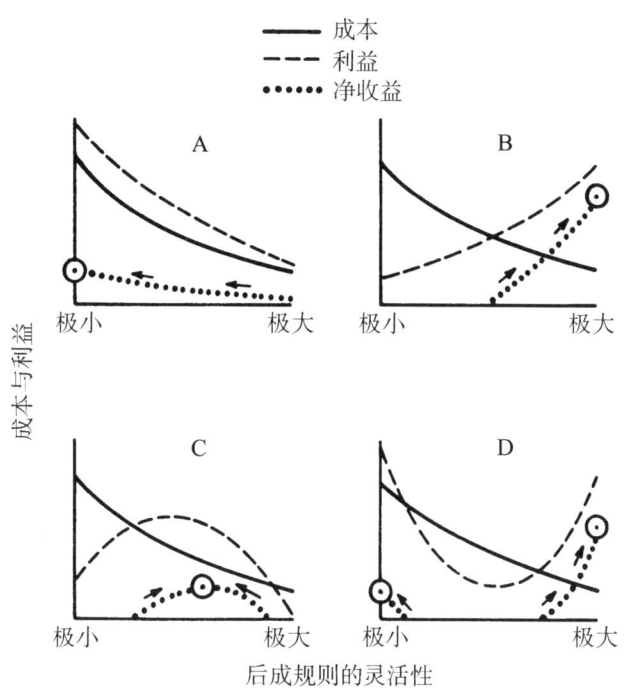

图 7.7 一个解释人类水平优文化进化稀有性的假说。能量、发育的错误以及维护误差的成本随后成灵活性,亦即随着灵活性值从"极小"向着"极大"的增加而单调上升。如图 C 与 D 所示,各种各样非单调利益函数中的任何一种都可将最适度固定在后成灵活性的更高水平之上。

有可能对于诸物种的社会结构与环境都是特别的,并且也许只能从行为生态学以及社会生物学其他论题中如今已成常规的那种精密的经验主义研究中推导出来。

我们把人这个物种视为在进化中撞到大运的一属。凭借存在于正确地点正确时间的宇宙级好运,它克服了高级认知的进化阻力。祖先物种有着特定的预适应性,包括双足行走、自由的双手、依非人类标准来看适度复杂的大脑,以及松散的灵长目社会组织,这些都被用来服务于对热带稀树草原上丰富食物资源的开发。这些条件的组合,为物化的凝结效应(回顾 Wilson,1978)以及认知的灵活性增加了充分的优势,超过了它们在自然选择中的成本。优文化的阈值最终可以被跨越。

文化对文明是必要的吗？

为了处理为什么优文化如此稀少的问题，我们应该扩展来问它造成的最高形态——文明——是否需要基因—文化协同进化。文明甚至还要依赖于文化吗？这远非一个毫无意义的问题。让我们把文明定义为一种非常先进的社会存在形态，以书面语言、艺术、宗教以及高技术为基础。如果我们通过这些成就来描述它，且不把它同义反复地定义为文化的产物，我们就提出了一个有趣的新观念。文化对于文明似乎并不是必要的。有可能想象这样一个世界：所有的想法与行为都在解剖学上被预编程在大脑中，一直到复杂句子中所用的严格顺序的单词。语言的使用、工具的构造与运用，以及经济事务都有其背景条件敏感性，但在形式上是预先确定的。所有被学习的东西，无非都是特定地点与偶发事件。大合唱会在节日里演出，激荡起观众心中深度的愉悦感觉，然而直到最后的音符音调却全都是固有的。探测一颗遥远行星的科学报告会在国际大会上发表。信息是新的，但用来描述它的概念与术语却是遗传继承的，是不变的。

事实上有可能设想出三种非常不同的方式，假说中的大脑可借以进化出文明的能力。第一种方式是**完全硬连线**，就像在刚刚给出的例子中提出的那样。可以想象，行为的程序、语义的网络以及知识结构已经就位；如果白蚁长成了巨大型号并产生了文明，我们可以期望这样的安排。如其不然，则存在着一个需要被学习的文化，但传递是纯遗传的类型（回想图 1.3），个体有着在各个类别中只吸收一个文化根或一个狭义的文化根集合的能力。完全的基因决定论可能包括对背景条件的敏感性，以致对于每一个环境偶发事件 E，都存在一个并且只存在一个行为 B。这样一种储备的整体给出了精神的灵活性以及甚至"自由意志"的外在表现，但事实上，这些反应不会遵从经验或理性的修正。

第二种精神发展的模式当然就是**文化传播**。在纯文化传播中，将被回想起来的是，心灵在关于它所采纳的文化根的任何方面都未被后成地偏置或指导；对于环境，基因失去了对行为储备的控制。在可能性大得多的基因—文化传递的中间状态，有一种文化根选择的内在偏向，而基因与环境也联合地参与到认知发育之中。以另一种方式来看，基因接受了文化作为搭档；它们将部分信息卸到了另一种形式的传递系统上。在基于基因—文化传输的人类进化中，社会学习是一个很棒的后成良策，它极大地扩展了大脑的运行模式和信息能力。

最后，我们可以设想一种介于完全硬连线与基因—文化传递之间的编程层面，由一个**选择的**而不是**指导的**机制来驱动。这个可被称为**图式激活系统**的程序仍然是由遗传确定的，但也允许对环境做出灵活的反应。大脑发展出一个庞大但数量有限的神经集合，它们有能力发展成为认知图式。当这样一个系统在基因—文化模式下运转，一个特定文化根或一组文化根就会借助于细胞的生长与分化、神经突触的形成与修正，或生物电活动场的建立，触发这些集合之一成熟为其预先指定的图式。一旦图式以这种方式被选择，其他相关图式的原基就被堵死了。这种现象是由埃德尔曼（见 Edelman and Mountcastle, 1978）假设的"认识者神经元"激活的一个极端形态。我们在此处评论它，是为了指出，这样一个大脑系统如果存在，将会把基因牢牢地置于知识的控制之下。它能够把社会学习完全排除在外，因为内生的触发器能够自动地激活特定的图式。

因此，至少有三种可想象的大脑能够维持文明，其中两种可完全省去文化。然而，这样一种概念几乎没有意义，也不能用以理解人类进化，除非它被转换成更严密的理论表述。为了继续前进，让我们首先确认一个"文明生态位"，人类是其上唯一存在着的、我们有所了解的居住者。正式的问题能够被精确地陈述。我们问，对于基因，是否有可能硬连线出这样一个大脑：它包含着由组块、图式以及知识结构构成的成熟的、优文化的补充物。换句话说，储存着优文化知识的神经回路，有可能被一个有理性的真核基因组铺设好，并与一个不依赖于社会学习的后成系统相耦合吗？或者对于基因来说，有必要为了侵入文明生态位而发明出文化吗？简言之，基因与文化是便利的搭档，还是必要的搭档？人类解是唯一可能的一个解吗？

对于全部这些问题的回答，取决于在人类文明中体现出优文化知识的大脑结构的**后成可压缩性**。具有高度后成可压缩性的组织结构，可由相对紧致的后成规则系统及少量的基因编码来建造。虽然完全的结构蓝图，或对这样一个完成的组织的描述有可能是极其巨大的，但建造出该组织的发育机制却被一幅非常小的蓝图完整地描述出来。对比之下，其后成可压缩性程度很低的组织，对基因编码的长度有要求，也需要有着像组织本身一样复杂的蓝图的后成规则系统。从重复着的模块或子单元建立起来的高度规则的结构，代表着可压缩系统。另有一种其成分由乐透抽奖法分配并因此显示出大量特质性信息的系统，则是不可压缩系统的经典例子。

虽然亲属网络、交易关系、婚配与同盟系统，连同其他形式的基于规则的人类行为一起，经常有着简单的、惊人对称的属性（见例如 Lévi-Strauss，1969a，b; Wallace，1970），但相关神经线路的可压缩性却是未知的。若是对于组织的后成性既缺乏数据，又缺乏充分的理论，我们就不得不依赖于相对还很弱的建模技术。

在接下来的分析中，我们将会用到信息理论，它首先由布雷默曼（Bremermann）(1963)提出来，但如今被应用于一套更完整的神经与认知结构。我们提醒读者：该方法忽视了后成蓝图会比结构蓝图小得多的可能性。实际上，基因组并非一种包含着完成态生物体微观图像的描述；相反，它起到一个编码的作用，馈送并生成基于规则的后成约束与发育算法集合（见第6章中关于大脑发育的综述）。这种基于规则的后成性具有控制可压缩结构的强大能力，而我们的方法对于不可压缩的系统才是最精确的。不论如何，这些论点在过高估计基因的需求上误入了歧途。因此，为进化的可能性勾勒出一个初步的轮廓，它们还是帮得上忙的。

我们将展示出,如果后成蓝图在实际上像结构蓝图一样复杂,神经元与图式可从中直接读取,就不可能单独用基因来完全编程出一个人类型号的大脑及语言结构。然而,有可能的是,规定某些知识结构,以及神经元的生长与分化中的规则,以此在某种不完全的水平上减少所需基因规格的数量。这一数量无法精确估计,原因在于缺乏一种充分的大脑结构发育理论。

人类的单倍染色体,包含大约 2.9×10^9 个核苷酸对(Dobzhansky et al., 1977),组成数以 10 万计的结构基因。在每个核苷酸部位上,都可能存在着四种碱基当中的任一个,所以每个核苷酸对中的信息量为 $\log_2 4 = 2$ 比特。因此,一个人类基因组中信息量的上限是以 10^{10} 比特为量级的。人类基因组在大多数动物中,尤其是在哺乳动物中是典型的。许多植物,以及蝾螈与一些非真骨鱼类,单倍体容量居于 10^{10}—10^{11} 个核苷酸对之间。比这还要高得多的容量,譬如 10^{13} 个或 10^{14} 个核苷酸对,似乎是不可能的,因为在常规大小的细胞内部存放与移动必要的大块核蛋白复合体是有困难的。

以存在于人类与动物基因组中的信息数量来指定一个全能型的文化根处理器,基本上没有困难。例如,以 10^9 比特的数量,就有可能指定一个能把 10^8 个传感信号分类为 10^8 个文化根的处理器。在后成规则的指定中存在着类似的潜力。在规则完全特定的特殊情况下,使受青睐的文化根的同化概率等于 1.0,其他则等于 0,可被处理的文化根的数量事实上就严格地等于核苷酸的数量。因此,基因组的大小,即使从狭义的信息—理论意义上来理解,也并不局限于由大多数种类的动物进化出的更加老套的行为,或者甚至是像恒河猴与黑猩猩这样更加智能形态的原文化。

无论如何,基因组最初确实像是在严格地制约着神经线路的指定。图 7.8 的曲线显示出,一个人类型号的大脑,不可能通过从核苷酸到神经元的直接信息传递来被完全地指定。这个问题因为神经元之间复杂差异性的存在而更加突出。在大多数情况下,细胞要整合从许多其他特定神经元接收到的信

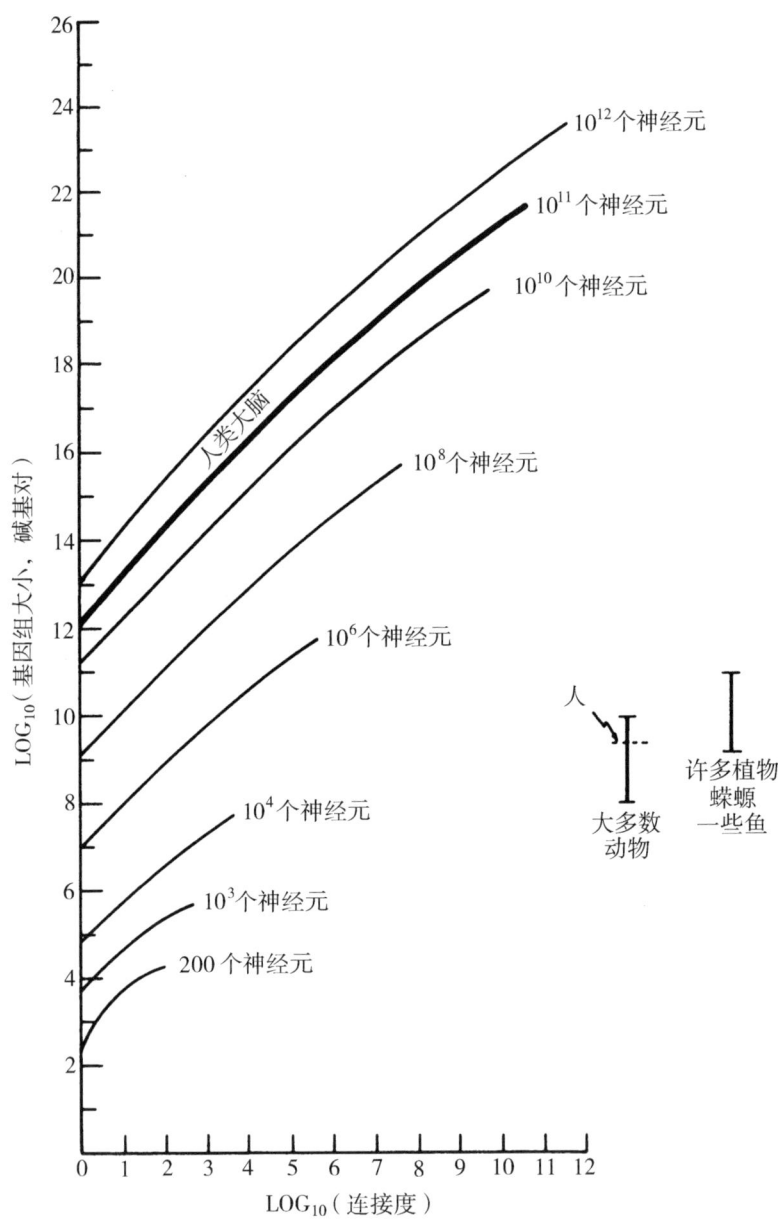

图 7.8 对于一个硬连线的大脑结构,为容纳它的结构描述所需的基因组大小,以碱基对来衡量。该大脑结构含有特定数量的、各具相同连接度(连接到考察中的神经元上的神经元数量)的神经元。人类核苷酸的容量以及指定人类大脑所需的信息量都被标示出来。

息。随后由细胞发射出的信息并不是简单的开/关信号。它通过行动潜在爆发的频率和持久度的变异,以及基于被动波动的局部过程,获得了实质上的丰富性。因此神经元是一个以个人主义方式与其邻居进行交流的单元个体。

如图 7.9 所示,基因组的大小似乎不排除硬连线式知识结构的全部指标。可以设想的是,一个与人类长期记忆成就相称的系统能够被建立起来。要想看看为什么这是对的,不妨试想一下,一年有大约 $3.15×10^7$ 秒,所以即使能活到 100 岁,也最多只有 $3.15×10^9$ 秒可以用来吸收新信息。以学习每个新概念或概念组块最少用 10 秒(请看第 3 章中对 10J 规则的描述)来计算,这相当于长

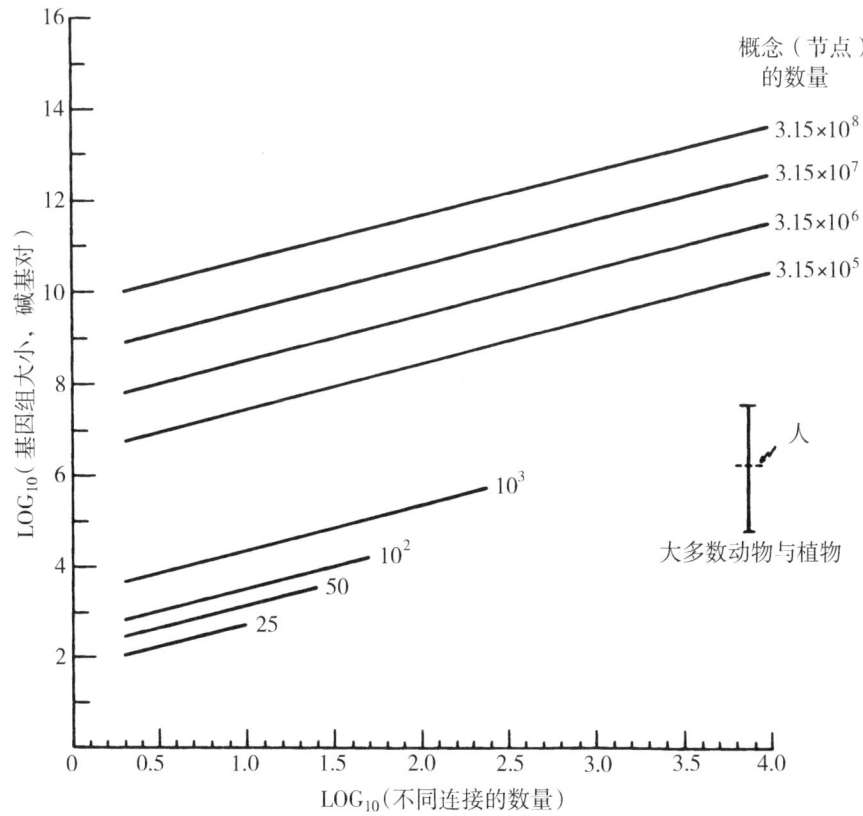

图 7.9　对于一个由 N 个概念组成的知识结构或语义网络,为容纳它的结构指标所需的基因组大小,以碱基对来衡量。在这个图示中,各个概念都通过 M 个不同的连接,或意义的关联,精确地与 M 个其他概念相结合,且不含直接的自引用。

期记忆中包含 3.15×10^8 个概念组块的最终知识结构,如果此个体除了学习新概念之外别无他事。如果用10%的寿命来学习,就有 3.15×10^7 个组块被吸收。如果是更为适度的用0.1%的寿命来学习,则有 3.15×10^5 个组块被吸收。

然而,如图7.10所示,人类水平的语言的语法、语义结构,确实超出了基因组对其编码的能力。虽然有非常多的符号可被单独编码,但对于能够以每个句子的真值都被指定这样一种方式内在编程的句子,长度上还是有严格的限制。例如,拥有一个有10 000个单词的完全天生的词汇表,用每次10个单词的句子说话,将需要一份真正天文数字式的 10^{40} 个核苷酸,或 10^{16} 千克DNA,这远远超过了整个人类的重量!

我们强调,这些关于看似由基因组的大小所施加的约束的结论,仍然由分析中一个暗含的假定做了折衷。这就是对基因组作为组织结构的指定者,而非作为指导发育的后成**规则**的终极来源的可视化。已知的是,基因与构成它们的核苷酸都不能在一对一的基础上指定神经元。后成规则创造出场地和梯度,神经元们就在其中生长与增殖(Bullock et al., 1977; M. Jacobson, 1978a)。正如我们在第6章中展示的,一些单独的突变就能够改变涉及中枢神经系统内大群细胞的整个带状模式与回路结构。

因此,剩下的主要理论问题,就是成年人类所拥有的心灵的后成可压缩性。我们需要确切地知道,在神经元的水平上,有多少特定化能够且需要被压缩到基因之中。有没有可能或必要使用由 2.9×10^9 个核苷酸组成的信息,使人类大脑约 10^{11} 个神经元中的每一个都精确地生长出来?这样做,就要把人类大脑的信息曲线降低到由基因组中可得到的核苷酸以一种简单的信息—理论方式来指定的、只有 10^6 个神经元的水平上(见图7.8)。

尽管这个问题在当代无法完全回答,但我们可以确定:严格以人类基因组为基础,能够得到的人类型号的大脑的集合,将小到消失不见。想一想涉及人类大脑的图7.8中的曲线。一个等于 10^{14} 比特的信息需求落在这条曲线较低的部分。存在着 $2^{10^{14}}$ 个该图中所处理种类的、有着这样的信息需求的大脑。

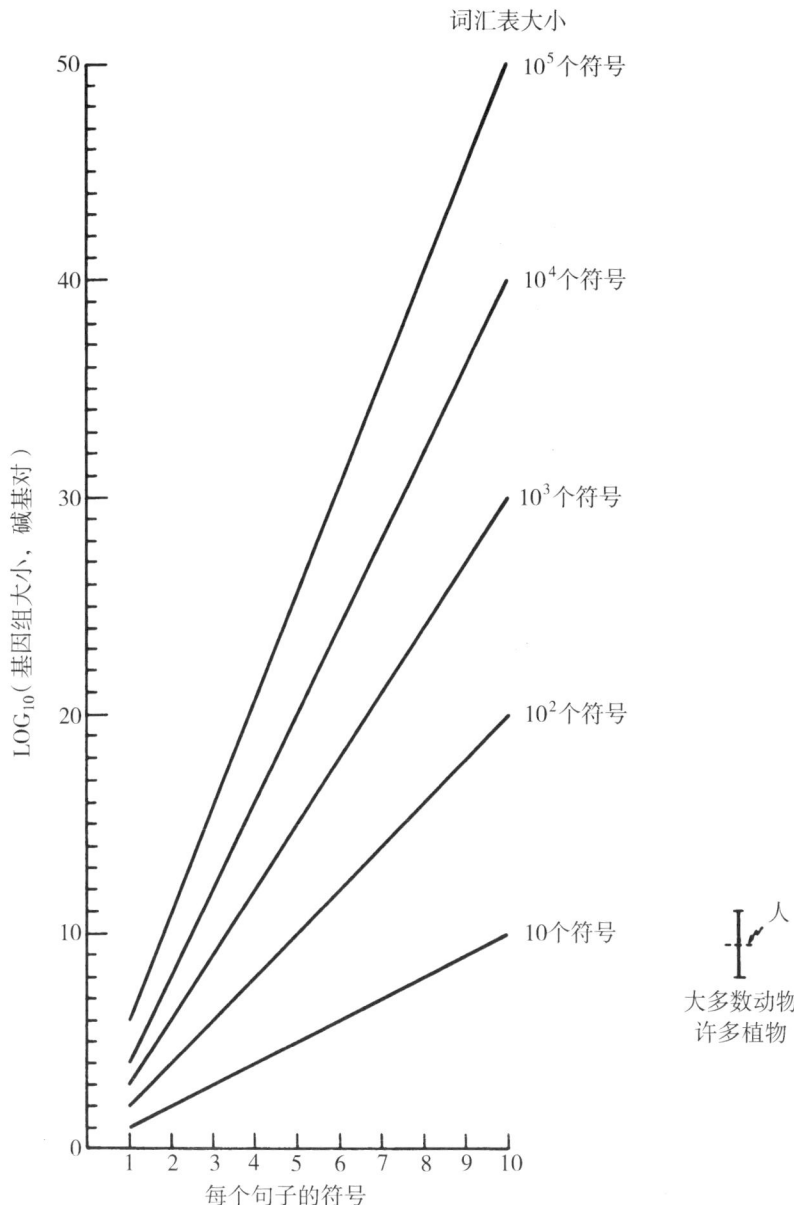

图 7.10 指定一种语言,由 N 个符号(例如,词汇表中的单词)组成,每 M 个符号连成一个句子,所需碱基对的基因组大小。每个句子都可归为"无意义"、"不可判定"、"假"与"真"四个真值之一种。

让我们估算一下,这个大脑集合的多大比例可以使用不大于 10^{10} 比特的基因组来加以创建。

下面的思想实验将使我们能够做这一计算。一个合子被允许保持它除染色体以外的所有细胞内机构;因此它准备好要转录任何引入其核中的"模型基因组"。获得一大批这些合子。在第一个合子中注入只由一个碱基对精确构成的基因组。在下一个合子中引入由一个不同的碱基对构成的基因组。照此方式继续,直到用过了全部等于一个碱基对的基因组,每一个各对应一个细胞。对由两个碱基对、三个碱基对,以及以此类推直到 10^9 个碱基对组成的所有基因组重复这一植入程序。

在各个实例中,我们允许发育在普通的生理学条件下进行,但不涉及社会或观察学习。最终结果被观察到。最经常出现的后成性将快速而完全地中止,但偶尔会生成拥有人类等级大小与复杂度的硬连线大脑。我们的计划允许我们列举全部这样的可能性。

在讨论的这一点上,我们引入一个将用来强调后成可能性的惊人性质的过度估计。让我们假想,**每个**"模型基因组",从一个碱基对到 10^9 个碱基对,都产生一个 10^{14} 比特的硬连线大脑。这样的大脑数量为

$$4 + 16 + \ldots + 2^{2 \times 10^9} = \sum_{n=1}^{10^9} 2^{2n}.$$

这一几何级数的加和为 $4 \cdot (4^{10^9}-1)/3$,所以可压缩的硬连线大脑对 10^{14} 比特大脑总数的比率**最多**为

$$\frac{4}{3} \cdot \frac{(4^{10^9}-1)}{2^{10^{14}}} \sim \frac{2^{2 \times 10^9}}{2^{10^{14}}} \sim 2^{-10^{14}} \sim 10^{-3 \times 10^{13}}$$

该数字几乎是难以想象的小。我们将需要以 0.000 . . . 01 的形式把它印出来的一串零的长度,将从地球延伸到月球来回 60 次。这一性质的结果,进一步讲,对于大脑与基因也不足为奇。它们似乎是结构复杂性与算法复杂性之间普遍互惠的一部分(Chaitin, 1975, Davis, 1978, Simon, 1979, 提供了对这些问

题的介绍)。

我们从这样的数据中得出的结论是:有着人类型号及结构复杂度的大脑,实际上不能通过人类型号的基因组来硬连线搭建。事实上,前面论述的重现显示出,几乎所有 10^{14} 比特的大脑都需要大小至少为 $(10^{14}-10)$ 比特的基因组,此数量级超出了人类极限。因此在大脑的宇宙中,那些后成地可压缩到任意显著程度的大脑是非常稀少的。然而不管怎样这一比率不是零,此计算也不排除可被压缩进 10^{10} 比特基因组的 10^{14} 比特大脑的存在。以非常规则且高度可重复的结构为基础的有可能的实例是容易想象的,但数据确实指出了它们的稀缺性,也为历史情境非同寻常的相互影响以及对于获得并维持它们所必需的严格的发育控制做出了某种说明。

这样的话,一种有着为人类及其他生物体所拥有的规格的基因组,或许就可能大到足以编码一套人类一生学习所需规格的完全硬连线的知识结构。但这样一种知识结构,在人类适应性的生态位中,会有效地起作用吗?我们怀疑这一点。人类社会条件的一个诊断特征,就是人类熟练使用的信息的特质。新机遇的突然出现、此前未料到的对手或同盟的确认、对未预料的灾难的顺应,这些例子全都可以说明新颖性与异质性渗透到人类知识结构细节的程度。在一个有着可预测特征的相对静态的世界中,天生被编程好的知识结构有可能在适合度上获利。特质性远远不是可压缩的。它的存在与开发需要那些按照与生殖成功有关的潜在变异和内嵌特征被调谐好了的后成规则的出现,而细节上可以自由改变。

我们因此试探性地得出结论:基因与文化是必要的搭档,纯粹由基因决定的硬连线的人类文明是可以想象的,但并不现实,只要基因组还是以 DNA 为基础的。通过在大脑发育中加进后成规则可减少对文化的依赖,具体减少到何种程度,现在还不能准确估计,因为尚无可处理细胞及器官分化的足够清晰的发育生物学理论(Ebert and Sussex,1970;Wessells,1977;M. Jacobson,1978a)。当这样一种公式化阐述成为可行,尝试着把它与基因—文化协同进化的模型组合起来,由此画出最有可能进入优文化与文明生态位的路径,并由此了解人类在被预测的轨迹线方面是否"典型",将是很有趣的。

小结

平衡文化多样性的概念被引入了进来。为了评估稳定状态,以及推演出在多种非平衡多样性上的改变率,我们将社会的共同心灵看成了一个"群岛"。使用岛屿生物地理学的程序,我们设想新的文化根被采纳,而旧的则被丢弃或打入冷宫,其速率取决于当前的文化根多样性水平(图7.1)。关于遍布社会的种群规模,即区域效应的多样性的规则增长,可被预测并撰文阐发。作为隔离(即距离效应)的后果的多样性减少,也可被预计,但测量其程度的数据是不充分的。

岛屿生物地理学的类比,也允许一种对文化根翻转率的评估,如同对所预计的多种类别个体文化根的持续时间的估计。有可能辨别的,不仅是文化根集合体与生命集合体之间的相似性,还有其中重要的差异性,尤其是在社会组织化特征的实例中。对这些差异更为完全的考虑,有可能增强而不是削弱文化多样性研究中生物地理学分析的价值。

文化根填装是影响文化丰富性的另一个关键属性。文化根的迁入率与灭绝率,以及个别社会中文化的多样性,由可被填装到相同认知系统的文化根的数量来决定。这一属性因而就是认知中三种能力的结果:在属于特定类别的文化根之间做出辨别的能力,长期记忆中的归类与回忆,以及对与各个文化根相关的刺激的评估。对这些过程的考察,是迈向描述填装过程的终极目标的第一步。我们特别关注辨别能力,因为实验心理学已最好地描述了它。模型在完善,以致有可能用它来估计信号接收中模糊性的最优化程度,以及被簇集成单个文化根的信号数量。

通过考虑可经由价值学习、以稳定的配置连接在一起的刺激集合体的数量,评估可与文化根的填装相联系。连接起来的集合体,或"聚合体"越大,潜在的文化多样性就越大。

对多样性的研究,引回了人类水平优文化的独特性问题。我们考虑了仅涉及生态学一般化的简单假说,然后在来自比较动物学的证据基础上拒斥了它们。我们相信同样有必要寻找关于优文化起源的内在约束。出于一种先验的考虑,似乎认知处理在遗传适合度方面的成本是认知及行为灵活性的一个单调递增函数。如果这一猜想是正确的,那么利益曲线就是非单调的(图7.7)。它们可能根据社会结构与环境在形态上极为不同,但在使得通向高级灵活性的进化路径极为稀少、相对难以达到这一点上,却有着全体通用的属性。

最终,我们提出了人类优文化创造的文明水平是否可通过基因编程而被整个复制的理论问题。换言之,我们探索了基因与文化是便利的搭档,还是必要的搭档这个问题。使用来自信息理论的一条基础论点,我们展示出,如果基因组被视为蓝图,以此直接指定神经回路与认知图式的结构,那么仅凭人类及其他生物体中发现的 DNA 数量,是不可能编程出人类型号的大脑与语言结构的。然而还是有可能描述某些知识结构,以及神经元生长和分化过程中的规则,这就把遗传指标的数量减少到某种中等水平之上。由于缺乏一种充分的大脑结构发育理论,这一数量当前还不能被精确地估计。

第8章
基因—文化协同进化与社会理论

基因—文化协同进化理论是对在生物学与社会科学之间创建内在一致的因果解释网络的社会生物学的一次扩展。它被设计为包括所有的文化系统,从恒河猴和黑猩猩的原文化到人类的优文化,以及迄今为止只存在于想象中的文化形式。因此我们提到了一种比较社会理论的目标,对于人类行为的研究包含其中。

以基因—文化理论作为其一部分的人类社会生物学的成功,将取决于它履行三项职能的能力。首先,它必须得出社会科学其他理论中作为未解释的公理的严格命题。其次,我们要求它获得的预测性及可检验性水平比其他解释模式所提供的更高,或者至少它要包含比如经济学与人类学学科的精确的现象学模型,由此使潜在的假定得到认同。最后,它必须提出新的疑问与问题,同时还要认同、印证先前未知的参数及规律,把它们编织成从基因经由心灵到达文化的可证实的解释网络。

后成性

基因—文化理论的轴心是后成性。传统的社会生物学在尝试处理从基因到作为一只"黑箱"的文化的转换过程中遇到了困难,事实上这里有三个步骤:从基因到后成性,从后成性到个体行为,再从个体行为到文化。前两步主要存在于脑科学与心理学的领域内,第三步则存在于种群生物学与社会科学。后成规则按照由单个生物体所继承的基因全体的指示,引导着个体行为的发展。许多个体的行为都创造出文化模式,以初级形式被描述为民族志的概率分布。在特定的文化设定中,个体成员的行为决定着它们的存活与繁殖,因此决定着它们的遗传适合度以及基因全体在种群内扩张或衰败的速率。使用适当的技术,基因—文化协同进化的往复过程、基因—文化转译,以及基因的反馈,就有可能被定义,它们的相互作用也能被测量。

我们已经确定,无法在遗传进化与文化进化之间划出鲜明的分界线。矛盾的是,对基因—文化协同进化的分析越是精确,其间的区别反而变得更加不清楚。后成规则可以是严格的,导致一种不变的单一选择以及一种完全的"遗传文化",或者也可以是完全无选择性的(至少在宽泛的文化根阵列的跨度上),导致一种表面看似不被遗传的文化。或者它们可能只在中等程度上是选择性的,这也是可以描述出大多数种类的人类认知与行为的情况。无论选择性的程度如何,后成性都要受到全体基因的指示——甚至完全的无差别性都必定为基因所编码。因此基因与文化之间的连接是不能被切断的。

学习

基因—文化协同进化理论可被用来考察作为一种特殊的更原始案例的非社会式学习。甚至在与物种其他成员缺少接触的情况下,个体也能处理信息并在可替换的行为之间做出选择。尽管它的后成规则并未给予任何程度的对种群其他成员所做选择的敏感性,它们也能以一种与其他文化物种基本相似的方式来行事。

相同的原理支撑着它们全部,而运行在文化传递中的后成规则却可能在许多细节上都与非文化式学习不同,并且指导优文化的规则也与指导原文化的规则不同。把文化进化的引导作用说成是生物学的,并不是机械地将之归于动物行为的发展。对语言、物化以及析取概念形成的学习,在遵从由基因担保的后成规则的意义上是生物学的,但就我们所知,这些过程是人类所独有的。这类学习可凭借基因—文化理论,而不是与动物物种的直接比较来分析。基因与文化之间不可切断的连接,也不会将人类束缚在一种动物的水平上。

复杂度

社会科学被群雄割据成了令人眼花缭乱的众多分支学科及思想学派。如果这种有害的事态存在着唯一的合理化,这种合理化只能是这样一种信念:人类行为比自然科学家所遇到的任何事情都要复杂与微妙得多。但人性可能比我们想的更简单也更透明。如果使后成规则成为所学行为的"分子单元",对人类行为的分析就可能是流线型的。相对初级的后成规则产生出在文化层面更大的多样性,而其余的则服从于指示感官与神经反应中的相对简单性的复杂的基因集合体。在适合的条件下,简单的规则能够被用来在两个方向之一上产生随意数量的细节。

甚至复杂度的属性也能被转变成一种优势。大量整合现象经常以意想不到的简单模式出现,而一大群单元比一小群更有可能经得住精确的统计学描述。每一立方厘米空气中的分子数量超过地球总人口的10亿倍,而物理学理论能够轻松地描述它们。即使当系统拥有一段历史以及以一种特异样式做出反应的分立单元,巨大的数目也经常能用经济学来处理。这种受历史制约的转译,在例如种群遗传学、人口统计学以及岛屿生物地理学的某些核心过程中实现了,此处对应的单位分别为基因、个体以及物种。在第5章与第6章中,我们展示了基因异质性以及甚至有限形式的历史性,是如何能够在基因—文化协同进化的初级模型中被建立起来的。

复杂度至关重要的属性,本质上就是可压缩性。一个可压缩系统就是这样一种系统:它可由比其自身最简短的直接描述还要简短得多的一系列规则或指令来描述或再造。从细节上恢复初始系统,也就更有可能。大量的科学都是由允许把复杂信息折叠成经济的、易于获取的形态的编码构成的。正如马赫(Mach)(1942)所建议的,科学甚至有可能被定义为:"由以思考的最少的可能支出对事实做出最完整的再现所构成的最小问题。"还存在着一种额外的奖励。一次又一次地,对编码的找寻揭示了一个深层的结构,它包含着新现象以及先前未知的与其他系统的关联。当一门学科被映射到另一门学科的公理结构之上,许多最重大的进展就到来了。例如,分子生物学联合了量子理论,孟德尔遗传学联合了分子生物学,生理学联合了生物化学,而种群生态学联合了人口统计学。

于是,社会科学的一个有价值的目标,就是去发现人类社会现象的可压缩性。我们认为,尽管有时会有令人望而生畏的复杂性,大量的信息还是可压缩的,而经我们确认的编码将揭示出文化进化的深层结构。

因果的网络

为此目的,让我们从基因—文化协同进化的概念开始,考虑一下生物学与社会科学之间的关系。图 8.1 按我们设想的顺序呈现出基本的要素及过程。所有的步骤都分别有专门的著述阐发,除了物化规则之外,它们的物理机制已被部分地理解了。

大脑是一个器官,其结构由个体人类的基因组所塑造。它接收到的关于文化根与环境中其他实体的信息,已经在某种程度上被外围感觉细胞与编码中间神经元进行了过滤和组织化。大脑皮层产生出意识,这是一种由编码了先前感觉输入历史的神经元信号的当下排序所构成的现实重建。这个排序可被随意地重新安排来编造幻想,甚至预测未来。信息被评估,刻意的反应按照后成规则进行调整,与之保持一致。在某种程度上,它也在物化学习规则的影响下被转译成词语及符号式图像。引导过程部分地受到脑边缘系统的调节,为评定深思熟虑行为的最终遗传适应度充当一种"机载计算机"。这一过程牵涉不只一种由纯粹逻辑的初级程序组织起来的非一般化意志。它可能就像小脑处理复杂运动算法并沿锥体束馈送输出结果时所用的方法一样机械而复杂。最终,心灵的进化目标(问题的解决每时每刻都指向它)就在于后成规则,并且在这个意义上说,人类性与个体性两者的核心也都被置于此处,而不是在心灵更纯粹的认知与推理的部分。

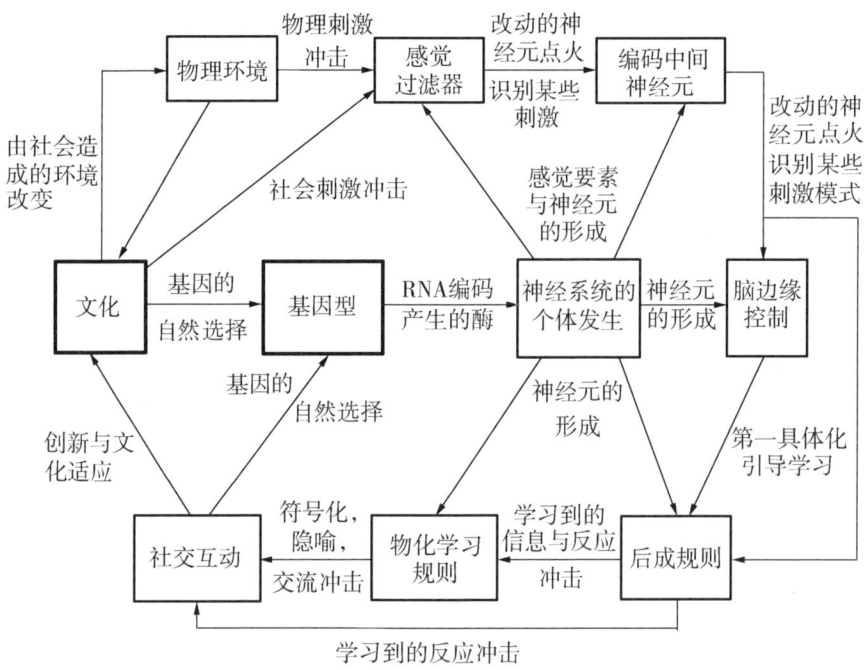

图 8.1 一体化的后成规则间基本关系的基因—文化协同进化图。

为使基因—文化协同进化这个概念完整,后成规则与个体接收到的信号相互作用,将此个体转变成为一个完全的文化实体:人。因此心灵是一个塑造其自身成长的活跃实体。社会成员们的相互作用创造了文化,连同个体及其亲属的基因型一起决定着生殖的成功。成功的程度转而规定着世代中的基因频率,进而决定了文化进化所依赖的后成规则形式。

基因—文化协同进化理论是如何与社会生物学的其余部分联系起来的呢?社会生物学的传统模型既不关心心灵的机制,也不关心从基因到文化的自下而上的转译。事实上这些模型根本就很少是遗传学的。相反,它们应用最优化的基本原理,以此预测如果人类最大化其内含适合度,就应该会存在的行为与社会模式。这些预测是丰富而多变的。因此避免族内婚配有望成为一种普遍现象,尤其在兄弟姐妹或其他遗传学上的近亲之间。当雄性明显地比雌性更大或更为色彩鲜艳,这种差别通常就是雄性以此赢得许多配偶的繁殖策略的一部分,而两性之间严格的相似性则通常与一夫一妻制纽带有关。当一种大小差异出现,在进行比较的不同物种中其量级的变异性是每个成功雄性所能授精的雌性数量的平均值的一个上升函数。当种群增长规则的其他依赖于密度的因素(比如捕食与迁移)缺乏或很弱的时候,种内攻击就会出现。一种极其普通的攻击形式就是领地防御,它最有可能围绕着呈散点分布以及可预测出现的资源进化。

这样的反应可以从种群生物学的第一原理中推论出来(见例如 Wilson, 1975; Chagnon and Irons, 1979; Symons, 1979; van den Berghe, 1979; Barlow and Silverberg, 1980; Lockard, 1980)。它们通过实验室及田野调查,或在人类案例中通过跨文化的民族志分析而被评估。传统的社会生物学在方法论上是可靠的,也刺激了新的研究形式。然而它只是描述了基因以某种方式指定的最终的行为产物。导致这些产物的遗传学基础以及后成机制,大部分还没有得到解释。

在昆虫与大多数非人类脊椎动物的案例中,"基因与行为之间的联系"这一模糊概念的神秘色彩也许更少。大多数行为都是相对不变的以及物种特有的。我们可以放心地认为:一只蜻蜓的领地防御模式,由一系列盘旋在池塘边上空的独特飞行动作所构成,在遗传学上区别于一只豆娘的防御,它们活动在沼泽地中央上空的不同世界里。但为了得到一种真正的心灵与文化的进化理论,我们必须从基因以及这些基因实际上指定的机制开始。对于人类,基因并不指定社会行为。它们产生我们称之为后成规则的有机过程,在文化的基础上组装出心灵并引导其运行。行为只是心灵在应对日常的偶发事件时的一个产物。基于作为学习与能动性反映的产物的知识结构,心灵选择特定的行为反应。此外,并不存在文化根与行为之间简单的一一对应。虽然许多文化根部分地是由外显行为构成的,但不能只以骨骼—肌肉活动的模式来定义它们。它们最终会作为部分知识结构而被划定界限。就像这样,它们包含着关于文化、环境、社会行动的信息碎片,它们也构成了在心灵构建中为后成规则所用的原材料。我们正是在这一基础上提出我们的命题:后成规则是基因与文化的协同进化中的分子单元,是两个层次的发育——从基因到后成性、再从后成性到文化——之间的分界线。

社会行为的后成规则的结果,可被抽象地描述为内在同化函数 $v_{ij}(\xi)$,这是个体作为周围文化的一个函数从一种活动转换到另一种的速率。完全本能性的评估与决断模式构成特殊的实例,其中不存在通过社会学习或环境学习制订的行为计划和目标优先级。我们提出的基因—文化理论认识到:$v_{ij}(\xi)$ 的值,在大多数高级脊椎动物中,尤其是在人类这里,是由作用于学习与认知创造的信息的后成规则网络所决定的。产生行为的社会模式的,是同化函数,而不是单一的固定反应,生殖成功在行为的社会模式中被决定。模式在响应特定的选择压力中进化。因此,诸如人类的乱伦回避、求偶实践、领地性、最优化群体规模、亲属容忍以及社会组织化的其他基本属性等现象,其关键状况都未改变,并且它也能够由如今结合基因—文化协同进化理论的社会生物学来阐明。我们相信,这一理论开启了社会生物学的新领域,并且通过它引进了一种进化分析模式,这将导致对人类行为更为深刻也更为精确的理解。

基因—文化理论与社会科学

当文化行为被作为生物学的而不是其上独立层次的终极产物来对待,社会科学就能更轻易地被转化成一个连续的解释系统。事实上,社会行为可被证明是可以大量压缩的。尽管智人无疑是地球上最复杂的物种,却有可能并非如当代社会理论让人相信的那样复杂和难以理解。

考虑一下民族志本身。个别文化的丰富细节,通过尽可能密切地观察以其为生的人们,不可否认是社会科学的精华所在。瓜希罗人的陶器、乞丐的暗语、巴厘岛人的入定、英王查理二世复辟时期的女性时尚,以及塔皮拉佩人的萨满训练,全都值得进行独立的研究。对它们的探究应既涉及解释人的文化感受的主位层次，又涉及更公平、更客观的观察者的客位层次。这种对于文化特性的专注就是自然史，也是其自身成立的理由。但纯粹的民族志经常受到解释学世界观的激发，由于其对社会分析的暗示，解释学也确实需要严格的考察。在最初的语言学语境中，解释学是对相互矛盾的派生文本的分析，以此推导出原始手稿的措辞。如今它被更广泛地定义为一套认识论及方法论机制，不同文化实践者的"真正意义"可据此被澄清并形成更符合构成真理之物的一般共识（Bauman，1978）。对社会现象的理解，借助"解释学回路"来增长：学术辗转于无尽的摘要重述与集体记忆的再评估，而不是标定一个朝向最重要、最可靠信息群体的直接路线。在这个过程中，社会科学家不可避免地忙于谈论他自己的专题。在这种科学哲学的极端版本中，观察者与被观察者都被认为使用了相同的资源，而真理也因此必定以相同的方式通过讨论达成一般的协议。

民族志细节的丰富性，以及作为常规科学可替代性认识论的解释学循环的吸引力，诱使观察者强调现象学与归纳。"我们必须进入细节，"格尔茨（1973）写道，"越过误导的标签，越过形而上学的类型，越过空洞的类比，不仅去牢牢把握多种文化的本质特性，还要抓住各个文化中多样的个体种类，如果我们希望面对面遭遇人性的话。"一般性的原理，只能在我们闯过文化"可怕的复杂"之后才能获得。

如此厚重的描述，如赖尔（Ryle）（1971）所称，是必要但不充分的。我们不需要坐等纯朴的民族志冷冰冰地靠近我们。如果累积中的信息在假设—演绎模型的辅助之下被尽其可能地探究，进步将会更快。最成功的模型，可能要以来自神经生物学、认知心理学以及种群生物学的假设为基础。在现代生态学与生物地理学的涌现过程中，可以发现一种相近的历史平行。这些主题需要一个自然史阶段，其间物种被"面对面"地考察，其特质被充分评估：印第安纳沙丘上演替中的植物、一片英格兰小林地的生物量金字塔中的昆虫、太平洋岛屿之间的鸟类迁徙，诸如此类。然而，进步也同样可由用于物种一般属性和特殊属性两方面的假设—演绎理论得到：例如，向着物种平衡态的会聚、营养层次的一般性限制,以及物种共存的必要条件。虽然大多数模型只是部分适用且精确度仍然有限,但它们是定量的,且正在被稳步地改进着。意义最重大的是,它们激励了新的描述性"解释学"研究的大爆发。

许多社会科学家全身心地投入到这一双重程序的科学探索当中。他们找到了一统假设—演绎理论的圣杯。在把气候变化、地理学以及种群生长联系到农业兴起(Boserup, 1965; Flannery, 1965, 1973; Binford, 1968; Cohen, 1977)及国家起源(Carneiro, 1970; Flannery, 1972; Stephens, 1979)的模型领域中,他们做了一些最可观的尝试。量化这些进化过程中特定的步骤,并把它们与从本地环境知识中演绎出来的最优化经济策略进行比较,已经成为可能,例如以下研究:Thomas, 1971; Binford, 1978; Gross et al., 1979; Hassan, 1979; Howell, 1979; Reidhead, 1979; Kirch, 1980; Winterhalder and Smith, 1981。对这一性质的探索,正处在人类学的最前沿。它为多年积累的数量相对贫乏的民族志关联性所补充,比如斯图尔德(Steward)(1955)最早注意到的,在简单技术及有限或分散食物资源的条件下,父系的、婚后从男的、族外通婚的群体组织之间的关系;还有更广泛的"覆盖律"的补充,比如由怀特(1949b)所做的概括:文化是作为人均收获能量数与化能为功的效率之间的一个函数来进化的。

这些事业,就是期待中的对社会科学的自然史数据的首次法定重制。它们平行于生物学中的系统发生分析——例如,在沼泽干涸、争斗以及其他有可能促成这一适应性变迁的其他环境情形之下,对四足动物首次登陆诸阶段的重构。这一归纳包含假设—演绎理论的要素,但它们在一个至关重要的方面出现不足。它们不考虑个体动机发展的任何细节,因此不能为心理学与生物学搭建桥梁。动机被设想为一种一般性的、相对非结构化的驱动力,而转译的形式却还停留在不明状态。

哈里斯(1979)提出了一种从所谓基础设施(工作模式、人口统计学、婴儿看护以及其他可比的人类特性)到结构(劳动分工、阶级结构、政治组织,诸如此类)再到超结构(艺术、音乐、仪式、体育、科学)的向上转译,他意识到需要一种更充分的因果解释顺序。在哈里斯看来,心理生物学的原动力非常简单。它们包括对吃东西(尤其是热量更高的食物)的需求、消耗更少而不是更多能量的渴望、性驱动以及对爱与情感的需要。这一特别的阐述据说比先前的解释更好,因为它既说明了不同点也说明了相同点。"例如,"哈里斯写道,"吃的需求是永恒的,但可吃食物的数量与种类随着技术与习惯的变化而变化。性驱动是普遍的,但其生殖结果会随着避孕、围产期护理以及婴儿治疗技术的变化而变化。"

这样的概括,与由此产生的模型一起,举例说明了甚至使用非常原始的观念解释有关人类动机来源的可能的真正进展。然而,以其现有的形态来说,这样的概念不仅是不完整的,而且还是严重误导性的。从能够得到的关于人类认知与发育的信息分析,我们得出了结论:人类心灵远比由哈里斯及活跃于人类学、经济学、社会学理论的其他许多人所假定的还要有结构。这一结构以基因规定的后成规则为基础,作用在文化信息之上,是典型地复杂而有选择性的,且不能由未经辅助的直觉推断出来。基因—文化转译构成从个体水平到社会水平的前馈,通过对这些属性的了解而变得明确,并对以统计学分布为形式的文化之间的差异生成可证实的预测。后成规则与同化函数中传达从社会水平到个体水平的反馈的遗传改变,可通过种群生物学理论以及关于潜在认知过程的信息来加以分析。

这正是一个节外生枝的显著事实:工作在三种相互独立的传统中的科学家们,探索了认知后成性的关键过程。神经生物学家与实验心理学家考察了相对简单的、可直接感知的功能。这些功能,包括颜色感知、认知代数、风险评估以及类似的现象,最有可能为其他灵长目物种所分享,也因此在这层特别的意义上被认为是更真实地"生物学的"。它们也更有可能在实验上加以处理。相比之下,结构主义者主要关心了最复杂、最独特的人类过程。乔姆斯基、布朗(Brown)、伦内伯格(Lenneberg)以及其他心理语言学家,处理了语言基本性质的问题;皮亚杰处理了智力发育的阶段问题,打造出一种"遗传认识论";还有莱维-斯特劳斯、巴尔泰斯(Barthes)、利奇(Leach)以及其他民族志结构主义者，处理了仪式与神话的起源问题。最终，心理分析学家尝试了描述更深层、更难以捉摸的心灵活动的个体发生问题。

尽管用来描述它们的语言中存在着重大的差异，这三种分析模式却并非在根本上不可兼容。实际上它们都在尝试，在沿着从感知经由记忆存储与回想再到评估与决策的活动链条的某个地方，定义出一个或更多类别的人类认知规则。不足为奇的是，神经生物学家与心理学家的"硬"实验方法尚未穿透深层语法、神话以及其他更加微妙的精神活动形式。结构主义者与心理分析学家是一群努力接近我们所谓的物化与符号化后成规则的科学家。他们描述的现象，最终将通过更为精确的实验技术来进行调查。然而，把结构主义与心理分析视为独立理论，或甚至视为通常意义上运用于自然科学的正确理论的方面，将是一个错误。无论切入多深，它们都简单地只是在描述。它们还没有阐述来自假设—演绎框架的原理。它们没有成功地提出可映射到其他学科理论结构之上的公理。它们只想象了唯一一个物种，即人类的认知后成性的有限方面，而且它们在本质上就不能预测任何形式的可测量的动态。虽然对于理解人类心灵来说是基本的，但结构主义与心理分析的现象并不能成为科学的一部分，也不能在塑造被阐明的人类历史中发挥作用，除非它们被整合到基因—文化协同进化的模型之中。

历史的阐释

这把我们引向了那个问题：人类历史可以通过现实的进化理论被更深刻地理解吗？人类社会生物学与传统的社会科学的最终胜利，都将在其各自公理的基础上正确解释及预测文化进化的趋势。迄今最有影响的尝试是马克思(Marx)做出的，他预言了资本主义的终结以及无阶级社会的兴起。现代马克思主义获得了许多超越这一原初畅想的含义。它是一套对资本主义全然激进的批判，一个棱镜，如萨缪尔森(Samuelson)(1976)所说："通过它，主流经济学家能够——为了其自身利益——让他们的分析冒充为一种不留情面的审查。"马克思主义作为革命社会主义的象征仍然具有更重大的意义。正是在这一角色中，它变成了意识形态，因为关于历史进程的实际上无限数量的主张，对与不对，马克思的与非马克思的，都能服务于相同的结果，只要被预测的目标是在一个无阶级社会中的社会主义。

马克思纯粹的智力遗产，是对社会制度的分析方法。现代马克思主义寻求经济进程与阶级斗争中历史性改变的更深层原因；把当代社会看作通往更自然、更和谐秩序之路上的混沌的过渡状态；并强调文化进化严格的物质、辩证本性。从这些基础概念中，生长出了一团内容丰富的大杂烩，包括文本分析、护教学、修正论以及对科学与人文中大多数学科的独特应用（Caute，1967；Heilbroner，1980）。甚至有马克思主义考古学（Klejn，1973）、马克思主义心理学（Baran，1959）、马克思主义古生物学（Gould and Eldredge，1977）以及马克思主义生物学（Rose and Rose，1976）。

对于这一切意味着什么，各路追随者之间很少能发现共识。今日的理论马克思主义，包含对大量注释与护教学的运用。对一些学者来说，它主要是一系列令人兴奋而有待发展的理念；对其他人来说，它主要是革命社会主义的智力武装。新马克思主义的核心主张并不像有待检验且可能被抛弃的假说那样高级。相反，它们被处理为必须为接受它们的人们所实现的核心真理。因此奥劳克林（O'Laughlin）（1975）代表她的大多数同事发言，做出了如下指示："在某种程度上，马克思主义人类学必须是应用人类学，大学与教室是政治斗争的场所，而实践是检验真理的基本方面。"换句话说，学者们应该使马克思主义成为现实。

简而言之，马克思主义是思想历史上的一次重大发展。它产生了一种分析模式，从风俗与制度的外在表型切入，以此考察潜在的经济力量。但它是现实的文化进化理论吗？它能严格而一致地解释历史并且或许甚至能预测历史吗？时至今日它显然还没有做到这一点。世界各地发生了多起社会主义革命，大多数打着马克思主义的旗号,却没有一个遵从了马克思本人写下的原稿。它们的理由是复杂多样的,涉及国家主义与民族主义,还有阶级斗争。更严格的考察显示,列举出另外两种 19 世纪的创见,马克思主义在形式上并不是一个可与达尔文主义、孟德尔主义相比较的科学理论。它更像是拉马克主义与直生论(orthogenesis),作为竞争理论,正确地描述了进化改变特定的外部特征,却假定了错误的内在机制。达尔文主义、孟德尔主义导致了对遗传与进化准确的动态描述,但拉马克主义与直生论没有,也不可能做到这一点。在我们看来,马克思主义作为一门历史的科学理论的关键性错误在于,其倾向于将人类本性想象成相对非结构性的并主要或完全是外部社会经济力量的产物。

马克思本人对于人类本性的问题也是模棱两可的。他的选集充满经常是含糊、矛盾甚至玄虚的表述(Bloom, 1941; Wasserman, 1979),这一事实引起了无尽的争议。马克思认识到有着作为物种整体特征的天生驱动力的"属人"(generic man)的存在,也认识到了随着环境因此也随着人类活动而改变的、作为心灵的一个更可塑部分的"历史人"。属人的要素本身在马克思的写作史上始终变动不居。在 1844 年巴黎《手稿》(Manuscripts)中,它们包括利他主义、合作、同情,以及其他独特的特质。马克思竟至声称历史本身是自然史的一部分,也是自然科学与人文科学之间联合的必然性。然而,在别处,他声称历史是人类本性的连续转变,并得出结论称"不是人的意识决定了他们的存在,而是他们的社会存在决定了他们的意识"(1971[1859]:21)。

事实上,马克思的作品并不包含对于作为身体过程的精神遗传与发育的明确描述。在这个方面,它们从根本上有别于达尔文与孟德尔的著作。马克思的追随者们被设定为可以自由发挥他们自己对于人类本性的想象,而大体上,他们都选择了一种在生物学上非结构性的模型,而把最大的权重分配给了环境。近些年来,在大脑运作以及社会行为发育中发现的丰富的结构性已经反驳了这一看法,这些结构性的大多数都与外部的社会经济力量没什么关系。很难想象一种不同的现代认知发展心理学、人类行为学或种群遗传学的马克思主义版本。将这些学科的发现综合到马克思的人类本性概念中,将决定性地把解释扩展到多因素的模型之中,并且使社会理论的重点远离阶级斗争与经济决定论的孤立主题,以致使马克思主义学派更接近西方社会科学的主流而和谐共存。因此这将使马克思主义学者们面临一项激动人心的任务:运用一种现实的、生物学基础的人类本性图像来深化他们的理论。事实上,我们注意到像泰雷(Terray)(1975)、戈德利耶(Godelier)(1977)与哈里斯(1979)这样的马克思主义者,为了处理人类行为本质的问题,离开了思想史的哲学批判与评论,他们的语言与解释变得与其他人类学理论家明显相似。

最初的问题现在可重新进行如下表述:社会科学,用到所有可用的大量资源并设计越发全面的多因素模型,能够更全面地解释历史或甚至以一定的准确性来预测它吗?我们相信答案是肯定的,至少在一个非常有限的尺度上,以一些在科学研究与社会计划方面可能极富成果的方式。我们持乐观态度的部分原因在于对后成规则中的结构含义所做的新近分析。因为这些规则,心灵是一个倾向于把自己组织成特定形态而非其他形态的系统,与此同时许多心灵的联合活动似乎也导致了统计学可预测的文化模式的出现。这种引导活动,在由相对不灵活而有选择性的后成规则所指导的那些认知与行为类别中,将是最明显的。一个不灵活的后成规则,面对环境的改变只能产生出有限种类的使用偏向曲线。我们需要记住,灵活性并不必然意味着基因决定论的缺乏。偏向曲线上的变迁可由潜在的后成规则严格地策划出来。此外,每一次变异都可以证明在唤起它的特定环境中是具有适应性的。适应性只是一个有待经济学与生态学研究来检验的假说。如果在特定的类别中来维护,它可通过参考后成进化中遗传学反馈的完备理论而被更全面地解释。在灵活性适应与否的任一种情况下,后成规则都能被用来预测民族志概率分布形式的文化模式。当后成规则既是不灵活的,又是有选择性的,个体在**所有**可行环境中都会更青睐一小部分文化根而胜过其他,其结果是,它们影响的文化模式在历史过程中将相对地没有多少改变。

灵活性与选择性都是精神发育的独立属性。对于个体而言，有可能在一个环境中排他地选择一种文化根，然后在第二个环境中转为对另一种文化根的排他性选用，由此维持高特异性，同时显示出实质上的灵活性。要紧的是选择的模式，以及当被向上转译到社会水平时它的后果。从对心理学发展的研究中我们已经知道，从一个行为类别到另一个，模式的变化极大。既不灵活又有高度选择性的类别包括：基础颜色分类、同胞乱伦回避、用于非语言交流的许多面部表情，以及母婴纽带的若干属性。个体发育可能偏离绝大多数人类沿行的狭窄通道，只是会有困难。在大多数可想到的环境中，若缺乏一种做出其他反应的有力尝试，这些行为将随着大多数或全部社会中的规范一道持续存在下去。

我们关于后成规则的知识，在绝大多数的行为类别中都处于未成熟状态。关于攻击、宗教信仰、政治制度以及经济活动，没有多少东西可说。而将脑科学与发展心理学研究结合起来，辅以来自民族志的线索，一种关于先行发育路径与灵活性的更精确的知识终将出现。改善基因—文化转译模型，以解释行为的甚至更为微妙的形态中稳态以及动态的文化模式，应该是可能的。这样的转译能产生一种有用的民族志追溯——对已经发生过的事情的推断。在适度灵活的后成规则的案例中，社会科学家或许也能够以民族志分布的形式预测短期的改变。

若要超越这一初级水平，需要大量更为经验性的信息，以及基因—文化协同进化基础理论的重大进展。大多数形式的社会行为的个体发生都不是单线式的，如同我们在更严格类别的初次量化模型中对它的描绘那样。它是网状的：一类行为的发展影响着其他类别的发展。此外，这些产物有时会混合成令人困惑的复合体。例如，很有可能的是，偏执与群体攻击源于若干相当不同的行为互动，包括对陌生人的恐惧反应、在社会扮演的早期阶段成群结队的倾向，以及将包括其他人类序列在内的连续统二分为群内与群外的智力意向。虽然这些要素在早期发育中是突出的，它们却没有在充分的细节上被研究，以此来衡量它们的灵活性与可能的相互作用。一旦网状发育得到更为清晰的文献支持,理论将在把它转译为民族志分布的过程中受到挑战。

再者,心灵的存在意味着人类的社会进化结合了对历史以及对朦朦胧胧被察觉到的未来的估计(图 8.2)。对评估过程的考察本身就能揭示出文化形成过程中认知后成性的完全影响。一个选择忽视先天后成规则含义的社会,将仍然受到它们的驾驭,在每一个做决定的瞬间,屈服于它们默认的指令。经济政策、道德准则、儿童养育方式,以及实际上每一种其他社会活动,都将继续受到起源未经考察的先天感觉的指引。这样一个社会必须咨询但实际上又不可能挑战存在于后成规则之中的神谕。它将继续以其成员的"良知"以及"神意"为生。这样一种古老的程序,可能会以最直接而省心的方式导致一种稳定而彻底

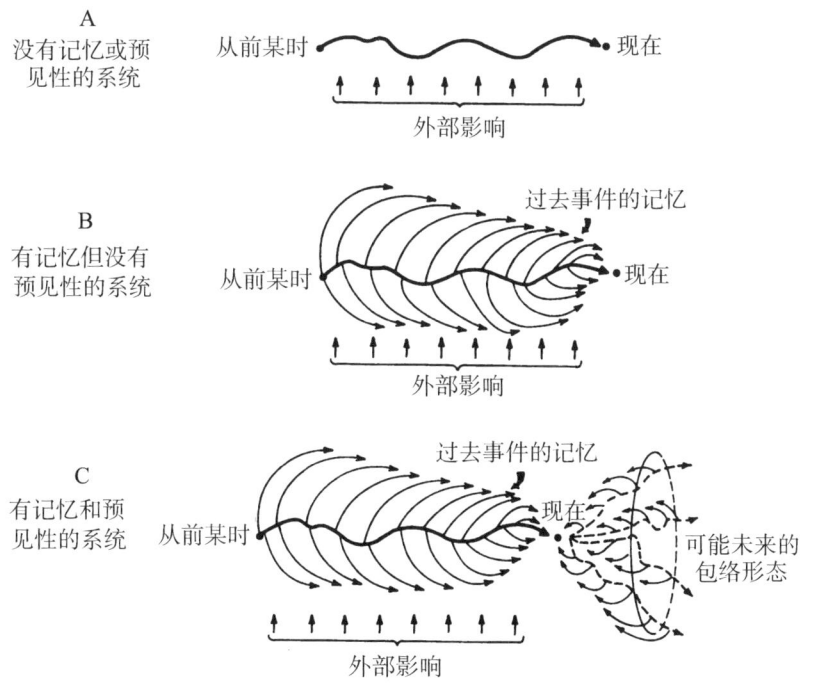

图 8.2 作用在个体认知后成性上的影响。A:最简单的可能系统,发展受内部与外部事件两方面的影响,但只是从一个时刻到另一个时刻。B:在更复杂的系统中,它也要受到过去事件记忆的影响。C:在人类的发展中,后成轨迹线不仅受外部事件与记忆的影响,也受对未来事件的预期的影响。在所有情况下,后成规则作用于结构并限制着个体认知与特定社会历史两者的可能未来的包络形态。

仁慈的文化。更有可能的是，它将使冲突永无休止，并无情地拖着人类走上一条最好的情况下也是崎岖而危险的小路。另一方面，对后成规则的深层科学研究将召唤这个神谕，把它的命令解释并翻译成一种可被理解与讨论的精确语言。社会若以这样的方式来了解人类本性，或许就更有可能在该本性的约束之下就共同目标达成一致。虽然这些社会不能逃离后成性的先天规则，并且实际上在尝试这么做的同时恰好是冒着失去人性本质的风险，但它们还是可以利用关于规则的知识来指导个体行为与文化进化向着其达成一致的目标前进。

至此，完成了这么多，我们还能希望把我们的理解向前拓展到这些后成规则本身以及甚至心灵的物理基础都有可能被改变的未来进化时代之中吗？戴森（Dyson）（1979）写道：

> 纵观生命过去的历史，我们看到，它用大约 10^6 年进化出一个新种，用 10^7 年进化出一个新属，用 10^8 年进化出一个纲，用 10^9 年进化出一个门，而用不到 10^{10} 年，从太古的黏液一路进化出智人。如果生命在未来继续这一风格，就不可能对生命可能呈现的多种物理形态设定任何限制。在下一个 10^{10} 年会发生什么样的变化来媲美从前的变化呢？可以想象，在另一个 10^{10} 年中，生命可能会进化到离开血肉之躯，而化身为星际乌云，或者有感知能力的计算机。

不管怎样，我们这个纪元的历史，在生物学理论的辅助下，可以被解释得更深刻、更缜密。历经少数世代的时间跨度，在受后成性限制的行为类别中，对历史做出预测是值得一试的冒险，它至少能激发起对现存社会及其过去历史的更深刻的分析。我们应该留意，科学与技术的大多数神奇发明，在实践中都充当着实现领地防御、部落仪式的交流、性的纽带以及其他古代的社会生物学功能的能动机制。好奇心，甚至艺术冲动本身，也有可能担任着这样的一个角色。

这是一些可能性。在认知进化中允许并维持这种步骤的真正原动力，还不能被充满信心地确认。在认知心理学与神经科学的水平上探索这类领域,将几乎肯定会揭示出能够转译成短期历史预测的新现象,结果会超出我们目前的想象能力。在进化的时间间隔上,基因—文化理论预测了后成规则与文化形式的协同进化。在以不同程度接近现实世界的模型世界中,可以由此而估计与分析可能未来的包络(图 8.3)。

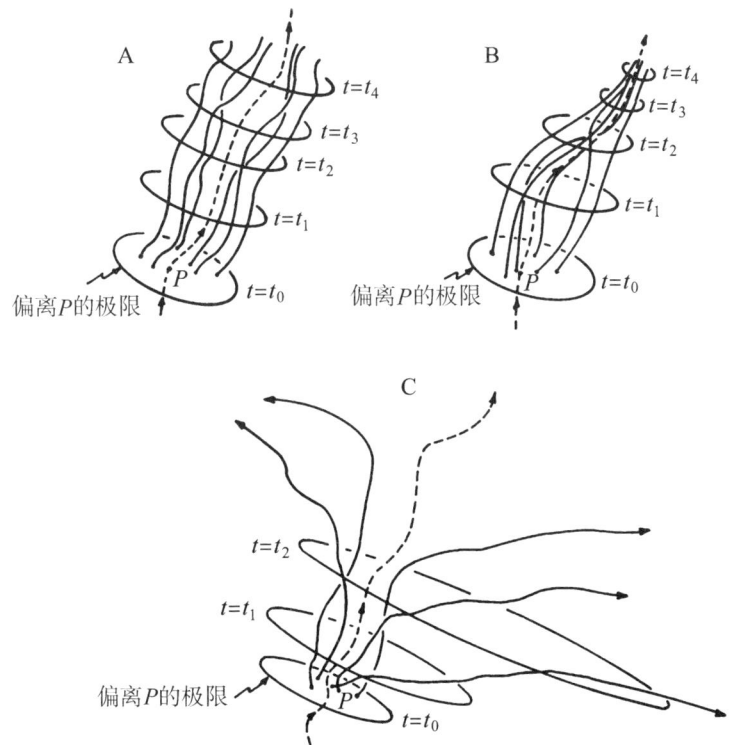

图 8.3 平行的、收敛的与发散的基因—文化历史。P 是所探寻的路径或轨迹,而 P 周围的圆盘建模了由于系统结构的**观察**不确定性而可能达到的最大精确性。在 C 中所示的发散型进化中,文化对初始条件与边界条件都极其敏感。关于单一历史的精确的长期预测也就是不可能的了。这一情形可能在甚至极为简单的、完全决定论的系统中出现。关于这种原理内限制的背景资料,见 Arnold and Avez(1968)、Ford and Lunsford(1970)、Ford(1974)、Cohen(1976)、May(1976),May and Oster(1976)。

社会行为化简为客观功能单元的解构、新的且有时令人惊奇的后成规则的发现、人类遗传多样性的测量、行为后成性特征的微进化追踪、文化起源的古生物学重建、民族志的追溯以及这一切的结论同经济学与社会学中新的且更强大的覆盖律的关联,或许甚至沿着可能未来的历史管窥世界——随着生物学与文化研究之间的链条被更强有力地打造,这些行动将越来越多地出现并占领社会科学。

术语表

基因—文化协同进化理论利用了许多学科，包括一些从前很少并提的，比如神经生物学与文化人类学。因为这个原因，我们提供了以下术语表，有相对基本的术语，也有狭义的技术词汇或我们以专门方式使用的词汇。

适应(Adaptation) 在进化生物学中，生物体为了生存与生殖而具备的特定结构、生理过程或行为。也指导致这种特征形成的进化过程。（另见**自然选择**）

适应性地形(Adaptive landscape) 可由种群组装的全部基因型的遗传适合度阵列。（另见**基因—文化适应性地形**）

传入神经元(Afferent neuron) 将脉冲传到中枢神经系统的神经元。更一般地，将信号传到神经系统中任一处局部处理区域的神经元。（对比**传出神经元**）

等位基因(Allele) 一种特殊形式的基因，在其核苷酸序列上与相同基因的其他形式或等位基因相区别，因此占据着染色体上的相同基因座。

阿尔法波(Alpha waves) 伴随觉醒放松状态的非同步化脑波，但当放松的受试者被唤醒时即告停止。

氨基酸(Amino acid) 蛋白质的基础构建单元；一般分子式为 H_2N-

CHR—COOH 的有机化合物,此处 R 为 20 种或更多种不同支链之一。

放大(Amplification) 在分子生物学中,指通过制造大量的基因 DNA 拷贝来增加特定基因分量的细胞机制。在社会生物学中,指后成规则的效应在个体行为向社会模式,尤其是民族志曲线转译过程中的扩大。

人类学(Anthropology) 对人的研究,特别涉及人的进化史、种族差异以及文化多样性。

加工品(Artifact) 通过人类的努力或干预而制造出来的东西。

同化函数(Assimilation function) 采纳一个文化根或从一个文化根转换到另一个的概率(或做出这种改变的速率),与这个社会中拥有该文化根的其他成员的比例之间的关系。例如,随着其他人采用该文化根,概率可能会线性上升,或完全不变化。

南方古猿(Australopithecine) 与"人猿"有关的南方古猿属灵长目动物,是生活在距今 100 万年以前,可能包括早期物种中的现代人(人属)祖先的灵长目原始形态。

自主神经系统(Autonomic nervous system) 控制着诸如消化、呼吸以及腺体分泌物释放这种无意识的"管家"功能的系统。

轴突(Axon) 神经元携带活动电势的部分,通常远离神经元的细胞体;轴突一般是细胞最长的部分。(对比**树突**)

行为生物学(Behavioral biology) 关于一切行为方面的生物学基础的科学研究,包括神经生物学、动物行为学与社会生物学。

偏向曲线(Bias curve) 见使用偏向曲线。

生物地理学(Biogeography) 关于生物体地理分布的科学研究。(另见岛屿生物地理学)

c_i 用来表示文化根的符号。

引导(Canalization) 指引产生接近于物种规范的表型的发育过程,即使这个生长中的生物体受到异常环境的压力。

中枢神经系统（Central nervous system） 神经系统的最集中、最居中的部分，比如人以及其他脊椎动物的脑和脊髓。

小脑（Cerebellum） 脑的一个结构，位于前脑的下后方，负责协调感觉信息与身体运动。

大脑（Cerebrum） 脑的膨大前部，由前脑、中脑及它们的衍生物构成。

染色体（Chromosome） 发现于细胞核的复杂的、经常是杆状的结构，携带有该细胞的部分基础遗传单元（基因）。

组块（Chunk） 长期记忆中的一组相互关联的符号，可用一个单一的"组块符号"来表示。组块化的过程似乎是自动且无意识的，虽然它可辅助以对相关关系的有意识的关注。因此，在经常用来图解信息在长期记忆中的储存方式的节点—连接图表中，一个组块符号可被表示成一个带有连接的节点。短期记忆中的组块，可能是长期记忆的激活组块，也可能是一个认可这种组块的符号。一些心理学家也把组块确定为激活组块节点的那些刺激模式。（另见**概念、节点、符号**）

组块化（Chunking） 若干符号被人脑群集到一起，以此促进学习与长期记忆。所以对一个单个符号的回想就足以复原整个集合体。

顺反子（Cistron） DNA 功能的遗传单元，可不严谨地认为等同于基因。通常，每个顺反子都包含指定单根多肽链形成所需的信息。

密码子（Codon） DNA、信使 RNA 以及转录 RNA 中由三个核苷酸组成的"三联体"，指挥特定氨基酸在多肽链上的位置。

协同进化（Coevolution） "一个种群中的个体特征回应第二个种群的个体特征，随后第二个种群对第一个种群中的变化做出进化反应"（Janzen, 1980）的一种进化的改变。我们扩展了这一生物学术语，使它包括遗传进化与文化进化的交互影响（见**基因—文化协同进化**）。更一般地说，是两个或更多相互作用的物体或系统中的历时性变化。

认知（Cognition） 按照许多心理学家的宽泛定义（见例如 Lindzey et al.,

1975)与本书中的用法,它是个体借以获得信息、制订计划并解决问题的感知、记忆与信息处理的内在精神过程。在狭义上,认知经常被认为至少涉及一些有意识的思想,并且为人类所独有,但就智力较高的动物而言,意识体验的可能性也不可低估(见 Griffin, 1976)。

认知代数(Cognitive algebra) 控制评估与决策的定量规则。

认知心理学(Cognitive psychology) 关于认知的科学研究。

概念(Concept) 语义记忆的原始要素。在人类心灵中,**概念符号**经常被连接到能产生词语或短语的符号上。概念似乎是低水平的归纳,通过反复暴露在有共同属性的情境之下而自动建立起来。它们不仅从这些指示事件,或许也通过**命题**以及它们发生于其中的其他更复杂的语义学实体中获得**意义**。在认知中,一个概念可用来发挥一种模糊逻辑的功能,将个体世界中的事件或印象分类为使用此概念类别的成员的不同级别。虽然大多数(如果不是全部的话)现实生活中的概念都有着模糊的边界,但至少某些特定概念包含涉及"理念样板"或概念**原型**的符号。(另见**知识结构**、**节点**、**命题**、**原型**、**符号**)

大脑皮层(Cortex) 在神经生物学中,一个明显分化的细胞与突触区域,通常由灰质组成形态学意义上的脑外层,尤其是大脑(此处大脑皮层是联想与智力行为的主要部位)与小脑。

文化进化(Cultural evolution) 在一个世代之内或多个世代之间,以文化形式传递的加工品、行为、制度或精神观念的任何变化。(另见**进化**、**基因—文化协同进化**)

文化(Culture) 一个社会的成员之间通过学习来传递的全部加工品、行为、制度、精神观念的总和,以及它们形成的整体模式。对于人类,各个社会的文化都由一些对于物种整体而言一般性的以及其他特异性的性状(文化根)来描述。这种传递也涉及为性状加载意义的认知,并典型地但并非不变地为它们贴上此时在语言中熟练使用的词语及其他符号来创造复杂的新信息。(另见**文化根**、**优文化**、**基因—文化协同进化**、**原文化**)

文化根（Culturgen） （发音为"kul′ tur jen"）文化的基本单元。一系列相对同质性的加工品、行为或心智品（与现实有很少的或没有直接对应关系的精神结构），要么一律分享一种或多种为其功能重要性选定的属性状态，要么至少在一个给定的多元集合中分享持续复发范围的此种属性状态。文化根可被映射到长期记忆中的节点—连接结构之上，并在许多情况下可被处理为与它们相等同。

文化根同化（Culturgen assimilation） 文化根被创造并在其后成规则允许文化根的行为类别中被采纳的过程。（对比**遗传同化**）

细胞结构（Cytoarchitecture） 细胞在组织与器官中的排列。

达尔文主义（Darwinism） 通过自然选择的进化理论，由达尔文（1809—1882）创立。现代广泛扩展的版本经常被称为新达尔文主义，有时也被称为进化理论的现代综合。

人口统计学（Demography） 对出生率、死亡率、年龄分布等人口相关量化属性的科学研究。（另见**种群生物学**）

树突（Dendrite） 神经元树枝状的部分，特征为一端快速变细并频繁分叉。树突充当大多数神经元的主要接收与整合区域。（对比**轴突**）

脱氧核糖核酸（Deoxyribonucleic acid） 见 DNA。

决定论（Determinism） 已知的或至少可知的变量之间的一种固定的因果关系。在科学哲学中，这一表述通常暗示着相关过程是由相对少数的、规定得很窄的变量所设定的。因此，"基因决定论"对于许多人来说意味着行为受到基因的严格限制，而"文化决定论"意味着它几乎完全依赖于周围文化的特殊性。

决定论的（Deterministic） 在数学上，指不考虑偶然性对特定情况结果影响的两个或更多变量之间的关系。（对比**随机的**）

发展心理学（Developmental psychology） 在原初意义上，指儿童精神活动与认知发育的科学研究；该领域现在也包括生命此后的所有阶段。

二对等位基因的(Diallelic) 属于处在同一基因座的两个等位基因的。

分化(Differentiation) 在生物学中,相似的细胞走上不同发育路径的过程。

二倍体(Diploid) 指有着由每个染色体的两个拷贝(称为同源染色体)组成的染色体组的细胞或生物体。二倍体细胞或生物体的产生通常是两个性细胞结合的结果,它们各自只携带每个染色体的一份拷贝。因此,二倍体细胞每个染色体对中的两个同源染色体,都分别有着各自的起源,一个来自母方,另一个来自父方。(对比**单倍体**)

去习惯化(Dishabituation) 习惯的倒转:由于引出它的刺激的某些性质的变化,恢复到原初的反应水平。

DNA(deoxyribonucleic acid) 一切生物体的基础遗传材料;一种包含脱氧核糖的核酸聚合物。在高级生物中,包括动物,大量 DNA 位于染色体之内。

显性(Dominance) 在行为生物学中,群体的某些成员受到其他成员的身体压制,通常以一种相对有序和长存的模式(称为统治层级)。在遗传学中,指基因的一种等位形态决定杂合个体表型的能力,其中的同源染色体携带不同的等位基因。例如,A 与 a 是一个基因的两种等位基因形态,如果 AA 二倍体与 Aa 二倍体在表型上完全相同(或近似于如此)且可与 aa 二倍体区别开来,就说 A 相对于 a 是显性的。而说这个 a 等位基因是隐性的。

果蝇(Drosophila) 果蝇属,广泛用于生物学研究,尤其是遗传学。

生态学(Ecology) 关于生物体与其环境之间相互作用的科学研究。

传出神经元(Efferent neuron) 将脉冲从中枢神经系统中传出的神经元。更一般地说,将信号从信息处理的局部神经区域传送到另一个区域的神经元。

文化适应(Enculturation) 一种特定的文化传递,尤其是传给社会中的年轻成员。一些作者对社会化与文化适应做出区别,将前者视为每个正常人类的基础社会行为的发育,后者则为以其全部唯一性与特殊性学习一种文化的行为(见例如 Mead, 1963)。然而在本书中,我们可互换地使用了这两个术语。(另

见社会化)

后成基因（Epigene） 影响着研究之下特定发育过程的基因。

后成性（Epigenesis） 基因与环境之间相互作用的过程,最终导致生物体产生可区分的解剖学、心理学、认知与行为特征。后成事件发生在 RNA 从 DNA 转录的时刻,进而通过发育的全部阶段,最终装配出组织与认知本身;相互作用的环境最初完全由细胞培养基构成,而后不断扩张——尤其是在人类的案例中——直到包括文化的所有方面。

后成规则（Epigenetic rule） 后成性过程中引导解剖学、心理学、认知或行为特征发育的任何规则性。在其特有的本性依赖于 DNA 发育蓝图的意义上,后成规则终究是以基因为基础的。它们发生在发育的所有阶段,从蛋白质组装,经过器官构成的复杂事件,直到学习。某些后成规则是不灵活的,使得最终表型几乎不受最大环境变化的扰动。其他一些允许对环境做出灵活的反应;但在一系列可能反应中的每一种都通过特殊控制机制运作而与一个环境线索或一组线索相匹配的意义上,甚至这些也有可能是不变的。在认知的发育中,后成规则会通过许多感知与认知过程中的任何一个表现出来,以此影响学习的形式与文化根的传递。精神发育的**初级后成规则**基于从感觉过滤到感知过程中导致的更为机械的过程（第 2 章）。**二级后成规则**影响在感知场中显示的信息,也包括对记忆、情感反应、决策以及最终的**使用偏向曲线**的引导（另见第 3 章）。

后成基因型（Epigenotype） 影响着研究之下特定发育过程的一组基因。

上位性（Epistasis） 基因对不同基因座的非叠加式互动,尤其是一组对另一组的抑制。

民族志曲线（Ethnographic curve） 一个社会拥有特定文化模式的概率系列。在目前对基因—文化协同进化的分析中,文化模式被定义为拥有一个特定的活跃文化根的社会中个体的不同比例。曲线可基于同时被观察的许多社会,或基于被反复观察的一个或少数几个社会。

民族志（Ethnography） 关于个体社会的文化的描述以及对文化的比较。

民族学（Ethnology） 关于文化的科学研究，民族志是它较为主要的描述部分。

动物行为学（Ethology） 关于自然环境中动物行为整体模式的生物学研究，强调适应的分析与模式的进化。它与社会生物学相区别，后者是特别关于社会行为的生物学基础，尤其是整体社会属性的研究。（另见**社会生物学**）

优文化（Euculture） 文化的最高级形态，具备这种文化的个体不仅传授与学习信息，还将大部分信息概念化为较易由符号标识并由语言处理的物化实体。（另见**原文化、物化**）

进化（Evolution） 一切逐渐的变化。遗传进化或有机进化，经常被简称为进化，为生物体从一代到下一代的任何基因变化；或者，更严格地，种群之内从一代到下一代的基因频率变化。文化进化是世代之内或世代之间文化地传递的加工品、行为、制度或概念的变化。按照纯粹的构想，文化进化并不必然涉及任何形式的基因变化，但当这两种模式的变化以一种相互作用的方式结合起来，总的过程就被称为基因—文化协同进化。

进化生物学（Evolutionary biology） 处理生物种群的进化过程与特性，以及生态、行为与系统的生物学科的统称。（另见**种群生物学**）

适合度（Fitness） 在进化生物学中，后世代的分化表现。（见**基因—文化适合度、遗传适合度**）

频率曲线（Frequency curve） 在图表中绘制的曲线，用以展示特定的频率分布。

频率分布（Frequency distribution） 拥有某种可变量的不同数值的个体数量集合；例如，不同年龄的动物的数量（"年龄分布"）或拥有不同文化根比例的社会的数量（"民族志分布"）。

模糊逻辑（Fuzzy logic） 把连续变化的特质，比如语音信息中的嗓音起始时间，处理为重叠的类别的概率式分类法。（另见**原型**）

配子（Gamete） 成熟的有性生殖细胞：卵子或精子。

基因（Gene） 遗传的基本单位。经常定义为粗略等同于顺反子，携带指定一个单独多肽信息的 DNA 片段。

基因—文化适应性地形（Gene-culture adaptive landscape） 可由种群装配出来的基因型与文化根的全部组合所构成的基因—文化适合度集合。

基因—文化协同进化（Gene-culture coevolution） 基因与文化的耦合进化。更精确地，任何以这样一种方式改变文化根频率的基因频率变化：文化根变化也改变基因频率。（另见**协同进化**）

基因—文化协同进化理论（Gene-culture coevolutionary theory） 处理协同进化过程完整回路问题的理论；有时简称为基因—文化理论（GCT）。

基因—文化适合度（Gene-culture fitness） 基因型与文化根的特定组合相对其他这样的组合对下一代的贡献度。根据定义，这种有差异的贡献度最终会导致某种有最高适合度的基因型的盛行。（对比**遗传适合度**）

基因—文化理论（Gene-culture theory，GCT） 见**基因—文化协同进化理论**。

基因—文化转译（Gene-culture translation） 个体发育后成规则对社会模式的影响。

基因—文化传递（Gene-culture transmission） 文化根的传递，选择在其中并非全是等概率的。（对比**纯文化传递**与**纯遗传传递**）

基因流（Gene flow） 不同物种之间的基因交换（极端的案例称为杂交），或不同种群之间的基因交换，由个体迁徙或配子远距离传播所引起。

基因池（Gene pool） 一个种群中的全部基因（亦即遗传材料）。

遗传同化（Genetic assimilation） 使个体更有可能发育出先前稀有的特征的基因频率变化。典型的结果为在异常环境中表型由此出现；性状的携带者证明在生存与生殖方面具有优势；结果，促进该性状出现的基因频率有所增加，甚至在正常环境下也是如此。（比较**文化根同化**）

基因漂变（Genetic drift） 由偶然性单独引起的进化（基因属性上的变化）。

遗传进化（Genetic evolution） 见进化。

遗传适合度（Genetic fitness） 一个基因型相对于其他基因型对下一代的贡献度，对基因型各异的个体所拥有的全部文化根取平均值（因此实际上不涉及文化根）。根据定义，这种有差异的贡献度最终会导致某种有最高适合度的基因型的盛行。（比较**基因—文化适合度**）

基因组（Genome） 生物体的全部基因构成。

基因型（Genotype） 个体生物的基因构成，表现为一个性状或一组性状。（对比**表型**）

属（Genus，复数为 genera） 一组相关的、相似的物种。例子包括犬属（狼、家犬及它们的近亲）与人属（原始人，包括能人与直立人，以及现代人，智人）。

群（Group） 任何属于相同的物种、在一段时期内待在一起、彼此相互作用的程度与其他同种生物体相比明显更大的生物体集合。

群选择（Group selection） 在作为一个单位的世系群中，作用于两个或更多成员之上的选择。广义上，群选择既包括亲缘选择也包括种群整体选择。（另见**亲缘选择**）

习惯化（Habituation） 最简单的学习形式，即处于无奖励或惩罚的刺激之中的动物最终停止做出反应。（另见**去习惯化**）

单倍体（Haploid） 仅由每个染色体的一份拷贝构成的染色体组。性细胞是典型的单倍体。（对比**二倍体**）

可遗传度（Heritability） 种群内性状变异来自遗传而不受环境影响的部分——更精确地说，统计学上测量的其变异部分。可遗传度得分为一，意味着所有变异在根本上都以基因为基础；可遗传度得分为零，意味着所有变异都是环境的产物。

变态分层结构(Heterarchy) 一种混合层次的等级结构:由两个或更多层次的单位构成的类似等级结构的系统,在某种程度上具有较高层次影响较低层次的特征,但较低单位的额外活动在一定程度上也会反馈回来影响较高的层次。较高层次上的单位由较低层次的单位组成。例如,个体行为产生了制度以及其他宏文化模式,这些随后又影响着个体的决定。

杂合的(Heterozygous) 指一个二倍体生物在携带基因的一对同源染色体上有着给定基因的不同等位基因。

等级制度(Hierarchy) 一种系统,其要素以两个或更多自然层次的系统—子系统可区别分解的形式组织起来。(另见**变态分层结构**)

整体论(Holism) 关于复杂系统的一种解释方法,以及激发这种解释的哲学,它不仅包括系统的要素属性,还包括其关系的模式甚至历史,以及其使系统作为一个独特的、高级的实体发挥功能的整合方式。极端的整体论会避开高级实体与其要素之间的任何有意义的关联。(对比**还原论**)

体内稳态(Homeostasis) 借助通过内部反馈反应的自我调节,对一种稳定状态,尤其是发育的、生理学的或社会的稳定状态的维持。

人属(*Homo*) 真正的人的一个属,包括若干已灭绝的形态(能人、直立人、尼安德特人),以及现代人(智人),他们都曾是或仍是灵长目,特点为完全直立的体态、双足行走、减少的齿系,以及最主要的、增大的大脑尺寸。

纯合的(Homozygous) 指一个二倍体生物拥有两条同源染色体上给定基因的完全相同的等位基因。一个生物体可能对于一个基因来说是纯合体,同时对于另一个基因来说又是杂合体。

印记(Imprinting) 一种严格形式的学习,通常发生于生命周期中一个简短的"敏感"时期,动物在这一时期会只对一个其他动物或物体做出特定的反应。

内交(Inbreeding) 亲属的交配。内交的程度可由因为共同祖先而相同的基因比例来衡量。

乱伦（Incest） 近亲者之间的性关系。

内含适合度（Inclusive fitness） 个体自身的适合度，加上对其直系后裔之外的亲属的适合度的全部影响的总和；亦即个体相关亲缘选择的总体效应。

基因座间互动（Interlocus interactions） 不同基因座上的基因影响彼此活动的多种模式。（例如，见**上位性**）

中间神经元（Interneuron） 一种把其他神经元彼此连接起来的神经元，并且既不是与感觉相关的，也不是主要负责向外围传导。与联络神经元（internuncial neuron）同义。

无脊椎动物（Invertebrate） 神经索不是被封闭在多骨节脊柱，即脊椎之中的任何动物，比如蜗牛或昆虫。（对比**脊椎动物**）

岛屿生物地理学（Island biogeography） 关于岛屿上或类似的隔离区域中生物体分布的研究。岛屿生物地理学理论主要基于迁入、灭绝以及岛栖物种数量平衡态的达成等模型。

亲缘选择（Kin selection） 由于一个或更多个体倾向于促成或不促成亲属（而非后代）的生存与生殖所产生的基因频率变化，它们通过共同祖先而拥有相同的基因。

知识结构（Knowledge structure） 长期记忆中任意一组连接的节点，从单个节点到图式，再到长期记忆的全部内容。某些知识结构可被定位到文化根之上，并在很多情况下与它们完全相同。

拉马克主义（Lamarckism） 通过获得性状来实现进化的进化理论，由拉马克（Jean Baptiste de Lamarck，1744—1829）提出。其相信通过个体活动获得的性状可直接传给后代——相比之下，达尔文主义认为后代接收的只是不被环境改变的基因特性，而进化正是通过继承这些特性的个体获得的更大成功（换句话说，通过自然选择）而发生的。（另见**达尔文主义**）

学习（Learning） 根据生物体的经验而改进的行为。

学习规则（Learning rule） 一种直接影响特定文化根的学习的后成规则。

给定适当的方法,学习规则可借助一条使用偏向曲线来评估。

项圈原理(Leash principle) 从自然选择理论推出的原理,即后成规则将倾向于以使个体挑选某些文化根胜过其他这样一种方式进化;换句话说,"基因用一个项圈抓住文化"。(另见**后成规则**)

生命周期(Life cycle) 一个生物体从受精(或无性创生)之时到自己再生殖后代的整个生命期。

边缘区域(边缘系统)(Limbic region, limbic system) 控制行为的情感与动机方面,或至少为其充当主渠道的高级大脑结构。在解剖学上,边缘区域是围绕脑干前端与大脑半球联合部位的结构环带,包括下丘脑、前丘脑、杏仁核、隔核、海马结构以及其他细胞复合体。

连接(Link) 大脑中符号之间的关联的图像化表示。

联系(Linkage) 在遗传学中,相同染色体不同基因座的等位基因之间的关联,在性细胞形成期间造成它们的非随机分配。在心理学中,长期记忆中两个节点之间的关联。

基因座(Locus,复数为 loci) 基因在染色体上的位置。

逻辑斯谛(Logistic) 一种特定的变化形式,比如种群的生长或文化根的扩散,最初加速,然后随着此过程接近其上限而稳步减缓。

长期记忆(第二记忆)(Long term memory, secondary memory) 大脑的存储系统,信息在其中被长时期保持,经常长达个体的一生。(对比**短期记忆**)

主基因(Major gene) 对考虑中的性状的大部分变异进行单独解释的基因,与多基因相对。主基因的效应在某种程度上可被修改者基因改变。(另见**多基因**)

哺乳动物(Mammal) 哺乳纲的任何动物,比如狼或人类,特点为雌性乳腺可产生乳汁,以及拥有覆盖身体的毛发。

小中取大策略(Maximin strategy) 经济以及其他形式的行为中的程序,在最坏的可能条件下获得最大回报,而不是在最有利的条件下获得最大回报。

意义（Meaning） 一个符号与所有其他符号之间的关系模式。

心智品（Mentifacts） 不直接对应于真实物体、人或事件的精神构成品。

微进化（Microevolution） 小数量的进化改变，由基因比例、染色体结构或染色体数量上的较小变动构成。（更大数量的改变将称为宏进化，或简单地就叫进化。）

修改者基因（Modifier gene） 以相对次要的方式改变主基因效应的基因。（另见**主基因**）

单调函数（Monotonic function） 总是增加或减少的函数；因此在单调递增函数的情况下，如果 $x<y$，则 $f(x)<f(y)$，对所有成对的 x 与 y 值都成立。

多维尺度分析（Multidimensional scaling analysis） 对物体或过程的差异的测量，其方式为，用于区分它们的多重特征可被组合和绘制，经常被组合和绘制到一个平面上，以供更为方便的考察及分析之用。也就是多个维度的尺度上的分析。

多因子遗传（Multifactorial inheritance） 由位于超过一个基因座之上的多个基因控制的性状变异；此术语通常进一步暗示这些基因是多基因。

突变体（Mutant） 由突变最近创造出的等位基因，或至少在种群中足够稀少，可在频率水平上从最近的突变活动中预料到。也指携带着这种等位基因的个体生物。

突变（Mutation） 在广义上，生物体的基因构成中任何不连续的变化。在狭义上，这个词通常指"点突变"，一种沿着核酸序列的非常有限的部分发生的变化。

自然选择（Natural selection） 有着不同基因类型但属于相同种群的个体对下一代的分化贡献度。这是由达尔文提出的基础机制，而在今天一般被视为进化的主导力量。

神经生物学（神经科学）（Neurobiology, neurosciences） 在其解剖学、发育以及生理学最广泛的意义上，关于神经系统的科学研究。（对比**神经生**

理学)

神经元(Neuron) 神经细胞。

神经生理学(Neurophysiology) 关于神经系统,尤其是它得以发挥作用的生理过程的科学研究。

神经递质(Neurotransmitter) 一种在突触上释放,调节神经冲动传递的物质,比如血清素。

节点(Node) 符号的抽象代表物,或者大脑的初级记忆单元。大脑的符号结构经常被图示化为图表或**节点—连接图**。图表中的节点代表符号,而连接代表符号之间的关系或活动模式。(另见**概念、知识结构、符号**)

节点—连接结构(Node-link structure) 长期记忆中相关联的节点集合。当这个结构足够清晰而其要素充分连接,它就构成了一个**图式**。

核酸(Nucleic acid) 一种脱氧核糖或核糖环与磷酸群的长链交替聚合体,以有机碱基(腺嘌呤、胸腺嘧啶或尿嘧啶、鸟嘌呤、胞嘧啶)作为支链。基础的基因编码材料 DNA 与 RNA 都是核酸。

核苷酸(Nucleotide) 核酸聚合体(如基因编码材料 DNA 与 RNA)中的基础化学单元。

个体发生(Ontogeny) 单个生物体在其生命历史进程中的发育情况。

生物体(Organism) 任何活着的创造物。

正交的(Orthogonal) 在向量与多维空间的数学中,当两个向量的内积为零,它们就是正交的。这两个向量在空间中也就是彼此垂直的。在严格的字义上,正交性是两个或更多变量相对于第三变量的独立作用。

古生物学(Paleontology) 关于化石以及灭绝生物的所有方面的科学研究。

外显率(Penetrance) 在基因—文化理论中,种群的不同成员可接受的特种文化根的数量。(另见**选择性**)

知觉(Perception) 接收与认知来自环境的线索的心理过程。环境既包

括外部世界,也包括生物体的内部生理状态。(另见**认知**)

感知场(Perceptual field) 在对通过感觉器官接收到的信息做出响应的大脑联想中心中形成的构型。因此离散色调形式的光频组织化代表着大脑感知场的一个基础的部分。

相位重入(Phasic reentry) 原本处于潜伏模式的脉冲的短暂重入。当脑的意识中心内的模式按时间排序,结果可能就是对一个过去事件的记忆重构。

拟表型(Phenocopy) 一种少有的、异常的个体,表面上像是突变体(因此这个个体"模拟"了突变体的表型)。显著特征为通常由发育期间的环境压力所导致。例如果蝇翅膀由蛹态期间施加热冲击所导致的横脉缺失的情况。

表型(Phenotype) 个体性状或性状集合的可观察属性。表型特征的发育受到个体基因构成及其环境的联合影响。(对比**基因型**;另见**后成性**)

音素(Phoneme) 词语中仍能作为离散音节被区分的最小可能成分。单个音素的变化一般会改变一个口语词汇的含义。

生理学(Physiology) 关于生物体的功能,以及构成生物体的个别器官、组织与细胞的科学研究。在其最宽泛的意义上,生理学也包括分子生物学与生物化学的大部分内容。

多效性(Pleiotropism) 通过相同的基因或基因组,对一种以上的表型性状做出的控制,例如眼睛颜色、求偶行为或体形大小。

多基因(Polygenes) 在宽泛的意义上,影响着相同性状但排列在两个或更多染色体基因座之上的基因。在更严格的意义上,多基因不仅分散于多个基因座,而且在对表型的影响程度上大致相同。

种群(Population) 属于相同物种并在同一时间占据着界线清晰的空间的生物体集合。一个特定的种群经常有着共有的社会边界,尤其是当这个社会形成了一个封闭的或局部封闭的繁殖系统。

种群生物学(Population biology) 关于种群特有的生物学属性,包括其分布、生态、生长、年龄特征以及基因结构的科学研究。(另见**人口统计学**、种

群生态学与种群遗传学——所有这些都是种群生物学的分支学科）

种群生态学（Population ecology） 关于生物体整个种群与其环境之间的独特关系的科学研究，涵盖的主题包括死亡率与繁殖力的决定因素、种群生长率以及竞争与共生的过程。

种群遗传学（Population genetics） 在种群层次上看待遗传的独特属性的科学研究，包括遗传多样性以及构成进化的基因频率改变。

灵长目（Primate） 灵长目的任何成员，比如狐猴、猴、猿或人。

初产的（Primiparous） 第一次怀孕的。

原初的（Primitive） 指在进化中首先出现，之后引起其他更"高级"特征的特征。原初的特征经常但并非总是不如高级特征复杂。

精简原理（Principle of parsimony） 关于后成规则倾向于进化出足以满足需要的最低水平的遗传特化的猜想；由此，当对特化的需要减少或消失时，认知中的特殊生理装置将会退化。（另见**透明度原理**）

命题（Proposition） 语义记忆的要素，通过一个作为关系项的符号功能，结合两个或更多作为"论点"的符号功能。例如，在"约翰打萨姆"这句话中，"约翰"与"萨姆"为论点，"打"为关系项。命题节点经常被连接到能在个体的语言中产生出从句或句子的节点上。（另见**概念**、**节点**、**符号**）

原文化（Protoculture） 一种文化形式，可在少数高等动物中发现，信息由此通过模仿甚至教育来传递，但物化与符号化尚未发生。（对比**优文化**）

原型（Prototype） 长期记忆中的一种图式或符号，被大脑在新刺激集合的感知与分类过程中用作指示物。（另见**概念**、**图式**、**符号**）

心理生物学（Psychobiology） 关于行为的生物学基础，尤其是在行为的整体模式及其心理控制层面上的科学研究。

心理语言学（Psycholinguistics） 关于产生并解释语言的心灵过程的科学研究。

心理学（Psychology） 关于行为的科学研究，强调为人类所独有的，或至少在人身上得到最高发展的特征与能力。

蛹(Pupa)　完全变态型昆虫(如苍蝇与黄蜂)不活跃的发育阶段,在此期间成熟为最终的成虫形态。

纯文化传递(Pure cultural transmission)　所有选择均为等概率的文化根传递。(比较**纯遗传传递**与**基因—文化传递**)

纯遗传传递(Pure genetic transmission)　在基因—文化协同进化理论中,文化根传递限于单一选择的极端情况。(比较**纯文化传递**与**基因—文化传递**)

感受器(Receptor)　见感觉感受器。

隐性的(Recessive)　在遗传学中,指与显性等位基因搭配出现时其表型受到抑制的等位基因。

还原论(Reductionism)　通过尝试单纯以其要素的属性为基础来说明系统而对复杂系统解释的过度简化。通常被社会科学家归为生物学,被生物学家归为化学,而被化学家归为物理学。(对比**整体论**)

物化(Reification)　对于被朦胧感知且相对捉摸不定的现象,比如物体或活动的复杂组合,给出虚构的具体形象、简化并标识以词语或其他符号的精神活动。在马克思主义文献中,该词以将之从个人的思想与改变的能力中移除的方式更严格地用来指概念与制度的客体化。

物化学习规则(Reification learning rule)　在物化现象的形成与标识中运作的后成规则。

RNA(核糖核酸)(ribonucleic acid)　在蛋白质制造过程中,用于基因信息(由 DNA 编码)复制与翻译的基础材料;一种使用核糖的核酸聚合体。

图式(Schema,复数为 schemata)　长期记忆中的实质性的、经常具有功能性的片断。**图式**是一个被频繁使用但定义模糊的认知与发展心理学术语。它有两层一般性含义。第一个由巴特利特(Bartlett)(1932)首创,为心灵中知识或符号结构的大块片段。个体在反思与决策中参考图式。而在皮亚杰(1952)这里,图式这个词,尤其是感觉运动图式这个表述,在行动计划,以及把输入刺激与激活行为反应的决定联系起来的知识方面,获得了非常明确的内涵。(另见**概念**、**知识结构**、**节点**、**符号**)

选择压力(Selection pressure) 环境中导致自然选择的任何过程。例如,食物短缺、捕食者的活动或与其他同性别成员争夺配偶的竞争提供了选择压力,使有着各种不同基因类型的个体存活到不同的平均年龄,以不同的速率生殖,或同时作用于两者。

选择性(Selectivity) 在基因—文化理论中,个体选用一个或少数几个文化根,而不选择其他可得到的文化根的趋势强度。

语义区别技术(Semantic differential technique) 一种测量词语或符号关联性的方法,在意义各不相同的标度上占有相应的位点;例如,**狗**这个词可放入友善—敌意、热—冷等意义之间的某处。

语义记忆(Semantic memory) 包含在人类长期记忆中的符号网络。(见**符号**)

语义学(Semantics) 关于意义的研究。

感觉感受器(Sensory receptor) 专门用来探测物理信号(比如光或声),且将其转译成随后可被中间神经元"读取"并传到中枢神经系统的编码反应的细胞、组织或器官。

短期记忆(Short term memory) 信息在其中不经复述最多保持大约15秒,数量上不超过大约7个符号的信息存储系统。(另见**长期记忆**)

社会传染(Social contagion) 一个成功的文化根通过个人接触在社会中的扩散。

社会化(Socialization) 由于个体与社会中的其他成员,包括其父母之间的相互作用而产生的个体行为的总体修正。一些作者对社会化与文化适应做出区别,将前者视为每个正常人类个体的基础社会行为的发育,后者则为以其全部唯一性与特殊性学习一种文化的行为(见例如 Mead,1963)。在本书中,我们可互换地使用了这两个术语。

社会(Society) 属于相同物种且以合作方式组织起来的一群个体。社会的诊断标准为合作本性的互惠交流,超出单纯的性活动。(见 Wilson,1975)

社会生物学(Sociobiology) 关于一切形态的社会行为的生物学基础的系统化研究,包括所有种类生物中的性行为以及父母—子女互动。

社会学(Sociology) 在广义上,关于所有政治组织层次上的人类社会的一般性研究。

物种(Species) 较低层的基础分类单位,由关系紧密的相似生物体的一个种群或系列种群所构成。更严格意义上的"生物学物种"由彼此能够自由交配但不能与其他物种的成员混交的个体构成。

稳定状态(Steady state) 由于系统内要素合成与分解的平衡而产生的明显不变的状况,或者也可因新要素进入系统而旧要素离开系统的平衡而产生。

随机的(Stochastic) 指数学概率的属性。随机论的模型考虑偶然性造成的后果中的变异。(对比**决定论的**)

超基因(Supergene) 一群相连接的基因,控制一组独特的性状因而大致上表现得像是一个单独的主基因。

共生(Symbiosis) 两个或更多的物种,或其他不同组生物体以一种长期而亲密的生态学关系生活在一起。

符号(Symbol) 此术语有两种用法,都指认知的基本单位。从认知的计算理论方面来讨论,**符号**指由信息处理系统所操作的初级单元。一个符号在大脑中的物理基础被认为是一种神经元网络或群簇。在这个意义上,一个记忆痕迹或印迹也是一个符号。认知创造出新的符号,也创造出先前存在的符号之间的新关系。因此人类记忆可说是由**符号结构**组成且联想式地运行;亦即一个符号激活相关符号的活化作用,将其带入意识知觉领域。**符号**这一术语也以一种不那么专门的方式在人类学、语言学、心理学以及精神分析中大量使用,以指代某种用于交流的要素或特征。它在形式上并不是完全任意的,但被挑选来为吸收它的特定文化承载含义与重要意义。

突触(Synapse) 神经元之间,或神经元与神经肌肉接头处肌肉纤维之间的一种功能性连接物。

突触发生(Synaptogenesis) 在细胞层次上导致突触产生的发育。

教学规则(Teaching rule) 直接影响特定文化根教学的后成规则。

领地(Territory) 为一个生物体或一群生物体以或多或少的排他性,通过公开防御或敌意展示的排斥手段所占据的区域。

阈值(Threshold) 系统的一种状态,由此处系统可转入拥有非常不同的属性的其他状态。

组织(Tissue) 在功能上相关联的细胞聚集体,组织起来构成器官的一部分。例如,构成眼睛的一部分的结膜上皮。

转录(Transcription) 以一股DNA作为模板的RNA合成,因此也是促成蛋白质配制与产生的DNA"解码"中的第一步。

翻译(Translation) 使用编码在RNA上的信息来合成蛋白质。

透明原理(Transparency principle) 一种猜想:某一类行为反应与遗传适合度的关联越依赖于环境条件,有意识的心灵对这种关联的感知就越清晰,反应也越灵活。

u_i 该符号要么表示先天偏向,即在学习过程开始之时选择一个文化根而不选另一个,因此对他人所做选择缺乏敏感性的概率,要么表示在初始学习发生之后的每个决断点上,无论受到他人影响与否,做出这种选择的概率。

$u_{ij}(\xi)$ 该符号表示当比例为ξ的社会其他成员都在使用文化根i的时候,一个个体在某一个决断点上从文化根i转换到文化根j的概率。

选用(Usage) 见文化根的选用。

使用偏向曲线(Usage bias curve) 该曲线展示生物体将在一个文化根类别中选用不同文化根的一种或另一种的概率,假定它拥有一种特定的基因型并生活在一个特定的环境之中。

文化根的选用(Usage of culturgen) 在我们一贯运用的宽泛意义上,对一个文化根的任何反应:对这个文化根的初始感知与学习,或在反思与评估时对它的相对偏爱,或决定采用它。

选用模式(Usage pattern) 使用一个文化根而非另一个的个体在种群中的比例。

$v_{ij}(\xi)$ 一个个体从文化根 i 转换到文化根 j 的速率。$v_{ij}(\xi)$ 这一项表示了同化函数的一种形态。

方差(Variance) 对于种群内的特征变异(扩散)最常用的统计学测量。它是一份采样中的所有个体与样本均值的平均平方偏差。

脊椎动物(Vertebrate) 长有脊柱(脊梁骨)的动物;典型的有鱼类、两栖动物、爬行动物、鸟类或哺乳动物。(对比**无脊椎动物**)

W 用来表示遗传适合度的符号。

野生类型(Wild type) 在遗传学中,作为标准或参考的类型。偏离这一类型的被称作突变体,无论它们是最近由于突变而出现,还是仅仅以相对低的频率在种群中发生。(另见**突变体**)

ξ 希腊字母 Ξ 的小写体,一个用来表示文化根在社会中的发生频率的序参数;该社会可能涵盖从没有成员拥有这个文化根($\xi=-1$)的状态到全部成员都拥有它($\xi=+1$)的状态。(另见**同化函数**)

动物学(Zoology) 关于动物的科学研究。

合子(Zygote) 由两个配子结合而成的细胞,细胞核也在其中融合。二倍体世代的最初阶段。

致 谢

《基因、心灵与文化》在某种意义上是一部综合了诸多领域学者成果的著作。承蒙诸位学者的帮助,准许我们使用他们著作中的图片,我们在此逐一表示感谢:

图 1.2. © 1977 From *Primate bio-social development: biological, social, and ecological determinants* by Suzanne Chevalier-Skolnikoff and F. E. Poirier. Reproduced by permission of Routledge/Taylor & Francis Books, Inc., and the author.

图 1.3. From Lumsden, C. J., and E. O. Wilson. 1980. Translation of epigenetic rules of individual behavior into ethnographic patterns. *Proceedings of the National Academy of Sciences of the United States of America*, 77(7): 4382—4386. By permission of the authors.

图 1.9. Reprinted with permission of F. R. Hodson and the publisher, from MATHEMATICS AND COMPUTERS IN ARCHAEOLOGY by J. E. Doran and F. R. Hodson, p. 241, Cambridge, Mass.: Harvard University Press, © 1975 by the President and Fellows of Harvard College (rights within the United States).

图 1.9. From Doran, J. E., and F. R. Hodson. 1975. *Mathematics and computers in archaeology*. Edinburgh University Press, Edinburgh. xii + 381 pp.

By permission of F. R. Hodson, author, and Edinburgh University Press, publisher (world rights excluding the United States).

图 1.10. From Clarke, D. L. 1978. *Analytical archaeology*, 2nd ed., rev. by B. Chapman. Columbia University Press, New York. xxii + 526 pp. By permission of Thomson Publishing Services, publisher.

图 2.1. From Bornstein, M. H. 1979. Perceptual development: stability and change in feature perception. In M. H. Bornstein, and W. Kessen, eds., *Psychological development from infancy: image to intention*, pp. 37—81. Lawrence Erlbaum Associates, Hillsdale, N. J. By permission of M. H. Bornstein, author.

图 2.2. From Shepard, R. N. 1978. The circumplex and related topological manifolds in the study of perception. In S. Shye, ed., *Theory construction and data analysis in the behavioral sciences*, pp. 29—80. Jossey-Bass, San Francisco. By permission of R. N. Shepard, author, and S. Shye, editor.

图 2.3. From Berlin, B., and P. Kay. 1969. *Basic color terms: their universality and evolution*. University of California Press, Berkeley. xii + 178 pp. By permission of B. Berlin, author.

图 2.4. From Bornstein, M. H. 1979. Perceptual development: stability and change in feature perception. In M. H. Bornstein and W. Kessen, eds., *Psychological development from infancy: image to intention*, pp. 37—81. Lawrence Erlbaum Associates, Hillsdale, N. J. By permission of M. H. Bornstein, author.

图 2.5. From Shepard, R. N., and P. Arabie. 1979. Additive clustering: representation of similarities as combinations of discrete overlapping properties. *Psychological Review*, 86(2): 87—123. By permission of R. N. Shepard, author, and © 1979 by the American Psychological Association. Reprinted with permission.

图 3.1. From Hofstadter, D. R. 1979. *Gödel, Escher, Bach: an Eternal*

Golden Braid. Basic Books, New York. xxii + 777 pp. By permission of D. R. Hofstadter, author.

图 3.6. Reprinted from Early visual selectivity: as a function of pattern variables, previous exposure, age from birth and conception, and expected cognitive deficit. In L. B. Cohen and P. Salapatek, eds., *Infant perception: from sensation to cognition*, vol. 1, Pages 249—345, © 1975, with permission from Elsevier, and J. F. Fagan, author.

图 3.7. Reprinted from Early visual selectivity: as a function of pattern variables, previous exposure, age from birth and conception, and expected cognitive deficit. In L. B. Cohen and P. Salapatek, eds., *Infant perception: from sensation to cognition*, vol. 1, Pages 249—345, © 1975, with permission from Elsevier, and J. F. Fagan, author.

图 3.8. From Jirari, Carolyn G. 1970. © *Form perception, innate form preference, and visually mediated head turning in the human neonate*. Ph. D. dissertation, University of Chicago. By permission of Carolyn G. Jirari, author.

图 3.9. From Smets, Gerda. 1973. *Aesthetic judgment and arousal: an experimental contribution to psycho-aesthetics*. Leuven University Press, Leuven (Belgium). xviii + 106 pp. By permission of Leuven University Press, publisher.

图 3.9. From Young, J. Z. 1978. *Programs of the Brain*. Oxford University Press, Oxford. viii + 325 pp. By permission of Oxford University Press, publisher.

图 3.10. Reprinted with permission from Hershenson, M., H. Munsinger, and W. Kessen. 1965. Preference for shapes of intermediate variability in the newborn human. *Science*, 147(3658): 630—631. © 1965 American Association for the Advancement of Science.

图 3.11. From Eibl-Eibesfeldt, I. 1975. *Ethology: the biology of behavior*, 2nd ed. Holt, Rinehart & Winston, New York. xiv + 625 pp. By permission of I.

Eibl-Eibesfeldt, author.

图 4.2. From Altmann, S. A. 1968. Sociobiology of rhesus monkeys III, the basic communication network. *Behaviour*, 32(1—3): 17—32. By permission of S. A. Altmann, author, and Brill Academic Publishers, publisher.

图 4.17. From Lumsden, C. J., and E. O. Wilson. 1980. Translation of epigenetic rules of individual behavior into ethnographic patterns. *Proceedings of the National Academy of Sciences of the United States of America*, 77(7): 4382—4386. By permission of the authors.

图 4.20. From Lumsden, C. J., and E. O. Wilson. 1980. Translation of epigenetic rules of individual behavior into ethnographic patterns. *Proceedings of the National Academy of Sciences of the United States of America*, 77(7): 4382—4386. By permission of the authors.

图 4.23. From Lumsden, C. J., and E. O. Wilson. 1980. Translation of epigenetic rules of individual behavior into ethnographic patterns. *Proceedings of the National Academy of Sciences of the United States of America*, 77(7): 4382—4386. By permission of the authors.

图 4.27. From Lumsden, C. J., and E. O. Wilson. 1980. Gene-culture translation in the avoidance of sibling incest. *Proceedings of the National Academy of Sciences of the United States of America*, 11(10): 6248—6250. By permission of the authors.

表 4.1. From Lumsden, C. J., and E. O. Wilson. 1980. Translation of epigenetic rules of individual behavior into ethnographic patterns. *Proceedings of the National Academy of Sciences of the United States of America*, 77(7): 4382—4386. By permission of the authors.

图 4.30. From *Yanomamö*, 2nd ed. By N. Chagnon. © 1977. Reprinted with permission of Wadsworth, a division of Thomson Learning: www.thomsonrights. com. Fax 800 – 730 – 2215, and the author.

图 4.39. From Richardson, Jane, and A. L. Kroeber. 1940. Three centuries of women's dress fashions: a quantitative analysis. *University of California Anthropological Records*, 5(2): i—iv, 111—153. By permission of University of California Press, publisher.

图 5.4. From Thomas, H. A. Jr. 1971. Population dynamics of primitive societies. In S. P. Singer, ed., *Is there an optimum level of population?* pp. 127—155. McGraw-Hill Book Co., New York. By permission of McGraw Hill Education, publisher.

图 5.4. Reprinted by permission of J. Tanaka, author, and by permission of the publisher from KALAHARI HUNTER-GATHERERS: STUDIES OF THE !KUNG SAN AND THEIR NEIGHBORS, edited by Richard B. Lee and Irven DeVore, p. 108, Cambridge, Mass.: Harvard University Press, © 1976 by the President and Fellows of Harvard College.

图 6.1. With permission of the author, and from the Annual Review of Neuroscience Volume 1. © 1978 by Annual Reviews.

图 6.2. From PSYCHOLOGY by G. Lindzey, C. S. Hall, and R. F. Thompson.© 1975, 1978 by Worth Publishers. Used with permission.

图 7.2. From Carneiro, R. L. 1967. On the relationship between size of population and complexity of social organization. *Southwestern Journal of Anthropology*, (now the *Journal of Anthropological Research*), 23(3): 234—243. By permission of R. L. Carneiro, author, and the *Journal of Anthropological Research*, publisher.

图 7.3. MacArthur, R. H., and E. O. Wilson; THE THEORY OF ISLAND BIOGEOGRAPHY. © 1967 by Princeton University Press. Reprinted by permission of Princeton University Press, and Edward O. Wilson, author.

参考文献

Abelson, R. P. 1973. The structure of belief systems. In R. C. Schank and K. M. Colby, eds., *Computer models of thought and language*, pp. 287—339. W. H. Freeman, San Francisco.

Abramowitz, M., and Irene A. Stegun, eds. 1965. *Handbook of mathematical functions*. Dover, New York. xiv + 1046 pp.

Ajzen, I., and M. Fishbein. 1977. Attitude-behavior relations: a theoretical analysis and review of empirical research. *Psychological Bulletin*, 84(5): 888—918.

Alcock, J. 1969. Observational learning in three species of birds. *Ibis*, 111(3): 308—321.

Alcock, J. 1979. *Animal behavior*, 2nd ed. Sinauer Associates, Sunderland, Mass. xii + 532 pp.

Alexander, R. D. 1971. The search for an evolutionary philosophy of man. *Proceedings of the Royal Society of Victoria*, 84(1): 99—120.

Alexander, R. D. 1979a. *Darwinism and human affairs*. University of Washington Press, Seattle. xxiv + 317 pp.

Alexander, R. D. 1979b. Evolution and culture. In N. A. Chagnon and W. Irons, eds., *Evolutionary biology and human social behavior: an anthropological perspective*, pp. 59—78. Duxbury Press, North Scituate, Mass.

Alexander, R. D., J. L. Hoogland, R. D. Howard, Katherine M. Noonan, and P. W. Sherman. 1979. Sexual dimorphisms and breeding systems in pinnipeds, ungulates, primates, and humans. In N. A. Chagnon and W. Irons, eds., *Evolutionary biology and human social behavior: an anthropological perspective*, pp. 402—435. Duxbury Press, North Scituate, Mass.

Allen, Elizabeth, et al. (35 authors, constituting the Sociobiology Study Group of Science for the

People). 1976. Sociobiology—another biological determinism. *BioScience*, 26(3): 182, 184—186.

Altmann, S. A. 1968. Sociobiology of rhesus monkeys: III, the basic communication network. *Behaviour*, 32(1—3): 17—32.

Ambrose, J. A. 1969. Cited by J. Bowlby, *Attachment and loss*, vol. 1, *Attachment*, see pp. 293—294. Basic Books, New York. xx + 428 pp.

Ammerman, A. J., and L. L. Cavalli-Sforza. 1973. A population model for the diffusion of early farming in Europe. In C. Renfrew, ed., *The explanation of culture change: models in prehistory*, pp. 343—357. University of Pittsburgh Press, Pittsburgh.

Amoore, J. E. 1977. Specific anosmia and the concept of primary odors. *Chemical Senses and Flavor*, 2: 267—281.

Anderson, N. H. 1979. Algebraic rules in psychological measurement. *American Scientist*, 67(5): 555—563.

Arehart-Treichel, Joan. 1978. The pituitary's powerful protein. *Science News*, 114(22): 374—375, 381.

Argyle, M., and M. Cook. 1976. *Gaze and mutual gaze*. Cambridge University Press, Cambridge. xii + 210 pp.

Arnold, V. I., and A. Avez. 1968. *Ergodic problems of classical mechanics*. W. A. Benjamin, New York. x + 286 pp.

Asch, S. E. 1951. Effects of group pressure upon the modification and distortion of judgments. In H. Guetzkow, ed., *Groups, leadership, and men*, pp. 177—190. Carnegie Press, Carnegie Institute of Technology, Pittsburgh.

Ashton, G. C., J. J. Polovina, and S. G. Vandenberg. 1979. Segregation analysis of family data for 15 tests of cognitive ability. *Behavior Genetics*, 9(5): 329—347.

Atkinson, R. C., G. H. Bower, and E. J. Crothers. 1965. *An introduction to mathematical learning theory*. John Wiley, New York. xiv + 429 pp.

Bailey, N. T. 1975. *The mathematical theory of infectious diseases and its applications*, 2nd ed. (First edition published in 1957 under the title *The mathematical theory of epidemics*.) Griffin, London. xvi + 413 pp.

Banister, E. W. 1979. The perception of effort: an inductive approach. *European Journal of Applied Physiology and Occupational Physiology*, 41(2): 141—150.

Banker, G. A., and W. M. Cowan. 1977. Rat hippocampal neurons in dispersed cell culture. *Brain Research*, 126(3): 397—425.

Baran, P. A. 1959. Marxism and psychoanalysis. *Monthly Review*, 11(6): 186—200.

Barker, J. S. F. 1979. Inter-locus interactions: a review of experimental evidence. *Theoretical*

Population Biology, 16(3): 323—346.

Barlow, G. W., and J. Silverberg, eds. 1980. *Sociobiology: beyond nature/nurture?* (AAAS Selected Symposium 35). Westview Press, Boulder, Colo. xxvi + 627 pp.

Barry, H. III, Margaret K. Bacon, and I. L. Child. 1957. A cross-cultural survey of some sex differences in socialization. *Journal of Abnormal and Social Psychology*, 55(3): 327—332.

Bartholomew, D. J. 1973. *Stochastic models for social processes*, 2nd ed. John Wiley, New York. xii + 411 pp.

Bartlett, F. C. 1932. *Remembering: a study in experimental and social psychology*. Cambridge University Press, Cambridge. x + 317 pp.

Bateson, P. P. G. 1976. Rules and reciprocity in behavioural development. In P. P. G. Bateson and R. A. Hinde, eds., *Growing points in ethology*, pp. 401—421. Cambridge University Press, Cambridge.

Bauman, Z. 1978. *Hermeneutics and social science*. Columbia University Press, New York. 263 pp.

Bearison, D. J. 1979. Sex-linked patterns of socialization. *Sex Roles*, 5(1): 11—18.

Beauchamp, G. K., O. Maller, and J. G. Rogers, Jr. 1977. Flavor preferences in cats (*Felis catus* and *Panthera* sp.). *Journal of Comparative and Physiological Psychology*, 91(5): 1118—1127.

Beck, B. B. 1980. *Animal tool behavior: the use and manufacture of tools by animals*. Garland, New York. xvi + 307 pp.

Becker, G. S. 1976. *The economic approach to human behavior*. University of Chicago Press, Chicago. iv + 314 pp.

Beets, M. G. J. 1979. Informational deficiencies and preference in human chemoreception. In J. H. A. Kroeze, ed., *Preference behaviour and chemoreception*, pp. 23—37. International Retrieval, London.

Bentler, P. M., and G. Speckart. 1979. Models of attitude-behavior relations. *Psychological Review*, 86(5): 452—464.

Bentley, D., and M. Konishi. 1978. Neural control of behavior. *Annual Review of Neuroscience*, 1: 35—59.

Benzer, S. 1973. Genetic dissection of behavior. *Scientific American*, 229(6): 24—37.

Berelson, B., and G. A. Steiner. 1964. *Human behavior: an inventory of scientific findings*. Harcourt, Brace, & World, New York. xxiv + 712 pp.

Berger, P. L., and T. Luckmann. 1966. *The social construction of reality: a treatise in the sociology of knowledge*. Doubleday, Garden City, N. Y. x + 203 pp.

Berlin, B., and P. Kay. 1969. *Basic color terms: their universality and evolution*. University of

California Press, Berkeley. xii + 178 pp.

Berlyne, D. E. 1971. *Aesthetics and psychobiology*. Appleton-Century-Crofts, New York. xiv + 336 pp.

Bielicki, T., and Z. Welon. 1971. The operation of natural selection on human head form in an East European population. In C. J. Bajema, ed., *Natural selection in human populations*, pp. 92—102. John Wiley, New York.

Biesele, Megan. 1978. Sapience and scarce resources: communication systems of the !Kung and other foragers. *Social Science Information*, 17(6): 921—947.

Binford, L. R. 1968. Post-Pleistocene adaptations. In Sally R. and L. R. Binford, eds., *New perspectives in archaeology*, pp. 313—341. Aldine Publishing Co., Chicago.

Binford, L. R. 1978. *Nunamiut ethnoarchaeology*. Academic Press, New York. xiv + 509 pp.

Bitterman, M. E. 1975. The comparative analysis of learning. *Science*, 188(4189): 699—709.

Bloom, S. F. 1941. *The world of nations: a study of the national implications in the work of Karl Marx*. Columbia University Press, New York. viii + 255 pp.

Blum, H. F. 1963. On the origin and evolution of human culture. *American Scientist*, 51(1): 32—47.

Blumberg, B. S., and Jana E. Hesser. 1975. Anthropology and infectious disease. In A. Damon, ed., *Physiological anthropology*, pp. 260—294. Oxford University Press, New York.

Blurton Jones, N. G., and M. J. Konner. 1973. Sex differences in behaviour of London and Bushman children. In R. P. Michael and J. H. Crook, eds., *Comparative ecology and behaviour of primates*, pp. 689—750. Academic Press, London.

Boddy, J. 1978. *Brain systems and psychological concepts*. John Wiley, New York. xiv + 461 pp.

Boehm, C. 1978. Rational preselection from hamadryas to *Homo sapiens*: the place of decisions in adaptive process. *American Anthropologist*, 80(2): 265—296.

Bohman, M. 1978. Some genetic aspects of alcoholism and criminality: a population of adoptees. *Archives of General Psychiatry*, 35(3): 269—276.

Bolton, R. 1978. Black, white, and red all over: the riddle of color term salience. *Ethnology*, 17(3): 287—311.

Bolton, R., and Diane Crisp. 1979. Color terms in folk tales: a cross cultural study. *Behavior Science Research* (Human Relations Area Files, New Haven, Conn.), 14(4): 231—253.

Bonner, J. T. 1980. *The evolution of culture in animals*. Princeton University Press, Princeton, N. J. x + 216 pp.

Bornstein, M. H. 1973. Color vision and color naming: a psychophysiological hypothesis of cultural difference. *Psychological Bulletin*, 80(4): 257—285.

Bornstein, M. H. 1979. Perceptual development: stability and change in feature perception. In

M. H. Bornstein and W. Kessen, eds. , *Psychological development from infancy: image to intention*, pp. 37—81. Lawrence Erlbaum Associates, Hillsdale, N. J.

Bornstein, M. H. , W. Kessen, and Sally Weiskopf. 1976. The categories of hue in infancy. *Science*, 191(4223): 201—202.

Bortz, J. 1978. Psychologische Ästhetikforschung—Bestandsaufnahme und Kritik. *Psychologische Beiträge*, 20(4): 481—508.

Boserup, Ester. 1965. *The conditions of agricultural growth.* Aldine Publishing Co. , Chicago. 124 pp.

Boulding, K. E. 1978. *Ecodynamics: a new theory of societal evolution.* Sage Publications, Beverly Hills, Calif. 368 pp.

Bowers, R. B. 1978a. Statistical dynamic models of social systems: the general theory. *Behavioral Science*, 23(2): 109—119.

Bowers, R. B. 1978b. Statistical dynamic models of social systems: discontinuity and conflict. *Behavioral Science*, 23(2): 120—129.

Box, G. P. , and G. M. Jenkins. 1970. *Time series analysis.* Holden-Day, San Francisco. xx + 553 pp.

Boyd, R. , and P. J. Richerson, 1976. A simple dual inheritance model of the conflict between social and biological evolution. *Zygon*, 11(3): 254—262.

Brainerd, C. J. 1978. The stage question in cognitive-developmental theory. *The Behavioral and Brain Sciences*, 1(2): 173—213.

Brainerd, C. J. 1979. Markovian interpretations of conservation learning. *Psychological Review*, 86(3): 181—213.

Braitenberg, V. 1977. *On the texture of brains.* Springer-Verlag, New York. x + 127 pp.

Bremermann, H. J. 1963. Limits of genetic control. *IEEE Transactions on Military Electronics*, MIL—7(2 and 3): 200—205.

Brian, M. V. 1979. Caste differentiation and division of labor. In H. R. Hermann, ed. , *Social insects*, vol. 1, pp. 121—222. Academic Press, New York.

Brown, R. 1973. *A first language: the early stages.* Harvard University Press, Cambridge, Mass. xxii + 437 pp.

Brown, R. 1978. A new paradigm of reference. In G. A. Miller and E. Lenneberg, eds. , *Psychology and biology of language and thought: essays in honor of Eric Lenneberg*, pp. 151—166. Academic Press, New York.

Brown, R. , and R. J. Herrnstein. 1975. *Psychology.* Little, Brown & Co. , Boston. xviii + 762 pp.

Bullock, T. H. , R. Orkand, and A. Grinnell. 1977. *Introduction to nervous systems.* W. H.

Freeman, San Francisco. xvi + 559 pp.

Buser, P. A., and A. Rougeul-Buser, eds., 1978. *Cerebral correlates of conscious experience*. North-Holland Publishing Co., Amsterdam. x + 364 pp.

Bush, R. R., and F. Mosteller. 1955. *Stochastic models for learning*. John Wiley, New York. xvi + 365 pp.

Buys, C. J., and K. L. Larson. 1979. Human sympathy groups. *Psychological Reports*, 45(2): 547—553.

Cain, W. S. 1979. To know with the nose: keys to odor identification. *Science*, 203(4379): 467—470.

Campbell, D. T. 1965. Variation and selective retention in socio-cultural evolution. In H. R. Barringer, G. I. Blanksten, and R. W. Mack, eds., *Social change in developing areas*, pp. 19—49. Schenkman Publishing Co., Cambridge, Mass.

Campbell, D. T. 1975. On the conflicts between biological and social evolution and between psychology and moral tradition. *American Psychologist*, 30(12): 1103—1126.

Carneiro, R. L. 1967. On the relationship between size of population and complexity of social organization. *Southwestern Journal of Anthropology*, 23(3): 234—243.

Carneiro, R. L. 1970. A theory of the origin of the state. *Science*, 169(3947): 733—738.

Carter-Saltzman, Louise. 1980. Biological and sociocultural effects on handedness: comparison between biological and adoptive families. *Science*, 209(4462): 1263—1265.

Cassirer, E. 1944. *An essay on man*. Yale University Press, New Haven, Conn. xii + 237 pp.

Cassirer, E. 1946. *Language and myth*. Dover, New York. xii + 103 pp.

Caute, D., ed. 1967. *Essential writings of Karl Marx*. Collier Books, Macmillan, New York. 254 pp.

Cavalli-Sforza, L. L. 1971. Similarities and dissimilarities of sociocultural and biological evolution. In F. R. Hodson, D. G. Kendall, and P. Tautu, eds., *Mathematics in the archaeological sciences*, pp. 535—541. Edinburgh University Press, Edinburgh.

Caviness, V. S., Jr., and P. Rakic. 1978. Mechanisms of cortical development: a view from mutations in mice. *Annual Review of Neuroscience*, 1: 297—326.

Chagnon, N. A. 1976. Fission in an Amazonian tribe. *The Sciences*, 16(1): 14—18.

Chagnon, N. A. 1977. *Yanomamö: the fierce people*, 2nd ed. Holt, Rinehart & Winston, New York. xvi + 174 pp.

Chagnon, N. A. 1979. Is reproductive success equal in egalitarian societies? In N. A. Chagnon and W. Irons, eds., *Evolutionary biology and human social behavior: an anthropological perspective*, pp. 374—401. Duxbury Press, North Scituate, Mass.

Chagnon, N. A., and R. B. Hames. 1979. Protein deficiency and tribal warfare in Amazonia:

new data. *Science*, 203(4383): 910—913.

Chagnon, N. A., and W. Irons, eds. 1979. *Evolutionary biology and human social behavior: an anthropological perspective.* Duxbury Press, North Scituate, Mass. xvi + 623 pp.

Chaitin, G. J. 1975. Randomness and mathematical proof. *Scientific American*, 232(5): 47—52.

Changeux, J. -P., and A. Danchin. 1976. Selective stabilisation of developing synapses as a mechanism for the specification of neuronal networks. *Nature*, 264(5588): 705—712.

Chevalier-Skolnikoff, Suzanne. 1977. A Piagetian model for describing and comparing socialization in monkey, ape, and human infants. In Suzanne Chevalier-Skolnikoff and F. E. Poirier, eds., *Primate bio-social development: biological, social, and ecological determinants*, pp. 159—187. Garland, New York.

Chiva, M. 1979. Comment la personne se construit en mangeant. *Communications* (École des Hautes Études en Sciences Sociales—Centre d'Études Transdisciplinaires, Paris), 31: 107—118.

Chomsky, N. 1972. *Language and mind*, enlarged ed. Harcourt Brace Jovanovich, New York. xii + 194 pp.

Clarke, D. L. 1978. *Analytical archaeology*, 2nd ed., rev. by B. Chapman. Columbia University Press, New York. xxii + 526 pp.

Cloak, F. T., Jr. 1975. Is a cultural ethology possible? *Human Ecology*, 3(3): 161—182.

Cloninger, C. R., J. Rice, and T. Reich. 1979a. Multifactorial inheritance with cultural transmission and assortative mating: II, a general model of combined polygenic and cultural inheritance. *American Journal of Human Genetics*, 31(2): 176—198.

Cloninger, C. R., J. Rice, and T. Reich. 1979b. Multifactorial inheritance with cultural transmission and assortative mating: III, family structure and the analysis of separation experiments. *American Journal of Human Genetics*, 31(3): 366—388.

Cohen, J. E. 1971. *Casual groups of monkeys and men: stochastic models of elemental social systems.* Harvard University Press, Cambridge, Mass. xiv + 175 pp.

Cohen, J. E. 1976. Irreproducible results and the breeding of pigs (or nondegenerate limit variables in biology). *BioScience*, 26(6): 391—394.

Cohen, M. N. 1977. *The food crisis in prehistory: overpopulation and the origins of agriculture.* Yale University Press, New Haven, Conn. x + 341 pp.

Colby, K. M. 1973. Simulations of belief systems. In R. C. Schank and K. M. Colby, eds., *Computer models of thought and language*, pp. 251—286. W. H. Freeman, San Francisco.

Colby, K. M. 1978. Mind models: an overview of current work. *Mathematical Biosciences*, 39(3/4): 159—185.

Coleman, J. S. 1964. *Introduction to mathematical sociology.* Free Press, New York. xvi + 554 pp.

Coleman, J. S. 1973. *The mathematics of collective action.* Aldine Publishing Co., Chicago. x + 191 pp.

Collins, A. M., and Elizabeth F. Loftus. 1975. A spreading-activation theory of semantic processing. *Psychological Review*, 82(6): 407—428.

Collins, A. M., and M. R. Quillian. 1969. Retrieval time from semantic memory. *Journal of Verbal Learning and Verbal Behavior*, 8(2): 240—247.

Comings, D. E. 1979. Pc 1 Duarte, a common polymorphism of a human brain protein, and its relationship to depressive disease and multiple sclerosis. *Nature*, 277(5691): 28—32.

Connolly, K. 1973. Factors influencing the learning of manual skills by young children. In R. A. Hinde and Joan Stevenson-Hinde, eds., *Constraints on learning: limitations and predispositions*, pp. 337—369. Academic Press, New York.

Connolly, K., and J. Elliott. 1972. The evolution and ontogeny of hand function. In N. Blurton Jones, ed., *Ethological studies of child behaviour*, pp. 329—383. Cambridge University Press, Cambridge.

Coss, R. G. 1972. Eye-like schemata: their effect on behaviour. Ph. D. dissertation, University of Reading, England. (Cited by Eibl-Eibesfeldt, 1979.)

Cowan, W. M. 1979. Selection and control in neurogenesis. In F. O. Schmitt and F. G. Worden, eds., *The neurosciences: fourth study program*, pp. 59—79. MIT Press, Cambridge, Mass.

Crick, F. H. C. 1979. Thinking about the brain. *Scientific American*, 241(3): 219—232.

Crow, J. F., and M. Kimura. 1970. *An introduction to population genetics theory.* Harper & Row, New York. xiv + 591 pp.

Dahlberg, G. 1947. *Mathematical models for population genetics.* S. Karger, New York. 182 pp.

Daly, M., and Margo Wilson. 1978. *Sex, evolution, and behavior.* Duxbury Press, North Scituate, Mass. xii + 387 pp.

Davenport, W. 1960. Jamaican fishing: a game theory analysis. In S. W. Mintz, comp., *Papers in Caribbean anthropology* (Yale University Publications in Anthropology, nos. 57—64), no. 59, 11 pp. Department of Anthropology, Yale University, New Haven, Conn.

Davidson, G. 1977. Teaching and learning in an aboriginal community. *Developing Education*, 4(4): 2—8.

Davis, Clara M. 1928. Self selection of diet by newly weaned infants. *American Journal of Diseases of Children*, 36(4): 651—679.

Davis, M. 1978. What is a computation? In L. A. Steen, ed., *Mathematics today. Twelve infor-

mal essays, pp. 241—267. Springer-Verlag, New York.

Davis, R. G. 1979. Olfactory perceptual space models compared by quantitative methods. *Chemical Senses and Flavour*, 4(1): 21—33.

Dawkins, R. 1976a. *The selfish gene*. Oxford University Press, New York. viii + 224 pp.

Dawkins, R. 1976b. Hierarchical organisation: a candidate principle for ethology. In P. P. G. Bateson and R. A. Hinde, eds., *Growing points in ethology*, pp. 7—54. Cambridge University Press, Cambridge.

Dawkins, R. 1980. Good strategy or evolutionarily stable strategy? In G. W. Barlow and J. Silverberg, eds., *Sociobiology: beyond nature/nurture?* pp. 331—367. Westview Press, Boulder, Colo.

DeCasper, A. J., and W. P. Fifer. 1980. Of human bonding: newborns prefer their mothers' voices. *Science*, 208(4448): 1174—1176.

Derynck, R., Jean Content, E. DeClercq, G. Volckaert, J. Tavernier, R. Devos, and W. Fiers. 1980. Isolation and structure of a human fibroblast interferon gene. *Nature*, 285(5766): 542—547.

De Soto, C. B. 1960. Learning a social structure. *Journal of Abnormal and Social Psychology*, 60(3): 417—421.

Dobzhansky, T. 1970. *Genetics of the evolutionary process*. Columbia University Press, New York. xiv + 505 pp.

Dobzhansky, T., H. Levene, and B. Spassky. 1972. Effects of selection and migration on geotactic behaviour of *Drosophila*, III. *Proceedings of the Royal Society*, ser. B, 180: 21—41.

Dobzhansky, T., F. J. Ayala, G. L. Stebbins, and J. W. Valentine. 1977. *Evolution*. W. H. Freeman, San Francisco. xvi + 572 pp.

Dodd, S. C. 1955. Diffusion is predictable: testing probability models for laws of interaction. *American Sociological Review*, 20(4): 392—401.

Doran, J. E., and F. R. Hodson. 1975. *Mathematics and computers in archaeology*. Harvard University Press, Cambridge, Mass. xii + 381 pp.

Douglas, Mary. 1979. Accounting for taste. *Psychology Today*, 13(2): 44—51.

Draper, Patricia. 1976. Social and economic constraints on child life among the !Kung. In R. B. Lee and I. DeVore, eds., *Kalahari hunter-gatherers: studies of the !Kung San and their neighbors*, pp. 199—217. Harvard University Press, Cambridge, Mass.

Drew, Jean S., W. T. London, E. D. Lustbader, Jana E. Hesser, and B. S. Blumberg. 1978. Hepatitis B virus and sex ratio of offspring. *Science*, 201(4357): 687—692.

Durham, W. H. 1976. The adaptive significance of cultural behavior. *Human Ecology*, 4(2): 89—121.

Durham, W. H. 1978. The coevolution of human biology and culture. In N. Blurton Jones and V. Reynolds, eds., *Human adaptation and behavior*, pp. 11—32. Halsted Press, Wiley, New York.

Durham, W. H. 1979. Toward a coevolutionary theory of human biology and culture. In N. A. Chagnon and W. Irons, eds., *Evolutionary biology and human social behavior: an anthropological perspective*, pp. 39—59. Duxbury Press, North Scituate, Mass.

Dyson, F. J. 1979. Time without end: physics and biology in an open universe. *Reviews of Modern Physics*, 51(3): 447—460.

Dyson-Hudson, Rada, and E. A. Smith. 1978. Human territoriality: an ecological reassessment. *American Anthropologist*, 80(1): 21—41.

Ebert, J. D., and I. M. Sussex. 1970. *Interacting systems in development*, 2nd ed. Holt, Rinehart & Winston, New York. xii + 338 pp.

Edelman, G. M., and V. B. Mountcastle. 1978. *The mindful brain: cortical organization and the group-selective theory of higher brain function.* MIT Press, Cambridge, Mass. 100 pp.

Edwards, A. W. F. 1977. *Foundations of mathematical genetics.* Cambridge University Press, New York. viii +119 pp.

Ehrman, Lee, and P. A. Parsons. 1976. *The genetics of behavior.* Sinauer Associates, Sunderland, Mass. viii + 390 pp.

Eibl-Eibesfeldt, I. 1975. *Ethology: the biology of behavior*, 2nd ed. Holt, Rinehart & Winston, New York. xiv + 625 pp.

Eibl-Eibesfeldt, I. 1979. Human ethology: concepts and implications for the sciences of man. *The Behavioral and Brain Sciences*, 2(1): 1—57.

Eilers, Rebecca E. 1977. Context-sensitive perception of naturally produced stop and fricative consonants. *Journal of the Acoustical Society of America*, 61(5): 1321—1336.

Eilers, Rebecca E., and F. D. Minifie. 1975. Fricative discrimination in early infancy. *Journal of Speech and Hearing Research*, 18(1): 158—167.

Eilers, Rebecca E., W. R. Wilson, and J. M. Moore. 1977. Developmental changes in speech discrimination in infants. *Journal of Speech and Hearing Research*, 20(4): 766—780.

Eimas, P. D., E. R. Siqueland, P. Jusczyk, and J. Vigorito. 1971. Speech perception in infants. *Science*, 171(3968): 303—306.

Eisenberg, J. F., N. A. Muckenhirn, and R. Rudran. 1972. The relation between ecology and social structure in primates. *Science*, 176(4037): 863—874.

Ekman, G. 1954. Dimensions of color vision. *Journal of Psychology*, 38(2nd half): 467—474.

Ekman, P. 1973. Cross-cultural studies of facial expression. In P. Ekman, ed., *Darwin and facial expression: a century of research in review*, pp. 169—222. Academic Press, New York.

Ember, M. 1975. On the origin and extension of the incest taboo. *Behavior Science Research* (Human Relations Area Files, New Haven, Conn.), 10(4): 249—281.

Emlen, J. M. 1967. On the importance of cultural and biological determinants in human behavior. *American Anthropologist*, 69(5): 513—514.

Emlen, S. T. 1976. An alternative case for sociobiology. *Science*, 192(4241): 736—738.

Emlen, S. T. 1980. Ecological determinism and sociobiology. In G. W. Barlow and J. Silverberg, eds., *Sociobiology: beyond nature/nurture?* pp. 125—150. Westview Press, Boulder, Colo.

Engen, T. 1974. Method and theory in the study of odor preferences. In A. Turk, J. W. Johnson, and D. G. Moulton, eds., *Human responses to environmental odors*, pp. 121—141. Academic Press, New York.

Engen, T. 1979. The origin of preferences in taste and smell. In J. H. A. Kroeze, ed., *Preference behaviour and chemoreception*, pp. 263—273. Information Retrieval, London.

Engen, T., and B. M. Ross. 1973. Long-term memory of odors with and without verbal descriptions. *Journal of Experimental Psychology*, 100(2): 221—227.

Eysenck, H. J. 1968. An experimental study of aesthetic preference for polygonal figures. *Journal of General Psychology*, 79(1st half): 3—17.

Fagan, J. F. III. 1979. The origins of facial pattern recognition. In M. H. Bornstein and W. Kessen, eds., *Psychological development from infancy: image to intention*, pp. 83—113. John Wiley, New York.

Fagen, R. 1981. *Animal play behavior.* Oxford University Press, New York. xvii + 684 pp.

Falconer, D. S. 1960. *Introduction to quantitative genetics.* Ronald Press, New York. x + 365 pp.

Fantz, R. L. 1963. Pattern vision in newborn infants. *Science*, 140(3564): 296—297.

Fantz, R. L., J. F. Fagan III, and S. B. Miranda. 1975. Early visual selectivity: as a function of pattern variables, previous exposure, age from birth and conception, and expected cognitive deficit. In L. B. Cohen and P. Salapatek, eds., *Infant perception: from sensation to cognition*, vol. 1: *Basic visual processes*, pp. 249—345. Academic Press, New York.

Farley, J. D. 1976. Phylogenetic adaptations and the genetics of psychosis. *Acta Psychiatrica Scandinavica*, 53(3): 173—192.

Feldman, M. W., and L. L. Cavalli-Sforza. 1976. Cultural and biological evolutionary processes, selection for a trait under complex transmission. *Theoretical Population Biology*, 9(2): 238—259.

Feldman, M. W., and L. L. Cavalli-Sforza. 1977. The evolution of continuous variation: II, complex transmission and assortative mating. *Theoretical Population Biology*, 11(2): 161—

181.

Feldman, M. W., and L. L. Cavalli-Sforza. 1979. Aspects of variance and covariance analysis with cultural inheritance. *Theoretical Population Biology*, 15(3): 276—307.

Feller, W. 1958. *An introduction to probability theory and its applications*, 2nd ed., vol. 1. John Wiley, New York. xvi + 461 pp.

Finger, S. 1975. Child-holding patterns in Western art. *Child Development*, 46(1): 267—271.

Fishbein, H. D. 1976. *Evolution, development, and children's learning.* Goodyear, Pacific Palisades, Calif. xx + 332 pp.

Fishbein, M., and I. Ajzen. 1975. *Belief, attitude, intention and behaviour: an introduction to theory and research.* Addison-Wesley, Reading, Mass. xii + 578 pp.

Flannery, K. V. 1965. The ecology of early food production in Mesopotamia. *Science*, 147(3663): 1247—1256.

Flannery, K. V. 1972. The cultural evolution of civilizations. *Annual Review of Ecology and Systematics*, 3: 399—426.

Flannery, K. V. 1973. The origins of agriculture. *Annual Review of Anthropology*, 2: 271—310.

Ford, E. B. 1971. *Ecological genetics*, 3rd ed. Chapman and Hall, London. xx + 410 pp.

Ford, J. 1974. Stochastic behavior in nonlinear oscillator systems. In W. C. Schieve and J. S. Turner, eds., *Lectures in statistical physics: lecture notes in physics*, vol. 28, pp. 204—247. Springer-Verlag, New York.

Ford, J., and G. H. Lunsford. 1970. Stochastic behavior of resonant nearly linear oscillator systems in the limit of zero nonlinear coupling. *Physical Review A*, 1(1): 59—70.

Fox, R. 1980. *The red lamp of incest.* E. P. Dutton, New York. xiv + 271 pp.

Freedman, D. A. 1979. The sensory deprivations: an approach to the study of the emergence of affects and the capacity for object relations. *Bulletin of the Menninger Clinic*, 43(1): 29—68.

Freedman, D. G. 1974. *Human infancy: an evolutionary perspective.* Lawrence Erlbaum Associates, Hillsdale, N. J. xii + 212 pp.

Freedman, D. G. 1979. *Human sociobiology.* Free Press, Macmillan Co., New York. 188 pp.

Freedman, J. L., D. O. Soars, and J. M. Carlsmith. 1978. *Social psychology*, 3rd ed. Prentice-Hall, Englewood Cliffs, N. J. xiv + 628 pp.

Fry, R. E. 1979. The economics of pottery at Tikal, Guatemala: models of exchange for serving vessels. *American Antiquity*, 44(3): 494—512.

Futuyma, D. J. 1979. *Evolutionary biology.* Sinauer Asociates, Sunderland, Mass. xii + 565 pp.

Gajdusek, D. C. 1970. Physiological and psychological characteristics of stone age man. *Science and Technology*, 33(6): 26—62.

Gajdusek, D. C. 1977. Unconventional viruses and the origin and disappearance of kuru. In W. Odelberg, ed., *Les Prix Nobel en 1976* (Nobel Foundation), pp. 167—216. P. A. Norstedt and Söner, Stockholm.

Gamble, C. 1980. Information exchange in the Palaeolithic. *Nature*, 283(5747): 522—523.

García-Bellido, A. 1975. Genetic control of wing disc development in *Drosophila*. In S. Brenner, ed., *Cell patterning* (Ciba Foundation Symposium 29, new series), pp. 161—182. Elsevier, New York.

Geertz, C. 1966. Religion as a cultural system. In M. P. Banton, ed., *Anthropological approaches to the study of religion*, pp. 1—46. Tavistock, London.

Geertz, C. 1973. *The interpretation of cultures: selected essays by Clifford Geertz*. Basic Books, New York. x + 470 pp.

Geschwind, N. 1979. Specializations of the human brain. *Scientific American*, 241(3): 180—199.

Getty, D. J., J. A. Swets, J. B. Swets, and D. M. Green. 1979. On the prediction of confusion matrices from similarity judgment. *Perception and Psychophysics*, 26(1): 1—19.

Ghysen, A., and J. Richelle. 1979. Determination of sensory bristles and pattern formation in *Drosophila*: II, the achaete-scute locus. *Developmental Biology*, 70(2): 438—452.

Girgus, Joan S., S. Coren, and R. Fraenkel. 1975. Levels of perceptual processing in the development of visual illusions. *Developmental Psychology*, 11(3): 268—273.

Godelier, M. 1975. Modes of production, kinship, and demographic structures. In M. Block, ed., *Marxist analyses and social anthropology*, pp. 3—27. John Wiley, New York.

Godelier, M. 1977. *Perspectives in Marxist anthropology*. Cambridge University Press, New York. vi + 243 pp.

Goel, N. S., and N. Richter-Dyn. 1974. *Stochastic models in biology*. Academic Press, New York. x + 269 pp.

Goldman, P. S., and P. T. Rakic. 1979. Impact of the outside world upon the developing primate brain: perspective from neurobiology. *Bulletin of the Menninger Clinic*, 43(1): 20—28.

Goleman, D., and Sherida Bush. 1977. The liberation of sexual fantasy. *Psychology Today*, 11(5): 48—53, 104—107.

Goodall, Jane. 1965. Chimpanzees of the Gombe Stream Reserve. In I. DeVore, ed., *Primate behavior: field studies of monkeys and apes*, pp. 425—473. Holt, Rinehart & Winston, New York.

Goodman, C. S. 1978. Isogenic grasshoppers: genetic variability in the morphology of identified neurons. *Journal of Comparative Neurology*, 182(4): 681—705.

Görtz, R. 1976. On the solution of Markovian master equations. *Journal of Physics A: Mathemati-*

cal and General, 9(7): 1089—1092.

Gould, P. R. 1963. Man against his environment: a game theoretic framework. *Annals of the Association of American Geographers*, 53(3): 290—297.

Gould, S. J., and N. Eldredge. 1977. Punctuated equilibria: the tempo and mode of evolution reconsidered. *Paleobiology*, 3(2): 115—151.

Gray, P. H. 1958. Theory and evidence of imprinting in human infants. *Journal of Psychology*, 46: 155—166.

Greenberg, J. 1978. The brain: holding the secrets of behavior. *Science News*, 114(22): 363—364, 366.

Greene, L. S. 1974. Physical growth and development, neurological maturation, and behavioral functioning in two Ecuadorean Andean communities in which goiter is endemic: II, PTC taste sensitivity and neurological maturation. (Unpublished manuscript cited by P. Rozin, 1976.)

Greeno, J. G. 1974. Representation of learning as discrete transition in a finite state space. In D. H. Krantz, R. C. Atkinson, R. D. Luce, and P. Suppes, eds., *Contemporary developments in mathematical psychology*, vol. 1: *Learning, memory and thinking*, pp. 1—43. W. H. Freeman, San Francisco.

Gregg, L. W., and H. A. Simon. 1967. Process models and stochastic theories of simple concept formation. *Journal of Mathematical Psychology*, 4(2): 246—276.

Grewal, T., T. Gopaldas, P. Hartenberger, I. Ramakrishnan, and G. Ramachandran. 1973. Influence of sugar and flavour on the acceptability of instant CSM: trials on young children from an urban orphanage. *Journal of Food Science and Technology*, 10(4): 149—152.

Griffin, D. R. 1976. *The question of animal awareness: evolutionary continuity of mental experience*. Rockefeller University Press, New York. viii + 135 pp.

Griliches, Z. 1957. Hybrid corn: an exploration in the economics of technological change. *Econometrica*, 25(4): 501—522.

Gross, D. R., G. Eiten, Nancy M. Flowers, Francisca M. Leoi, Madeline L. Ritter, and D. W. Werner. 1979. Ecology and acculturation among native peoples of central Brazil. *Science*, 206(4422): 1043—1050.

Grossberg, S. 1978. A theory of human memory: self-organization and performance of sensory-motor codes, maps, and plans. *Progress in Theoretical Biology*, 5: 233—374.

Guttman, L. 1954. A new approach to factor analysis: the radex. In P. F. Lazarsfeld, ed., *Mathematical thinking in the social sciences*, pp. 258—348. Free Press, Glencoe, Ill.

Haaf, R. A., and R. Q. Bell. 1967. A facial dimension in visual discrimination by human infants. *Child Development*, 38(3): 893—899.

Hage, P. 1976. Structural balance and clustering in bushmen kinship relations. *Behavioral Sci-*

ence, 21(1): 36—47.

Haggett, P. 1965. *Locational analysis in human geography*. St. Martin's Press, New York. xii + 339 pp.

Haggett, P. 1972. *Geography: a modern synthesis*. Harper & Row, New York. xx + 483 pp.

Haken, H. 1975. Cooperative phenomena in systems far from thermal equilibrium and in nonphysical systems. *Reviews of Modern Physics*, 47(1): 67—122.

Haken H. 1977. *Synergetics*. Springer-Verlag, New York. xii + 325 pp.

Haldane, J. B. S., and S. D. Jayakar. 1963. Polymorphism due to selection of varying direction. *Journal of Genetics*, 58(2): 237—242.

Hall, J. C., and R. J. Greenspan. 1979. Genetic analysis of *Drosophila* neurobiology. *Annual Review of Genetics*, 13: 127—195.

Hallpike, C. R. 1979. *The foundations of primitive thought*. Clarendon Press, Oxford. xiv + 516 pp.

Hamblin, R. L., J. L. L. Miller, and D. E. Saxton. 1979. Modeling use diffusion. *Social Forces*, 57(3): 799—811.

Hamburg, M. 1977. *Statistical analysis for decision making*, 2nd ed. Harcourt Brace Jovanovich, New York. xiv + 801 pp.

Hames, R. 1979. A comparison of the efficiencies of the shotgun and the bow in Neotropical forest hunting. *Human Ecology*, 7(3): 219—252.

Hamilton, W. D. 1964. The genetical evolution of social behaviour, I and II. *Journal of Theoretical Biology*, 7(1): 1—52.

Hansen, Judith F. 1979. *Sociocultural perspectives on human learning*. Prentice-Hall, Englewood Cliffs, N. J. viii + 280 pp.

Hardyck, C., and L. F. Petrinovich. 1977. Left-handedness. *Psychological Bulletin*, 84(3): 385—404.

Harkness, Sara. 1973. Universal aspects of learning color codes: a study in two cultures. *Ethos*, 1(2): 175—200.

Harlow, H. F., M. K. Harlow, R. O. Dodsworth, and G. L. Arling. 1966. Maternal behavior of rhesus monkeys deprived of mothering and peer associations in infancy. *Proceedings of the American Philosophical Society*, 110(1): 58—66.

Harris, Adrienne. 1979. Recent findings on infant socialization from North American research. *International Social Sciences Journal*, 31(3): 415—428.

Harris, M. 1968. *The rise of anthropological theory*. Thomas Y. Crowell, New York. x + 806 pp.

Harris, M. 1979. *Cultural materialism: the struggle for a science of culture*. Random House, New

York. xii + 381 pp.

Harrison, G. A., ed. 1977. *Population structure and human variation*. Cambridge University Press, New York. xviii + 342 pp.

Hartl, D. L. 1980. *Principles of population genetics*. Sinauer Associates, Sunderland, Mass. xvi + 488 pp.

Haslerud, G. M. 1938. The effect of movement of stimulus objects upon avoidance reactions in chimpanzees. *Journal of Comparative Psychology*, 25(3): 507—528.

Hassan, F. A. 1979. Demography and archaeology. *Annual Review of Anthropology*, 8: 137—160.

Hatch, E. 1973. *Theories of man and culture*. Columbia University Press, New York. xii + 384 pp.

Heilbroner, R. L. 1980. *Marxism: for and against*. W. W. Norton, New York. 186 pp.

Herrnstein, R. J. 1971. I. Q. *Atlantic Monthly*, 228(3): 43—64.

Hershenson, M., H. Munsinger, and W. Kessen. 1965. Preference for shapes of intermediate variability in the newborn human. *Science*, 147(3658): 630—631.

Hess, E. H. 1973. *Imprinting: early experience and the developmental psychobiology of attachment*. Van Nostrand Reinhold, New York. xvi + 472 pp.

Heston, L. L., and J. Shields. 1968. Homosexuality in twins: a family study and a registry study. *Archives of General Psychiatry*, 18(2): 149—160.

Hiernaux, J. 1977. Long-term biological effects of human migration from the African savanna to the equatorial forest: a case study of human adaptation to a hot and wet climate. In G. A. Harrison, ed., *Population structure and human variation*, pp. 187—217. Cambridge University Press, Cambridge.

Hill, J. 1978. The origin of sociocultural evolution. *Journal of Social and Biological Structures*, 1(4): 377—386.

Hill, W. C. O. 1972. *Evolutionary biology of the primates*. Academic Press, New York. x + 233 pp.

Hillman, D. E. 1979. Neuronal shape parameters and substructures as a basis of neuronal form. In F. O. Schmitt and F. G. Worden, eds., *The neurosciences: fourth study program*, pp. 477—498. MIT Press, Cambridge, Mass.

Hinde, R. A. 1970. *Animal behaviour: a synthesis of ecology and comparative psychology*, 2nd ed. McGraw-Hill Book Co., New York. xvi + 876 pp.

Hinde, R. A., and Yvette Spencer-Booth. 1969. The effect of social companions on mother-infant relations in rhesus monkeys. In D. Morris, ed., *Primate ethology: essays on the socio-sexual behavior of apes and monkeys*, pp. 343—364. Aldine Publishing Co., Chicago.

Hirshleifer, J. 1977. Economics from a biological viewpoint. *Journal of Law and Economics*, 20 (1): 1—52.

Hirshleifer, J. 1978. Natural economy versus political economy. *Journal of Social and Biological Structures*, 1(4): 319—337.

Hoagland, H. 1964. Science and the new humanism. *Science*, 143(3602): 111—114.

Hofstadter, D. R. 1979. *Gödel, Escher, Bach: an eternal golden braid*. Basic Books, New York. xxii + 777 pp.

Holt, L. E., and J. Howland. 1939. *Holt's diseases of infancy and childhood*, 11th ed. Rev. by L. E. Holt, Jr., and R. McIntosh. Appleton-Century, New York. xxviii + 1421 pp.

Horr, D. A. 1977. Orang-utan maturation: growing up in a female world. In Suzanne Chevalier-Skolnikoff and F. E. Poirier, eds., *Primate bio-social development: biological, social, and ecological determinants*, pp. 289—321. Garland, New York.

Horsthemke, W., and L. Brenig. 1977. Non-linear Fokker-Planck equation as an asymptotic representation of the master equation. *Zeitschrift für Physik B*, 27: 341—348.

Horton, D. R. 1979. Tasmanian adaptation. *Mankind*, 12(1): 28—34.

Howard, R. A. 1960. *Dynamic programming and Markov process*. MIT Press, Cambridge, Mass. viii + 136 pp.

Howard, R. A. 1971a. *Dynamic probabilistic systems*, vol. 1: *Markov models*. John Wiley, New York. xviii + 576 pp.

Howard, R. A. 1971b. *Dynamic probabilistic systems*, vol. 2: *Semi-Markov and decision processes*. John Wiley, New York. xviii + 533 pp.

Howell, Nancy. 1979. *Demography of the Dobe !Kung*. Academic Press, New York. xxii + 389 pp.

Hubel, D. H., T. N. Wiesel, and S. LeVay. 1977. Plasticity of ocular dominance columns in monkey striate cortex. *Philosophical Transactions of the Royal Society of London* (Biology), 278 (961): 377—409.

Hubert, Helen B., R. R. Fabsitz, M. Feinlab, and K. S. Brown. 1980. Olfactory sensitivity in humans: genetic versus environmental control. *Science*, 20(4444): 607—609.

Hutchins, E. 1980. *Culture and inference: a Trobriand case study*. Harvard University Press, Cambridge, Mass. viii + 144 pages.

Huxley, J. S. 1958. Cultural process and evolution. In Anne Roe and G. G. Simpson, eds., *Behavior and evolution*, pp. 437—454. Yale University Press, New Haven, Conn.

Huxley, J. S. 1962. Evolution: biological and human. *Nature*, 196(4851): 203—204.

Irons, W. 1979. Cultural and biological success. In N. A. Chagnon and W. Irons, eds., *Evolutionary biology and human social behavior: an anthropological perspective*, pp. 257—272.

Duxbury Press, North Scituate, Mass.

Isaac, G. L. 1972. Chronology and the tempo of cultural change during the Pleistocene. In W. W. Bishop and J. A. Miller, eds., *Calibration of hominid evolution*, pp. 381—430. University of Toronto Press, Toronto.

Jacobson, A. G. 1978. Some forces that shape the nervous system. *Zoon*, 6: 13—21.

Jacobson, M. 1978a. *Developmental neurobiology*, 2nd ed. Plenum Press, New York. xii + 562 pp.

Jacobson, M. 1978b. Clonal origins of the central nervous system: towards a developmental neuroanatomy. *Zoon*, 6: 149—156.

Janzen, D. H. 1980. What is coevolution? *Evolution*, 34(3): 611—612.

Jardine, N., and R. Sibson. 1971. *Mathematical taxonomy*. John Wiley, New York. xviii + 286 pp.

Jenkins, J. J., W. A. Russell, and G. J. Suci. 1958. An atlas of semantic profiles for 360 words. *American Journal of Psychology*, 71(4): 688—699.

Jenni, D. A., and Mary A. Jenni, 1976. Carrying behavior in humans: analysis of sex differences. *Science*, 194(4267): 859—860.

Jerison, H. J. 1975. Fossil evidence of the evolution of the human brain. *Annual Review of Anthropology*, 4: 27—58.

Jinks, J. L. 1979. The biometrical approach to quantitative variation. In J. N. Thompson, Jr., and J. M. Thoday, eds., *Quantitative genetic variation*, pp. 81—109. Academic Press, New York.

Jirari, Carolyn G. 1970. Form perception, innate form preference, and visually mediated head-turning in the human neonate. Ph. D. dissertation, University of Chicago. (Cited by Hess, 1973, and Freedman, 1974.)

Jochim, M. A. 1976. *Hunter-gatherer subsistence and settlement: a predictive model*. Academic Press, New York. xviii + 206 pp.

Johnson, E. G. 1977. The development of color knowledge in preschool children. *Child Development*, 48(1): 308—311.

Johnston, F. E., and H. Selby. 1978. *Anthropology: the biosocial view*. W. C. Brown, Dubuque, Iowa. xiv + 625 pp.

Jones, J. S., B. H. Leith, and P. Rawlings. 1977. Polymorphism in *Cepaea*: a problem with too many solutions? *Annual Review of Ecology and Systematics*, 8: 109—143.

Jones, R. 1977. The Tasmanian paradox. In R. V. S. Wright, ed., *Stone tools as cultural markers: change, evolution, and complexity*, pp. 189—204. Australian Institute of Aboriginal Studies, Canberra.

Kaffman, M. 1977. Sexual standards and behavior of the kibbutz adolescent. *American Journal of Orthopsychiatry*, 47(2): 207—217.

Kagan, J. 1970. The determinants of attention in the infant. *American Scientist*, 58(3): 298—306.

Kaplan, D., and R. A. Manners. 1972. *Culture theory*. Prentice-Hall, Englewood Cliffs, N. J. xii + 212 pp.

Karlin, S. 1979a. Models of multifactorial inheritance: I, multivariate formulations and basic convergence results. *Theoretical Population Biology*, 15(3): 308—355.

Karlin, S. 1979b. Models of multifactorial inheritance: II, the covariance structure for a scalar phenotype under selective assortment and sex-dependent symmetric parental-transmission. *Theoretical Population Biology*, 15(3): 356—393.

Karlin, S. 1979c. Models of multifactorial inheritance: III, calculation of covariance of relatives under selective assortative mating. *Theoretical Population Biology*, 15(3): 394—423.

Karlin, S. 1979d. Models of multifactorial inheritance: IV, asymmetric transmission for a scalar phenotype. *Theoretical Population Biology*, 15(3): 424—438.

Karlin, S. 1980a. Models of multifactorial inheritance: V. Linear assortative mating as against selective (nonlinear) assortative mating. *Theoretical Population Biology*, 17(3): 255—275.

Karlin, S. 1980b. Models of multifactorial inheritance: VI. Formulas and properties of the vector phenotype equilibrium covariance matrix. *Theoretical Population Biology*, 17(3): 276—297.

Katz, S. H. 1980. Fava bean consumption and biocultural fitness. *Annales de Sociologie*, in press.

Katz, S. H., M. L. Hediger, and L. A. Valleroy. 1974. Traditional maize processing techniques in the New World. *Science*, 184(4138): 765—773.

Kay, P. 1975. Synchronic variability and diachronic change in basic color terms. *Language in Society*, 4(3): 257—270.

Keene, A. S. 1979. Economic optimization models and the study of hunter-gatherer subsistence settlement systems. In C. Renfrew and K. L. Cooke, eds., *Transformations: mathematical approaches to culture change*, pp. 369—404. Academic Press, New York.

Keene, A. S. 1981. Optimal foraging in a nonmarginal environment: a model of prehistoric subsistence strategies in Michigan. In B. P. Winterhalder and E. A. Smith, eds., *Hunter-gatherer foraging strategies: ethnographic and archaeological analyses*. University of Chicago Press, Chicago, forthcoming.

Kemeny, J. G., and J. L. Snell. 1962. *Mathematical models in the social sciences*. Blaisdell Publishing Co., Waltham, Mass. viii + 145 pp.

Kennell, J. H., and M. H. Klaus. 1979. Early mother-infant contact: effects on the mother and infant. *Bulletin of the Menninger Clinic*, 43(1): 69—78.

Kety, S. S. 1979. Disorders of the human brain. *Scientific American*, 241(3): 202—214.

Kirch, P. V. 1980. Polynesian prehistory: cultural adaptation in island ecosystems. *American Scientist*, 68(1): 39—48.

Klaus, M. H., R. Jerauld, Nancy C. Kreger, W. McAlpine, M. Steffa, and J. H. Kennell. 1972. Maternal attachment: importance of the first post-partum days. *New England Journal of Medicine*, 286(9): 460—463.

Klejn, L. S. 1973. Marxism, the systemic approach, and archaeology. In C. Renfrew, ed., *The explanation of culture change: models in prehistory*, pp. 691—710. University of Pittsburgh Press, Pittsburgh.

Konner, M. J. 1972. Aspects of the developmental ethology of a foraging people. In N. G. Blurton Jones, ed., *Ethological studies of child behaviour*, pp. 285—304. Cambridge University Press, Cambridge.

Konner, M. J. 1977. Quoted in J. Greenberg, The brain and emotions. *Science News*, 112(5): 74—75.

Kosslyn, S. M. 1980. *Image and mind.* Harvard University Press, Cambridge, Mass. xviii + 500 pp.

Kovach, J. K. 1980. Mendelian units of inheritance control color preferences in quail chicks (*Coturnix coturnix japonica*). *Science*, 207(4430): 549—551.

Kraut, R. E., and R. E. Johnston. 1979. Social and emotional messages of smiling: an ethological approach. *Journal of Personality and Social Psychology*, 37(9): 1539—1553.

Kretchmer, N. 1972. Lactose and lactase. *Scientific American*, 227(4): 70—78.

Kronenfeld, D., and H. W. Decker. 1979. Structuralism. *Annual Review of Anthropology*, 8: 503—541.

Langer, Susanne K. 1967. *Mind: an essay on human feeling*, vol. 1. Johns Hopkins University Press, Baltimore. xxii + 487 pp.

Langer, Susanne K. 1972. *Mind: an essay on human feeling*, vol. 2. Johns Hopkins University Press, Baltimore. xii + 400 pp.

Larkin, Jill, J. McDermott, Dorothea P. Simon, and H. A. Simon. 1980. Expert and novice performance in solving physics problems. *Science*, 208(4450): 1335—1342.

Lauer, J., and M. Lindauer. 1971. *Genetisch fixierte Lerndispositionen bei der Honigbiene.* Akademie der Wissenschaften und der Literatur, Mainz. 87 pp.

Laughlin, C. D., and E. G. d'Aquili. 1974. *Biogenetic structuralism.* Columbia University Press, New York. x + 211 pp.

Leaf, M. J. 1979. *Man, mind, and science: a history of anthropology.* Columbia University

Press, New York. xvi + 376 pp.

Lee, R. B. 1969. Eating Christmas in the Kalahari. *Natural History*, 78(10): 14, 16, 18, 21, 22, 60—63.

Lee, R. B. 1976. !Kung spatial organization: an ecological and historical perspective. In R. B. Lee and I. DeVore, eds., *Kalahari hunter-gatherers: studies of the !Kung San and their neighbors*, pp. 73—97. Harvard University Press, Cambridge, Mass.

Lee, R. B. 1979. *The !Kung San: men, women, and work in a foraging society.* Cambridge University Press, New York. xxvi + 526 pp.

Leibenstein, H. 1976. *Beyond economic man: a new foundation for microeconomics.* Harvard University Press, Cambridge, Mass. xiv + 297 pp.

Leinhardt, S., ed. 1977. *Social networks: a developing paradigm.* Academic Press, New York. xxxiv + 465 pp.

Lenneberg, E. H. 1967. *Biological foundations of language.* John Wiley, New York. xvi + 489 pp.

Lenski, G., and Jean Lenski. 1970. *Human societies: a macrolevel introduction to sociology.* McGraw-Hill Book Co., New York. xvi + 515 pp.

Levarie, S., and N. Rudolph. 1978. Can newborn infants distinguish between tone and noise? *Perceptual and Motor Skills*, 47(3): 1123—1126.

Lévi-Strauss, C. 1969a. *The elementary structures of kinship* (Les structures élémentaires de la parenté), rev. ed., trans. by J. H. Bell; J. R. von Sturmer and R. Needham, eds. Beacon Press, Boston. xlii + 541 pp. (Original edition published in French, 1949.)

Lévi-Strauss, C. 1969b. *The raw and the cooked: introduction to a science of mythology*, vol. 1. Harper & Row, New York. xiv + 387 pp.

LeVine, R. A., and D. T. Campbell. 1972. *Ethnocentrism: theories of conflict, ethnic attitudes, and group behavior.* John Wiley, New York. x + 310 pp.

Levins, R. 1962. Theory of fitness in a heterogeneous environment, I: The fitness set and adaptive function. *American Naturalist*, 96(891): 361—373.

Levins, R. 1968. *Evolution in changing environments: some theoretical explorations.* Princeton University Press, Princeton, N. J. x + 120 pp.

Levinthal, F., E. Macagno, and C. Levinthal. 1975. Anatomy and development of identified cells in isogenic organisms. *Cold Spring Harbor Symposia on Quantitative Biology*, 40: 321—331.

Lewontin, R. C. 1974. *The genetic basis of evolutionary change.* Columbia University Press, New York. xiv + 346 pp.

Leyhausen, P. 1965. The communal organization of solitary mammals. *Symposia of the Zoological*

Society of London, no. 14, pp. 249—263.

Li, T. -Y. , and J. A. Yorke. 1975. Period three implies chaos. *American Mathematical Monthly*, 82(10): 985—992.

Liberman, A. M. , F. S. Cooper, D. P. Shankweiler, and M. Studdert-Kennedy. 1967. Perception of the speech code. *Psychological Review*, 74(6): 431—461.

Liboff, R. L. 1970. Physical laws and the structure of society. *The Cornell Engineer*, 36(2): 3—15.

Lindsay, P. H. , and D. A. Norman. 1977. *Human information processing: an introduction to psychology*, 2nd ed. Academic Press, New York. xxiv + 777 pp.

Lindzey, G. , C. S. Hall, and R. F. Thompson. 1975. *Psychology*. Worth Publishers, New York. xiv + 802 pp.

Lisker, L. , and A. S. Abramson. 1964. A cross-language study of voicing in initial stops: acoustical measurements. *Word*, 20(3): 384—422.

Lockard, Joan S. , ed. 1980. *The evolution of human social behavior*. Elsevier, New York. xvi + 336 pp.

Lockard, Joan S. , P. C. Daley, and Virginia M. Gunderson. 1979. Maternal and paternal differences in infant carry: U. S. and African data. *American Naturalist*, 113(2): 235—246.

Loehlin, J. C, and R. C. Nichols. 1976. *Heredity, environment, and personality*. University of Texas Press, Austin. xii + 202 pp.

Loftus, G. R. , and Elizabeth F. Loftus. 1976. *Human memory: the processing of information*. Lawrence Erlbaum Associates, Hillsdale, N. J. xii + 179 pp.

Logue, A. W. 1979. Taste aversion and the generality of the laws of learning. *Psychological Bulletin*, 86(2): 276—296.

Luce, R. D. 1959. *Individual choice behavior: a theoretical analysis*. John Wiley, New York. xii + 153 pp.

Lumsden, C. J. 1977. On the dynamics of biological ensembles: canonical theory and computer simulation. Ph. D. dissertation, University of Toronto.

Lumsden, C. J. , and L. E. H. Trainor. 1976. On the physical content of kinetic Ising models. *Canadian Journal of Physics*, 54(23): 2340—2345.

Lumsden, C. J. , and E. O. Wilson. 1980a. Translation of epigenetic rules of individual behavior into ethnographic patterns. *Proceedings of the National Academy of Sciences of the United States of America*, 77(7): 4382—4386.

Lumsden, C. J. , and E. O. Wilson. 1980b. Gene-culture translation in the avoidance of sibling incest. *Proceedings of the National Academy of Sciences of the United States of America*, 77(10): 6248—6250.

Macagno, E. R., V. Lopresti, and C. Levinthal. 1973. Structure and development of neuronal connections in isogenic organisms: variations and similarities in the optic system of *Daphnia magna*. *Proceedings of the National Academy of Sciences of the United States of America*, 70(1): 57—61.

MacArthur, R. H., and E. O. Wilson. 1967. *The theory of island biogeography*. Princeton University Press, Princeton, N. J. xii + 203 pp.

McCall, R. B., and J. Kagan. 1967. Attention in the infant: effects of complexity, contour, perimeter, and familiarity. *Child Development*, 38(4): 939—952.

McClearn, G. E., and J. C. DeFries. 1973. *Introduction to behavioral genetics*. W. H. Freeman, San Francisco. 349 pp.

Maccoby, Eleanor E., and Carol N. Jacklin. 1974. *The psychology of sex differences*. Stanford University Press, Stanford, Calif. xvi + 634 pp.

Mach, E. 1942. *The science of mechanics*, 9th ed., trans. from the German by T. J. McCormack. Open Court Publishing Co., LaSalle, Ill. xxxii + 634 pp.

McKusick, V. A., and F. H. Ruddle. 1977. The status of the gene map of the human chromosomes. *Science*, 196(4288): 390—405.

Maller, O., and J. A. Desor. 1974. Effect of taste on ingestion by human newborns. In J. Bosma, ed., *Fourth symposium on oral sensation and perception: development in the fetus and infant*, pp. 279—311. Government Printing Office, Washington, D. C.

Marks, I. M. 1969. *Fears and phobias*. Academic Press, New York. viii + 302 pp.

Marshack, A. 1979. Upper Paleolithic symbol systems of the Russian plain: cognitive and comparative analysis. *Current Anthropology*, 20(2): 271—311.

Martin, N. G., L. J. Eaves, and H. J. Eysenck. 1977. Genetical, environmental and personality factors in influencing the age of first sexual intercourse in twins. *Journal of Biosocial Science*, 9(1): 91—97.

Marx, K. 1971 (1859). *A contribution to the critique of political economy*, trans. from the German by S. W. Ryazanskaya and ed. by M. Dobb. Lawrence & Wishart, London. 264 pp.

Massaro, D. W. 1975. *Experimental psychology and information processing*. Rand-McNally, Chicago. ii + 651 pp.

May, R. M. 1976. Simple mathematical models with very complicated dynamics. *Nature*, 261(5560): 459—467.

May, R. M., and G. F. Oster. 1976. Bifurcations and dynamic complexity in simple ecological models. *American Naturalist*, 110(974): 573—599.

Mayer, J., Margaret M. Dickie, Margaret W. Bates, and J. J. Vitale. 1951. Free selection of nutrients by hereditarily obese mice. *Science*, 113(2948): 745—746.

Maynard Smith, J. 1974. The theory of games and the evolution of animal conflicts. *Journal of Theoretical Biology*, 47(1): 209—221.

Maynard Smith, J. 1976. Evolution and the theory of games. *American Scientist*, 64(1): 41—45.

Maynard Smith, J. 1978. Optimization theory in evolution. *Annual Review of Ecology and Systematics*, 9: 31—56.

Maynard Smith, J., and J. Haigh. 1974. The hitch-hiking effect of a favourable gene. *Genetical Research*, 23(1): 23—35.

Mead, Margaret. 1963. Socialization and enculturation. *Current Anthropology*, 4(1): 184—188.

Milgram, S., L. Bickman, and L. Berkowitz. 1969. Note on the drawing power of crowds of different size. *Journal of Personality and Social Psychology*, 13(2): 79—82.

Milkman, R. 1979. The posterior crossvein in *Drosophila* as a model phenotype. In J. N. Thompson, Jr., and J. M. Thoday, eds., *Quantitative genetic variation*, pp. 157—176. Academic Press, New York.

Miller, G. A. 1956a. The magical number seven, plus or minus two: some limits on our capacity for processing information. *Psychological Review*, 63(2): 81—97.

Miller, G. A. 1956b. Information and memory. *Scientific American*, 195(2): 42—46.

Miller, G. A., and Patricia E. Nicely. 1955. An analysis of perceptual confusions among some English consonants. *Journal of the Acoustical Society of America*, 27(2): 338—352.

Mollon, J. D. 1980. Post-receptoral processes in colour vision. *Nature*, 283(5748): 623—624.

Money, J., and A. A. Ehrhardt. 1972. *Man and woman, boy and girl.* Johns Hopkins University Press, Baltimore. xvi + 311 pp.

Morgan, G. A., and H. N. Ricciuti. 1973. Infants' response to strangers during the first year. In L. J. Stone, Henrietta T. Smith, and Lois B. Murphy, eds., *The competent infant: research and commentary*, pp. 1128—1138. Basic Books, New York.

Morris, D. 1971. *Intimate behavior.* Random House, New York. 253 pp.

Morris, Ramona, and D. Morris. 1965. *Men and snakes.* McGraw-Hill Book Co., New York. 224 pp.

Morsbach, Gisela, and Caroline Bunting. 1979. Maternal recognition of their neonates' cries. *Developmental Medicine and Child Neurology*, 21(2): 178—185.

Mortensen, R. E. 1969. Mathematical problems of modeling stochastic nonlinear dynamic systems. *Journal of Statistical Physics*, 1(2): 271—296.

Moschis, G. P., and R. L. Moore. 1979. Decision making among the young: a socialization perspective. *Journal of Consumer Research*, 6(2): 101—112.

Murdock, G. P. 1949. *Social structure.* Macmillan Co., New York. xx + 387 pp.

Nabokov, V. 1970. *Mary, a novel*, trans. from the Russian by Michael Glenny. McGraw-Hill Book Co., New York. xiv + 114 pp.

Napier, J. R., and P. H. Napier. 1967. *A handbook of living primates.* Academic Press, New York. xiv + 456 pp.

Napier, J. R., and P. H. Napier, eds. 1970. *Old World monkeys: evolution, systematics, and behavior.* Academic Press, New York. xvi + 660 pp.

Navon, D., and D. Gopher. 1979. On the economy of the human-processing system. *Psychological Review*, 86(3): 214—255.

Needham, R. 1979. *Symbolic classification.* Goodyear, Santa Monica, Calif. xii + 78 pp.

Needham, R., ed. 1973. *Right & left.* University of Chicago Press, Chicago. xl + 449 pp.

Neisser, U. 1976. *Cognition and reality: principles and implications of cognitive psychology.* W. H. Freeman, San Francisco. xiv + 230 pp.

Newell, A., and H. A. Simon. 1972. *Human problem solving.* Prentice-Hall, Englewood Cliffs, N. J. xvi + 920 pp.

Nicolis, G., and I. Prigogine. 1977. *Self-organization in nonequilibrium systems.* Wiley Interscience, John Wiley, New York. xii + 491 pp.

Nijhout, H. F. 1978. Wing pattern formation in Lepidoptera: a model. *Journal of Experimental Zoology*, 206(2): 119—136.

Nisbett, R., and L. Ross. 1980. *Human inference: strategies and shortcomings of social judgment.* Prentice-Hall, Englewood Cliffs, N. J. xvi + 325 pp.

Norman, D. A., and D. E. Rumelhart. 1975. *Explorations in cognition.* W. H. Freeman, San Francisco. xvi + 430 pp.

Oades, R. D. 1979. Search and attention: interactions of the hippocampal-septal axis, adrenocortical and gonadal hormones. *Neuroscience and Biobehavioral Reviews*, 3(1): 31—48.

O'Connor, Susan M., P. M. Vietze, J. B. Hopkins, and W. A. Altemeier. 1977. Post-partum extended maternal-infant contact: subsequent mothering and child health. *Pediatric Research*, 11(4): 380.

Oden, G. C. 1977. Integration of fuzzy logical information. *Journal of Experimental Psychology*, 3(4): 565—575.

Oden, G. C., and D. W. Massaro. 1978. Integration of featural information in speech perception. *Psychological Review*, 85(3): 172—191.

O'Laughlin, Bridget. 1975. Marxist approaches in anthropology. *Annual Review of Anthropology*, 4: 341—370.

Oliverio, A. 1979. Uses of recombinant inbred strains. In J. N. Thompson, Jr., and J. M. Thoday, eds., *Quantitative genetic variation*, pp. 197—218. Academic Press, New York.

Orr, D. W. 1979. Catastrophe and social order. *Human Ecology*, 7(1): 41—52.

Ortony, A., R. E. Reynolds, and Judith A. Arter. 1978. Metaphor: theoretical and empirical research. *Psychological Bulletin*, 85(5): 919—943.

Osgood, C. E., G. J. Suci, and P. H. Tannenbaum. 1957. *The measurement of meaning*. University of Illinois Press, Urbana. viii + 342 pp.

Oster, G. F., and E. O. Wilson. 1978. *Caste and ecology in the social insects*. Princeton University Press, Princeton, N. J. xvi + 352 pp.

Patterson, P. H. 1979. Epigenetic influences in neuronal development. In F. O. Schmitt and F. G. Worden, eds., *The neurosciences: fourth study program*, pp. 929—936. MIT Press, Cambridge, Mass.

Pendse, S. G. 1978. Category perception, language and brain hemispheres: an information transmission approach. *Behavioral Science*, 23(6): 421—428.

Penrose, O. 1979. Foundations of statistical mechanics. *Reports on Progress in Physics*, 42(12): 1937—2006.

Peterson, C. R., and L. R. Beach. 1967. Man as an intuitive statistician. *Psychological Bulletin*, 68(1): 29—46.

Petryszak, N. G. 1979. The biosociology of the social self. *Sociological Quarterly*, 20(2): 291—303.

Pfeiffer, J. E. 1969. *The emergence of man*. Harper & Row, New York. xxiv + 477 pp.

Piaget, J. 1952. *The origins of intelligence in children*, trans. by Margaret Cook. International Universities Press, New York. xii + 419 pp.

Pielou, E. C. 1979. *Biogeography*. John Wiley, New York. xii + 351 pp.

Pollack, R. H. 1972. Perceptual development: a progress report. In Sylvia Farnham-Diggory, ed., *Information processing in children*, pp. 25—42. Academic Press, New York.

Posner, M. I. 1973. *Cognition: an introduction*. Scott, Foresman and Co., Glenview, Ill. xii + 208 pp.

Preston, F. W. 1962a. The canonical distribution of commonness and rarity, part I. *Ecology*, 43(2): 185—215.

Preston, F. W. 1962b. The canonical distribution of commonness and rarity, part II. *Ecology*, 43(3): 410—432.

Pribram, K. H. 1971. *Languages of the brain: experimental paradoxes and principles in neuropsychology*. Prentice-Hall, Englewood Cliffs, N. J. xvi + 432 pp.

Price, D. de Solla. 1975. *Science since Babylon*, enlarged ed. Yale University Press, New Haven, Conn. xvi + 215 pp.

Pulliam, H. R., and C. Dunford. 1979. *Programmed to learn: an essay on the evolution of cul-*

ture. Columbia University Press, New York. xiv + 144 pp.

Purpura, D. P., A. Hirano, and J. H. French. 1976. Polydendritic Purkinje cells in X-chromosome linked copper malabsorption: a Golgi study. *Brain Research*, 117(1): 125—129.

Pusey, Anne E. 1980. Inbreeding avoidance in chimpanzees. *Animal Behaviour*, 28(2): 543—552.

Quillian, M. R. 1967. Word concepts: a theory and simulation of some basic semantic capabilities. *Behavioral Science*, 12(5): 410—430.

Rachlin, H. 1976. *Behavior and learning.* W. H. Freeman, San Francisco. xvi + 613 pp.

Rainer, J. D. 1979. Heredity and character disorders. *American Journal of Psychotherapy*, 33(1): 6—16.

Rakic, P. 1975a. Local circuit neurons. *Neurosciences Research Program Bulletin*, 13(3): 291—446.

Rakic, P. 1975b. Synaptic specificity in the cerebellar cortex: study of anomalous circuits induced by single gene mutations in mice. *Cold Spring Harbor Symposia on Quantitative Biology*, 40: 333—346.

Rakic, P. 1979. Genetic and epigenetic determinants of local neuronal circuits in the mammalian central nervous system. In F. O. Schmitt and F. G. Worden, eds., *The neurosciences: fourth study program*, pp. 109—127. MIT Press, Cambridge, Mass.

Ramirez, I., and R. L. Sprott. 1979. Diet/taste and feeding behavior of genetically obese mice (C57BL/6J-ob/ob). *Behavioral and Neural Biology*, 25(4): 449—472.

Ramón-Moliner, E., and W. J. H. Nauta. 1966. The isodendritic core of the brain stem. *Journal of Comparative Neurology*, 126(3): 311—335.

Rappaport, R. A. 1971. The sacred in human evolution. *Annual Review of Ecology and Systematics*, 2: 23—44.

Rashevsky, N. 1960. *Mathematical biophysics: physico-mathematical foundations of biology*, 3rd ed., vol. 2. Dover, New York. xiv + 462 pp.

Ratliff, F. 1976. On the psychophysiological basis of universal color terms. *Proceedings of the American Philosophical Society*, 120(5): 311—330.

Reidhead, V. A. 1979. Linear programming models in archaeology. *Annual Review of Anthropology*, 8: 543—578.

Reidhead, V. A. 1980. The economics of subsistence change: test of an optimization model. In T. K. Earle and A. L. Christenson, eds., *Modeling change in prehistoric subsistence economies*, pp. 141—186. Academic Press, New York.

Reif, F. 1965. *Fundamentals of statistical and thermal physics.* McGraw-Hill Book Co., New York. xx + 651 pp.

Reijnders, L. 1978. On the applicability of game theory to evolution. *Journal of Theoretical Biology*, 75(1): 245—247.

Rendel, J. M. 1967. *Canalisation and gene control.* Logos Press, London. 166 pp.

Rendel, J. M. 1979. Canalisation and selection. In J. N. Thompson, Jr., and J. M. Thoday, eds., *Quantitative genetic variation*, pp. 139—156. Academic Press, New York.

Renfrew, C., and K. L. Cooke, eds. 1979. *Transformations: mathematical approaches to culture change.* Academic Press, New York. xxii + 515 pp.

Rice, J., C. R. Cloninger, and T. Reich. 1978. Multifactorial inheritance with cultural transmission and assortative mating: I, description and basic properties of the unitary models. *American Journal of Human Genetics*, 30(6): 618—643.

Richards, Audrey I. 1939. *Land, labour and diet in northern Rhodesia: an economic study of the Bemba tribe.* Oxford University Press, New York. xvi + 415 pp.

Richardson, Jane, and A. L. Kroeber. 1940. Three centuries of women's dress fashions: a quantitative analysis. *University of California Anthropological Records*, 5(2): i—iv, 111—153.

Richelle, J., and A. Ghysen. 1979. Determination of sensory bristles and pattern formation in *Drosophila*: I, a model. *Developmental Biology*, 70(2): 418—437.

Richerson, P. J., and R. Boyd. 1978. A dual inheritance model of the human evolutionary process: I, basic postulates and a simple model. *Journal of Social and Biological Structures*, 1(2): 127—154.

Richter, C. P., and Katherine K. Rice. 1945. Self-selection studies on coprophagy as a source of vitamin B complex. *American Journal of Physiology*, 143(3): 344—354.

Roederer, J. G. 1978. On the relationship between human brain functions and the foundations of physics, science, and technology. *Foundations of Physics*, 8(5/6): 423—438.

Rohner, R. P. 1975. *They love me, they love me not.* HRAF Press, New Haven, Conn. 300 pp.

Rosch, Eleanor. 1973. Natural categories. *Cognitive Psychology*, 4(3): 328—350.

Rosch, Eleanor. 1975. Universals and cultural specifics in human categorization. In R. W. Brislin, S. Bochner, and W. J. Lonner, eds., *Cross-cultural perspectives on learning*, pp. 177—206. Halsted Press, Wiley, New York.

Rosch, Eleanor, and Barbara B. Lloyd, eds. 1978. *Cognition and categorization.* Lawrence Erlbaum Associates, Hillsdale, N. J. viii + 328 pp.

Rosch, Eleanor, Carolyn B. Mervis, W. D. Gray, D. M. Johnson, and Penny Boyes-Braem. 1976. Basic objects in natural categories. *Cognitive Psychology*, 8(3): 382—439.

Rose, Hilary, and S. Rose, eds. 1976. *The radicalisation of science*, vols. 1 and 2. Macmillan Co., London. Vol. 1, xxvi + 218 pp.; vol. 2, xxvi + 205 pp.

Rosenblatt, J. S. 1972. Learning in newborn kittens. *Scientific American*, 227(6): 18—25.

Rosenthal, T. L., and B. J. Zimmerman. 1978. *Social learning and cognition.* Academic Press, New York. xiv + 336 pp.

Roughgarden, J. 1979. *Theory of population genetics and evolutionary ecology: an introduction.* Macmillan Co., New York. x + 634 pp.

Routtenberg, A. 1978. The reward system of the brain. *Scientific American*, 239(5): 154—164.

Rozin, P. 1976. The selection of foods by rats, humans, and other animals. *Advances in the Study of Behavior*, 6: 21—76.

Russell, M. J. 1976. Human olfactory communication. *Nature*, 260(5551): 520—522.

Ryle, G. 1971. *Collected papers, vol. 2: collected essays, 1929—1968.* Hutchinson, London. viii + 496 pp.

Salapatek, P. 1973. The visual investigation of geometric pattern by the one-and two-month-old infant. In L. J. Stone, Henrietta T. Smith, and Lois B. Murphy, eds., *The competent infant: research and commentary*, pp. 631—637. Basic Books, New York.

Salisbury, R. F. 1962. *From stone to steel: economic consequences of a technological change in New Guinea.* Cambridge University Press, Cambridge. xxii + 237 pp.

Salk, L. 1973. The role of the heartbeat in the relations between mother and infant. *Scientific American*, 228(5): 24—29.

Samuelson, P. A. 1976. *Economics*, 10th ed. McGraw-Hill Book Co., New York. xxviii + 917 pp.

Savage-Rumbaugh, E. Sue, and D. M. Rumbaugh. 1978. Symbolization, language, and chimpanzees: a theoretical reevaluation based on initial language acquisition processes in four young Pan troglodytes. *Brain and Language*, 6(3): 265—300.

Schank, R. C., and K. M. Colby, eds. 1973. *Computer models of thought and language.* W. H. Freeman, San Francisco. ix + 454 pp.

Schelling, T. C. 1978. *Micromotives and macrobehavior.* W. W. Norton, New York. 252 pp.

Schmitt, F. O., and F. G. Worden, eds. 1979. *The neurosciences: fourth study program.* MIT Press, Cambridge, Mass. xvi + 1185 pp.

Schmitt, F. O., P. Dev, and B. H. Smith. 1976. Electrotonic processing of information by brain cells. *Science*, 193(4248): 114—120.

Schnakenberg, J. 1976. Network theory of microscopic and macroscopic behavior of master equation systems. *Reviews of Modern Physics*, 48(4): 571—585.

Schneider, D. 1969. Insect olfaction: deciphering system for chemical messages. *Science*, 163(3871): 1031—1037.

Schneider, D. M. 1980. *American kinship: a cultural account*, 2nd ed. University of Chicago Press, Chicago. x + 137 pp.

Schroder, H. M., M. J. Driver, and S. Streufert. 1967. *Human information processing.* Holt, Rinehart & Winston, New York. x + 224 pp.

Seemanová, Eva. 1971. A study of children of incestuous matings. *Human Heredity*, 21(1): 108—128.

Seligman, M. E. P. 1972a. Introduction. In M. E. P. Seligman and Joanne L. Hager, eds., *Biological boundaries of learning*, pp. 1—6. Appleton-Century-Crofts, New York.

Seligman, M. E. P. 1972b. Phobias and preparedness. In M. E. P. Seligman and Joanne L. Hager, eds., *Biological boundaries of learning*, pp. 451—460. Appleton-Century-Crofts, New York.

Seligman, M. E. P., and Joanne L. Hager, eds. 1972. *Biological boundaries of learning.* Appleton-Century-Crofts, New York. xiv + 480 pp.

Shepard, R. N. 1958a. Stimulus and response generalization: deduction of the generalization gradient from a trace model. *Psychological Review*, 65(4): 242—256.

Shepard, R. N. 1958b. Stimulus and response generalization: tests of a model relating generalization to distance in psychological space. *Journal of Experimental Psychology*, 55(6): 509—523.

Shepard, R. N. 1978. The circumplex and related topological manifolds in the study of perception. In S. Shye, ed., *Theory construction and data analysis in the behavioral sciences*, pp. 29—80. Jossey-Bass, San Francisco.

Shepard, R. N., and P. Arabie 1979. Additive clustering: representation of similarities as combinations of discrete overlapping properties. *Psychological Review*, 86(2): 87—123.

Shepher, J. 1971. Mate selection among second-generation kibbutz adolescents and adults: incest avoidance and negative imprinting. *Archives of Sexual Behavior*, 1(4): 293—307.

Shepherd, G. M. 1974. *The synaptic organization of the brain: an introduction.* Oxford University Press, New York. xii + 364 pp.

Shettleworth, Sara J. 1972. Constraints on learning. *Advances in the Study of Behavior*, 4: 1—68.

Simon, H. A. 1957a. *Administrative behavior: a study of decision-making processes in administrative organization*, 2nd ed. Free Press, New York. xlix + 259 pp.

Simon, H. A. 1957b. *Models of man.* John Wiley, New York. xvi + 287 pp.

Simon, H. A. 1979. *Models of thought.* Yale University Press, New Haven, Conn. xviii + 524 pp.

Slatkin, M., and J. Maynard Smith. 1979. Models of coevolution. *Quarterly Review of Biology*, 54(3): 233—263.

Slobin, D. 1971. *Psycholinguistics.* Scott, Foresman, and Co., Glenview, Ill. xii + 148 pp.

Smets, Gerda. 1973. *Aesthetic judgment and arousal: an experimental contribution to psycho-aesthetics*. Leuven University Press, Leuven (Belgium). xviii + 106 pp.

Smith, E. A. 1979. Human adaptation and energetic efficiency. *Human Ecology*, 7(1): 53—74.

Smith, E. A. 1981. The application of optimal foraging theory to the analysis of hunter-gatherer group size. In B. P. Winterhalder and E. A. Smith, eds., *Hunter-gatherer foraging strategies: ethnographic and archaeological analyses*. University of Chicago Press, Chicago, forthcoming.

Sneath, P. H. A., and R. R. Sokal. 1973. *Numerical taxonomy: the principles and practice of numerical classification*. W. H. Freeman, San Francisco. xvi + 573 pp.

Sorokin, P. 1957. *Social and cultural dynamics*. Porter Sargent, Boston. xii + 719 pp.

Spickett, S. G. 1963. Genetic and developmental studies of a quantitative character. *Nature*, 199(4896): 870—873.

Spottswood, P. J., and G. M. Burghardt. 1976. The effects of sex, book weight, and grip strength on book-carrying styles. *Bulletin of the Psychonomic Society*, 8(2): 150—152.

Steele, B. F., and C. B. Pollock. 1968. A psychiatric study of parents who abuse infants and small children. In R. E. Helfer and C. H. Kempe, eds., *The battered child*, pp. 103—147. University of Chicago Press, Chicago.

Stein, M., P. Ottenberg, and N. Roulet. 1958. A study of the development of olfactory preferences. *Archives of Neurology and Psychiatry*, 80: 264—266.

Steiner, J. E. 1979. Oral and facial innate motor responses to gustatory and to some olfactory stimuli. In J. H. A. Kroeze, ed., *Preference behaviour and chemoreception*, pp. 247—261. Informational Retrieval, London.

Stephan, G. E. 1979. Derivation of some social-demographic regularities from the theory of time-minimization. *Social Forces*, 57(3): 812—823.

Stephens, W. R., Jr. 1979. The rise of the Hittite Empire: a comparison of theories on the origins of the state. *Mid-American Review of Sociology*, 4(1): 39—55.

Stern, C. 1973. *Principles of human genetics*, 3rd ed. W. H. Freeman, San Francisco. xii + 891 pp.

Stevens, Janice R. 1979. Schizophrenia and dopamine regulation in the mesolimbic system. *Trends in Neurosciences*, 2(4): 102—105.

Steward, J. H. 1955. *Theory of culture change: the methodology of multilinear evolution*. University of Illinois Press, Urbana. 244 pp.

Strausfeld, N. J. 1976. *Atlas of an insect brain*. Springer-Verlag, New York. xiv + 214 pp.

Strobeck, C. 1975. Selection in a fine-grained environment. *American Naturalist*, 109(968): 419—425.

Swanson, C. P. 1973. *The natural history of man.* Prentice-Hall, Englewood Cliffs, N. J. xiv + 402 pp.

Symons, D. 1979. *The evolution of human sexuality.* Oxford University Press, New York. ix + 358 pp.

Szentágothai, J. 1979. Local neuron circuits of the neocortex. In F. O. Schmitt and F. G. Worden, eds., *The neurosciences: fourth study program*, pp. 399—415. MIT Press, Cambridge, Mass.

Szentágothai, J., and M. Arbib. 1974. Conceptual models of neural organization. *Neurosciences Research Program Bulletin*, 12(3): 307—510.

Tanaka, J. 1976. Subsistence ecology of central Kalahari San. In R. B. Lee and I. DeVore, eds., *Kalahari hunter-gatherers: studies of the !Kung San and their neighbors*, pp. 98—119. Harvard University Press, Cambridge, Mass.

Taylor, M. A., and R. Abrams. 1977. More on genetic transmission in schizophrenia. *American Journal of Psychiatry*, 134(4): 457.

Terrace, H. S., L. A. Petitto, R. J. Sanders, and T. G. Bever. 1979. Can an ape create a sentence? *Science*, 206(4421): 891—902.

Terray, E. 1975. Classes and class consciousness in the Abron Kingdom of Gyaman. In M. Bloch, ed., *Marxist analyses and social anthropology*, pp. 85—135. John Wiley, New York.

Terrell, J. 1974. Comparative study of human and lower animal biogeography in the Solomon Islands. *Solomon Island Studies in Human Biogeography, Field Museum of Natural History, Chicago*, no. 3. ii + 44 pp.

Terrell, J. 1977. Human biogeography in the Solomon Islands. *Fieldiana: Anthropology* (Chicago), 68(1): 1—47.

Thoday, J. M. 1979. Polygene mapping: uses and limitations. In J. N. Thompson, Jr., and J. M. Thoday, eds. *Quantitative genetic variation*, pp. 219—233. Academic Press, New York.

Thomas, H. A., Jr. 1971. Population dynamics of primitive societies. In S. F. Singer, ed., *Is there an optimum level of population?* pp. 127—155. McGraw-Hill Book Co., New York.

Thompson, J. N., Jr. 1979. Polygenic influences upon development in a model character. In J. N. Thompson, Jr., and J. M. Thoday, eds., *Quantitative genetic variation*, pp. 243—261. Academic Press, New York.

Thompson, J. N., Jr., and T. N. Kaiser. 1979. Computer simulation of the breeding program for polygene action. In J. N. Thompson, Jr., and J. M. Thoday, eds., *Quantitative genetic variation*, pp. 235—242. Academic Press, New York.

Thompson, J. N., Jr., and J. M. Thoday. 1979. Synthesis: polygenic variation in perspective. In J. N. Thompson, Jr., and J. M. Thoday, eds., *Quantitative genetic variation*, pp. 295—

301. Academic Press, New York.

Tiger, L., and R. Fox. 1971. *The imperial animal.* Holt, Rinehart & Winston, New York. xii + 308 pp.

Travers, J., and S. Milgram. 1969. An experimental study of the small world problem. *Sociometry*, 32: 425—443.

Trinkhaus, E., and W. W. Howells. 1979. The Neanderthals. *Scientific American*, 241(6): 118—133.

Tulving, E. 1972. Episodic and semantic memory. In E. Tulving and W. Donaldson, eds., *Organization of memory*, pp. 382—403. Academic Press, New York.

Turner, J. R. G. 1970. Changes in mean fitness under natural selection. In K. Kojima, ed., *Mathematical topics in population genetics*, pp. 32—78. Springer-Verlag, New York.

Tversky, A., and D. Kahneman. 1971. Belief in the law of small numbers. *Psychological Bulletin*, 76(2): 105—110.

Tversky, A., and D. Kahneman. 1973. Availability: a heuristic for judging frequency and probability. *Cognitive Psychology*, 5(2): 207—232.

Tversky, A., and D. Kahneman. 1974. Judgment under uncertainty: heuristics and biases. *Science*, 185(4157): 1124—1131.

van den Berghe, P. L. 1979. *Human family systems: an evolutionary view.* Elsevier, New York. xii + 254 pp.

van den Berghe, P. L., and G. M. Mesher. 1980. Royal incest and inclusive fitness. *American Ethnologist*, 7(2): 300—317.

Vandenberg, S. G. 1967. Heredity factors in normal personality traits (as measured by inventions). *Recent Advances in Biological Psychiatry*, 9: 65—104.

Vandenberg, S. G., and K. Wilson. 1979. Failure of the twin situation to influence twin differences in cognition. *Behavior Genetics*, 9(1): 55—60.

VanDeventer, A. D., and D. R. Laws. 1978. Orgasmic reconditioning to redirect sexual arousal in pedophiles. *Behavior Therapy*, 9(5): 748—765.

Waddington, C. H. 1953. Genetic assimilation of an acquired character. *Evolution*, 7(2): 118—126.

Waddington, C. H. 1957. *The strategy of the genes: a discussion of aspects of theoretical biology.* George Allen & Unwin, London. x + 262 pp.

Waddington, C. H. 1960. *The ethical animal.* George Allen & Unwin, London. 230 pp.

Waddington, C. H. 1962. *New patterns in genetics and development.* Columbia University Press, New York. xvi + 271 pp.

Wald, G. 1969. The molecular basis of human vision. In B. R. Straatsma, M. O. Hall, R. A.

Allen, and F. Crescitelli, eds., *The retina: morphology, function and clinical characteristics*, pp. 281—295. University of California Press, Berkeley.

Wallace, A. F. C. 1970. *Culture and personality*, 2nd ed. Random House, New York. x + 271 pp.

Walls, D. F. 1976. Non-equilibrium phase transitions in sociology. *Collective Phenomena*, 2: 125—130.

Wang, M. C., and G. E. Uhlenbeck. 1945. On the theory of Brownian motion, II. *Reviews of Modern Physics*, 17(2, 3): 323—342.

Wason, P. C., and P. N. Johnson-Laird. 1972. *Psychology of reasoning: structure and content*. Harvard University Press, Cambridge, Mass. viii + 264 pp.

Wasserman, L. 1979. Alienation incident. *The Humanist*, 39(3): 4—10.

Wassermann, G. D. 1978. *Neurobiological theory of psychological phenomena*. Macmillan Co., London. xii + 301 pp.

Wattenwyl, A. von, and H. Zollinger. 1979. Color-term salience and neurophysiology of color vision. *American Anthropologist*, 81(2): 279—288.

Weidlich, W. 1972. The use of statistical models in sociology. *Collective Phenomena*, 1: 51—59.

Weinberg, S. K. 1976. *Incest behavior*, rev. ed. Citadel Press, New York. xxx + 291 pp.

Wessells, N. K. 1977. *Tissue interactions and development*. W. A. Benjamin, Menlo Park, Calif. xii + 246 pp.

West, B. J. 1974. Speculators in a model market. *Collective Phenomena*, 1: 195—217.

Whissell-Buechy, D., and J. E. Amoore. 1973. Odour-blindness to musk: simple recessive inheritance. *Nature*, 242(5395): 271—273.

White, L. A. 1948. Review of *From savagery to civilization*, by G. Clark; and *History*, by V. G. Childe. *Antiquity*, 22(88): 217—218.

White, L. A. 1949a. Ethnological theory. In R. W. Sellars, V. J. McGill, and M. Farber, eds., *Philosophy for the future*, pp. 357—384. Macmillan Co., New York.

White, L. A. 1949b. *The science of culture: a study of man and civilization*. Grove Press, New York. xx + 444 pp.

White, L. A. 1963. Individuality and individualism: a culturological interpretation. *Texas Quarterly*, 6: 111—127.

Whorf, B. L. 1956. *Language, thought, and reality*. MIT Press, Cambridge, Mass. xii + 278 pp.

Wickelgren, W. A. 1979a. *Cognitive psychology*. Prentice-Hall, Englewood Cliffs, N. J. xii + 436 pp.

Wickelgren, W. A. 1979b. Chunking and consolidation: a theoretical synthesis of semantic networks, configuring in conditioning, S-R versus cognitive learning, normal forgetting, the amnesic syndrome, and the hippocampal arousal system. *Psychological Review*, 86(1): 44—60.

Wilbert, J. 1976. To become a maker of canoes: an essay in Warao enculturation. In J. Wilbert, ed., *Enculturation in Latin America: an anthology* (Latin American Studies, vol. 33), pp. 303—358. Latin American Center, University of California, Los Angeles.

Wilbert, J. 1979. Geography and telluric lore of the Orinoco Delta. *Journal of Latin American Lore*, 5(1): 129—250.

Williams, R. S., P. C. Marshall, I. T. Lott, and V. S. Caviness, Jr. 1978. The cellular pathology of Menkes steely hair syndrome. *Neurology*, 28(6): 575—583.

Williams, T. R. 1972a. *Introduction to socialization: human culture transmitted.* C. V. Mosby, St. Louis, Mo. xiv + 308 pp.

Williams, T. R. 1972b. The socialization process: a theoretical perspective. In F. E. Poirier, ed., *Primate socialization*, pp. 207—260. Random House, New York.

Wilson, D. S. 1980. *The natural selection of populations and communities.* Benjamin/Cummings Co., Reading, Mass. xviii + 186 pp.

Wilson, E. O. 1975. *Sociobiology: the new synthesis.* Belknap Press of Harvard University Press, Cambridge, Mass. x + 697 pp.

Wilson, E. O. 1978. *On human nature.* Harvard University Press, Cambridge, Mass. xii + 260 pp.

Wilson, E. O. 1980a. Comparative social theory. In S. M. McMurrin, ed., *The Tanner Lectures on Human Values*, vol. 1, pp. 49—73. University of Utah Press, Salt Lake City.

Wilson, E. O. 1980b. Caste and division of labor in leaf-cutter ants (Hymenoptera: Formicidae: Atta): II, the ergonomic optimization of leaf cutting. *Behavioral Ecology and Sociobiology*, 7(2): 157—165.

Wilson, E. O., T. Eisner, W. R. Briggs, R. E. Dickerson, R. L. Metzenberg, R. D. O'Brien, M. Susman, and W. E. Boggs. 1978. *Life on earth*, 2nd ed. Sinauer Associates, Sunderland, Mass. xiv + 846 pp.

Wilson, R. S. 1978. Synchronies in mental development: an epigenetic perspective. *Science*, 202(4371): 939—948.

Winter, S. G. 1971. Satisficing, selection, and the innovating remnant. *Quarterly Journal of Economics*, 85(2): 237—261.

Winterhalder, B. P. 1977. Foraging strategy of the boreal forest Cree: an evaluation of theory and models from evolutionary ecology. Ph.D. dissertation, Cornell University.

Winterhalder, B. P., and E. A. Smith, eds., 1981. *Hunter-gatherer foraging strategies: ethno-*

graphic and archaeological analyses. University of Chicago Press, Chicago, forthcoming.

Wobst, H. M. 1974. Boundary conditions for paleolithic social systems: a simulation approach. *American Antiquity*, 39(2): 147—178.

Wolf, A. P. 1966. Childhood association, sexual attraction, and the incest taboo: a Chinese case. *American Anthropologist*, 68(4): 883—898.

Wolf, A. P. 1968. Adopt a daughter-in-law, marry a sister: a Chinese solution to the problem of the incest taboo. *American Anthropologist*, 70(5): 864—874.

Wolf, A. P. 1970. Childhood association and sexual attraction: a further test of the Westermarck hypothesis. *American Anthropologist*, 72(3): 503—515.

Wolf, A. P., and C. S. Huang. 1980. *Marriage and adoption in China, 1845—1945.* Stanford University Press, Stanford, Calif. xxii + 426 pp.

Wolff, P. H. 1970. "Critical periods" in human cognitive development. *Hospital Practice*, 5(11): 77—87.

Wright, S. 1932. The roles of mutation, inbreeding, crossbreeding and selection in evolution. In D. F. Jones, ed., *Proceedings of the sixth international congress of genetics* (Ithaca, N. Y., 1930), vol. 1, pp. 356—366. Brooklyn Botanic Gardens, Brooklyn, N. Y.

Wright, S. 1970. Random drift and the shifting balance theory of evolution. In K. Kojima, ed., *Mathematical topics in population genetics*, pp. 1—31. Springer-Verlag, New York.

Yakovlev, P. I., and A. -R. Lecours. 1967. The myelogenetic cycles of regional maturation of the brain. In A. Minkowski, ed., *Regional development of the brain in early life*, pp. 3—70. Blackwell, Oxford.

Yerkes, R. M., Ada W. Yerkes. 1936. Nature and conditions of avoidance (fear) response in chimpanzees. *Journal of Comparative Psychology*, 21(1): 53—66.

Young, J. Z. 1978. *Programs of the brain.* Oxford University Press, Oxford. viii + 325 pp.

Zachary, W. W. 1977. An information flow model for conflict and fission in small groups. *Journal of Anthropological Research*, 33(4): 452—473.

Zajonc, R. B. 1968. Cognitive theories in social psychology. In G. Lindzey and A. Aronson, eds., *The handbook of social psychology*, 2nd ed., vol. 1: *Historical introduction, systematic positions*, pp. 320—411. Addison-Wesley, Reading, Mass.

译后记

《基因、心灵与文化——协同进化的过程》是社会生物学创始人、哈佛大学教授 E. O. 威尔逊的第七部专著,也是他的第四部合著,合著者为多伦多大学学者 C. J. 拉姆斯登。原版问世于 1981 年,此次是首次译成中文,底本为 2005 年的"25 周年纪念版"。

该书堪称威尔逊鲜为人知的里程碑之作。在此之前,威尔逊已经完成其最具代表性的"社会生物学三部曲":《昆虫社会》(1971)、《社会生物学——新的综合》(1975)以及《论人性》(1978),由一位"蚁学"(myrmecology)权威升级而为社会生物学之父,并清晰地将社会生物学定位为"进化生物学"的一个分支。三本书之间脉络连贯,步步为营,先由蚂蚁研究转入一般的社会性昆虫研究,再由社会性昆虫研究转入一般的社会性生物研究,并在著名的"最后一章"("人类:从社会生物学到社会学")中将镜头摇向人类自身。接下来,他对人类的社会性行为展开正式的生物学特写,将社会生物学推向"人类社会生物学"。值得指出的是,威尔逊承认,这些初创性工作的背后有一块必不可少的理论基石,那就是 1964 年 W. D. 汉密尔顿提出的"亲缘选择"学说,他根据社会性昆虫奇特的"3/4 亲缘度",推论出生物利他行为背后存在着一种遗传利益"投入产出比"的数量关系。

《论人性》荣获 1979 年非小说类普利策文学奖,但社会生物学提倡由生物学"接管"社会学的研究纲领引起了西方左派人士的抗议。1978年,在美国科学促进会的一次研讨会上,8名"国际反种族主义委员会"斗士冲上讲台,夺去话筒,打出反社会生物学的标语开始示威,其中一名女子用一瓶水将威尔逊浇成了落汤鸡。经过这次"泼水事件",威尔逊深刻反省了社会生物学可能存在的弱点:

> 在我看来,到这个时候,态势已经很明显,无论在知识上或政治上,人类社会生物学都会一直麻烦连连。除非能把文化也纳入分析,否则,批评者永远可以大声反驳道,既然以语言为基础的心智及文化是人类的两大特征,那么,要解释人类社会行为却不提它们,根本徒劳无功。*

威尔逊决定迎难而上,由"人类"的根据地再向着"文化"的阵地挺进。刚刚好,1979年拉姆斯登来到他的实验室做博士后研究,这位年轻的(小他20岁)、精通数学的理论物理学家同样认为对社会行为在文化层面展开定量分析的时机已经到来,两人一拍即合,通力合作,《基因、心灵与文化》就这样诞生了。

在这本书中,两人探讨了基因与文化的"协同进化":先天遗传因素与后天学习因素在自然选择面前相互配合,共同塑造了人类心灵(mind),心灵与无数片段的信息、观念、习俗、方法等有效经验相对应,构成一种结合生物性与社会性的人性单位——文化基因(culturgen)。全书内容即围绕文化基因的方方面面而展开,且充满着大量的数学论证,可谓精益求精。

1983年,威尔逊与拉姆斯登又推出了该书的姊妹篇:《普罗米修斯之火——反思心灵的起源》(已有中译本)。但这两本书与几篇相关的论文一道,

---

* 引自爱德华·威尔逊著,杨玉龄译,《大自然的猎人——生物学家威尔逊自传》,上海科学技术出版社,2006年,下同。——译者

并没有引起太大的反响。用威尔逊在自传中自己的话来说：

> 有关基因—文化共同进化的话题就这样渐渐消退,大部分生物学家都不很看好它,社会科学家也是一样。我既担心,又迷惑。批评者真的没有说出什么重点,然而,我们是否在某个他们有看见,但我们却漏失的深度上弄砸了?80年代,有许多其他的研究人员相继投入这个主题,各自沿用他们自己设计的概念和方法。……他们的收获也同样很有限,至少就整个研究的广度和深度来看是如此。日本最先进的遗传学家木村曾经告诉我说,他几乎没有收到任何向他索取和这个主题相关文章的要求。

此后,威尔逊的注意力开始转向环境保护,指出人除了哲学——"爱智"(philosophy)的激情之外,还有一种环保——"生命之爱"(biophilia)的天性,由此又成就了一位"生物多样性之父"。在蚁学的老本行方面,1991年威尔逊与B. 霍尔多布勒合作贡献出一部大部头的《蚂蚁》,再夺普利策非小说类文学奖的桂冠。此外,他还使"consilience"一词发扬光大,凭借社会生物学的一贯思路致力于人类知识的"统合",进一步打造他基于生物决定论与还原论的"科学人文主义"。但对于他与拉姆斯登曾倾注心血而一度搁浅的"协同进化"研究工作,威尔逊并未失去信心,他仍旧乐观而执着地表示我们"还须默默等待":

> 基因—文化共同进化很可能还要再静静地躺在那儿许多年,等待人类缓缓增添一些足以说服、吸引学者的知识。无论如何,我依然深信,它的真正性质正是社会科学的中心问题所在;不止如此,它还会是一个重要且尚未开发的科学领域。而且,我一点都不怀疑,属于它的时代,一定会到来。

如今，我们把这部"协同进化论"领域的"发轫之作"也译成汉语，介绍给中文世界的广大读者及研究者，也许中国的有识之士们有望为实现威尔逊的这一心愿增添更多的希望。

本书的翻译工作得到了北方工业大学2014年科研启动基金项目与思想政治教育研究课题，以及2015年度国家社会科学基金青年项目的经费支持。感谢柯遵科博士与王世平总编的信任，以及殷晓岚编辑热心周到的服务，使我有幸承担这项光荣的任务并如期顺利完成。我要特别感谢我的弟弟刘剑工程师，是他首先利用业余时间先睹为快，初译了全书，使我得以在高强度的翻译工作中减轻心理压力，并且获得了一种类似于"等位基因"的"双保险"纠错机制。耕耘与收获之间的种种甘苦，我们一同分享，而问世译本中的全部文责则由我一人负担。译事诚不易，寸心得失，敬请广大同仁不吝赐教。

刘利
2016年8月于北方工业大学

再版译后记(含译者导读)

《基因、心灵与文化——协同进化的过程》初版译稿完成于2014年11月1日黑龙江大学留学生公寓,译者到此是为代表北方工业大学参加由全国当代国外马克思主义研究会主办、黑龙江大学承办的"第九届国外马克思主义论坛"。此时本人在博士后出站后正式执教的第二个学年才刚刚开始,因此支撑起这项翻译工作的学术基础主要还是我在博士研究生与博士后阶段的两项相关研究("华莱士'灵学进化'研究"与"进化论与环境哲学")。2015年,我将个案式的华莱士进化思想研究扩展为网罗达尔文革命中达尔文本人以外所有重要进化论者(从拉马克一直到道金斯)的"非达尔文"进化思想研究,有幸申获国家社科青年项目立项,随着项目进展,开始对此前译书中"协同进化"问题的理论背景形成更加全面的认识。其中尤其富有启发性的是鲍德温(J. M. Baldwin)关于后天学习行为在先天身体遗传基础之上另开文化遗传时间线的"有机选择"学说,这正是生物学突破华莱士时代分流若干科学家寻求唯灵论解释的"人类进化"问题瓶颈的关键一步。另一个重要的契机,是关于当代"新达尔文主义"(综合了直生论—孟德尔—突变论—遗传学一脉"非达尔文"成果的达尔文主义)的研究引出了道金斯的"自私的基因—扩展的表型"理论,通过对比其"模因"与威尔逊的"文化根"(原译为"文化基因",下文详细解释)概念,"协同进化论"的眉目顿时前所未有地清晰起来。以此为基础,2018 年译者又申请到一项北京市教委社科一般项目("社会生物学中的文化基因概念研究")与一项北京市社科青年项目("道金斯'扩展的表型'进化思想研究"),开始正式转向本书相关内容的专门研究。由于已经能够发现初版译文中存在的种种问题,利用此次再版的机会,译者尽其所能地对原稿进行了修改完善,劳动量几乎相当于推出了半部新版。其中有两处较为实质性的改动,对于改善本书的阅读体验或许相当有效,首先在这里交代如下:

  culturgen,原译为"文化基因",改译为"文化根"。主要理由为:第一,"文化基因"可泛指一切构成文化单元的基因类比物,包括道金斯著名的"模因"(meme),culturgen 只是威尔逊意义上的文化基因,理应有其专属译名;第二,威尔逊用拉丁语 cultura(文化)与 geno(生)合成 culturgen 一词,发音为"kul′ tur jen",既不简单等同于 culture 加 gene 连读,geno 与 gene(德弗里斯改称达尔文"泛生"——pangenesis 机制的遗传单元 gemmule 为 pangene,约翰森缩略为 gene,贝特森另造 genetics 一词)的词源 genesis 也有细微差异,保留"文化"而微调"基因"为"根"(根基之根,又有汉语拼音的绝妙巧合:g-ēn,gēn),应为音义形神兼顾的中译最优解;第三,culturgen 似乎缺少作为一种"基因"的严格规定性,像道金斯即明确以"可自我复制性"为标准并列 meme 与 gene 为自然界目前已知的两大"复制子",威尔逊只是看到它作为文化传递物(如同遗传物质)的"单元性",而主要强调的还是它通过后成规则(原译为"后成法则",下文详细解释)为基因所控制,又通过增强社会成员的智能与行为优势反过来服务于基因的一面,与其译为"文化基因",有"基因"之名而行"表型"之实,不如将"基因"换成更为平实的"根",弱化这一矛盾。

  epigenetic rule,原译为"后成法则",改译为"后成规则"。相应地,the primary epigenetic rule、the secondary epigenetic rule,由"第一后成法则"、"第二后成法则"调整为"初级后成规则"、"二级后成规则",形式上与皮亚杰发生认识论中作为认知发展感知运动阶段行为特征的"初级循环反应(primary circular reactions）"、"二级循环反应（secondary circular reactions）"的译法成例取同。相对于物理学，生物学的规律更强调"机体"（organism）作为开放系统的现实发展趋势，而非"机制"（mechanism）作为封闭系统的理想运动过程，因此"规则"当比"法则"更符合原意。而这一概念又是读懂本书的关键，也是深入理解进化论的进阶门径，值得被如此精益求精地对待。epigenetic 本来也可以译为"表成"，在中文中有表达出基因"表达"或塑造"表型"这层含义的优势，例如 epigenetics 就是著名的"表观遗传学"。取"后成"来译，是考虑到协同进化论相对于表观遗传学更强调"发育"的后天性（先天遗传的基因表达出"后天成型"的表型），而不是"遗传"的层次性（贴近基因"表面"的表型因素被附带遗传）。书中术语表大致将"后成"（epigenesis）定义为基因与环境相互作用而发育出各级表型的过程，后成规则就是为发育开路的各种规则性的总和。另外还有一个 reification rule，一并由"具体化法则"改译为"物化规则"，除上述关于"规则"的理由外，还考虑到"物化"是哲学上更为常见的一种译法，例如国外马克思主义研究领域即有卢卡奇、阿多诺等人著名的"物化理论"。

全书正文部分一共分为 8 章，正文之前附有一篇 25 周年纪念版大前言，篇幅相当于半部小书，正如豆瓣读书网友小土若水的短评所言："过分高级。公式太多了。读起来太累了。前面五十页序言就够读了。很精彩。正文部分可能只有数学系的才能拿下。"其实数学毕竟只是一种思维工具，我们也可以先搞懂这 8 章的大致思路，再回过头来想办法领略相关公式的精细之处。以下是译者在翻译实践中对各章内容形成的系统性把握，作为导读分享给大家：

第 1 章为"引言"，作者二人首先将"文化"界定为一切可以通过学习（术语表定义为"根据经验而调整状态的行为"）在社会成员之间相互"传递"的精神结构或行为及其物质产品的建造与使用，本非人类所独有。动物个体无意识积累经验的"非文化"学习能力，在社会成员相互"模仿"的水平上升级为"原文化"，再升级为可主动"传授"经验的更高级文化，终于在"物化"的水平上进化出凭借经语言符号虚构简化的具体形象来把握复杂事物现实秩序的超级智能，由此升级为人类所独有的"优文化","心灵"(书中似无直接定义,可大致理解为与优文化行为相对应的意识实体)的世界也随之开启。一套可在个体间"传递"或"同化"的相对同质性的行为、物质产品或心灵产品,即为一个"文化根",也就是文化进化的一个基本单元。

第 2 章与第 3 章分别为"初级后成规则"与"二级后成规则",知道什么是"后成规则",读来就会有胸有成竹之感。这两级后成规则分别对应于基因在感知与"有意识的思想及经验"两个层次上对心灵后天发育所施加的先天影响。

第 4 章为"基因—文化转译",探讨基因对文化的塑造。基因通过后成规则(初级后成规则、二级后成规则,以及相当于"三级后成规则"的"物化规则")决定个体认知,进而在行为层面一方面形成一种选择某个文化根的内在偏向,另一方面形成一种受其他社会成员的选择影响而改变这种偏向性的"背景依赖参数",由此如同 DNA 借助 RNA"翻译"出一个蛋白质一样,"转译"出一种"文化模式"。文化模式可量化为社会中拥有某一文化根的个体数量占全体成员数量的特定比例。

第 5 章"基因—文化适应性地形"与第 6 章"协同进化的回路",分别从"基因有利于文化"与"文化有利于基因"两个方面入手,共同建构出完整的"基因—文化协同进化"模型。前者先是调查了进化史上跟随基因在稳定环境中站稳脚跟的各种文化根的偏向性或异质性的大小,后者开始重点关注其中的佼佼者,即那些"有关于长时记忆中的知识结构"而可以通过认知—行为能力直接回报基因以高遗传适合度的高级文化根。随着人类社会"协同进化"图景的完整呈现,一种有能力定量处理基因、心灵与文化三者共变关系的人类社会生物学正式建立起来。

在第 7 章"心灵的生物地理学"中,借助威尔逊转向社会生物学之前的看家本领——岛屿生物地理学,二人将文化根在人类社会—心灵世界中的"垦殖"类比于物种在大小远近各岛屿(社会是群岛,心灵是小岛,或者社会是一个单独的大岛,心灵是岛上的各个生态位)之间迁徙求生的命运。根据威尔逊早年与麦克阿瑟(R. H. MacArthur)合作发现的生态学规律判断,若文化根的相关状况低于某些常数的阈值,就会面临灭绝,反之则会在越过某个节点后创造出文化升级的奇迹。凭借基因—文化协同进化,基因会在为文化繁荣(生态多样性水平高而有利于文化根创新)创造条件的成本与由文化繁荣造就文明("一种非常先进的社会存在形态",或一种非常有利于生存的文化局面)的回报之间争取到一个平衡点,由此获得支撑起人类优文化孤例的稀有后成能力。纯遗传进化与纯文化进化都难以提供这种能力。根据二人的估算,如果没有文化进化在宏观层面的"协同"与"功能放大",仅凭基因进化(即遗传进化)在微观层面积攒的直接后成作用,优文化以及文明即使有可能出现,生物体所需核苷酸的数量或 DNA 的重量也将是一个大到不可思议的天文数字。纯文化进化的问题也很明显,个体脱离了基因后成规则的控制,不再与其一道扎根自然,就有可能会擅自"解放"出不见容于环境的行为而自取灭亡。借用书中"项圈"的比喻,可以将协同进化的复杂过程简化为一幅"主人遛狗"的日常画面:基因是牵狗的人,文化是被牵的狗,狗绳是心灵,项圈是后成规则,文明则是双方共同经过的时空范围。同样地,协同进化相当于正常的遛狗方式,纯遗传进化相当于把狗绳换成了一根无弹性的棍子绑在狗身上,纯文化进化则相当于是没有狗绳。

最后的第 8 章"基因—文化协同进化与社会理论",总结评价了作为社会生物学一部分的协同进化论将社会生物学(本身作为自然科学与社会科学之间的桥梁)的其余部分与整个社会科学连接起来的关键性作用。二人强调该理论以及整个人类社会生物学的成功将取决于其实际的"预测—检验"能力,并寄希望于相关的量化模型能够透过从基因到文化的后成规则窥见未来可能出现的文化模式。如此以"社会生物学"把握人类心灵与行为的进化走向,就会像马克思以"政治经济学"把握社会存在(尤其是分析其中生产力与生产关系之间的矛盾,其实也就是经济与政治之间的矛盾)与社会意识的进化走向一样,在"历史本身是自然史的一部分"的真相面前,凭借科学的历史预测,引导人类向着最符合真实人性的先进文化与理想社会前进。

总而言之,填补人类社会生物学中关于符号式学习行为研究的"缺环"(即具有语义功能的心灵与文化的问题),是威尔逊写作本书并由此创建基因—文化协同进化论的初衷所在(详见初版译后记)。最终,从蚂蚁学到岛屿生物学再到社会生物学,从昆虫社会生物学到一般社会生物学再到人类社会生物学,从基因—文化协同进化论到自然科学与社会科学的"统合",再加上人性中"生命之爱"的环境主义演绎,一系列环环相扣又层层相依的思路构成了一个堪比斯宾塞"综合哲学体系"的"统合知识体系"。满怀着对于大自然的赤诚与热爱,威尔逊如此辛勤地耕耘了一生,在"分子生物学"的时代里续写了一代"博物学家"(naturalist)的思想传奇。

然而不得不说,至少在译者本人看来,威尔逊的书尽管好看,却并不算好读,即使去掉了拉姆斯登高深莫测的数学加持也是如此。原因大概在于,这位曾两度获得普利策奖的畅销书作家的文笔过于流畅,思路过于敏捷,以至于在背景知识不足、尚需边读边学"慢慢来"的读者眼中,可能反而会造成一种"焦点游移"的阅读障碍,使其比较不容易看清楚文本中某些原本晦涩的概念之间具体的逻辑环节(关键之处有时可能只是一笔带过)。或许这原本类似于一种文科生容易在理科课堂上遇到的困境,与"数学"内容的吃重叠加起来,确实有可能会对本书读者造成劝退。作为读者,本人的经验是,读他的书不妨先泛后精,先猜出大致观点,再(根据再现的关键词)收集对比相关段落中的关键论证来寻求印证。我很想说,在"照顾读者感受"这方面,威尔逊与道金斯那种"贴心服务"式的风格相比确实差距不小。然而这似乎也是没有办法的事情,因为"写得快"本是威尔逊自觉发挥的特长之一。在自传《博物学家》中,他曾客观评估自己各项能力的高低,看到了自己擅长比较不同的东西并将原本无关的信息综合起来的优势,以及"我写作顺滑,部分地我相信因为我的记忆较少受到别人的措辞与细微差别的妨碍"。(Edward O. Wilson, *Naturalist*, Washington,

D. C. : Island Press, 1994, p. 122.) 可以想象, 对于同样习惯于淡化 "措辞与细微差别" 的读者而言, 或者再加上数学无敌, 本书读起来也可能会是另有一番畅快。

至于翻译工作本身, 译者本人向来坚持一种 "无所不用其极式直译法", 即在保证内容准确的前提下力所能及地还原原文在形式上的本来面貌, 包括但不限于: 尽量不改变词序、词性甚至标点, 尽量严格地 "一词专属对译一词", 尽量不增词减词, 尽量不断句并句, 尽量不改变句型结构。我的私人口号一直是: "翻译不是创作, 意译必夹私货。" 经过这几年的历练, 尤其是在精读过伽达默尔的《真理与方法》之后, 更是有信心将它喊出来。究其原理, 翻译无非是 "解释" (或许 "诠释" 一词在 "言全" 的字形意义上还要更加传神) 的一种, 是使一种理解状态能够有效作用于另一种理解状态的信息协调过程, 只是这种协调是在两种符号体系之间进行的, 翻译者要努力使呈现于一种符号体系的内容与形式在另一种符号体系中原样可见, 由此使译文读者有机会获得同原文读者所获得的一样的原始信息。在此意义上, 翻译者的真正使命其实并不在于 "理解", 而在于 "保真", 前者应服务于后者, 而非相反。或许可以认为, 翻译者在作者与读者之间所扮演的真实角色, 原本应相当于台球桌上母球与目标球之间帮忙 "传球" 的 "中介球", 只需原原本本地传递动能, 就算是大功告成。在译者本人的心目中, 一部理想的翻译作品应该就是一种 "读得懂的原文", 既可为读者提供借助词典原汁原味读原文的同等体验, 又已帮忙将该查的东西事先查好。不要低估这项工作的难度, "机翻" 是无济于事的, 也是似是而非的, 现实中发生的是: 词典不够用, 就去查百科全书, 工具书不够用, 就去查相关著作, 为避免望文生义有时还要去查图片……经过这两轮的实操, 译者自认已经摸到了翻译门槛的高低: 对原文内容要有专业级的把握, 母语最好能够上天入地 (因为有时需要突破语言本身的局限或开发其潜能), 态度上不用说是要严谨到近乎是一种强迫症, 否则, 恐怕还是难以胜任此道。

最后需要交代的是, 此次再版社里原本只是委托译者对初版小修小补, 结果几乎做成了一项推倒重译的大工程。时间上大致是从 2022 年的 2 月 9 日到 9 月 30 日,为配合编辑出版方面的工作进度与整体部署,只完成了大前言与前三章,后五章与术语表改动不大,主要只是统一了一些关键词的译法。因此以第 4 章开头为界,后文与前文之间若有细微出入,应以前文为准。前文中的大前言,确实是精华而非点缀,此版已力求完善。后文中的术语表藏有解读正文(包括理解数学部分)的钥匙,亦应重视(只能帮大家到这了)。对比自己写下初版译后记的当年,这一路既有柳暗花明的喜悦,又有孤军奋战的无奈与种种错过,终究还是认清了路之为路。如果还有再版的机会,想必译者还是会给予第 4 章以后部分以同等待遇,争取推出一个更加完整的新译本。而在此之前,似乎也有临时补救的办法,例如如果还有空闲重译,完成的部分章节可即时上传至豆瓣网读书频道,供读者与实体书对照参考,到时大家一起来豆瓣讨论"文化根"、"后成规则"与"协同进化"问题,不亦乐乎?

刘利

2023 年 4 月 7 日于北京朝阳

图书在版编目(CIP)数据

基因、心灵与文化：协同进化的过程/(加)查尔斯·J. 拉姆斯登，(美)爱德华·O. 威尔逊著;刘利译.—上海:上海科技教育出版社，2023.7
书名原文:Genes, Mind, and Culture: The Coevolutionary Process
ISBN 978－7－5428－7699－7

Ⅰ.①基⋯　Ⅱ.①查⋯ ②爱⋯ ③刘⋯　Ⅲ.①动物行为-研究　Ⅳ.①B843.2

中国版本图书馆 CIP 数据核字(2022)第 028930 号

责任编辑　殷晓岚
封面设计　李梦雪

JIYIN XINLING YU WENHUA
基因、心灵与文化——协同进化的过程
[加]查尔斯·J. 拉姆斯登　　[美]爱德华·O. 威尔逊　著
刘　利　译

出版发行	上海科技教育出版社有限公司
	(上海市闵行区号景路 159 弄 A 座 8 楼　邮政编码 201101)
网　　址	www.sste.com　　www.ewen.co
经　　销	各地新华书店
印　　刷	常熟文化印刷有限公司
开　　本	720×1000　1/16
印　　张	31
版　　次	2023 年 7 月第 1 版
印　　次	2023 年 7 月第 1 次印刷
书　　号	ISBN 978－7－5428－7699－7/N·1147
图　　字	09－2021－1102 号
定　　价	98.00 元

Genes, Mind, and Culture:

The Coevolutionary Process

by

Charles J. Lumsden

Edward O. Wilson

Copyright © 2005 by World Scientific Publishing Co. Pte. Ltd.

Chinese (Simplified Character) Translation Copyright © 2023 by

Shanghai Scientific & Technological Education Publishing House Co., Ltd.

Published by arrangement with World Scientific Publishing

Co. Pte. Ltd., Singapore

ALL RIGHTS RESERVED

This book, or parts thereof, may not be reproduced
in any form or by any means, electronic or mechanical, including photocopying,
recording or any information storage and retrieval system now known
or to be invented, without written permission from the Publisher.